Inhalt

5 Projekte mit dem PicoBoard 133

6 Interaktive Spiele und Simulatoren 157

7 Einstieg in Python 177

8 Was blinkt denn da? Mit dem Raspberry Pi Leuchtdioden steuern 207

9 Der Computer trifft Entscheidungen 223

10 Steuerung mit Schaltern 239

11 Anzeigen mit Leuchtdioden 265

12 Datensammlungen verarbeiten 283

13 LCD-Anzeigen 311

17

Projekte mit der Kamera 411

18

Stets zu Diensten – der Raspberry Pi als Webserver 439

A

Hinweise für Eltern und Lehrer 471

Stichwortverzeichnis 477

Einleitung

Der Raspberry Pi – kurz RPi oder Raspi – ist ein kleiner Computer zum Basteln und Erfinden. Er kostet nicht viel und alle Software, die man für seinen Betrieb braucht, ist völlig umsonst. Er verleitet zum Spielen und Ausprobieren – aber er ist kein Spielzeug. Der Raspberry Pi arbeitet zuverlässig und wird für ernsthafte Projekte in Wissenschaft und Technik verwendet.

Ein Computer besteht aus Hardware und Software. Die Hardware ist all das, was man sehen und anfassen kann (Raspberry Pi, Tastatur, Monitor). Die Software sind Daten und die Programme, die auf dem Computer laufen und sein Verhalten steuern. Ein Schwerpunkt dieses Buches ist die Programmierung. Wir verwenden die beiden Programmiersprachen Scratch und Python, die besonders leicht zu lernen sind. Durch Programmierung legst du das Verhalten des Computers fest. Hier kannst du kreativ sein. Ohne Programmierkenntnisse kann man mit dem Raspberry Pi eigentlich nicht viel anfangen.

- Scratch ist eine Programmiersprache für Anfänger. Du baust Computerprogramme mit der Maus aus Bausteinen auf dem Bildschirm zusammen. Da kann man nicht viel falsch machen und ganz schnell einige Grundideen der Programmierung lernen. Mit Scratch programmierst du Animationen, Spiele und Messgeräte mit grafischer Anzeige auf dem Bildschirm.
- Python ist eine Programmiersprache für Profis, die leicht zu lernen ist und auch in der Industrie für große und spezielle Projekte verwendet wird. Mit Python entwickelst du Programme, die Daten von Sensoren oder Kamerabilder auswerten, Steuerungen für LEDs und vieles mehr.

Das Besondere beim RPi gegenüber einem normalen Computer (PC, Laptop, Tablet) ist, dass du die Hardware verändern und erweitern kannst. Im Prinzip baust du

bei jedem Projekt deinen eigenen Computer aus Einzelteilen zusammen. Die Einzelteile sind (neben dem RPi) vor allem

- elektronische Geräte wie Monitor, Lautsprecher, Funksteckdose, Maus und Tastatur, die du wahrscheinlich schon zu Hause hast und die du auch für andere Zwecke verwenden kannst,
- elektronische Schaltungen, die du auf einer Steckplatine aus preiswerten kleineren Bauteilen (z.B. Widerstände, Sensoren und Leuchtdioden) zusammensetzt,
- Schalter und andere mechanische Teile, die du aus Pappe, Alufolie, Draht, Klebeband und anderen Alltagsmaterialien in wenigen Minuten bastelst,
- einige spezielle Geräte wie das RPi-Kameramodul und das ScratchBoard.

Wie liest man eine Anleitung?

In diesem Buch findest du viele Schritt-für-Schritt-Anleitungen zum Bauen und zum Programmieren. Es ist manchmal gar nicht so einfach, solche Texte zu verstehen. Nach meiner Erfahrung hilft es, wenn du folgende drei Regeln beachtest:

1. Schritt für Schritt! Du liest nur den nächsten Schritt der Anleitung und versuchst, das Gelesene zu verstehen. Lies nicht weiter, sondern konzentriere dich nur auf diesen Schritt.
2. Keine Angst vor Fehlern! Auch wenn du noch Zweifel hast, alles vollständig verstanden zu haben, beginnst du, die Anweisungen eines Schrittes in die Tat umzusetzen. Dazu brauchst du (gerade bei den ersten Schritten) etwas Mut.
3. Verstehen heißt Experimentieren! Wenn du einen Schritt umgesetzt hast, schaust du dir das Ergebnis an. Stimmt es mit dem überein, was in der Anleitung beschrieben wird? Falls nicht, liest du noch einmal den Schritt durch. Vielleicht kann man eine Passage auch irgendwie anders verstehen. Probiere eine andere Interpretation aus!

Zum Aufbau dieses Buches

Das Buch besteht aus drei Teilen:

Im ersten Teil (Kapitel 1 und 2) geht es zunächst um die Vorbereitung des Raspberry Pi. Dazu gehört vor allem die Installation des Betriebssystems (Raspbian). Du erfährst wie du Anwendungssoftware und Spiele installierst und wie du den Rasp-

berry Pi als »Mediacenter« nutzt, mit dem du Musik hören und Filme anschauen kannst. Es werden keine besonderen Vorkenntnisse vorausgesetzt. Alles, was wichtig ist, wird erklärt.

Im zweiten Teil (Kapitel 3 bis 6) steigst du in die Programmierung mit Scratch ein. Du setzt aus Bausteinen Programmtexte zusammen. Das geht leicht und schnell. So programmierst du Videos, Spiele, einen Autosimulator und vieles mehr. Für einige Projekte brauchst du das PicoBoard. Es enthält Sensoren (z.B. für Schall und Licht) und einen Schieberegler. Damit hast du zusätzliche Möglichkeiten. Du baust z.B. ein Lenkrad und ein Gaspedal für deinen Autosimulator, steuerst mit dem Schieberegler einen Schläger auf dem Bildschirm oder prüfst mit dem Lichtsensor, wie viel Fruchtsaft in einer Limonade ist. Der Fantasie sind keine Grenzen gesetzt.

Im dritten Teil (Kapitel 7 bis 18) entwickelst du Projekte mit der Programmiersprache Python. Du schreibst Programme, die Leuchtdioden ansteuern, über Funk Haushaltsgeräte ein- und ausschalten, Temperaturen messen oder mit einem Ultraschallsensor die Bewegungen bei sportlichen Übungen kontrollieren. Mit einer Kamera (oder Infrarotkamera) beobachtet dein Raspberry Pi den Garten. Ein Python-Programm kann das Livebild der Kamera automatisch auswerten. Dein Computer kann Bewegungen erfassen und darauf reagieren oder ein Farbmuster auf einer Schlüsselkarte erkennen. Im letzten Kapitel geht es darum, wie du den Raspberry Pi als Webserver nutzen kannst. Du programmierst interaktive Webseiten, die du im lokalen Netz (z.B. mit deinem Smartphone oder iPhone) testen kannst. Das klingt alles sehr kompliziert. Dennoch sind die Programmbeispiele klein (fast immer weniger als eine Seite). Du kannst sie schnell aufschreiben, testen und weiterentwickeln.

Im Anhang ist ein Kapitel für Eltern und Lehrer. Dort gibt es auch ein Auflistung der Geräte und elektronischen Bauteile, die du für deine Projekte brauchst. Zum Glück kann man heute alles bequem über das Internet bestellen. Aber bei Online-Geschäften solltest du deine Eltern um Hilfe bitten.

Aufbau der Kapitel

Noch ein paar Dinge zum Aufbau der einzelnen Kapitel. Gegen Ende jedes Kapitels findest du kleine Fragen zum Inhalt, die anregen sollen, noch einmal über die wichtigsten Punkte des Kapitels nachzudenken. Manchmal gibt es hier auch Dinge zum Ausprobieren.

Danach kommen Aufgaben, bei denen etwas programmiert werden soll. Es sind Vorschläge für weitere Projekte aus der Thematik des jeweiligen Kapitels. Meistens gibt es sehr viele Hinweise und Hilfen.

Ganz zum Schluss des Kapitels findest du vollständige Lösungen zu den Aufgaben und Fragen.

Hinweise und Hintergrundinformationen

Ab und zu meldet sich der Hund zu Wort. Die hellblauen Kästen bieten – kurz und knapp – zusätzliche Informationen zu Punkten, die in dem jeweiligen Projekt eine besondere Rolle spielen.

Praktische Tipps

In den violetten Kästen mit dem Ausrufezeichen findest du praktische Tipps und Lösungshilfen für Probleme, die an dieser Stelle auftreten können.

Downloads auf der Webseite zum Buch

Alle Programmtexte kannst du von der Webseite zu diesem Buch herunterladen. Die Adresse ist *www.mitp.de/7648*. Die Programmbeispiele kannst du dir als zip-Archiv herunterladen. Klicke in dem Kasten DOWNLOADS auf den Link PROGRAMMBEISPIELE. Speichere die Datei in einen geeigneten Ordner und entpacke das Archiv. Du erhältst zu jedem Kapitel, in dem Projekte beschrieben werden, einen Ordner mit den Programmbeispielen. Eine genaue Schritt-für-Schritt-Anleitung, wie du auf deinem Raspberry Pi die Texte downloadest, findest du in Kapitel 7.

Auf der Webseite findest du außerdem Zusatzkapitel, die im gedruckten Buch keinen Platz mehr hatten. Im ersten geht es um wissenschaftliche Projekte mit dem Raspberry Pi. Hier wird erklärt, wie du Geräte baust, die man für chemische und physikalische Experimente verwenden kann, z.B. ein Photometer, mit dem der Farbstoffgehalt einer Lösung bestimmt werden kann, oder ein einfaches Spektralphotometer, das Farbstoffe durch eine Spektralanalyse unterscheiden kann. Du findest hier auch Beispiele für Simulationen und Modelle zur Veranschaulichung natürlicher Vorgänge.

Das zweite Zusatzkapitel hat den Schwerpunkt Bildbearbeitung. Du erfährst, wie du automatisch Muster erzeugen und als Vektorgrafik speichern kannst. Außerdem wird in das Modul PIL und in einige Grundideen der objektorientierten Programmierung eingeführt (Definition von Klassen).

Das dritte Zusatzkapitel beschreibt Experimente mit der Infrarot-Kamera NoIR.

Wenn du über ein erfolgreiches Projekt berichten oder auf einen Fehler im Buch hinweisen möchtest, erreichst du den Autor unter *mw@creative-informatics.de*.

1

Der Raspberry Pi

Im ersten Kapitel geht es darum, wie du den Raspberry Pi zu einem funktionierenden Computer ausbaust und Software installierst.

Du lernst das Betriebssystem Linux kennen. Schon mal davon gehört? Wir verwenden die Distribution *Raspbian*, die auf den Raspberry Pi zugeschnitten ist. Du kopierst Dateien, richtest neue Benutzer ein, verbindest den Raspberry Pi mit dem Funknetz und installierst Spiele und nützliche Software.

Von der Hauptplatine zum lauffähigen Computer

Der Raspberry Pi ist noch kein fertiger Computer. Er ist nur die Hauptplatine mit dem Prozessor und vielen Anschlüssen für Tastatur, Monitor und andere Geräte. In diesem Abschnitt geht es um die Hardware, also die Teile, die man anfassen kann. Du erfährst, wie du aus deinem Raspberry Pi einen vollständigen Computer zusammenbaust. Das neuste Modell des Raspberry Pi heißt B+. Achte auf das Plus.

Wenn du schon einen älteren Raspberry Pi B (ohne Plus) hast, ist das kein Problem. Alle Projekte in diesem Buch funktionieren auch mit dem Modell B.

Das Wichtigste zuerst

Hinweis

Vielleicht liest du diesen Abschnitt zusammen mit deinen Eltern durch. Im Anhang gibt es noch eine weitere Liste mit speziellen Bauteilen, die du für bestimmte Projekte brauchst. Frag deine Eltern, ob sie dir bei der Beschaffung helfen können.

Du benötigst außer dem Raspberry Pi noch einige weitere Geräte.

- Eine SDHC-Speicherkarte (oder kurz SD-Karte). Auf einer SDHC-Karte (*Secure Digital Memory Card High Capacity*) werden alle Programme und Daten gespeichert. Für das Modell B+ brauchst du eine kleine Micro-SD-Karte und für das ältere Modell B eine SD-Karte in normaler Größe. Es werden mindestens vier Gigabyte (GB) benötigt, möglichst mit Geschwindigkeitsklasse 10 (schneller Zugriff). Ein Gigabyte ist eine Datenmenge, die rund einer Milliarde Zeichen entspricht.
- USB-Tastatur. USB steht für *Universal Serial Bus*. Das kann eine einfache Tastatur mit Kabel oder eine Funktastatur sein.
- Energieversorgung. Auf der Platine des RPi gibt es einen Micro-USB-Eingang, den du für die Stromversorgung verwenden kannst. Besorge dir ein Netzteil, das bei einer Spannung von 5 Volt mindestens eine Stromstärke von 1000 Milliampere (1000 mA) liefert. Normalerweise ist ein Ladegerät für ein Mobiltelefon genau das Richtige (ab 8 €).
- Monitor mit HDMI-Eingang. Die Buchstaben HD stehen für *High Definition*, also hohe Auflösung. MI bedeutet *Multimedia Interface*. Das bedeutet, dass über diesen Anschluss Bild und Ton übertragen werden können. Am besten ist deshalb ein Multimedia-Monitor mit HD-Auflösung (1920 × 1080), der auch Lautsprecher hat. Natürlich brauchst du dann auch ein HDMI-Kabel. Für Monitore mit VGA- oder DVI-Eingang brauchst du einen Adapter (ab 10 €). Mit VGA (engl. *Video Graphics Array*) und DVI (engl. *Digital Visual Interface*) kann man auch eine HD-Auflösung erreichen. Der RPi funktioniert aber auch mit älteren Monitoren, die eine geringere Auflösung haben (z.B. 640 × 480).
- USB-Maus.
- WLAN-Adapter. Falls du Zugang zu einem lokalen Netzwerk hast, kannst du den Raspberry Pi über ein LAN-Kabel damit verbinden. Praktischer ist aber ein Funk-

netz (WLAN oder WiFi). Erstens hast du weniger »Kabelsalat« und zweitens kannst du so auch den Raspberry Pi mit deinem Android-Smartphone oder iPhone verbinden. Dafür brauchst du einen USB-WLAN-Adapter (etwa ab 10 €). Mehr zu diesem Thema in Abschnitt »Den RPi mit dem Funknetz verbinden« auf Seite 34.

- Viele dieser Dinge hast du vielleicht schon zu Hause und kannst ausprobieren, ob sie mit deinem Raspberry Pi funktionieren. Normalerweise gibt es keine Probleme. Wenn du aber ein neues Teil kaufst und auf »Nummer sicher« gehen willst, kannst du im Internet prüfen, ob es für den RPi geeignet ist: *http://elinux.org/RPi_VerifiedPeripherals*.
- Weitere Dinge, die du für spezielle Projekte brauchst, werden im Anhang beschrieben. Manches muss man im Internet bestellen. Frag deine Eltern, ob sie dir helfen.

Aufbau des Raspberry Pi

Abb. 1.1: *Der Raspberry Pi Modell B+.*

Abbildung 1.1 zeigt den Aufbau des Raspberry Pi Modell B+. Das Modell B ist ähnlich aufgebaut, hat aber vier wesentliche Unterschiede, auf die ich später zu sprechen komme.

❶ Das ist der Prozessor, das wichtigste Teil eines Computers. Hier werden Daten verarbeitet. Er besteht hauptsächlich aus vielen elektronischen Schaltern, die ständig geöffnet und geschlossen werden und so elektrische Signale über bestimmte Bahnen leiten. In deinem Raspberry Pi ist ein ARM11-Prozessor mit einer Taktfrequenz von 700 Megahertz. Das bedeutet im Prinzip, dass er in einer Sekunde 700 Millionen Schaltvorgänge schafft. ARM steht für *Advanced RISC Machines*, auf Deutsch »fortgeschrittene RISC Maschinen«. RISC wiederum hat nichts mit »Risiko« zu tun, sondern ist eine Abkürzung für *Reduced Instruction Set Computer*, also Computer mit reduziertem Befehlssatz. Das besondere Merkmal von ARM-Prozessoren ist, dass sie wenig Strom verbrauchen. Deswegen findet man sie auch in Mobiltelefonen.

❷ Das GPIO. *General Purpose Input Output Device* – oder kurz GPIO – heißt auf Deutsch ungefähr »Ein-/Ausgabegerät für viele Verwendungszwecke«. Beim Modell B+ sind das 40 Pins, die aus der Platine herausragen. Hier kannst du mit Jumper-Kabeln elektronische Schaltungen anschließen. Wichtig zu wissen ist, wo Pin Nummer 1 ist. Er ist im Bild markiert (P1). Mehr dazu in Kapitel 5.

❸ Das Modell B+ hat vier USB-Buchsen (Universal Serial Bus). Hier schließt du die Tastatur und die Maus an. Wenn du einen WLAN-Adapter besitzt, kommt der auch an einen der USB-Eingänge.

❹ RJ45-Buchse. Hier kannst du ein LAN-Kabel anschließen, um deinen RPi mit dem lokalen Netzwerk zu verbinden. Ein LAN (*Local Area Network*) ist ein Netzwerk aus Computern, die über Kabel miteinander verbunden sind. Praktischer ist allerdings ein Funknetz.

❺ Analoger Audio- und Video-Ausgang. Hier kannst du Kopfhörer oder Aktivboxen anschließen. Aktivboxen sind Lautsprecher mit eingebautem Verstärker und eigener Stromversorgung.

❻ HDMI-Buchse. Hier schließt du das HDMI-Kabel für den Monitor an. HDMI steht für *High Definition Multimedia Interface*. Auf Deutsch bedeutet das in etwa Schnittstelle für hochauflösende Multimedia-Geräte. »Hochauflösend« heißt, dass dein Monitor ein sehr gutes Bild mit 1920 × 1080 Bildpunkten zeigt. »Multimedia« bedeutet, dass Bild und Ton übertragen werden.

❼ Am Micro-USB-Eingang schließt du das Netzteil an.

❽ Kartenhalter mit Mikro-SD-Karte. Vorsicht! Fasse den RPi niemals an dieser Stelle an! Wenn du auf die Mikro-SD-Karte drückst, springt sie heraus. Dann verliert der RPi augenblicklich sein Gedächtnis.

❾ CSI-Eingang (*Camera Serial Interface*) zum Anschluss des Kameramoduls (siehe Kapitel 12).

Vermisst du nicht etwas? Ja, richtig! Der Raspberry Pi hat keinen Ein-/Aus-Schalter. Sobald du ihn mit einer Stromquelle verbunden hast (8), startet er. Aber bevor du das tust, musst du dafür sorgen, dass auf der Mikro-SD-Karte die Betriebssoftware installiert ist. Wie das geht, wird gleich erklärt.

Was ist beim Modell B anders?

Das (ältere) Modell B hat vier wesentliche Unterschiede zum Nachfolger:

- Es gibt nur zwei statt vier USB-Eingänge.
- Die Audio-Buchse ist von der Video-Buchse (gelb) getrennt.
- Der Speicher ist eine normale SD-Karte und keine Mikro-SD-Karte.
- Der GPIO hat nur 26 Pins.

Alle Projekte in diesem Buch funktionieren auf beiden Modellen gleichermaßen.

Das Betriebssystem installieren

Im letzten Abschnitt ging es um die Hardware des Computers, also die Dinge, die man anfassen kann. Aber damit der Raspberry Pi tatsächlich arbeiten kann, braucht er auch *Software*. Das sind Programme und Daten, also Sachen, die es zwar gibt, aber die man *nicht* anfassen kann. Die wichtigste Software für den Computer ist das Betriebssystem. Es verwaltet das Speichern von Daten, regelt die Verbindung zu Tastatur, Maus und den anderen angeschlossenen Geräten, und es bietet eine Benutzungsoberfläche. Kurz und knapp: Es ist für die Grundfunktionen des Computers zuständig. Ohne ein Betriebssystem funktioniert kein Computer. In diesem Abschnitt geht es also darum, wie du das Betriebssystem auf deinen Raspberry Pi bringst. Dazu brauchst du einen anderen Computer (z.B. einen Apple Mac oder einen Windows-Rechner). Wenn du selbst keinen eigenen Rechner besitzt, musst du jemanden bitten, dir zu helfen.

Für den Raspberry Pi gibt es mehrere Betriebssysteme. Wir verwenden in diesem Buch *Raspbian*, eine Linux-Variante (genauer gesagt: Debian Wheezy), die speziell auf den Raspberry Pi zugeschnitten ist. Das Betriebssystem muss auf der SD-Karte installiert werden. Am einfachsten geht das mit dem Installationsmanager NOOBS (*New Out Of the Box Software*). Das heißt auf Deutsch sinngemäß ungefähr: »Neues System, mit dem man Software leicht und schnell installieren kann«. Man kann SD-Karten kaufen, auf denen NOOBS bereits vorinstalliert ist. Wenn du eine solche SD-Karte hast, kannst du den folgenden Abschnitt überspringen. Ansonsten kannst du NOOBS kostenlos herunterladen und auf deiner SD-Karte installieren. Wie das geht, wird nun Schritt für Schritt erklärt.

NOOBS herunterladen

Die SD-Karte musst du auf deinem PC, Mac oder Laptop vorbereiten. Wenn du im Umgang mit Computern unerfahren bist, könntest du in diesem Abschnitt die Hilfe eines Experten gebrauchen.

Auf der Raspberry-Pi-Website *http://www.raspberrypi.org/downloads* werden NOOBS und mehrere Betriebssysteme zum Download angeboten.

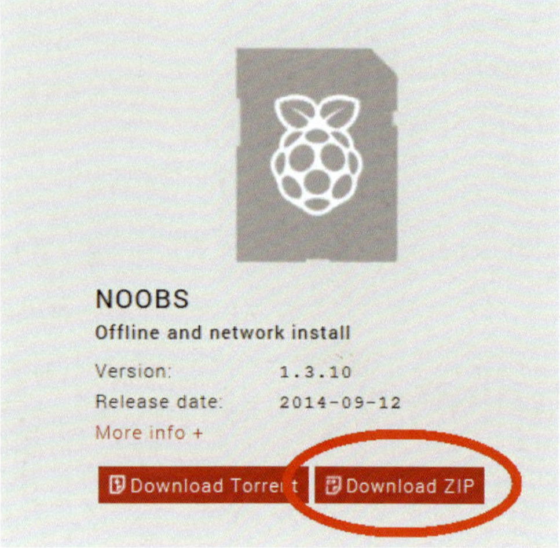

Abb. 1.2: *Download von NOOBS*

Wähle NOOBS (*nicht* NOOBS Light) und klicke auf DOWNLOAD ZIP. Du wirst gefragt, ob du die Archivdatei öffnen oder speichern willst. Klicke auf SPEICHERN. In einem ZIP-Archiv sind Daten so verpackt, dass sie nicht so viel Speicherplatz beanspruchen. Man nennt das Datenkompression. Dennoch ist es eine sehr große Datei und allein das Herunterladen kann lange dauern.

Im nächsten Schritt musst du das ZIP-Archiv entpacken. Dazu kommen wir jetzt.

Entpacken mit Mac OS X

Wenn du einen Apple Mac hast, geht das Entpacken ganz leicht. Denn das Betriebssystem Mac OS X (oder seit Version 10.8 einfach nur OS X) kann schon von sich aus Archive auspacken, ohne dass du vorher noch eine zusätzliche Software installieren musst. So gehst du vor: Du legst einen neuen Ordner für die NOOBS-Dateien an (ABLAGE|NEUER ORDNER). Verschiebe die heruntergeladene Archivdatei in den neuen Ordner. Doppelklicke die Datei. Dann wird sie entpackt. In dem neuen Ordner sind nun mehrere Dateien und Unterordner mit der NOOBS-Software.

Entpacken mit WinRAR (Windows)

Wenn du einen Windows-Rechner hast, ist dort vermutlich auch schon ein Archivierungsprogramm installiert, z.B. *WinRAR*. Wenn du kein solches Programm hast, musst du es erst installieren. Eine Testlizenz von WinRAR ist kostenlos (*http://www.winrar.de/download.php*).

Um das heruntergeladene ZIP-Archiv auf deiner Festplatte zu finden, gibst du in das Sucheingabefeld deines Betriebssystems den Suchbegriff noobs ein. Jedes Betriebssystem hat eine Suchfunktion. Bei Windows 8 klickst du auf die Lupe oben rechts im Startfenster. Bei Windows 7 findest du das Sucheingabefeld, wenn du unten links auf den START-Knopf klickst (Abbildung 1.3).

Abb. 1.3: *Das Eingabefeld für eine Suche bei Windows 7*

Unter den Suchergebnissen findest du das Icon des heruntergeladenen Archivs. Es sieht so aus wie in Abbildung 1.4, wenn WinRAR installiert ist.

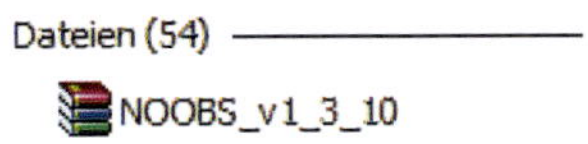

Abb. 1.4: *Das Icon des Archivs mit NOOBS unter Windows*

Du doppelklickst das Icon. Es öffnet sich das Archivierungsprogramm (z.B. WinRAR).

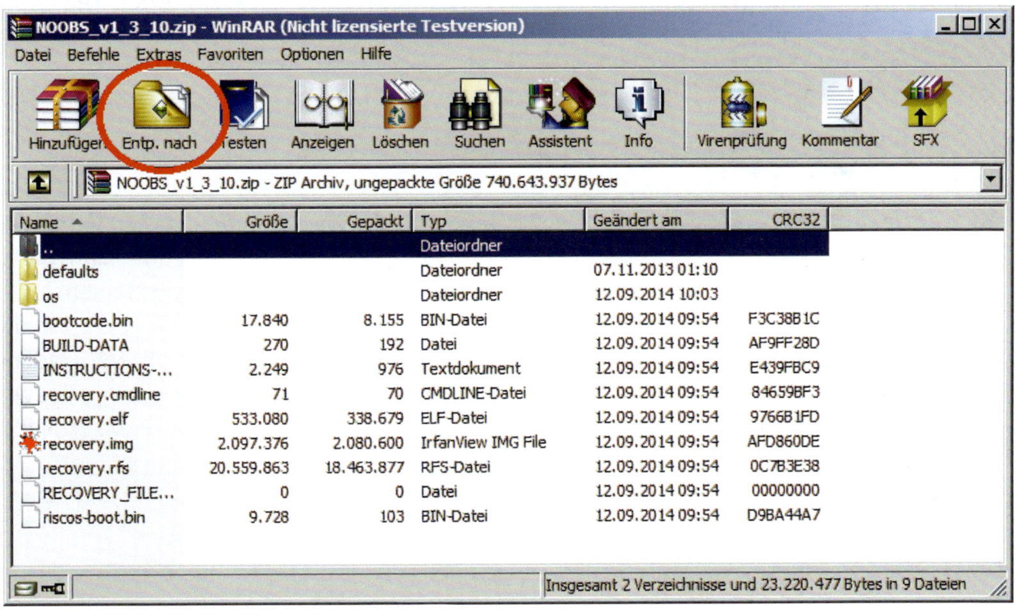

Abb. 1.5: *WinRAR-Fenster mit den Dateien des NOOBS-Archivs*

Du siehst, dass das NOOBS-Archiv aus mehreren Dateien und Ordnern besteht. Du klickst auf ENTP. NACH. Es öffnet sich ein Fenster, in dem du festlegen kannst, wo die Dateien des ausgepackten Archivs gespeichert werden sollen. Klicke rechts auf *Desktop*. Im Adressfeld oben erscheint nun der Pfad zum Desktop. Schreibe nun mit der Tastatur an das Ende noch \NOOBS (siehe Abbildung 1.6 oben). Klicke dann unten auf OK. Dann wird auf dem Desktop ein neuer Ordner namens NOOBS erstellt und in diesen Ordner die NOOBS-Dateien gespeichert.

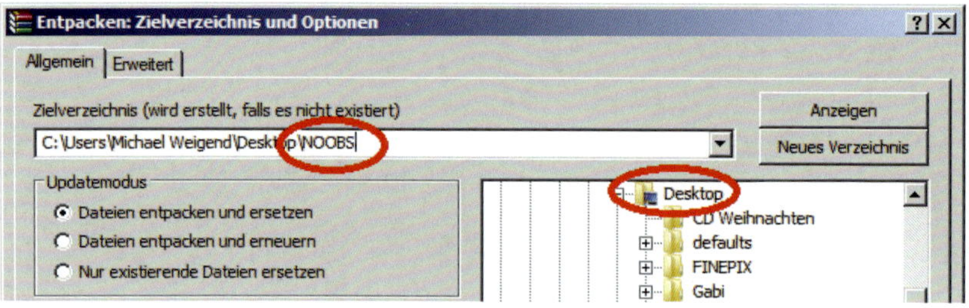

Abb. 1.6: *Den Speicherort für die NOOBS-Dateien auswählen*

Die SD-Karte formatieren

Bevor du NOOBS auf die SD-Karte kopierst, solltest du sie formatieren. Beim Formatieren wird der gesamte Speicher der SD-Karte gelöscht und eine neue Speicherstruktur angelegt. Formatieren ist eine gefährliche Operation. Denn dabei können Daten zerstört werden. Besser ist es, wenn neben dir jemand sitzt, der sich mit dem Computer auskennt.

Mac

Wenn du einen Mac hast, kannst du das FESTPLATTENDIENSTPROGRAMM verwenden, das zum Betriebssystem gehört. Schiebe die SD-Karte in den SD-Karteneingang. Drücke die Befehlstaste und gleichzeitig die Leertaste um Spotlight zu öffnen. Gib in das Suchfeld die ersten Buchstaben von FESTPLATTENDIENSTPROGRAMM ein bis der vollständige Programmname in der Trefferliste erscheint. Klicke (oder doppelklicke) auf FESTPLATTENDIENSTPROGRAMM. Es öffnet sich ein Anwendungsfenster. Wähle links deine SD-Karte durch Anklicken aus und klicke rechts auf den Reiter LÖSCHEN. Unter FORMAT; stellst du dann MS-DOS-DATEISYSTEM (FAT) ein. In der Mitte siehst du mehrere Schaltflächen. Klicke auf LÖSCHEN und bestätige die Nachfrage. Wenn das Programm fertig ist, solltest du die SD-Karte abmelden, bevor du sie entnimmst. Klicke mit der rechten Maustaste auf das Kartensymbol und wähle AUSWERFEN oder drücke [⌘]+[E]. Jetzt kannst du die SD-Karte aus dem SD-Kartensteckplatz herausnehmen.

Windows

Wenn du einen Windows-Rechner hast, brauchst du ein Formatierungsprogramm.

Besuche die Website der SD Association (*https://www.sdcard.org/downloads/*). Lade den SDFormatter 4.0 herunter (Windows).

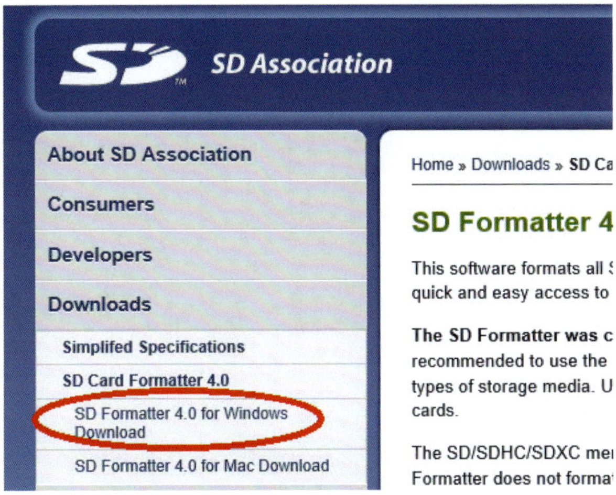

Abb. 1.7: *Das Formatierungsprogramm herunterladen*

Es ist wieder ein ZIP-Archiv. Du musst es entpacken und dann das Programm installieren. Das geht ganz leicht. Nach dem Entpacken ist ein Ordner namens `SDFormatterv4` entstanden. In diesem Ordner ist ein Programm namens `setup.exe`. Wenn du das Programm durch Doppelklicken startest, öffnet sich das Fenster des Installationsprogramms. Du folgst einfach den Anweisungen. Wenn es Probleme gibt, frage jemanden, der schon einmal Programme installiert hat.

So formatierst du deine SD-Speicherkarte:

- Schiebe eine SDHC Karte (mindestens 4 GB, besser aber 8 GB) vorsichtig in den Schlitz des SD-Kartenlesers deines Computers. Für die Micro-SD-Karte brauchst du einen Adapter. Achte darauf, welche Laufwerkbezeichnung der SD-Karte zugeordnet wird (z.B. `F:`).
- Starte den SDFormatter. Kontrolliere zur Sicherheit, dass im Feld *Drive* die Laufwerkbezeichnung deiner SD-Karte erscheint (z.B. `F:`). Wenn du nur *eine* SD-Karte eingelegt hast (und nicht noch eine zweite), ist das auch die einzige Möglichkeit. Es kann also im Grunde nichts passieren.
- Klicke auf die Schaltfläche OPTION. Es öffnet sich eine kleine Dialogbox. Wähle in der Rubrik *FORMAT TYPE* die Option *Full(Erase)* und setze *FORMAT SIZE ADJUSTMENT* auf *On*. Damit stellst du sicher, dass die gesamte SD-Karte formatiert wird. Klicke schließlich auf OK.

- Wenn du willst, kannst du deiner SD-Karte im Feld rechts neben *Volume Name:* einen Namen geben.
- Klicke auf FORMAT.

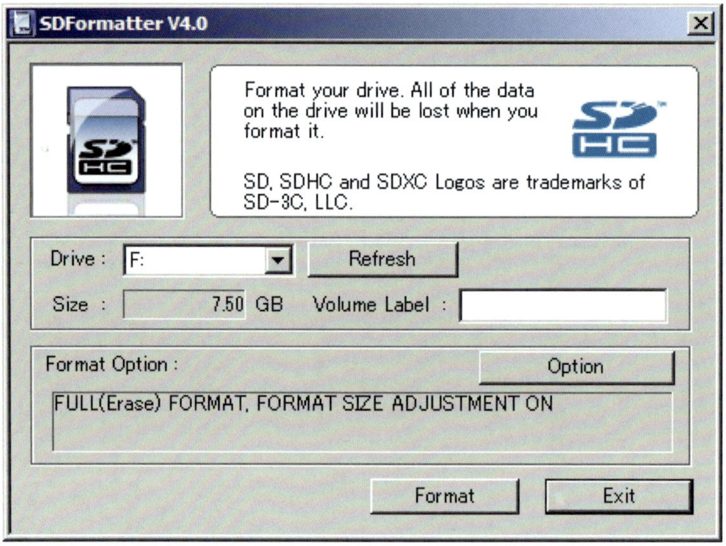

Abb. 1.8: *Mit dem SDFormatter wird die SD-Karte gelöscht und formatiert, bevor das Betriebssystem installiert wird.*

NOOBS kopieren

Kopiere nun die NOOBS-Dateien auf die SD-Karte. Unter Windows geht das so:

- Gehe in den Ordner mit den NOOBS-Dateien. Drücke die Tastenkombination [Strg]+[A] um alle Dateien des Ordners auszuwählen (das A steht für *all* = alle).
- Drücke nun [Strg]+[C] um die ausgewählten Dateien zu kopieren (das C steht für *copy* = kopieren).
- Wähle im Dateimanager deine SD-Karte aus (z.B. F:) und drücke die Tastenkombination [Strg]+[V] um die ausgewählten und kopierten Dateien einzufügen. Das V ist übrigens als eine Art Pfeil nach unten gemeint (»An *diese* Stelle soll es eingefügt werden!«)
- Fertig.

Mit OS X geht das im Prinzip genauso. Nur anstelle der Taste [Strg] verwendest du die Befehlstaste.

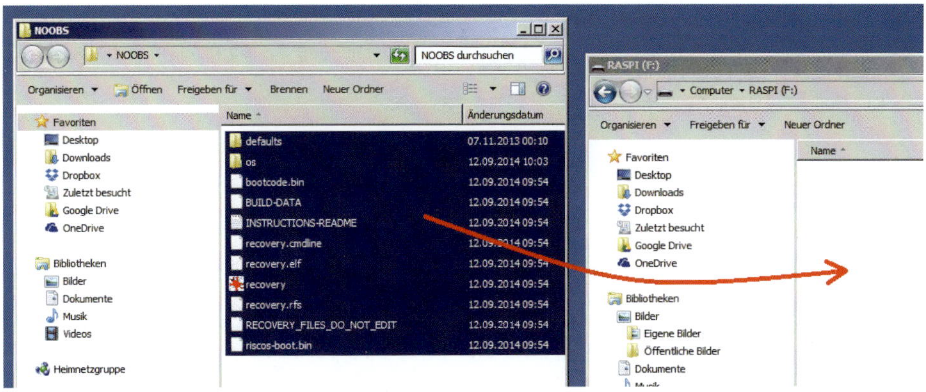

Abb. 1.9: *Der Inhalt des Ordners NOOBS (nicht der Ordner selbst) wird auf die SD-Karte kopiert.*

Den Raspberry Pi das erste Mal starten und konfigurieren

Die Micro-SDHC-Karte schiebst du mit den Kontakten nach oben in den SD-Kartenhalter des RPi. Sie muss einrasten und ragt dann nur noch wenige Millimeter über den Rand der Platine heraus.

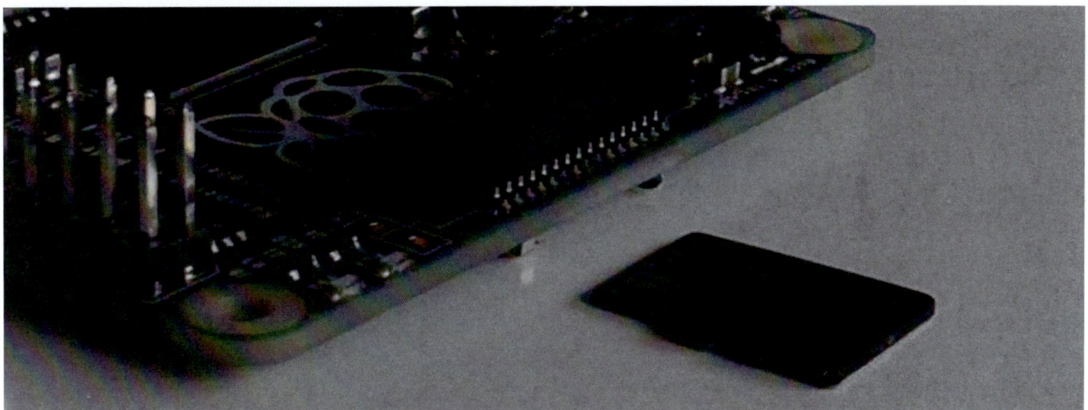

Abb. 1.10: *Die Micro-SDHC-Karte einschieben*

Schließe die anderen Geräte an. Tastatur, Maus, und WLAN-Adapter kommen an USB-Buchsen und der Monitor wird über ein HDMI-Kabel angeschlossen. Zum Schluss verbindest du die Micro-USB-Buchse mit dem Netzteil. Auf diese Weise startest du den RPi. Er hat ja keinen Schalter. Das Starten eines Computers nennt man übrigens auch *Hochfahren* oder *Booten*.

Abb. 1.11: RPi mit angeschlossenen Geräten. Von links nach rechts: Mauskabel, Sender für Funktastatur, WLAN-Adapter mit Antenne, HDMI-Kabel und Micro-USB-Kabel zur Stromversorgung.

Beim ersten Start erscheint das Startfenster von NOOBS. Mit NOOBS kannst du unterschiedliche Betriebssysteme installieren. Sie sind alle schon auf der SD-Karte gespeichert. Wähle Raspbian aus (ganz oben in der Liste), indem du die Checkbox neben dem Wort *Raspbian* anklickst.

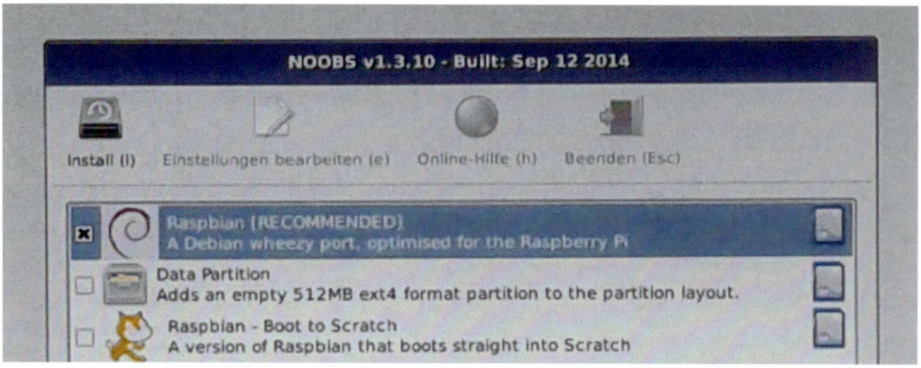

Abb. 1.12: Das NOOBS-Startmenü auf dem RPi.

Am unteren Bildschirmrand kannst du noch die Spracheinstellungen vornehmen. Wichtig ist vor allen Dingen, dass du eine deutsche Tastaturbelegung einstellst. Am unteren Bildschirmrand steht *language(l): English (UK)*. Klicke auf das kleine schwarze Dreieck rechts daneben. Es erscheint eine Liste mit verschiedenen Sprachen. Wähle die Sprache *Deutsch*. Dann wird automatisch neben *Keyboard* die Option *DE* ausgewählt. Damit wird die QWERTZ-Tastaturbelegung eingestellt.

Was ist die QWERTZ-Tastaturbelegung?

Auf der deutschen Tastatur sind die ersten sechs Tasten der oberen Buchstabenzeile mit [Q], [W], [E], [R], [T] und [Z] belegt. Dagegen haben im englischen Sprachraum die Tastaturen eine QWERTY-Belegung. Der sechste Buchstabe ist ein Y.

Klicke auf INSTALL und starte so die Installation des Betriebssystems Raspbian. Das dauert eine ganze Weile und du bekommst während der Wartezeit auf dem Bildschirm ein paar Erklärungen zum Betriebssystem.

Schließlich meldet das System *OS installed successfully*. Das heißt: Das Betriebssystem (*Operating System*) wurde erfolgreich installiert.

Dann fährt der Computer noch einmal hoch und startet nun automatisch das Konfigurationsprogramm `raspi-config`. Im Konfigurationsprogramm kannst du verschiedene Grundeinstellungen des Betriebssystems vornehmen. In den folgenden Abschnitten werden einige wichtige Einstellungen erklärt.

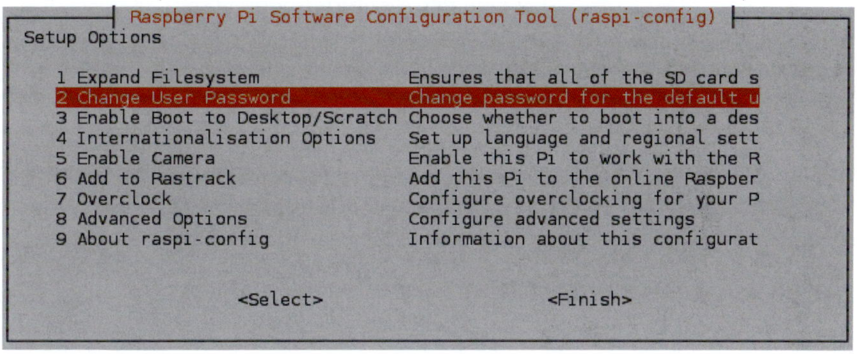

Abb. 1.13: *Das Hauptmenü des Konfigurationsprogramms* `raspi-config`

Über die Pfeiltasten der Tastatur gehst du in dem Menü rauf und runter. Das nennt man *Navigieren*. Mit [↵] wählst du einen Menüpunkt des Hauptmenüs aus. Zu den unteren Schaltflächen <Select> (Auswählen) und <Finish> (Beenden) gelangst du mit [←] und [→]. Mit [ESC] kommst du von einem Untermenü wieder ins Hauptmenü.

Was tun, wenn die Tastatur nicht richtig funktioniert?

Der Raspberry Pi arbeitet sehr zuverlässig. Aber ganz selten passiert es, dass die Maus oder die Tastatur nicht mehr funktioniert. Meistens reicht es dann, wenn du den USB-Stecker abziehst und dann wieder in die Buchse steckst. Du kannst das gefahrlos zu jedem Zeitpunkt machen.

Falls das nicht hilft, kann es sein, dass die Tastatur oder Maus zu viel Strom benötigt. Dann musst du einen aktiven USB-Hub mit eigener Stromversorgung vorschalten. Ein Hub (engl. für Radnabe) hat einen USB-Eingang und mehrere USB-Ausgänge. Du schließt den Eingang mit einem USB-Kabel an eine USB-Buchse des RPi an. Die stromfressende Tastatur schließt du an einen der Ausgänge des Hubs an.

Das Passwort ändern

Der Raspberry Pi mit dem Betriebssystem Linux ist für Mehrbenutzerbetrieb eingerichtet. Das heißt, man geht davon aus, dass mehrere Personen den Computer benutzen. Jede Person hat einen Benutzernamen und ein Passwort. Um den Computer benutzen zu können, muss man sich einloggen und Benutzername und Passwort eingeben. Deinen Raspberry Pi wirst wahrscheinlich nur du alleine benutzen. Aber dennoch kannst du mehrere Benutzernamen verwenden – ähnlich wie ein Schauspieler, der mehrere Rollen spielt.

Auf deinem Raspberry Pi wurde mit der Installation des Betriebssystems bereits ein Systemadministrator namens `root` und ein »normaler« Benutzer mit dem Namen `pi` und dem Passwort `raspberry` eingerichtet.

Was ist ein Systemadministrator?

Der Systemadministrator (Root) hat besondere Rechte und besondere Verantwortung. Er kann neue Benutzer einrichten und hat Zugang zu Dateien, mit denen Merkmale des Betriebssystems verändert werden können. Bestimmte Befehle (z.B. die Installation von neuer Software) dürfen nur vom Administrator ausgeführt werden. Stelle dir den Systemadministrator wie den Hausmeister eines Mehrfamilienhauses vor.

Du wirst die meiste Zeit unter dem Benutzernamen `pi` arbeiten. Zum professionellen Umgang mit dem Computer gehört es, das vorgegebene Passwort (das jeder auf der Welt kennt) zu ändern. Wähle mit den Pfeiltasten die Option 2: `Change User Password` und drücke auf [↵].

Gib ein neues Passwort ein. In der Kommandozeile ist nichts zu sehen – weder Buchstaben noch Sternchen. So ist das bei Linux. Wenn dir jemand bei der Pass-

worteingabe über die Schulter schaut, sieht er nicht einmal, wie lang dein Passwort ist. Zur Sicherheit musst du dein Passwort noch ein zweites Mal eingeben. Wähle dann unten `Ok` und drücke [↵].

Den Desktop sofort verfügbar machen

Bei den meisten Projekten, die in diesem Buch vorgestellt werden, verwendest du den Raspberry Pi als Desktop-Computer mit Monitor, Tastatur und Maus. Deshalb ist es praktisch, wenn du dich nach dem Einschalten nicht erst einloggen musst, sondern nach dem Booten sofort die grafische Benutzungsoberfläche des RPi erscheint.

Um das einzustellen, wählst du im Hauptmenü des Konfigurationsprogramms mit den Pfeiltasten die Option 3: `Enable Boot to Desktop/Scratch` und drückst [↵].

Wähle zunächst die zweite Option `Desktop Log in as user 'pi' at the graphical desktop`, dann `Ok`, und drücke schließlich [↵]. Beim nächsten Start des Computers erscheint dann sofort der Desktop.

Den schwarzen Rahmen entfernen

Wenn du einen HD-Monitor verwendest, siehst du um den Desktop einen schwarzen Rand. Die Fläche des Displays wird nicht vollständig genutzt. Wenn dich das stört, musst du Overscan deaktivieren. Du wählst zunächst `Advanced Options` dann `Overscan disable`. Mit [Esc] kommst du wieder ins Hauptmenü.

Der Desktop

Meistens arbeitest du mit dem RPi über den Desktop (siehe Abbildung 1.14). Desktop heißt auf Deutsch Schreibtischoberfläche. Und in der Tat sieht es ein bisschen so aus wie ein Schreibtisch, auf dem nützliche Dinge (wie Bücher, Papier, Schreibgeräte und Radiergummis) herumliegen. Wenn du bei der Konfiguration die Option ENABLE BOOT TO DESKTOP gewählt hast, erscheint die grafische Oberfläche sofort. Ansonsten startest du sie auf der Kommandozeile mit dem Befehl

```
startx
```

Mehr über die Kommandozeile erfährst du gleich im Abschnitt »Mit dem Dateimanager arbeiten« auf Seite 35.

Abb. 1.14: *Der grafische Raspbian-Desktop*

Am unteren Rand siehst du einen Streifen (*Application Launch Bar*) mit einigen Funktionen, die für den Gebrauch des Systems besonders wichtig sind.

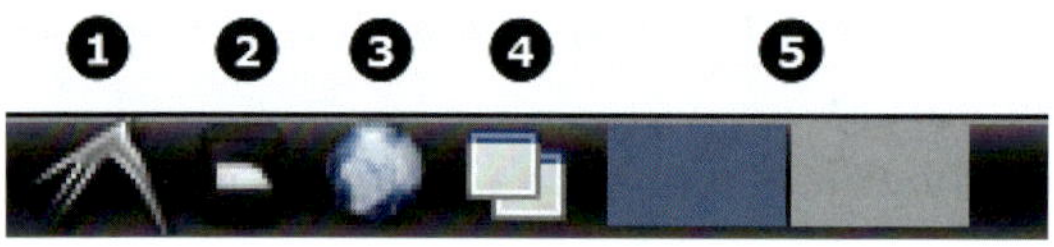

Abb. 1.15: *Die linke untere Ecke des Desktops*

In der linken unteren Ecke findest du folgende Symbole:

1. Startmenü, das den schnellen Zugang zu Standardsoftware ermöglicht.
2. Dateimanager (PCManFM).
3. Webbrowser (Midori).
4. Minimieren aller Anwendungsfenster.
5. Schaltflächen zur Auswahl des Desktops. Raspbian bietet dir zwei Arbeitsflächen, von denen immer nur eine sichtbar ist. Du kannst zwischen den beiden Desktops hin- und herschalten.

Probiere Folgendes aus:

- Starte den Dateimanager.
- Wähle den rechten Desktop. Das Fenster des Dateimanagers ist verschwunden. Na klar, es liegt ja auch auf dem linken Desktop. Und der ist jetzt unsichtbar.

- Wenn du genau hinschaust, siehst du das Fenster des Dateimanagers als winziges Kästchen unten auf dem Symbol des linken Desktops. Klicke darauf und du wechselst wieder zurück auf die linke Arbeitsfläche. Alles sieht aus wie vorher.

Vermutlich wird dir bei der Arbeit mit dem RPi immer ein einziger Desktop ausreichen. Zwei Desktops sind nützlich, wenn du an zwei unterschiedlichen Projekten arbeitest und zu jedem Projekt mehrere Anwendungsfenster geöffnet hast.

In der rechten unteren Ecke ist eine Schaltfläche (roter Schalter) zum Logout und Herunterfahren des Systems.

Am linken Rand des Desktops sind Icons zum Start von Applikationen, darunter auch Scratch und die Python-Entwicklungsumgebung IDLE in zwei Versionen: Für Python 2 und Python 3. Python und Scratch spielen in diesem Buch eine ganz besondere Rolle.

Die Ansicht des Desktops ändern

Vielleicht stört dich die große Himbeere auf dem Desktop. So kannst du sie entfernen:

- Klicke mit der rechten Maustaste auf irgendeine leere Stelle des Desktops. Es erscheint ein Fenster wie in Abbildung 1.16.
- Klicke auf das kleine schwarze Dreieck hinter AUSRICHTUNG.
- Wähle mit den Pfeiltasten die Option MIT HINTERGRUNDFARBE FÜLLEN.
- Klicke auf SCHLIESSEN.

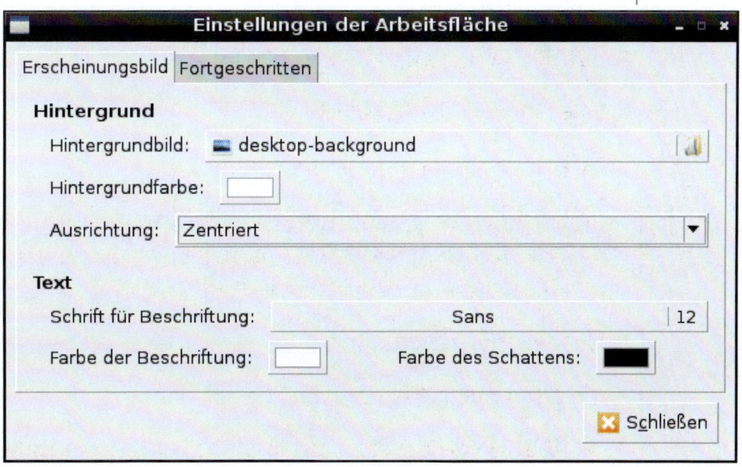

Abb. 1.16: *Die Ansicht der Arbeitsfläche verändern*

Den RPi mit dem Funknetz verbinden

Die Installation mit NOOBS geht auch, wenn der RPi nicht mit dem Internet verbunden ist (Offline-Modus). Aber für viele Dinge ist eine Verbindung mit dem Internet sehr praktisch. Der RPI hat eine RJ45-Buchse, über die du ein LAN-Kabel anschließen kannst. Aber am einfachsten ist es, wenn du dir einen WLAN-Adapter besorgst (ca. 10 €) und den RPi mit dem Funknetz (WLAN) verbindest. Statt WLAN sagt man manchmal auch WiFi. Beides meint dasselbe. Es gibt viele Modelle, die für den RPi geeignet sind. Meistens findest du bei der Produktbeschreibung einen entsprechenden Hinweis. Eine Liste von WLAN-Adaptern, die garantiert funktionieren, findest du im Internet: *http://elinux.org/RPi_USB_Wi-Fi_Adapters*.

- Stecke den WLAN-Adapter in einen freien USB-Eingang.
- Klicke auf dem Desktop auf das mit WIFI CONFIG beschriftete Symbol und starte so das Konfigurationsprogramm.
- Klicke im Hauptfenster auf SCAN (❶). Es erscheint ein neues Fenster mit einer Liste der Funknetze, die gerade empfangen werden. Wenn keine Liste zu sehen ist, klicke in dem neuen Fenster noch einmal auf SCAN (❷).

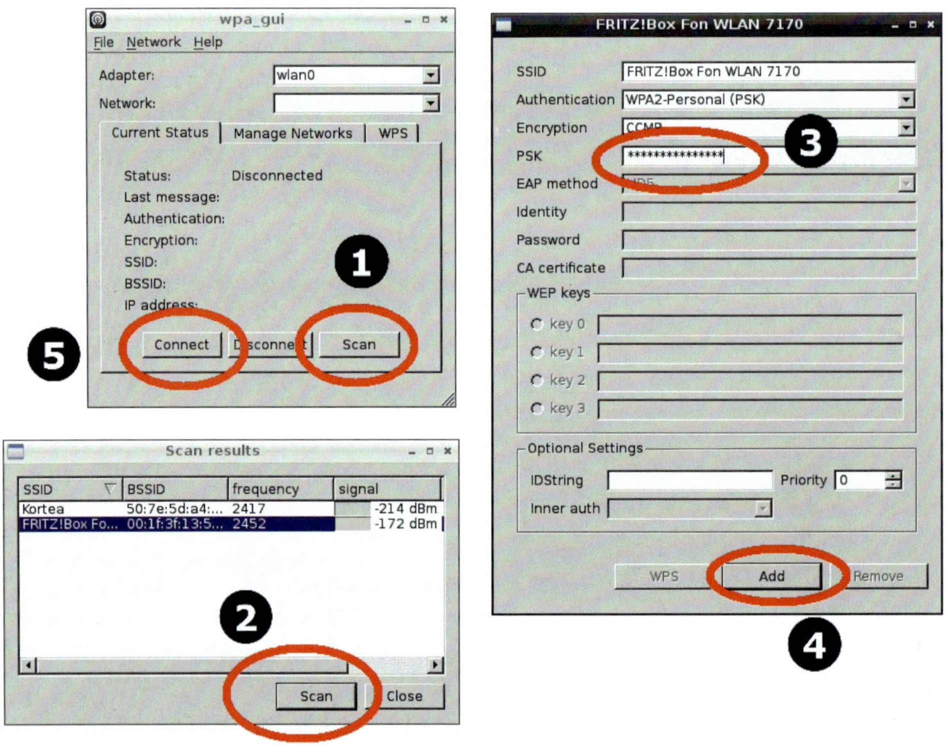

Abb. 1.17: *Den RPi mit dem Funknetz verbinden*

- Frage deine Eltern nach dem Namen eures Heimnetzes. Doppelklicke den Namen eures Netzes in der Liste. Es erscheint ein neues Fenster mit den Daten des ausgewählten Netzes.
- Wahrscheinlich verwendet dein Funknetz den Sicherheitsstandard WPA2. Das steht für *WiFi Protected Access 2*. Das bedeutet, dass alle Daten, die über das Funknetz transportiert werden, verschlüsselt sind. Nur wer das geheime Schlüsselwort kennt – den *preshared key* (PSK) –, kann die Daten wieder entschlüsseln und lesen. Wenn du den Schlüssel nicht kennst, frage deine Eltern. Trage in die Zeile neben PSK den Schlüssel deines Funknetzes ein (❸) und klicke unten auf die Schaltfläche ADD (❹). Damit wird die Beschreibung dieses Funknetzes der Liste hinzugefügt. Normalerweise wird automatisch eine Verbindung mit dem neuen Funknetz hergestellt. Notfalls klickst du im Hauptfenster die Schaltfläche CONNECT an (❺).

Mit dem Dateimanager arbeiten

Dateien sind in Ordnern gespeichert. Statt Ordner sagt man auch Verzeichnis (engl. *directory*). Mit dem Dateimanager kannst du dir den Inhalt von Verzeichnissen ansehen, Verzeichnisse öffnen, Dateien verschieben, kopieren oder löschen. Klicke auf dem Desktop unten links einmal auf das Symbol des Dateimanagers (Abbildung 1.15, Nr. 2). Es öffnet sich ein Fenster wie in Abbildung 1.18.

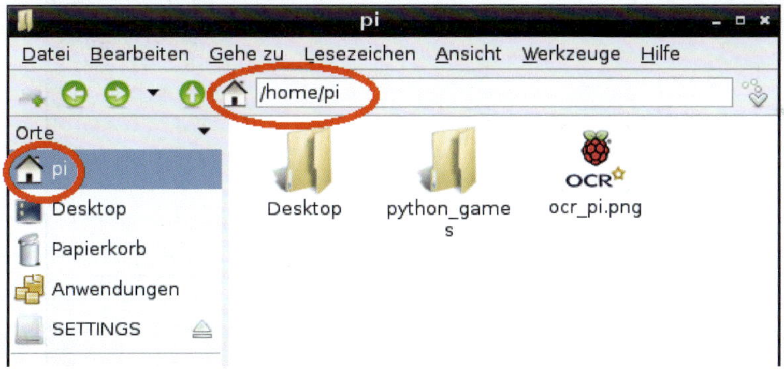

Abb. 1.18: *Der Dateimanager*

Du siehst den Inhalt des Home-Verzeichnisses des Benutzers `pi`. Nun bist du ja der einzige Benutzer (User) deines Raspberry Pi. Aber Linux-Computer haben oft mehrere User. Und jeder von ihnen hat ein eigenes Home-Verzeichnis (engl. *home directory*) für seine privaten Daten. Es hat immer den gleichen Namen wie der Benutzer. Das Home-Verzeichnis ist im linken Teil des Fensters auch als Häuschen dargestellt (in Abbildung 1.18 eingekreist). Immer wenn du auf dieses Symbol klickst, gelangst du in dein Home-Verzeichnis.

Jedes Verzeichnis und jede Datei hat einen *Namen* und einen *Pfad*. Das ist nicht das Gleiche. Der Pfad deines Home-Verzeichnisses ist so etwas Ähnliches wie eine Adresse mit Land, Stadt, Straße und Hausnummer. Man kann dem Pfad den genauen Speicherort einer Datei oder eines Verzeichnisses entnehmen. Oben im Adressfeld des Dateimanagers steht der Pfad des Verzeichnisses, das gerade gezeigt wird (in Abbildung 1.18 ebenfalls eingekreist). Hier lautet der Pfad: `/home/pi`. Das bedeutet: Das Verzeichnis `pi` ist im Verzeichnis `home` gespeichert.

Der Linux-Verzeichnisbaum

Ein Verzeichnis ist eine Art Behälter. Es kann Dateien und wieder andere Verzeichnisse enthalten (Unterverzeichnisse). Und ein Verzeichnis kann selbst wieder ein Unterverzeichnis eines »höheren« Verzeichnisses sein. Alle Verzeichnisse sind auf diese Weise verbunden. Eine solche Struktur nennt man einen *Verzeichnisbaum*. Es ist eigentlich ein umgedrehter Baum. Die Wurzel ist oben und die Blätter sind unten. Alle Computer mit einem Linux-Betriebssystem haben die gleiche Grundstruktur des Verzeichnisbaums. Die Wurzel heißt /. Es ist das »höchste« Verzeichnis in der Hierarchie (der Rangfolge der Verzeichnisse) und das einzige Verzeichnis, das selbst kein Unterverzeichnis eines anderen Verzeichnisses ist.

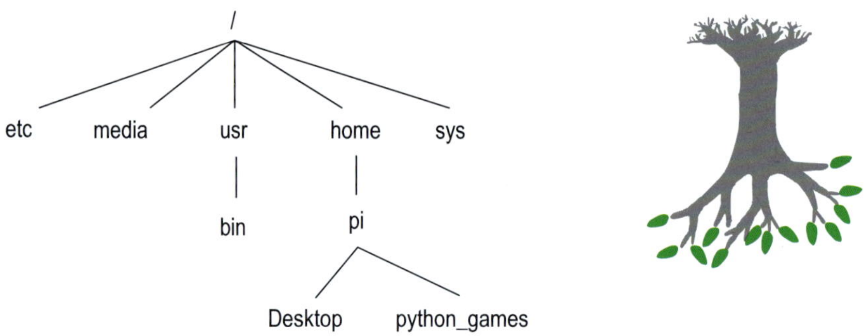

Abb. 1.19: *Der Linux-Verzeichnisbaum auf dem Raspberry Pi (vereinfacht)*

Mit dem Dateimanager kannst du die Verzeichnisse deines RPi erkunden. Abbildung 1.19 zeigt einige wichtige Verzeichnisse, die in diesem Buch eine Rolle spielen.

1. `/etc`
   Hier sind Konfigurationsdateien untergebracht. Sie enthalten Einstellungen für die verschiedenen Anwendungsprogramme, die auf deinem Computer laufen.

2. `/media`
   Wenn du einen Memorystick an den Raspberry Pi anschließt, wird hier ein neues Verzeichnis mit den Daten des Speichersticks eingerichtet. Man sagt, das neue Verzeichnis wird *gemountet*. Mehr dazu im nächsten Abschnitt.

3. /usr
   Das ist der umfangreichste Bereich des Systems. Hier ist der größte Teil der installierten Software gespeichert. Die Spiele sind im Verzeichnis /usr/games und die anderen Programmdateien sind in usr/bin.

4. /home
   Dieses Verzeichnis enthält die Home-Verzeichnisse aller Benutzer. Beim RPi ist anfangs nur ein Benutzer eingerichtet (pi). Deshalb ist hier anfangs nur der Ordner pi zu sehen.

5. /sys
   Hier sind Systemdaten gespeichert. Zum Beispiel verwenden Temperatursensoren dieses Verzeichnis, um Temperaturdaten zu speichern. Mehr dazu in Kapitel 9.

Der Pfad beschreibt, wo genau im Verzeichnisbaum ein Verzeichnis gespeichert ist. Er ist eine Art Wegbeschreibung, die an der Wurzel beginnt. Zwischen den Verzeichnisnamen des Pfades steht immer ein Schrägstrich /.

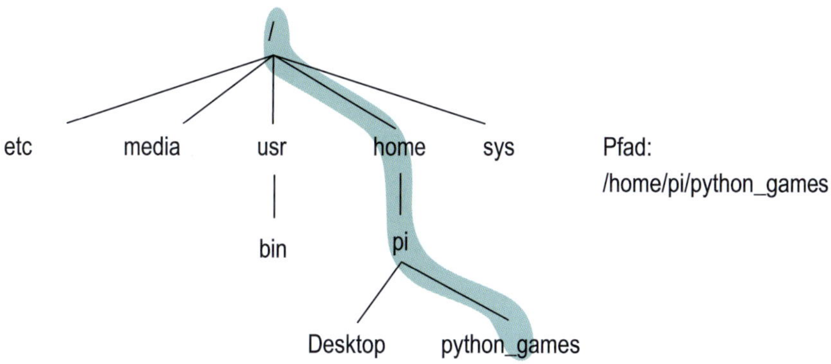

Abb. 1.20: *Ein Pfad im Verzeichnisbaum.*

Dateien auf einen USB-Memorystick kopieren

Vielleicht möchtest du eine Datei vom Raspberry Pi auf einen Memorystick kopieren. Wie geht das? Als Beispiel nehmen wir die Bilddatei mit der Himbeere aus deinem Home-Verzeichnis. Sie hat den Vorteil, dass sie auf jeden Fall schon einmal da ist.

- Öffne den Dateimanager, falls er noch nicht geöffnet ist (unten links, zweites Symbol ▬).
- Stecke den Memorystick in eine USB-Buchse des RPi. Sofort öffnet sich ein Fenster mit dem Titel WECHSELDATENTRÄGER WURDE EINGELEGT. Falls der Memorystick schon vor dem Starten des RPi eingesteckt war, kommt dieses Fenster

nicht. (Dann ziehst du den Stick einfach heraus und schiebst ihn nach ein paar Sekunden wieder in die Buchse zurück.)

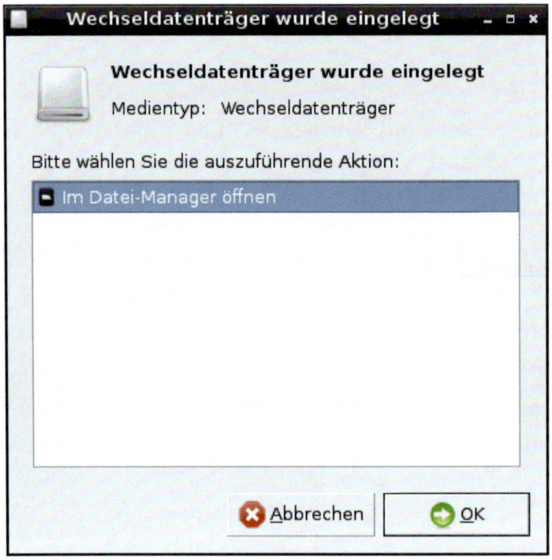

Abb. 1.21: *Einen Memorystick im Dateimanager öffnen*

- Klicke auf OK, so dass sich ein neues Dateimanagerfenster öffnet. Im Adressfenster siehst du einen Pfad, der mit /media/... beginnt (in Abbildung 1.22 eingekreist). Hinter /media/ steht die Bezeichnung deines Memorysticks. Dieser Name wird von Linux wie ein Verzeichnisname behandelt. Doppelklicke den Ordner, in welchem du das Bild speichern möchtest. Vielleicht gibt es auf deinem Memorystick einen Ordner namens Bilder.
- Öffne ein neues Dateimanager-Fenster, indem du wieder unten links auf  klickst.
- In dem neuen Fenster siehst du dein Home-Verzeichnis. Klicke einmal auf das Symbol der Bilddatei OCR_Pi.png und drücke die Tastenkombination [Strg]+[C] (*copy* = kopieren).
- Klicke in dem anderen Dateimanager-Fenster auf das *Zielverzeichnis*. Drücke dann auf der Tastatur die Tastenkombination [Strg]+[V] (Einfügen).
- Fertig. Die Datei ist kopiert.

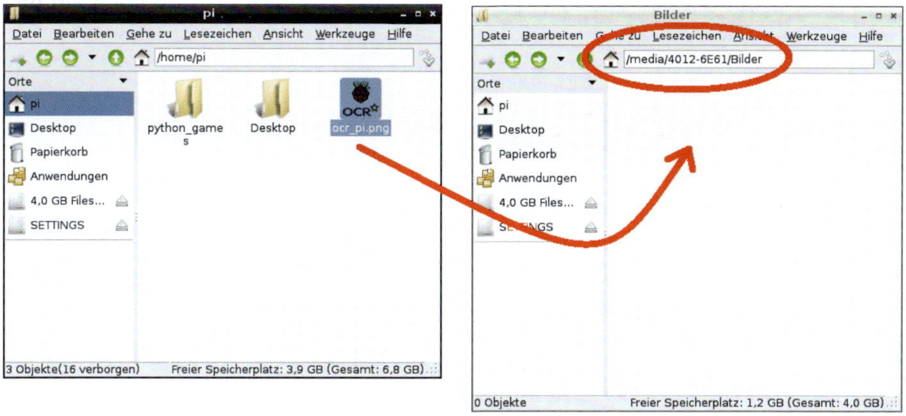

Abb. 1.22: *Eine Datei auf den Memorystick kopieren*

Auf die gleiche Weise kannst du natürlich auch Dateien in die andere Richtung vom Stick auf den RPi kopieren. Wie wäre es mit einem Urlaubsfoto als Hintergrundbild?

Mounten

Sobald du einen Memorystick an den RPi anschließt, nimmt Linux den gesamten Inhalt des Memorysticks in den Verzeichnisbaum auf. Das nennt man *mounten* (engl. *to mount* = montieren, befestigen). Der Name des Memorysticks wird wie ein Verzeichnisname behandelt. Der Memorystick wird ein Unterverzeichnis von `media`. Wenn der Memorystick wieder entfernt worden ist, verschwindet er auch wieder aus dem Verzeichnisbaum.

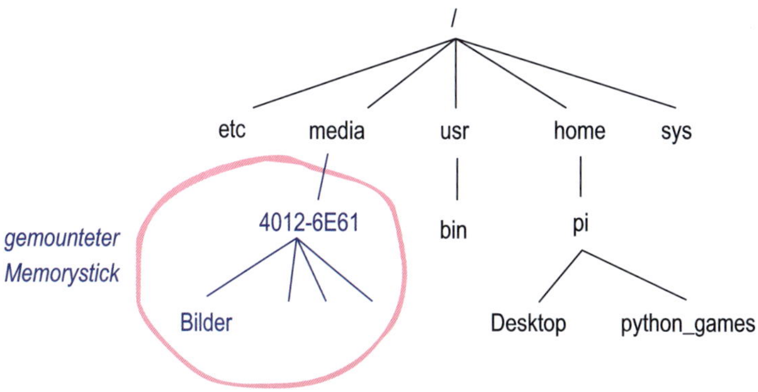

Abb. 1.23: *Verzeichnisbaum mit gemountetem Memorystick*

Im LXTerminal Unix-Befehle eingeben

Ein wichtiges Programm ist das *LXTerminal*. Es ist eine so genannte *Konsole*, die du zum Eingeben von Unix-Kommandos benötigst. Das Betriebssystem Raspbian, das du installiert hast, ist eine der vielen Unix-Varianten.

Einige wichtige Unix-Kommandos probieren wir gleich aus. Weitere Kommandos lernst du in den Kapiteln des Buchs ganz nebenbei kennen.

Durch den Verzeichnisbaum navigieren

Starte das *LXTerminal* durch einen Doppelklick auf das Symbol 

.

Du siehst die Kommandozeile

```
pi@raspberrypi ~ $
```

Zu Beginn der Kommandozeile wird der aktuelle Benutzer angegeben. Die Tilde ~ stellt das Home-Verzeichnis des Benutzers dar. Hinter dem Dollarzeichen $ kannst du Befehle eingeben. Es ist wie eine Unterhaltung mit dem Computer. Du gibst ein Kommando ein, der Computer führt das Kommando aus und antwortet meist irgendetwas. In diesem Abschnitt probieren wir Kommandos aus, die mit der Dateiverwaltung zu tun haben.

Damit die Darstellung der Kommandozeile nicht zu lang wird, lassen wir in diesem Buch den ersten Teil des *Prompts* (der Eingabeaufforderung) weg (`pi@raspberrypi ~`) und beschränken uns auf das Dollarzeichen `$`. Das ist allgemein üblich.

Was ist ein Arbeitsverzeichnis?

Du kannst dir den Verzeichnisbaum eines Computers als Gebäude mit Stockwerken und Räumen vorstellen. Zwei Dinge sind wichtig: Du befindest dich immer in einem Raum und du kannst zwischen den Räumen hin- und her wandern. Der Raum, in dem du gerade bist, ist das *Arbeitsverzeichnis* (engl. *working directory*).

Den Inhalt eines Verzeichnisses auflisten

Nach dem Öffnen des LXTERMINAL-Fensters und Eingabe von `cd` »befindest du dich« in deinem Home-Verzeichnis. Das heißt: Das aktuelle Arbeitsverzeichnis ist jetzt das Home-Verzeichnis mit dem Pfad `/home/pi`.

Mit dem Kommando `ls` (*list* = auflisten) kannst du dir den Inhalt des aktuellen Arbeitsverzeichnisses anzeigen lassen. Gib also `ls` ein und drücke [↵].

Unter dem Kommando erscheint die Antwort des Computers, nämlich die Namen von Dateien und Unterverzeichnissen, die im aktuellen Arbeitsverzeichnis gespei-

chert sind: die Bilddatei ocr_pi.png (violett) und zwei Verzeichnisse (blau). Durch die unterschiedlichen Farben wird verdeutlicht, dass ein Verzeichnis nicht das Gleiche ist wie eine Datei. (Ein Verzeichnis ist ja eine Art Behälter und kann Dateien und wieder andere Verzeichnisse enthalten.)

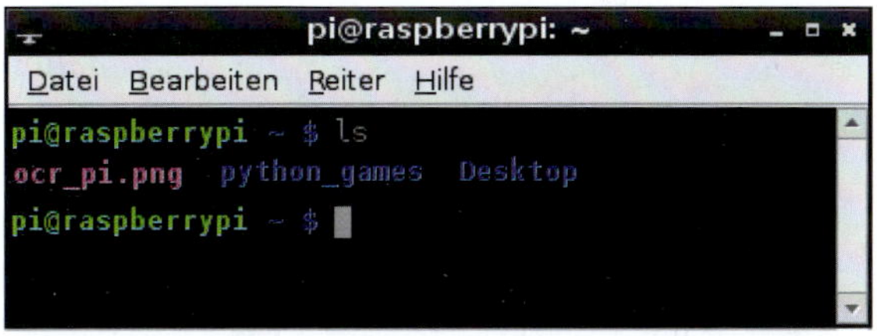

Abb. 1.24: *Mit dem Befehl* ls *wird der Inhalt des Arbeitsverzeichnisses ausgegeben.*

Das Arbeitsverzeichnis wechseln

Mit dem Kommando cd (*change directory* = Verzeichnis wechseln) kannst du in ein anderes Verzeichnis wechseln. Das ist so, als ob du einen anderen Raum betrittst. Probiere Folgendes aus:

```
pi@raspberrypi ~ $ cd python_games
```

(Beachte: Im Buchtext lassen wir den ersten Teil des Prompts weg). Nun ist das Arbeitsverzeichnis der Ordner python_games. Der Name des aktuellen Arbeitsverzeichnisses steht auch in der Titelleiste des LXTERMINAL-Fensters.

Abb. 1.25: *Wechsel in das Verzeichnis /home/pi/python_games*

Wenn du wieder ls eingibst, stellst du fest, dass nun andere Dateien und Verzeichnisse angezeigt werden, nämlich der Inhalt des Verzeichnisses python_games: Viele Bilddateien (violett), Sound-Dateien (grün) und Python-Dateien (weiß).

Mit

```
$ cd ..
```

gelangst du wieder in das übergeordnete Verzeichnis, also das Home-Verzeichnis /home/pi.

Autovervollständigung

Eine praktische Hilfe auf der Kommandozeile ist die Autovervollständigung. Gib (im Home-Verzeichnis) Folgendes ein:

```
$ cd p
```

und drücke dann die Tabulatortaste [⭾]. Weil es im aktuellen Arbeitsverzeichnis nur ein einziges Unterverzeichnis gibt, das mit `p` anfängt, wird der Verzeichnisname *automatisch vervollständigt*. Auf dem Bildschirm steht

```
$ cd python_games
```

Drücke die Taste [↵] um den Befehl auszuführen. Anschließend bist du wieder im Verzeichnis `python_games`.

Vielleicht möchtest du eines der Spiele ausprobieren. Diese Spiele wurden mit Python programmiert. So kannst du ein Python-Spiel starten und dabei wieder die Autovervollständigung ausnutzen.

Gib Folgendes ein

```
$ python sl
```

und drücke [⭾]. Weil es nur eine Datei gibt. die mit `sl` beginnt, erscheint der vollständige Dateiname:

```
$ python slidepuzzle
```

Mit [↵]. startest du das Spiel.

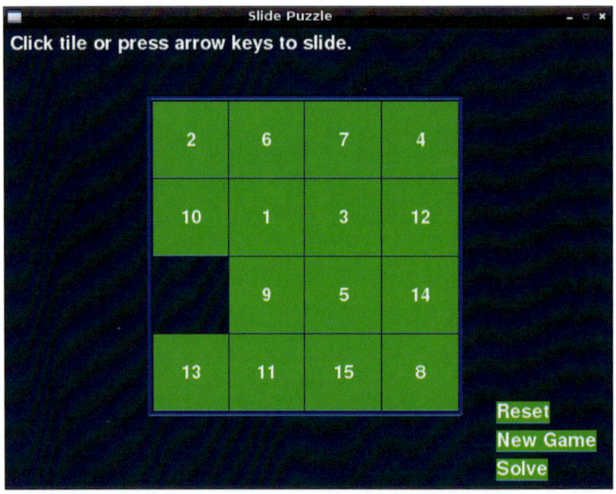

***Abb. 1.26:** Das Spiel `slidepuzzle` kann in der Kommandozeile gestartet werden.*

Wiederholung eines Befehls

Mit der Taste ↑ kannst du das zuletzt eingegebene Kommando wiederholen. Drückst du ein zweites Mal auf die Pfeiltaste, kommt der vorletzte Befehl usw. Das ist bei langen Kommandos sehr praktisch.

Benutzerverwaltung

Auf deinem Raspberry Pi sind zu Beginn zwei Benutzer eingerichtet: der Administrator mit dem Login-Namen `root` und der »normale« Benutzer mit dem Login-Namen `pi`. Ein Administrator hat mehr Rechte als ein normaler Benutzer und wird deshalb auch Superuser genannt. Er kann zum Beispiel neue Benutzer einrichten, Benutzer entfernen und die Passwörter aller Benutzer ändern. Du bist normalerweise als `pi` eingeloggt.

Passwort ändern

Auf der Kommandozeile kannst du dein Unix-Passwort ändern. Gib das folgende Kommando ein:

```
$ passwd
```

Das System fordert dich dann aus Sicherheitsgründen auf, dein altes Passwort einzugeben. Danach musst du zwei Mal ein neues Passwort eingeben.

Das Passwort wird aus Sicherheitsgründen in der Konsole nicht angezeigt. Ein Passwort darf nicht zu kurz sein und sollte neben Buchstaben auch Zahlen und Sonderzeichen enthalten.

Was ist, wenn du (als User `pi`) das Passwort vergessen hast? Du kannst dich dann nicht mehr einloggen und kommst nicht mehr an deine Daten. Allein der Administrator kann das Passwort eines anderen Benutzers ändern. Obwohl du als `pi` angemeldet bist, kannst du dennoch diesen Administrator-Befehl ausführen, wenn du `sudo` (*do as superuser*) vor das Kommando schreibst.

```
$ sudo passwd pi
Geben Sie ein neues Unix-Passwort ein:
Geben Sie das neue Unix-Passwort erneut ein:
```

Das `sudo`-Kommando kann übrigens nicht jeder Benutzer anwenden. Man braucht dafür eine besondere Genehmigung. Der Benutzer `pi` hat diese Genehmigung.

Einen neuen Benutzer anlegen

Vielleicht möchtest du deinen Raspberry Pi gelegentlich einem Freund oder deinen Eltern leihen. Sie brauchen dann einen eigenen Benutzernamen. Mit dem Befehl `adduser` kann der Administrator einen neuen Benutzer anlegen. Wenn du als `pi` eingeloggt bist, schreibst du wieder `sudo` vor das Kommando:

```
$ sudo adduser michael
```

Der Computer legt einen neuen Benutzer mit eigenem Home-Verzeichnis `/home/michael` an. Er fragt auch nach einem Passwort und persönlichen Daten. Wichtiger Punkt: Der neue Benutzer kann nicht das Kommando `sudo` benutzen. Somit kann er auch keine Administratorbefehle ausführen. Daher kann er auch nichts an deinem System verstellen.

Das System aktualisieren

Zu Beginn deiner Arbeit auf dem RPi und immer, bevor du neue Software installierst, solltest du dein System auf den neusten Stand bringen. Starte durch einen Doppelklick das Symbol LXTerminal. Sorge dafür, dass der RPi mit dem Internet verbunden ist. Gib folgendes Kommando ein und drücke [↵].

```
$ sudo apt-get update
```

Das erste Wort bewirkt, dass du das nachfolgende Kommando in der Rolle des Systemadministrators startest. Wenn du das `sudo` weglässt, bekommst du eine Fehlermeldung. Beim Update werden Dateien geändert, für die nur der Administrator (und nicht z.B. der User `pi`) die erforderlichen Zugriffsrechte hat. APT steht für *Advanced Packaging Tool.* Als nächstes startest du ein Upgrade. Beide Schritte sind erforderlich um das Betriebssystem auf den neusten Stand zu bringen.

```
$ sudo apt-get upgrade
```

Beachte, dass das Upgrade sehr lange dauern kann (manchmal eine Stunde). Warte also geduldig, bis wieder der Prompt

```
pi@raspberrypi ~ $
```

zu sehen ist.

Fragen

1. Was bedeuten die Kommandos `cd` und `ls`?
2. Probiere aus: Was bewirkt das Kommando `cd` ohne Angabe eines Verzeichnisses?
3. Welches Unix-Kommando benutzt du, wenn du als Administrator ein Programm (z.B. *Leafpad*) starten willst?
4. Was ist der Unterschied zwischen einer Datei und einem Verzeichnis?
5. Welche Bedeutung hat die Taste [↑] bei der Eingabe von Unix-Kommandos in der Konsole?

6. Welche Bedeutung hat die Tabulatortaste [⇆] bei der Eingabe eines Unix-Kommandos in der Konsole?
7. Worin zeigt sich, dass der Administrator mehr Rechte hat als ein normaler Benutzer?
8. Mit welchen Befehlen kannst du dein Betriebssystem auf den neusten Stand bringen?

Aufgabe: Hintergrundbild

Richte in deinem Home-Verzeichnis einen Ordner namens `Bilder` ein. Speichere ein Bild aus dem Internet in diesem Ordner, und mache dann das Bild zum Hintergrundbild des Desktops.

Tipp

So speicherst du ein Bild aus dem Internet: Klicke auf dem Desktop auf das mit EPIPHANY WEBBROWSER beschriftete Symbol und starte auf diese Weise den Webbrowser. Suche im Internet ein Bild, das dir gefällt. Es sollte sehr groß sein, da es ja die ganze Bildfläche ausfüllen muss (mindestens 1920 × 1080 Bildpunkte). Klicke mit der rechten Maustaste auf das Bild. Es erscheint ein Kontextmenü. Klicke auf BILD SPEICHERN UNTER ... und speichere die Bilddatei im neuen Ordner.

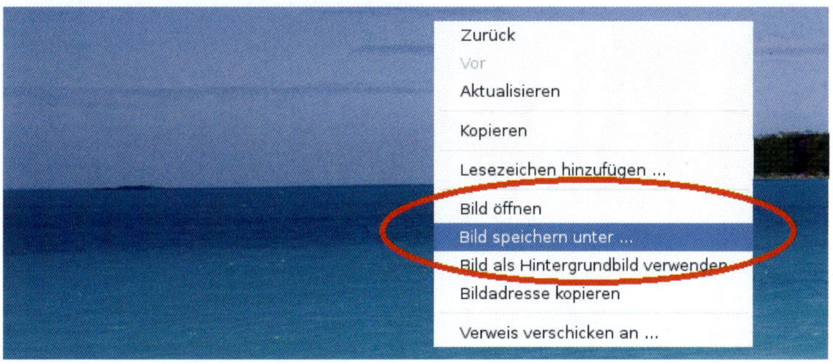

Abb. 1.27: *Wenn du mit der rechten Maustaste im Browser ein Bild anklickst, erscheint ein Kontextmenü mit Befehlen.*

Antworten zu den Fragen

1. `cd`: Das Arbeitsverzeichnis wechseln (*change directory*), `ls`: Den Inhalt des aktuellen Arbeitsverzeichnisses ausgeben (*list*).
2. Das Kommando `cd` ohne Angabe eines Verzeichnisses bewirkt einen Wechsel in das Home-Verzeichnis (`/home/pi`).

3. Mit sudo startet man ein Programm als Administrator.
4. Eine Datei enthält Daten (z.B. einen Text oder ein Bild), ein Verzeichnis enthält Dateien und andere Verzeichnisse (Unterverzeichnisse).
5. Mit ↑ wird der letzte Befehl auf die Kommandozeile gebracht.
6. Die Tabulatortaste ↹ verwendet man zur automatischen Vervollständigung eines Datei- oder Verzeichnisnamens. Das erspart viel Zeit.
7. Bestimmte Befehle (z.B. `halt` oder `reboot`) darf nur der Administrator ausführen. Wenn du als `pi` eingeloggt bist, kannst du mit `halt` nicht den RPi ausschalten. Du musst den Befehl `sudo halt` verwenden. Außerdem können Konfigurationsdateien (z.B. die Autostartdatei) nur vom Administrator verändert werden.
8. Mit den Befehlen `sudo apt-get update` und `sudo apt-get upgrade` wird das Betriebssystem auf den neusten Stand gebracht.

Lösung der Aufgabe: Hintergrundbild

Du hast das Bild im neuen Ordner `/home/pi/Bilder` gespeichert. Klicke mit der rechten Maustaste auf eine leere Stelle des Desktops. Es öffnet sich ein Kontextmenü. Klicke auf den Befehl EINSTELLUNGEN DER ARBEITSFLÄCHE. Dann erscheint ein Fenster mit dem Titel EINSTELLUNGEN DER ARBEITSFLÄCHE. Klicke auf die Schaltfläche rechts neben HINTERGRUNDBILD: (in Abbildung 1.28 oben eingekreist).

Es öffnet sich ein Fenster mit dem Titel HINTERGRUNDBILD WÄHLEN. Klicke das gewünschte Bild an und klicke unten auf die Schaltfläche ÖFFNEN.

Klicke dann auf das kleine schwarze Dreieck in der Zeile rechts neben AUSRICHTUNG. Es erscheint eine Auswahlliste wie in Abbildung 1.28. Klicke auf die Option BILDSCHIRM FÜLLEN (in der Abbildung eingekreist).

In diesem Augenblick siehst du das neue Hintergrundbild.

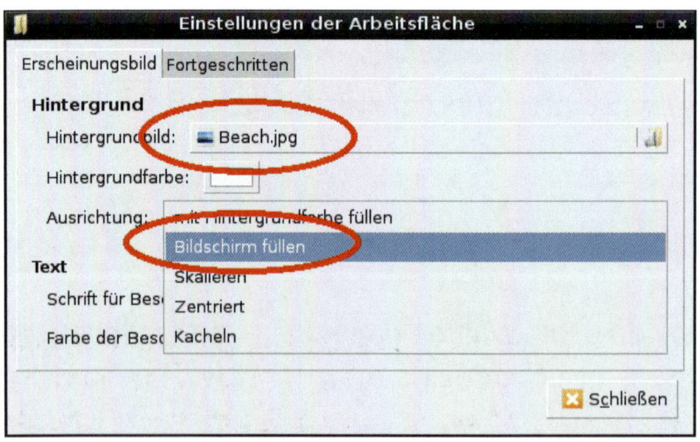

Abb. 1.28: *Ein neues Hintergrundbild einrichten*

2

Der Raspberry Pi als Mediacenter und Kiosk

In diesem Kapitel erfährst du, wie du von einem anderen Computer aus eine Sitzung auf dem Raspberry Pi starten kannst, wenn an ihm keine Tastatur angeschlossen ist. Mit Aktivboxen baust du eine Musikanlage, die du mit dem Handy fernsteuern kannst.

Du richtest mit dem Raspberry Pi ein öffentliches Informationssystem ein. Die Benutzer können im Internet surfen – aber sonst nichts. So etwas nennt man »Kiosk« oder »Kiosksystem«.

Zum Schluss installierst du auf einer zweiten SD-Karte ein anderes Betriebssystem und machst aus deinem Raspberry Pi ein »Mediacenter« oder »Heimkino«, mit dem du Musik hören, Filme und Live-Internetfernsehen anschauen kannst.

Musik hören mit MOC

Auf dem Raspberry Pi kannst du auch Musik hören. An den Video/Audio-Eingang kannst du den 3,5-mm-Klinkenstecker deiner Kopfhörer oder eine Aktivbox anschließen. Wenn du über HDMI einen Monitor angeschlossen hast, wird der Sound über dieses Kabel ausgegeben.

Audioformate: MP3 und OGG

In einer MP3-Datei ist Musik auf geschickte Weise so gespeichert, dass trotz hoher Klangqualität nur wenig Speicherplatz benötigt wird. Ogg ist ein Dateiformat für Multimediadateien. Eine Ogg-Datei kann gleichzeitig Audio, Video und Textdaten enthalten.

Zum Abspielen von Musik verwendet man Audioplayer. Für den Raspberry Pi ist besonders das Programm MOC (*Music on Console*) von Damian Pietras geeignet. Es kann MP3- und Ogg-Dateien abspielen (siehe Kasten). MOC hat keine aufwändige grafische Benutzungsoberfläche, sondern läuft – wie der Name schon sagt – in der Konsole. Du öffnest ein LXTERMINAL-Fenster und installierst MOC:

```
$ sudo apt-get install moc
```

Das Programm startest du allerdings nicht mit `moc`, sondern mit `mocp`.

```
$ mocp
```

Im LXTERMINAL-Fenster erscheint eine einfache Benutzungsoberfläche wie in Abbildung 2.1. In der linken Hälfte ist der Linux-Verzeichnisbaum dargestellt. Rechts wird die Playlist (Wiedergabeliste) angezeigt. Das ist eine Liste mit Musiktiteln, die nacheinander abgespielt werden sollen. Sie ist anfangs natürlich leer.

Du bedienst MOC über Tasten. Mit der Tabulatortaste [Tab] kannst du zwischen beiden Bildschirmhälften hin- und herspringen. Mit den Pfeiltasten und [↵] wanderst du (links) durch die Verzeichnisse. Du kannst einen Titel abspielen, indem du ihn auswählst und dann einfach [↵] drückst.

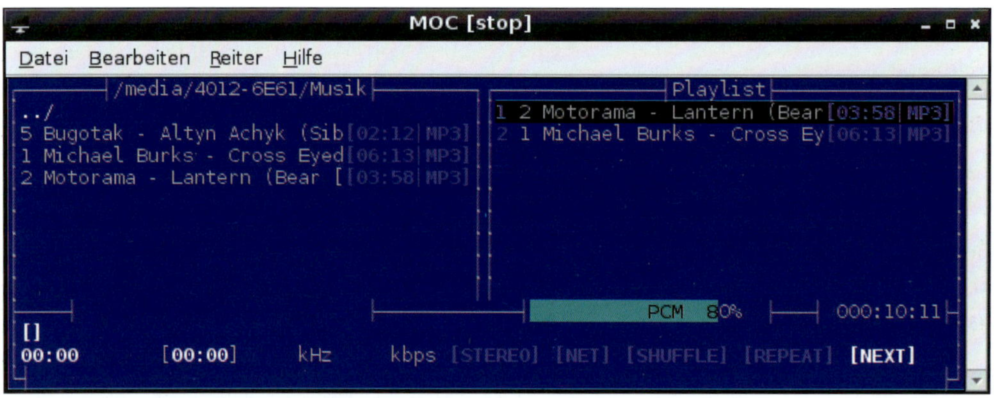

Abb. 2.1: *Die Benutzungsoberfläche von MOC*

Wenn du [q] drückst, wird zwar die Benutzungsoberfläche von MOC geschlossen, aber die Musik läuft im Hintergrund weiter. Wenn du sie beenden willst, musst du das Programm mit `mocp` erst wieder starten und dann [s] drücken (siehe Abbildung 2.1).

So baust du dir eine Playlist auf: Schließe einen USB-Stick mit Musikdateien an deinen Raspberry Pi an. Du findest deinen Memorystick im Verzeichnis `/media/`. Wähle eine Musikdatei aus, die du hören möchtest, und drücke die Taste [A] (*add* = hinzufügen). Der ausgewählte Titel wird zur Playlist hinzugefügt.

Tabelle 2.1 erklärt noch einige weitere Funktionen. Eine vollständige Auflistung bekommst du mit [h] (*help* = Hilfe).

Taste	Wirkung
[a]	Der ausgewählte Musiktitel wird der Playlist hinzugefügt (*add* = hinzufügen).
[d]	Der ausgewählte Titel wird aus der Playlist entfernt (*delete* = löschen).
[h]	Es erscheint ein Hilfetext, der alle Funktionen erklärt.
[n]	Nächster Titel der Playlist.
[>], [<]	Lauter, leiser.
[p]	Pause.
[q]	Die Benutzungsoberfläche wird geschlossen, aber die Musik spielt weiter.
[⇧]+[q]	Das Programm wird beendet.
[s]	Der Musiktitel wird gestoppt.

Tabelle 2.1: *Einige Funktionen des MOC-Audioplayers*

Die Lautstärke ändern – alsamixer

Auf deinem RPi ist die *Advanced Linux Sound Architecture* (ALSA) installiert. ALSA ist der Teil des Betriebssystems, der für die Wiedergabe von Musik zuständig ist. Die Lautstärke kannst du mit dem Kommando `alsamixer` einstellen.

```
$ alsamixer
```

Es erscheint dann im LXTERMINAL ein kleines interaktives Programm mit einem senkrechten Balken. Mit den Pfeiltasten [↑] und [↓] kannst du die Musik lauter und leiser stellen. Der Balken in der Mitte zeigt die momentane Lautstärke an.

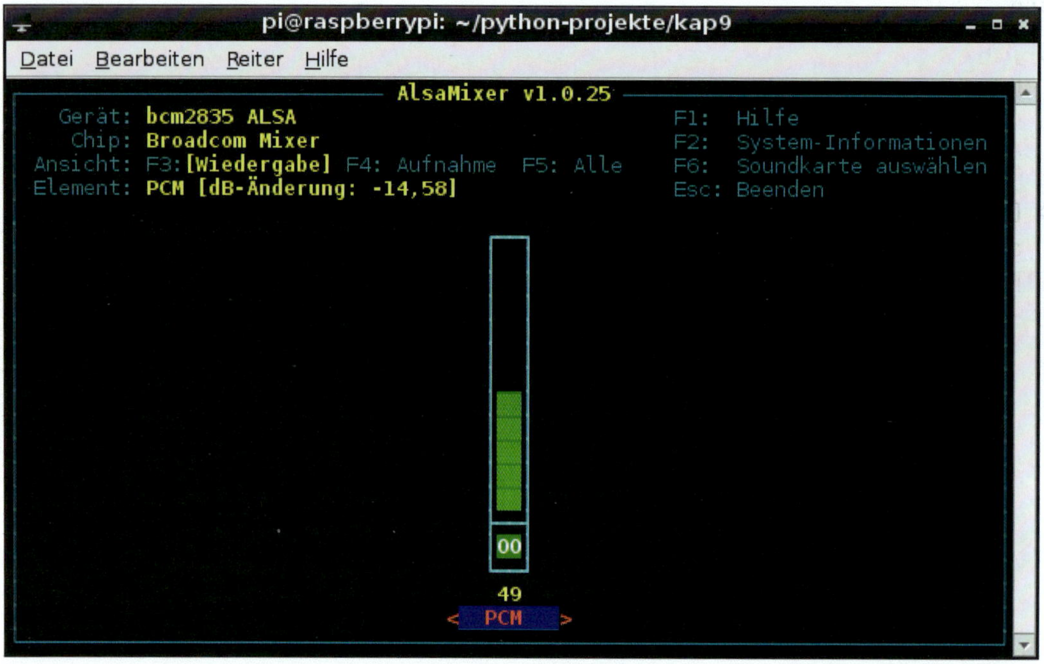

Abb. 2.2: *Einstellung der Lautstärke mit alsamixer.*

Der »kopflose« Raspberry Pi

Im lokalen Netz funktioniert der Raspberry Pi auch ohne Tastatur, Maus und Monitor. Das nennt man den »kopflosen« Betriebsmodus (engl. *headless*). Du kannst dich von einem beliebigen anderen Computer im lokalen Netz auf dem Raspberry Pi einloggen und Programme starten. Es müssen nur drei Voraussetzungen erfüllt sein:

- Du musst die IP-Adresse (siehe Kasten) deines RPi kennen.
- Auf dem Raspberry Pi muss SSH (*Secure Shell*) aktiviert sein.
- Du brauchst auf dem steuernden Rechner einen SSH-Client wie z.B. PuTTY, um mit dem Raspberry Pi eine Verbindung herzustellen.

Was ist eine IP-Adresse?

Die Computer im lokalen Netz senden über Kabel oder Funk ständig Daten hin und her. Der Router sorgt dafür, dass jedes Datenpaket seinen Weg zum Empfänger findet. Das funktioniert im Prinzip genauso wie bei der Post:

- Jeder Computer hat eine einmalige Adresse, die den anderen Computern des Netzes bekannt ist. Diese Adresse ist eine Nummer, die IP-Nummer (IP = Internet Protocol). Sie besteht traditionell aus vier Zahlen zwischen 0 und 255, die durch einen Punkt getrennt sind, z.B. `192.168.178.40`.
- Das Datenpaket enthält im so genannten Kopf die IP-Nummer des Empfängers. Das ist wie ein Adressaufkleber auf einem Post-Paket. So weiß der Empfänger, ob ein empfangenes Paket für ihn bestimmt ist oder nicht.

Welche IP-Adresse hat mein RPi?

Öffne ein LXTERMINAL und gib das folgende Kommando ein:

```
$ ifconfig
```

Der Name des Programms steht für *interface configurator*. Es zeigt dir die Eigenschaften der aktiven Netzwerkverbindungen an. Das kann eine WLAN- oder LAN-Verbindung sein.

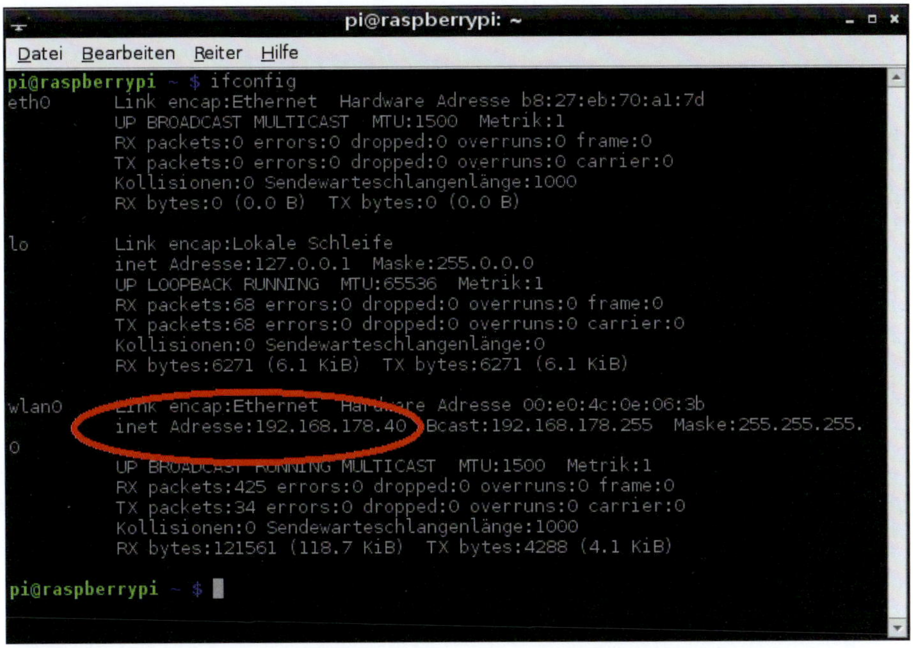

***Abb. 2.3:** Die IP-Nummer mit* `ifconfig` *ermitteln.*

In dem Abschnitt `wlan0` findest du die Adresse deines Raspberry Pi. Sie steht hinter `inet Adresse`.

Entfernter Zugriff mit PuTTY

Bevor du dich von einem anderen Rechner an deinem Raspberry Pi anmelden kannst, musst du die Konfiguration ändern und SSH (*Secure Shell*) aktivieren. Gib im LXTERMINAL den Befehl

```
$ sudo raspi-config
```

ein. Wähle Option 8 (ADVANCED OPTIONS) und dann den Menüpunkt A4 SSH. Starte den Raspberry Pi neu.

Secure Shell (wörtlich heißt das »sichere Schale«) ermöglicht eine sichere Verbindung zum RPi. Denn alle Daten werden verschlüsselt gesendet. Niemand kann »mithören«.

Es gibt eine Reihe von kostenlosen SSH-Clients auch für Smartphones. Mit einem solchen Programm kannst du von einem anderen Computer (oder Smartphone) im lokalen Netz mit deinem Raspberry Pi Kontakt aufnehmen. Ein populärer SSH-Client ist PuTTY. Es ist kostenlos und leicht im Internet zu finden. In wenigen Sekunden hast du es installiert.

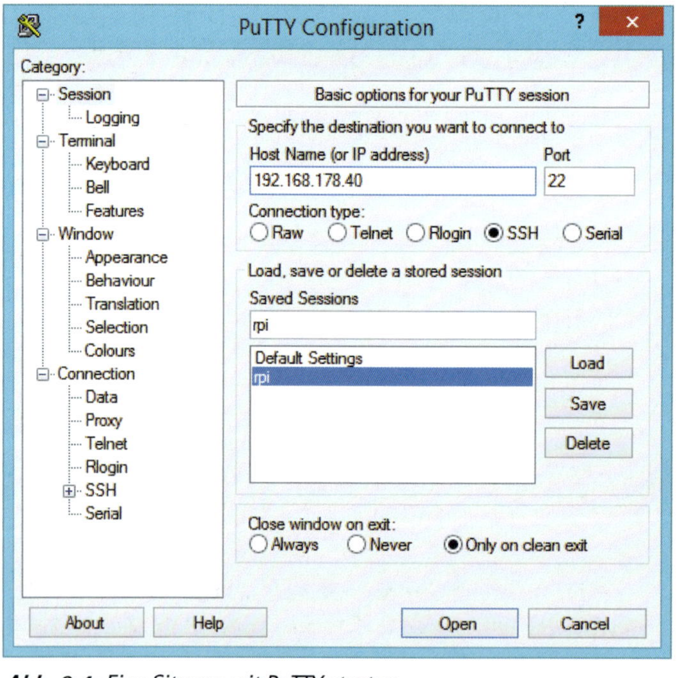

Abb. 2.4: *Eine Sitzung mit PuTTY starten*

So stellst du mit PuTTY eine Verbindung zum RPi her. Mit den anderen Programmen geht es ähnlich (siehe Abbildung 2.4).

Starte PuTTY. Gib in das Adressfeld die IP-Nummer deines Raspberry Pi's ein. Achte darauf, dass der Verbindungstyp SSH und der Port 22 ausgewählt sind. Gib der Sitzung (*Session*) einen Namen (z.B. `rpi`) und speichere die Daten mit SAVE ab. Dann klickst du unten auf OPEN um die Sitzung zu beginnen.

Es öffnet sich ein Terminal-Fenster und es erscheint der Prompt

```
login as:
```

Du gibst den Login-Namen `pi` ein, drückst auf [↵] und gibst in der nächsten Zeile dein Passwort ein. Noch einmal [↵] – dann bist du eingeloggt. Du siehst den vertrauten Linux-Prompt $.

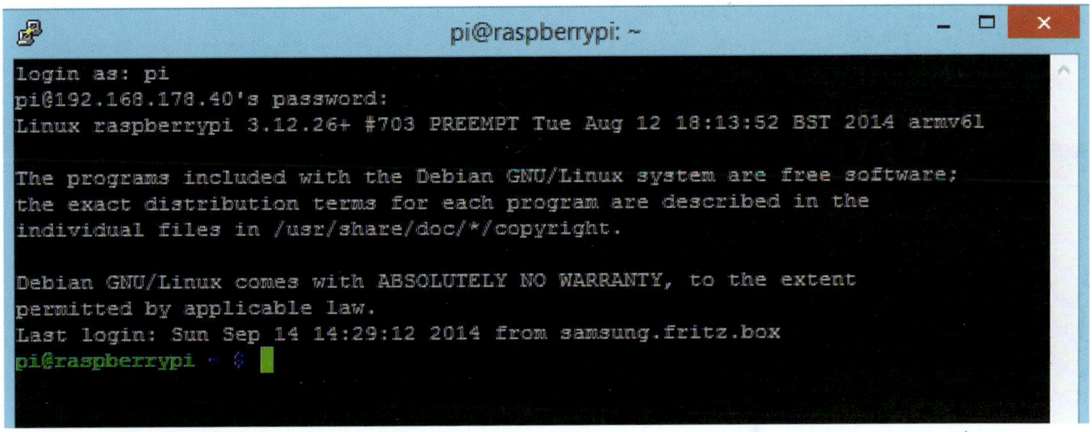

Abb. 2.5: *Das SSH-Terminal-Fenster von PuTTY*

Natürlich hast du jetzt keine grafische Oberfläche und kannst nur Befehle auf der Kommandozeile eingeben. Aber da geht schon eine ganze Menge. Du kannst z.B. durch die Verzeichnisse wandern oder den kleinen Texteditor `nano` starten. Das ist oft sehr praktisch, wenn du mal schnell eine Konfigurationsdatei verändern möchtest.

Du beendest die Sitzung mit dem Kommando

```
$ exit
```

Linux und OS X

Besonders einfach geht das entfernte Anmelden von einem Mac oder einem Computer aus, der (wie der Raspberry Pi) unter Linux läuft. Man muss dort in der Konsole nur

```
$ ssh pi@IP-Adresse
```

eingeben. Hinter pi@ schreibst du die IP-Adresse deines Raspberry Pi.

Projekt 1: Der Raspberry Pi als ferngesteuerte Musikanlage

Du kannst aus deinem RPi mit wenigen Handgriffen eine Musikanlage machen, die man vom Handy aus steuern kann.

Schließe an der analogen Video- und Sound-Buchse über einen 3,5-mm-Klinkenstecker Aktivboxen an. Das sind Lautsprecher mit eingebautem Verstärker. Der RPi braucht keine Tastatur, keinen Monitor und keine Maus. Allerdings muss er mit dem Funknetz (WLAN) verbunden sein. Du kannst außerdem einen Memorystick mit Musik oder eine externe Festplatte (mit noch mehr Musik) an den Raspberry Pi anschließen.

Abb. 2.6: *An den analogen Ein-/Ausgang kann man Aktivboxen anschließen.*

Starte den Raspberry Pi, indem du ihn mit dem Micro-USB-Stecker des Netzteils verbindest.

Auf deinem Handy (oder einem anderen Computer) muss ein SSH-Client installiert sein. Starte das Client-Programm und logge dich auf dem RPi ein (siehe voriger Abschnitt).

Sorge dafür, dass der Sound über den analogen Kopfhörerausgang (und nicht über HDMI) ausgegeben wird. Das geht mit dem folgenden Kommando:

```
$ amixer cset numid=3 1
```

Die letzte Zahl bestimmt, welcher Audiokanal verwendet wird: 0 = Automatik, 1 = analog, 2 = HDMI.

Das Programm `amixer` ist ein Dienstprogramm des ALSA-Soundsystems, das auf dem RPi installiert ist.

Mit dem Kommando

```
$ mocp
```

startest du das MOC-Musikprogramm (siehe Abschnitt »Musik hören mit MOC« auf Seite 47). Du kannst deine Playlist bearbeiten oder Musik abspielen.

Mit der Taste [q] (kleiner Buchstabe) kannst du MOC verlassen und die Musik im Hintergrund weiter laufen lassen. Jetzt kannst du mit dem Befehl

```
$ alsamixer
```

das Mixprogramm starten und (mit den Pfeiltasten) die Lautstärke regulieren (siehe Abschnitt »Musik hören mit MOC« auf Seite 47).

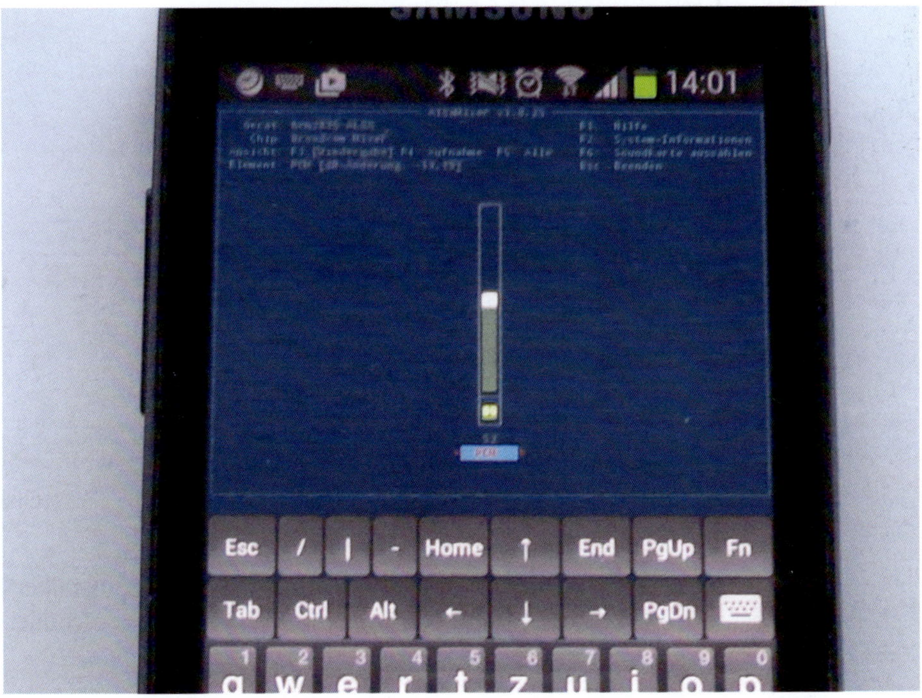

***Abb. 2.7:** Das Programm* `alsamixer` *kann vom Handy aus benutzt werden.*

Projekt 2: Ein Kiosksystem

Ein Kiosksystem ist ein Computer mit Monitor, der an einem öffentlichen Ort steht, von jedem benutzt werden darf und nur einige wenige Funktionen anbietet. Kiosksysteme findet man häufig in Museen, Bahnhöfen, Schulen und Universitäten. Sie informieren über Ausstellungen, Bahnverbindungen oder aktuelle Veranstaltungen.

In diesem Projekt machen wir den RPi zu einer digitalen Anzeigetafel, die immer eine bestimmte Webseite mit Informationen anzeigt.

Das ist besonders einfach, weil es keine Interaktivität gibt und weder Maus noch Touchscreen notwendig sind. Du kannst den Raspberry Pi mit Klebeband hinter einer großen LCD-Anzeige befestigen und diese dann an die Wand hängen.

Chromium installieren

Als erstes muss etwas Software installiert werden. Zuvor bringst du zur Sicherheit dein System auf den neusten Stand:

```
$ sudo apt-get update
```

Du installierst `Chromium`. Das ist ein Webbrowser, der einen Kioskmodus schon eingebaut hat.

```
$ sudo apt-get install chromium
```

Als nächstes installierst du einige Hilfsprogramme für den X-Server:

```
$ sudo apt-get install x11-xserver-utils
```

Den Browser automatisch starten

Wenn der Raspberry Pi an eine Stromquelle angeschlossen wird, soll automatisch der Chromium-Browser im Kioskmodus gestartet werden. Dazu schreibst du einige Kommandos in eine spezielle Textdatei namens `autostart`. Die Kommandos in dieser Datei werden beim Start des Computers automatisch ausgeführt. So gehst du vor:

Starte als Administrator im LXTERMINAL-Fenster den Texteditor LEAFPAD:

```
$ sudo leafpad
```

Klicke auf DATEI|ÖFFNEN.

Klicke links auf DATEISYSTEM um im Verzeichnisbaum zu navigieren. Öffne die Datei /etc/xdg/lxsession/LXDE/autostart.

Der Text besteht aus folgenden drei Zeilen:

```
@lxpanel --profile LXDE
@pcmanfm --desktop --profile LXDE
@xscreensaver -no-splash
```

Die ersten beiden Zeilen enthalten Einstellungen, die du nicht veränderst. Die dritte Zeile startet einen Bildschirmschoner. Den wollen wir nicht. Deshalb setzt du an den Anfang der dritten Zeile ein Kommentarzeichen #. Dadurch wird das Kommando in dieser Zeile unwirksam. (Später kannst du das Kommentarzeichen wieder entfernen.)

Unter die dritte Zeile schreibst du noch vier weitere Kommandos hinzu. Am Ende sieht der Text so aus wie im folgenden Listing. Alles neu Hinzugekommene ist **fett** gedruckt.

```
@lxpanel --profile LXDE
@pcmanfm --desktop --profile LXDE
# @xscreensaver -no-splash
@xset s off
@xset -dpms
@xset s noblank

@chromium --noerrdialogs --kiosk http://www.wdr.de
```

Die ersten drei der neuen Zeilen verhindern, dass irgendwann der Bildschirm schwarz wird, weil Tastatur und Maus nicht benutzt worden sind. Die letzte Zeile startet den Chromium-Browser im Kioskmodus. Das heißt, du siehst keine Fensterrahmen, und der Browser füllt den ganzen Bildschirm aus. Das Browserfenster kann also auch nicht mehr geschlossen werden. Man kann allerdings die Links auf der dargestellten Webseite anklicken. Im obigen Beispiel wird die Webseite des WDR *http://www.wdr.de* aufgerufen.

Schließe LEAFPAD und starte den Computer neu:

```
$ sudo reboot
```

Wenn alles gut geht, startet der Raspberry Pi automatisch den Browser und zeigt die Startseite des WDR. Wenn du die Maus vom RPi abziehst, sieht man auch keinen Mauszeiger mehr.

Ausschalten

Um den Raspberry Pi wieder auszuschalten kannst du ihn von der Stromversorgung trennen. Du startest aber besser an einem anderen Rechner im Netz das Programm PuTTY oder einen anderen SSH-Client und loggst dich in deinen RPi ein (siehe Abschnitt »Entfernter Zugriff mit PuTTY« auf Seite 52). Gib dann folgendes Kommando ein:

```
$ sudo halt
```

Dann fährt der RPi sauber herunter.

Wie macht man den Kioskmodus wieder rückgängig?

Der Kioskmodus verhindert, dass du den Browser schließen kannst und in die grafische Benutzungsoberfläche gelangst. Das heißt: In diesem Modus kannst du den RPi zu nichts anderem verwenden. Um den Kioskmodus wieder rückgängig zu machen, gehst du so vor:

Du loggst dich mit PuTTY oder einem anderen SHH-Client von einem anderen Rechner aus ein (siehe Abschnitt »Entfernter Zugriff mit PuTTY« auf Seite 52).

Dann öffnest du (als Administrator) mit dem Editorprogramm nano die Autostartdatei:

```
$ sudo nano /etc/xdg/lxsession/LXDE/autostart
```

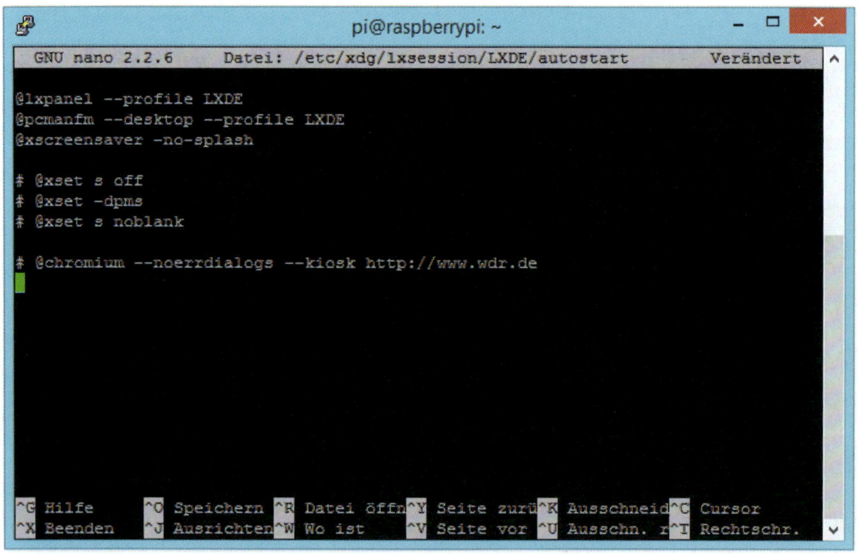

Abb. 2.8: Mit nano wird die Autostartdatei überarbeitet.

`nano` ist ein Editor, der in der Konsole funktioniert. Du kannst zwar nicht die Maus benutzen, aber du kannst mit den Pfeiltasten den Cursor bewegen. Entferne nun wieder das Kommentarzeichen zu Beginn der dritten Zeile. Du bewegst mit den Pfeiltasten den Cursor vor das Kommentarzeichen # in der dritten Zeile und drückst die Taste [Entf]. Vor die neuen Kommandos, die du eingefügt hast, setzt du Kommentarzeichen und machst diese Zeilen dadurch unwirksam. (Du könntest sie natürlich auch löschen. Aber vielleicht möchtest du später wieder einmal den Kioskmodus einschalten.) Am Ende muss der Text so aussehen wie in Abbildung 2.8.

Mit der Tastenkombination [Strg]+[O] speicherst du den Text. `nano` fragt nach, ob der Dateiname in Ordnung ist. Du drückst [↵]. Dann wird gespeichert. Mit [Strg]+[X] beendest du `nano`. Danach kannst du neu starten:

```
$ sudo reboot
```

Projekt 3: Der Raspberry Pi als Mediacenter

Jetzt kommt etwas Spezielles. Du kannst den Raspberry Pi auch komplett als Mediacenter einrichten. Ein Mediacenter dient der Wiedergabe von Medien. Du sitzt gemütlich auf dem Sofa und siehst dir Fotos und Videos an, hörst Musik, oder empfängst über das Internet Fernseh- und Radioprogramme. Das Mediacenter ist nicht für die produktive Arbeit mit dem Computer gedacht. Also: Textverarbeitung, Grafik und Programmieren fallen aus. Du brauchst auch keine Tastatur. Eine Maus oder eine Fernbedienung reicht aus.

Um den Raspberry Pi in ein Mediacenter zu verwandeln, installierst du ein ganz anderes Betriebssystem. Wir verwenden die RaspBMC-Distribution von Sam Nazarko. Das ist eine Version des Betriebssystems XBMC (*Xbox Media Center*), die auf den Raspberry Pi zugeschnitten ist. Wie der Name schon sagt – XBMC ist ursprünglich für die Spielkonsole Xbox entwickelt worden.

RaspBMC installieren

RaspBMC installierst du auf einer zweiten SDHC-Karte (4 GB). Wie bei dem Betriebssystem Raspbian (siehe Kapitel 1), brauchst du dafür wieder einen Windows- oder Linux-Rechner oder einen Apple Mac. Richte auf dem Desktop des PCs (*nicht* auf dem Raspberry Pi) einen Ordner für die RaspBMC-Dateien ein.

Du besorgst dir ein kostenloses Installationsprogramm von der RaspBMC-Website. URL: *http://www.raspbmc.com/download/*.

Du findest dort Installationsprogramme sowohl für Windows als auch für OS X und Linux. Je nachdem welchen Rechner du zur Verfügung hast, klickst du entweder auf INSTALLING ON WINDOWS oder INSTALLING ON MAC OS X.

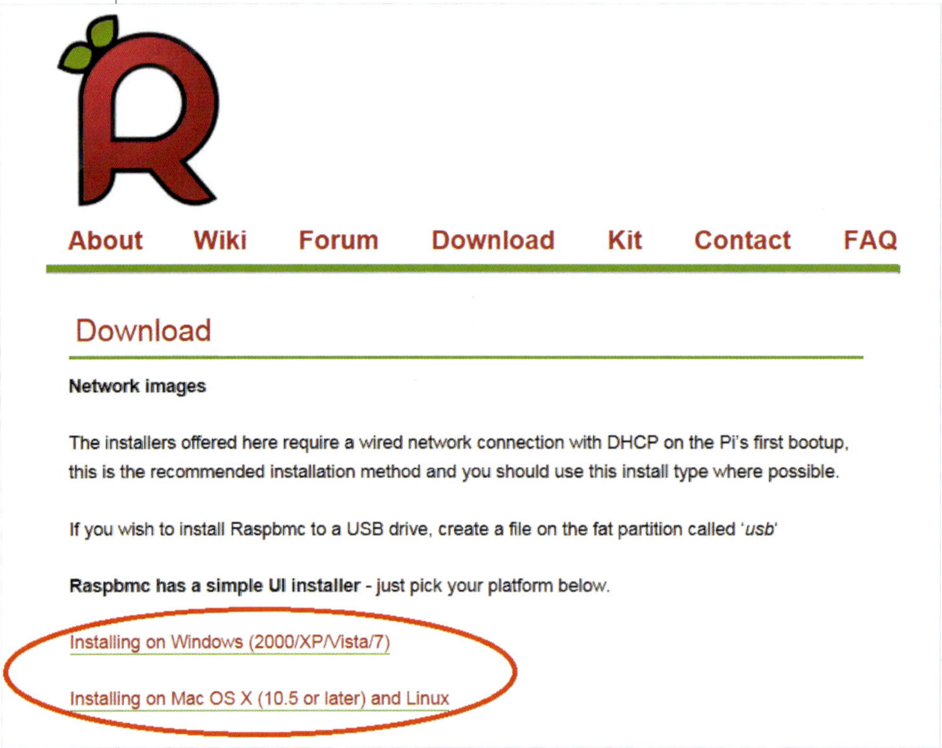

Abb. 2.9: *Auf der Website von RaspBMC findest du kostenloses Installationsprogramme zum Download.*

Die Datei, die du auf deinem Computer speicherst, ist ein ZIP-Archiv. Entpacke das Archiv in den Ordner, den du zuvor eingerichtet hast. Schiebe die SD-Karte in den SD-Kartensteckplatz des Computers.

Windows

Unter Windows gehst du nun so vor. Nach dem Klick auf INSTALLING ON WINDOWS (Abbildung 2.9) gelangst du auf die Installationsseite für Windows. Du klickst auf den Link HERE (in Abbildung 2.10 eingekreist) und klickst in der Windows-Dialogbox auf das kleine Dreieck neben SPEICHERN. Es klappt ein kleines Menü auf. Du klickst auf SPEICHERN UNTER. Nun speicherst du die ZIP-Datei am besten in den Ordner, den du dafür eingerichtet hast.

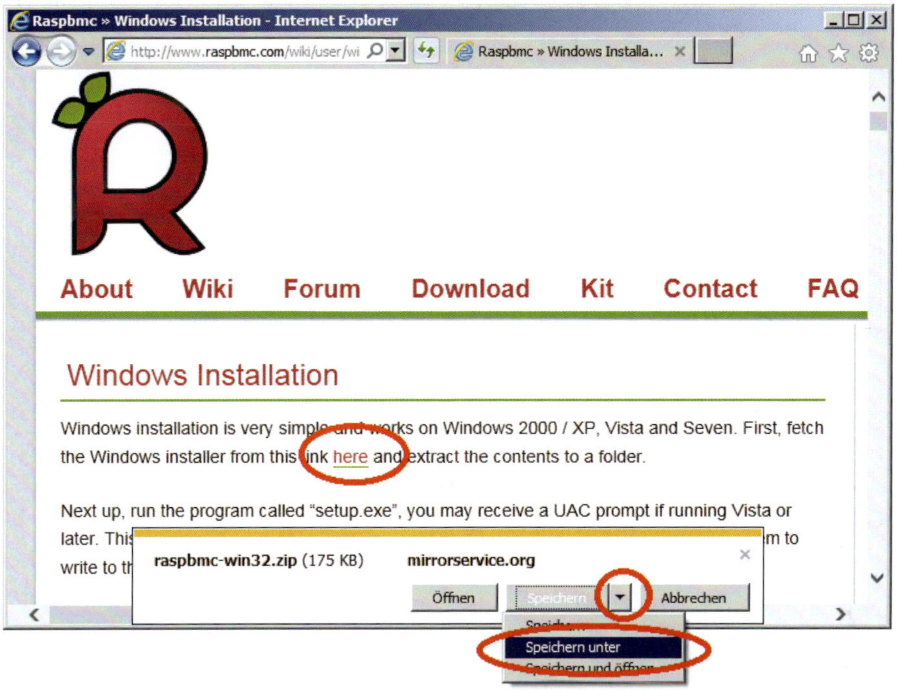

Abb. 2.10: *Das ZIP-Archiv unter Windows herunterladen.*

In dem Ordner sind nun drei Dateien (siehe Abbildung 2.11 links).

Abb. 2.11: *Der Ordner für RaspBMC vor und nach der Ausführung von* SETUP

Starte das Programm SETUP durch einen Doppelklick mit der Maus. Es gibt eine Warnung, dass das Programm Daten löschen kann. Du wirst gefragt, ob du die Verantwortung dafür übernimmst und die Lizenzbedingungen akzeptierst. Das klingt gefährlich, aber das Programm löscht nur die Daten auf der SD-Karte. Für den Datenbestand des Computers besteht eigentlich kein Risiko. Du klickst auf ACCEPT. Das heißt: Du bist einverstanden.

Nun erscheint das Fenster des Installationsprogramms. In der ersten Zeile der Tabelle steht eine Beschreibung der SD-Karte. Klicke *nur* die beiden eingekreisten Checkboxen an, und klicke dann unten auf die Schaltfläche INSTALL (siehe Abbildung 2.12).

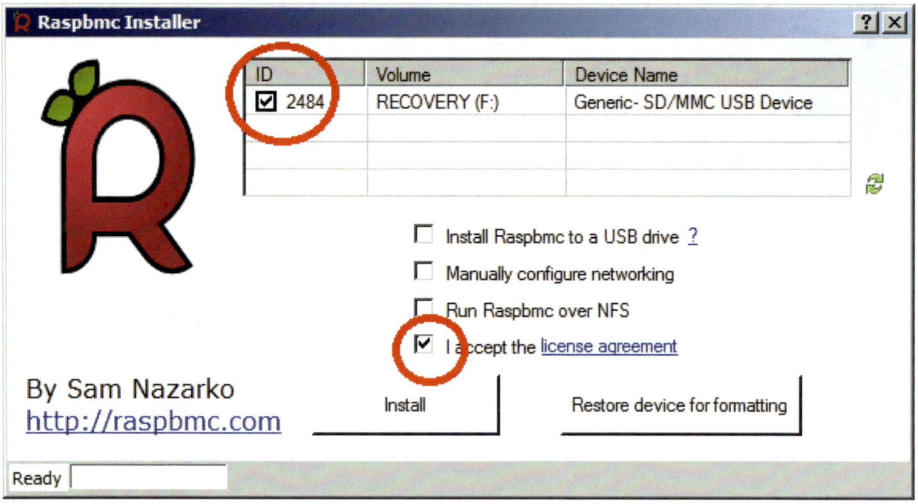

Abb. 2.12: *Das Anwendungsfenster des RaspBMC-Installers (Windows).*

Setup und Installer

Ist die Tabelle im Anwendungsfenster des RaspBMC-Installers leer, hast du vergessen, eine SD-Karte einzuschieben. Dann schließt du das Programm wieder und schiebst zuerst die SD-Karte in den Steckplatz. Nach dem Start von SETUP ist dieses Programm verschwunden. Stattdessen gibt es nun das Programm INSTALLER mit einem roten *R* als Programm-Icon (Abbildung 2.11 rechts, eingekreist).

OS X

Die Installation auf einem Mac ist nicht ganz so einfach. Du solltest deine Eltern oder einen Mac-Experten um Hilfe bitten. Wenn du auf der Downloadseite von RaspBMC (Abbildung 2.9) INSTALLING ON MAC OS X angeklickt hast, gelangst du zu einer Anleitung (auf Englisch), wie du vorgehen musst.

Nach dem ersten Start von RaspBMC

Der Raspberry Pi ist ausgeschaltet. Verbinde den Raspberry Pi über ein LAN-Kabel mit dem Heimnetz. Die Verbindung mit dem Internet ist wichtig, weil der Installer die ganze RaspBMC-Software erst herunterladen muss. Ein WLAN-Adapter hilft jetzt noch nicht. Denn du hast ja (auf dieser SD-Karte) noch keine Verbindung zum Funknetz eingerichtet. Das kommt erst später.

Stecke die neue SD-Karte in den SD-Kartenhalter des Raspberry Pi und schließe ihn an die Stromversorgung an. Wenn alles gut geht, startet nun die Installation. Der ganze Vorgang kann etwa zwanzig Minuten dauern.

Abb. 2.13: RJ45-Buchse mit angeschlossenem LAN-Kabel

Irgendwann erscheint dann mit einem metallischen Klang die grafische Benutzungsoberfläche des Betriebssystems. Aber ehe du etwas tun kannst, kommt ein Fenster, in dem du die Sprache einstellen sollst. Bewege den Rollbalken (eingekreist) ein wenig nach unten und klicke auf DEUTSCH.

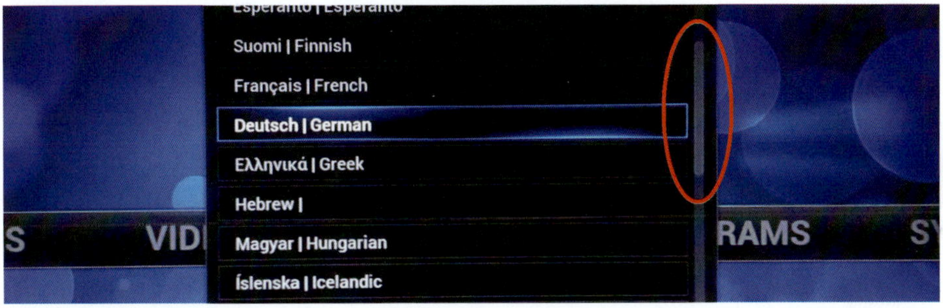

Abb. 2.14: Die Sprache wählen

Nach wenigen Sekunden wird der Computer nochmals neu gestartet. Dann siehst du wieder die Benutzungsoberfläche von RaspBMC (Abbildung 2.15). Sie hat einige Besonderheiten:

- Filme und Bilder füllen immer den ganzen Bildschirm aus.
- Alle Symbole und Texte sind riesengroß, damit man sie auch aus größerer Entfernung lesen kann.
- In der Mitte – vor dem Hintergrundbild – liegt die Hauptmenüleiste. Man sieht immer nur einige Befehle. Bewegt man den Mauszeiger an den rechten oder linken Bildschirmrand, wandert die Menüleiste und weitere Befehle werden erkennbar.

Wichtige Schaltflächen

Auf der Hauptseite (und nur dort) siehst du unten links die Schaltfläche  zum Ausschalten des RPi. Wenn irgendein Fenster geöffnet ist, siehst du unten rechts die beiden Schaltflächen . Mit dem Pfeil gelangst du auf das vorige Fenster, und durch einen Klick auf das Häuschen kommst du zur Startseite. Diese beiden Schaltflächen wirst du sehr häufig verwenden.

Das Funknetz einrichten

Als nächstes solltest du das Funknetz einrichten. Wenn du den Mauszeiger auf den Befehl PROGRAMS bewegst, erscheinen unten zwei rechteckige Symbole. Ja, es ist alles Englisch, obwohl du Deutsch als Sprache eingestellt hast. Klicke auf RASPBMC SETTINGS. Mit diesem Programm kannst du alle Einstellungen vornehmen.

Abb. 2.15: *Die Benutzungsoberfläche von RaspBMC*

Wähle oben links den Reiter NETWORK CONFIGURATION und stelle dann bei *Network Mode* die Option *Wireless (WiFi) Network* ein. Sorge dafür, dass die Optionen *Use DHCP* und *Unique DHCP Client Name* ausgewählt sind (in Abbildung 2.16 rechts eingekreist).

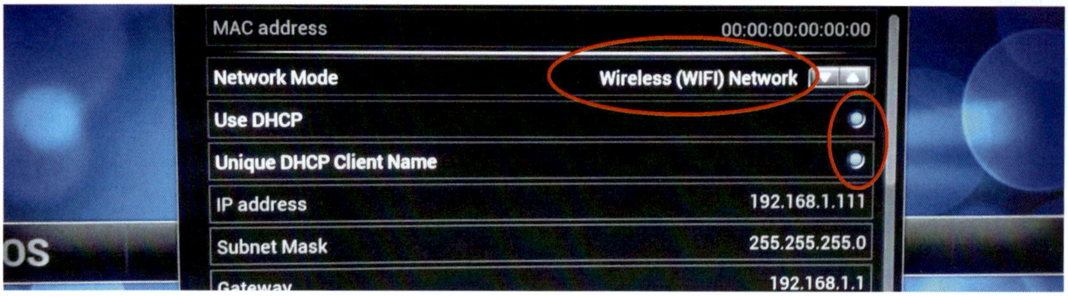

Abb. 2.16: *Das Funknetz einrichten*

Was ist DHCP?

Mit DHCP (*Dynamic Host Configuration Protocol*) kann ein Computer automatisch in ein Netzwerk eingefügt werden. Das Wichtigste ist, dass der neue Computer (hier dein RPi) eine IP-Adresse erhält. Die IP-Adresse wird von anderen Computern im Netz verwendet, um dem RPi Daten schicken zu können.

Als nächstes musst du die Verbindung zu deinem Funknetz einrichten. Schiebe den Rollbalken am rechten Rand der Dialogbox nach unten. Dann tauchen weitere Befehle auf. Klicke zunächst auf SCAN NETWORKS.

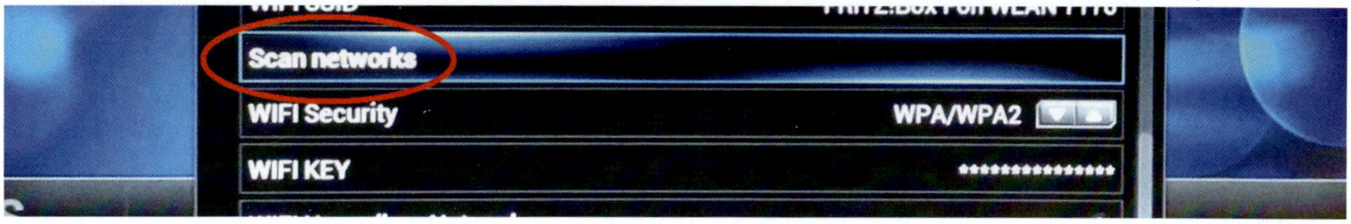

Abb. 2.17: *Funknetz auswählen*

Es erscheint eine Liste von Funknetzen, die vom RPi empfangen werden. Klicke dein Funknetz mit der linken Maustaste an.

Zum Schluss musst du noch den WPA2-Schlüssel eingeben. Dazu öffnest du erneut PROGRAMS|RASPBMC SETTINGS.

Du wählst wieder den Reiter NETWORK CONFIGURATION und sorgst dafür, dass im Feld WIFI SECURITY die Option *WPA/WPA2* ausgewählt ist. Dann klickst du auf den Befehl WIFI KEY.

Es erscheint eine Dialogbox mit Tastenfeld zum Eingeben des Schlüsselwortes. Wenn du fertig bist, klickst du zuerst oben links neben dem Tastenfeld auf DONE (Fertig) und dann unten auf OK.

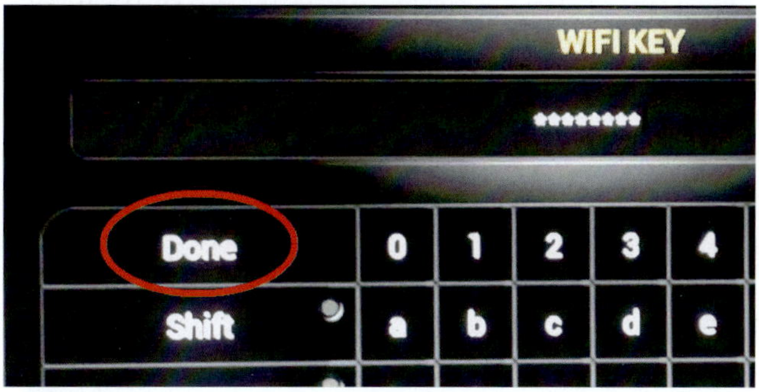

Abb. 2.18: *Eingabe des Schlüsselwortes*

Musikdateien vom USB-Stick abspielen

Mit RaspBMC kannst du dir Videos und Musik, die du auf der SD-Karte des Raspberry Pi oder auf einem USB-Memorystick gespeichert hast, ansehen und anhören. Nehmen wir folgendes Beispiel: Du hast auf einem Memorystick einen Ordner namens `Musik` mit Musikdateien. Den Stick steckst du in eine USB-Buchse des Raspberry Pi. Du bewegst den Mauszeiger auf das Feld MUSIC. Dann erscheinen unter dem Menübalken zwei neue Befehle: FILES und ADD-ONS. Klicke auf FILES.

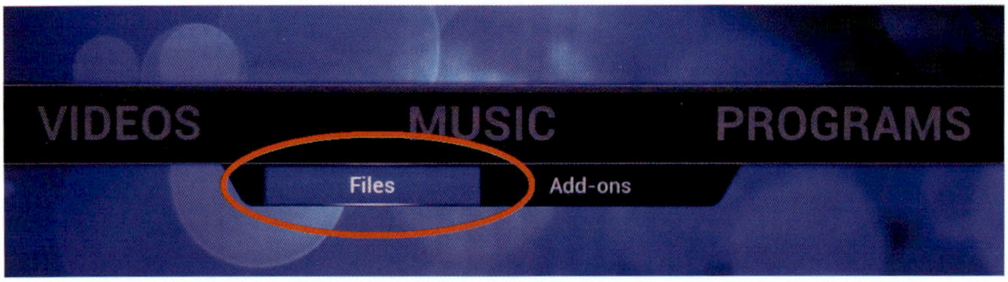

Abb. 2.19: *Zwei Befehle des Menü-Feldes* MUSIC

Es öffnet sich eine Dialogbox mit einer Liste. Hier musst du den Namen deines Memorysticks finden. In der Abbildung ist das die eingekreiste Zeile. 3.74 GB DRIVE bedeutet so viel wie: Speichermedium mit einer Kapazität von 3,74 Gigabyte. Bei dir kann das natürlich auch etwas anders lauten.

Abb. 2.20: *Im Fenster Music-Files musst du deinen USB-Stick finden.*

Du klickst also auf die Bezeichnung deines Memorysticks in der Liste. Dann navigierst du durch Anklicken zu dem Musikordner. Klickst du auf den Namen eines Songs, wird die Musikdatei abgespielt. Manchmal sind noch zusätzliche Informationen gespeichert (z.B. der Songtext). Diese können dann auch angezeigt werden.

Abb. 2.21: *Einen Song abspielen, der auf dem Memorystick gespeichert ist.*

Add-ons einrichten

Videos aus dem Internet schaut man sich meist im Streaming-Verfahren an (engl. *stream* = (Daten-)Strom). Beim Streaming wird nicht die ganze Videodatei heruntergeladen und gespeichert, sondern der Film wird stückchenweise geholt. Während ein Stück des Videos gezeigt wird, holt das System im Hintergrund schon die Daten für das nächste Stück. Nur die Daten, die für die gerade gezeigten Bilder benötigt werden, sind vorübergehend gespeichert. Sie werden wieder »vergessen«, sobald sie nicht mehr gebraucht werden.

Um die Videostreams aus dem Internet sehen zu können, musst du zusätzliche Software, so genannte *Add-ons* (engl. *to add on* = hinzufügen, erweitern) installieren. Das geht so:

Bewege den Mauszeiger im Menübalken des Startbildes auf VIDEOS und dann auf ADD-ONS (siehe Abbildung 2.22).

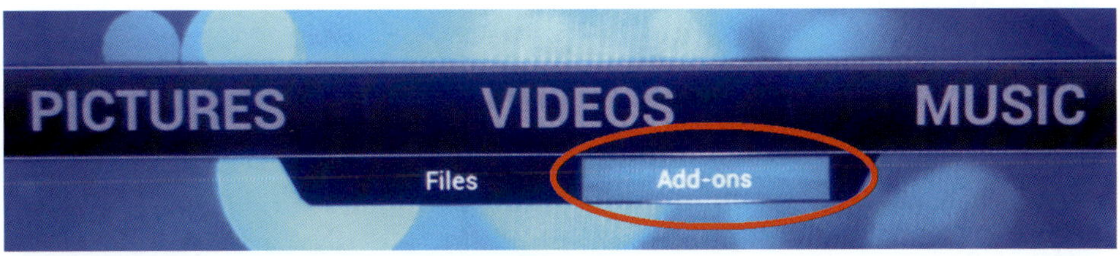

Abb. 2.22: *Add-ons für Video-Streaming einrichten.*

Es öffnet sich ein neues Fenster mit einer Liste aller installierten Add-ons. Achte auf die Überschrift VIDEOS – ADD-ONS. Diese Liste ist jetzt noch leer. Es ist noch nichts installiert. Das wirst du jetzt ändern. Klicke auf GET MORE.

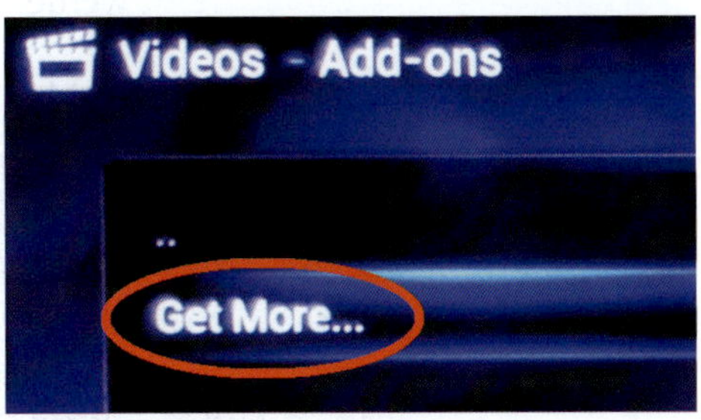

Abb. 2.23: *Noch ist kein Video-add-on installiert.*

Es erscheint eine Liste von Angeboten im Internet, darunter z.B. die Mediathek der ARD. Bewege den Mauszeiger über die Liste. Rechts neben dem gerade ausgewählten Feld siehst du eine Kurzbeschreibung des Angebots.

Abb. 2.24: *Eine Liste der verfügbaren Add-ons im Internet*

Klicke mit der linken Maustaste auf ein Add-on, z.B. *ARD-Mediathek*. Ein neues Fenster mit einer ausführlichen Beschreibung des Angebots erscheint. Wenn es dir gefällt, klickst du auf die Schaltfläche INSTALL.

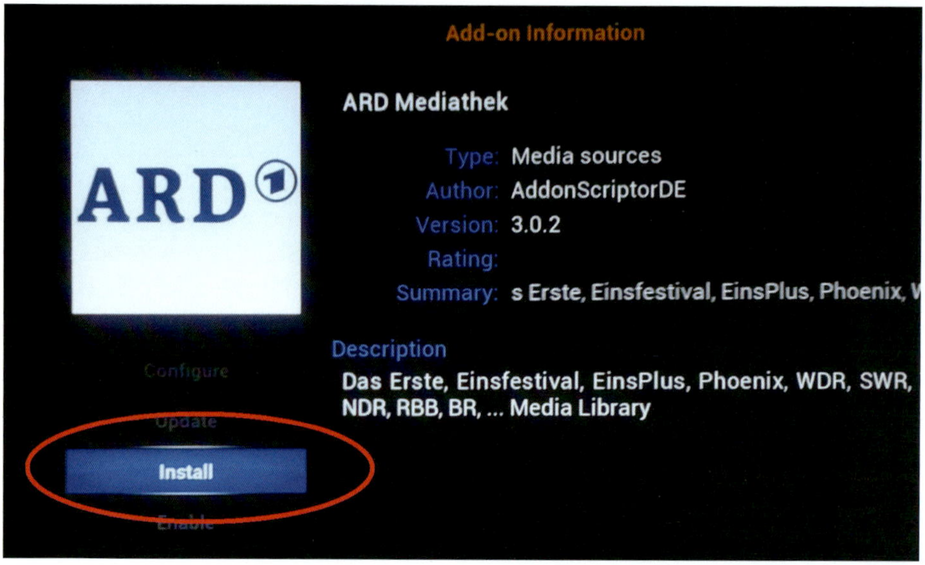

Abb. 2.25: *Ein Add-on installieren.*

Das Add-on wird installiert und nachher in der Liste der verfügbaren Add-ons mit ENABLED markiert. Klicke ganz unten rechts in der Ecke des Bildschirms auf das Pfeilsymbol. Damit kommst du in das vorige Fenster. Es erscheint wieder die Liste VIDEOS – ADD-ONS. Jetzt ist dort die neue Ressource eingetragen.

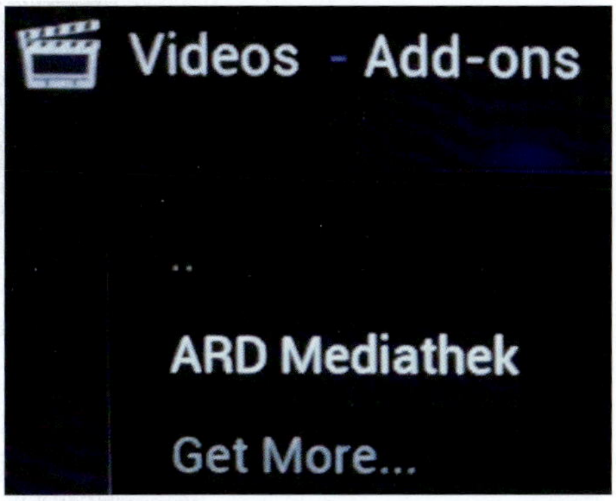

Abb. 2.26: *Die Liste der Add-ons wurde erweitert.*

Allein die ARD-Mediathek hält viele interessante Videoangebote bereit. Aber es gibt noch viele weitere Add-ons anderer Sender. Stelle dir selbst deine eigene Liste von Add-ons zusammen, mit denen du Videos im Streaming-Verfahren sehen kannst.

In gleicher Weise kannst du auch Add-ons für Internetradio (also Sprache und Musik) einrichten. Du gehst wieder auf die Startseite, indem du das Haussymbol rechts unten auf dem Bildschirm anklickst. Bewege nun den Mauszeiger auf das Feld MUSIC im Menübalken und dann auf ADD-ONS. Achte darauf, dass links oben in der Ecke MUSIC-FILES – ADD-ONS steht. Genau wie bei den Videos kannst du Add-ons einrichten.

Fragen

1. Mit welchem Kommando erfährt man die IP-Adresse des Raspberry Pi?
2. Welche Geräte sind nicht angeschlossen, wenn der Raspberry Pi im »kopflosen« Betrieb läuft?
3. Wozu benutzt man eine SSH-Verbindung?
4. Welche Aufgabe hat ein DHCP-Server?
5. Warum gibt es bei RaspBMC an mehreren Stellen Tastaturen zum Anklicken mit der Maus?
6. Warum verwendet man beim Angucken von Videos aus dem Internet ein Streaming-Verfahren?

Antworten zu den Fragen

1. Die IP-Adresse kann man mit `ifconfig` abfragen.
2. Im kopflosen Betrieb arbeitet der RPi ohne Maus, Monitor und Tastatur, also ohne Ein-/Ausgabegeräte.
3. Eine SSH-Verbindung (z.B. mit PuTTY) ermöglicht es, den RPi von einem anderen Rechner aus zu benutzen. Du startest einen SSH-Client (z.B. PuTTY) und stellst mithilfe der IP-Adresse des RPi eine Verbindung her. Dann kannst du dich von einem entfernten Rechner aus einloggen.
4. Der DHCP-Server weist einem Computer, der neu an das lokale Netz (z.B. Funknetz) angeschlossen worden ist, eine IP-Adresse zu, die noch kein anderer Computer hat.
5. RaspBMC ist als Mediacenter ausgelegt. Es soll auch ohne Tastatur (z.B. nur mit einer Fernbedienung) bedient werden können. Überall da, wo ein Text eingegeben werden muss, gibt es deshalb Eingabefelder auf dem Bildschirm.
6. Beim Streaming kannst du den Film sofort nach dem Anklicken ansehen. Der Film wird »stückchenweise« geladen, und das erste Stück ist rasch übertragen. Ohne Streaming müsstest du zuerst die *ganze* Videodatei herunterladen, bevor du den Film sehen kannst. Und das kann eine Weile dauern.

3

Autorennen und Meteore – Wie programmiert man mit Scratch?

Auf deinem Raspberry Pi sind schon mehrere Programmiersprachen installiert. Zwei davon wollen wir uns näher ansehen: Scratch und Python. Für die ersten Schritte in der Welt der Programmierung bietet Scratch den idealen Einstieg.

Bei Scratch setzt du ein Programm aus Bausteinen zusammen, die du mit der Maus über den Bildschirm schiebst. Das ist wie Bauen mit Legosteinen. Scratch wurde im »Lifelong Kindergarten« am *Massachusetts Institute of Technology* in Cambridge, USA entwickelt (kurz MIT, sprich »Em Ei Ti«). Das MIT ist eine der berühmtesten technischen Universitäten der Welt. Auch wenn Scratch das Spielen und Ausprobieren unterstützt, ist es mehr als bloße Spielerei, denn es ist eine ernstzunehmende Programmierumgebung.

Abb. 3.1: Hier entstand Scratch. Blick in den Lifelong Kindergarten des MIT (USA)

Scratch starten

Doppelklicke auf dem Desktop des Raspberry Pi auf das Scratch-Symbol. Es öffnet sich das Scratch-Anwendungsfenster.

Abb. 3.2: Die Oberfläche von Scratch

Erkunde die Oberfläche und probiere ein paar Dinge aus:

❶ Das ist die Bühne. Auf ihr siehst du die Scratch-Katze. Die Katze ist ein *Objekt*. Alle Figuren, die du selbst erstellst, werden Objekte genannt. Objekte sind sozusagen die Schauspieler eines Scratch-Projekts. Sie können sich auf der Bühne bewegen, und sie können programmiert werden.

❷ Mit diesen drei Schaltflächen kannst du die Größe der Bühne einstellen. In der Abbildung ist die Bühne klein (linke Schaltfläche ausgewählt). Du kannst sie größer oder ganz groß machen. Probiere es aus! Wenn die Bühne ganz groß ist, bist du im Präsentationsmodus. Du siehst dann links oben einen gebogenen Pfeil. Wenn du darauf klickst, bekommst du wieder die normale Bühnengröße.

❸ Hier ist das Symbol des Katzenobjekts. Es ist blau eingerahmt, weil es gerade ausgewählt worden ist. Steht auf deinem Bildschirm `Objekt1` unter dem Symbol? Das ist der Name dieses Objekts. Der Name kann geändert werden.

❹ Sind die Wörter, die in deinem Scratch-Fenster stehen deutsch oder englisch? Wenn alles auf Englisch ist, musst du die Sprache einstellen. Klicke auf das Globus-Symbol in der Titelleiste und wähle DEUTSCH.

❺ Links findest du Befehle, mit denen du ein Objekt steuern kannst. Die Befehle sind Bausteine, die man anklicken und verschieben kann. Klicke mit der linken Maustaste auf den Baustein [drehe ↻ 15 Grad]. Die Katze reagiert und dreht sich nach rechts. Du kannst Bausteine auf die Arbeitsfläche in der Mitte verschieben und ein Skript für das Objekt zusammenbauen. Ein Skript steuert die Bewegung eines Objekts. Dazu mehr im nächsten Abschnitt. Es gibt acht Sammlungen von Befehlen zu verschiedenen Themen. Jetzt ist die Sammlung BEWEGUNG ausgewählt. Das erkennst du daran, dass oben die Schaltfläche BEWEGUNG ganz mit Farbe gefüllt ist.

Projekt 4: »Huuuh!« – Das erste Scratch-Projekt

Das erste Scratch-Projekt ist ein computeranimierter Film. Ein Geist erscheint auf der Bildfläche und sagt »Huuh!«.

Abb. 3.3: *Screenshots aus einer Computeranimation*

So gehst du vor: Im ersten Schritt programmierst du die Bewegung. Dann gestaltest du das Aussehen deines Geistes, und zum Schluss machst du den Hintergrund.

Ein neues Projekt beginnen

Starte Scratch. Speichere dein Projekt, das du ja noch gar nicht begonnen hast. Das geht so:

- Klicke auf DATEI|SPEICHERN ALS ...
- Klicke auf das Icon NEUES VERZEICHNIS und erstelle ein eigenes Verzeichnis für deine Scratch-Projekte.
- Gib rechts im Feld PROJEKTAUTOR deinen Namen oder dein Psyeudonym ein. Beschreibe dein Projekt im Feld ÜBER DIESES PROJEKT.
- Gib unten den Dateinamen ein (z.B. Gruselgeist) und klicke auf die Schaltfläche OK. Dein Projekt wird gespeichert.

Wichtig

Das Abspeichern eines Scratch-Projektes auf dem Raspberry Pi braucht seine Zeit. Manchmal dauert es eine halbe Minute. Habe also Geduld. Erst wenn ein größer werdendes Rechteck aus Linien über den Bildschirm huscht, ist der Speichervorgang abgeschlossen.

Eine Katze bewegt sich und spricht

Auf der Bühne siehst du die Scratch-Katze. Sie ist schon vorgegeben. Im ersten Schritt schreibst du ein Programm (man sagt auch Skript), das die Bewegung der Katze steuert. Später machst du aus der Katze einen Geist.

Auf der grauen Arbeitsfläche (SKRIPTE) baust du aus Bausteinen ein Skript zusammen. Jeder Baustein trägt einen Befehl. Ziehe mit der Maus einen Baustein auf die Arbeitsfläche. Dazu klickst du den Baustein mit der linken Maustaste an, lässt die Maustaste gedrückt und bewegst die Maus. Wenn du die Maustaste loslässt, bleibt der Baustein liegen. Bausteine passen wie Puzzlesteine zusammen. Wenn du einen neuen Baustein unter einen anderen schiebst, kannst du sehen, wie er »einschnappt«.

Um einen Baustein zu löschen, kannst du ihn von der Arbeitsfläche herunter ziehen. Er verschwindet dann.

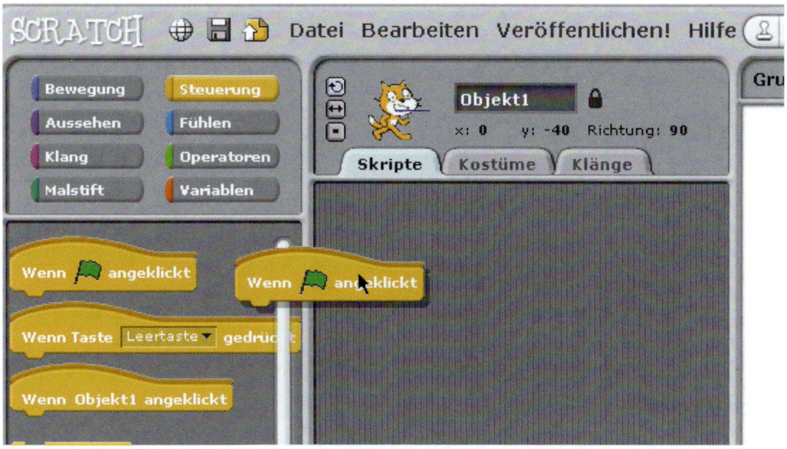

Abb. 3.4: *Ein Skript wird aus Befehlsbausteinen aufgebaut*

Es gibt acht Sammlungen mit Befehlen zu verschiedenen Themen, die links oben angezeigt werden. Jedes Thema hat seine eigene Farbe. Steuerung ist orange, Bewegung ist blau usw. Für dieses Projekt brauchst du die Sammlungen STEUERUNG, AUSSEHEN und BEWEGUNG.

Baue nun das Skript aus Abbildung 3.5 auf.

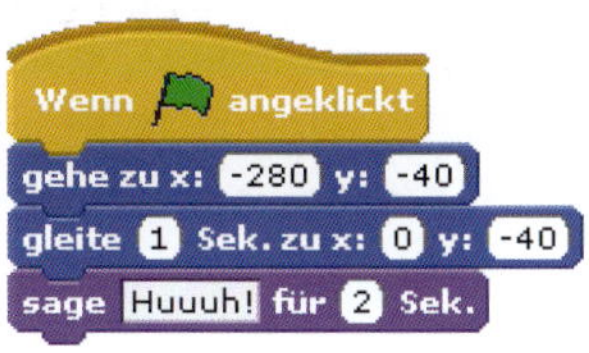

Abb. 3.5: *Ein Scratch-Skript.*

Die drei unteren Bausteine haben kleine Fenster, in die du über die Tastatur Zahlen oder Buchstaben eintragen kannst. Die Zahlen hinter x: und y: geben einen Ort auf der Bühne an. Das wird gleich genauer erklärt.

Klicke oben rechts an der Bühne auf die grüne Flagge und beobachte, was passiert. Wenn alles gut geht, gleitet die Katze vom Rand in die Mitte der Bühne und sagt »Huuuh!«.

Die Koordinaten der Bühne

Für Bewegungen braucht man Ortsangaben. Jede Stelle auf der Bühne wird durch zwei Zahlen beschrieben: die x-Koordinate (waagerecht) und die y-Koordinate (senkrecht). Das Koordinatensystem der Bühne ist so, wie du es aus dem Mathematikunterricht kennst. Der Mittelpunkt (Ursprung) hat die Koordinaten x: 0 und y: 0. Die x-Koordinaten gehen von -240 (links) bis +240 (rechts) und die y-Koordinaten von -180 (unten) bis +180 (oben).

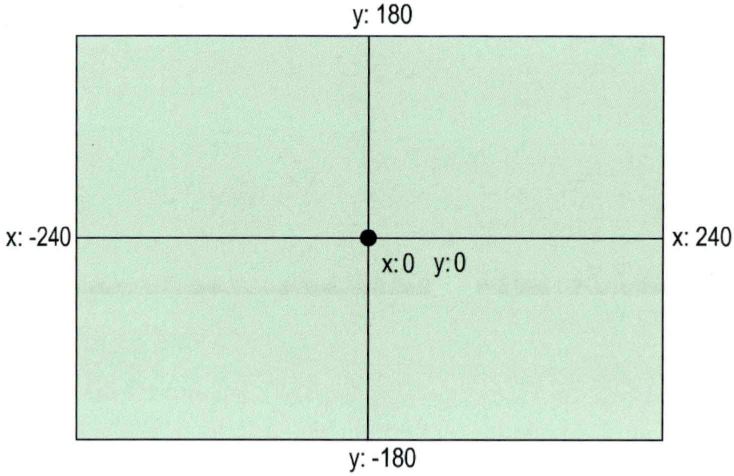

Abb. 3.6: *Koordinaten der Bühne*

Eigenes Erkunden und Hilfe

Scratch ist so aufgebaut, dass du die Bedeutung aller Befehle selbst erkunden kannst. Wenn du über die Verwendung eines Bausteins etwas wissen willst, klicke ihn mit der rechten Maustaste an. Wähle im Kontextmenü die Option HILFE. Es erscheint ein Fenster mit einer Erklärung und einem kleinen Anwendungsbeispiel – allerdings auf Englisch.

Abb. 3.7: *Zu jedem Baustein kannst du Hilfe anfordern.*

Kostüme – Die Katze wird zum Geist

Die Scratch-Katze ist ein Objekt, das sich auf dem Bildschirm bewegen kann. Ein Objekt kann verschiedene Kostüme haben. Mit Kostüm ist aber nicht ein Kleidungsstück, sondern allgemein das Aussehen eines Objekts gemeint.

Klicke auf den Reiter KOSTÜME. Dann siehst du den Arbeitsbereich für das Aussehen der Katze mit einer Liste aller Kostüme.

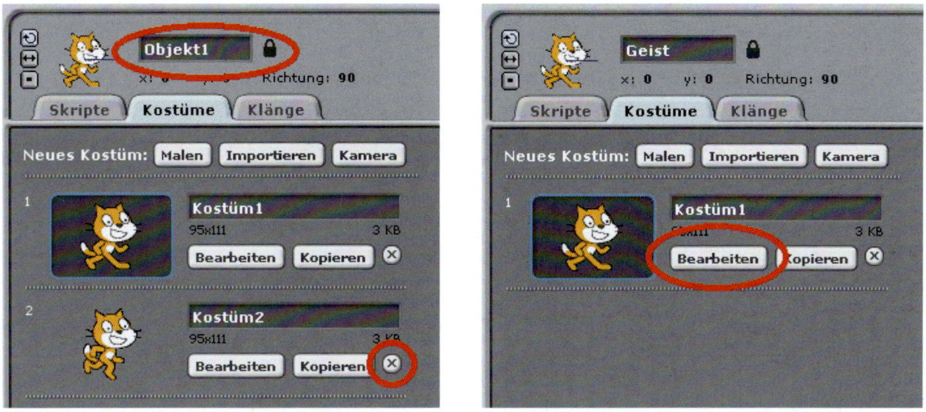

Abb. 3.8: *Kostüme eines Objekts*

Stelle dir ein Objekt als Schauspieler vor, der auf der Bühne in einem Theaterstück seine Rolle spielt. Und ebenso wie ein Schauspieler, kann auch das Objekt das Kostüm wechseln und sein Aussehen verändern. Die Scratch-Katze hat zwei Kostüme. Du kannst noch weitere Kostüme hinzufügen, Kostüme löschen oder Kostüme bearbeiten. In diesem Projekt soll aus der Katze ein Geist werden. Das geht so:

Schritt 1: Dem Objekt einen Namen geben

Als erstes gibst du deinem Objekt einen Namen, z.B. `Geist`. Du trägst den Namen oben in das Feld ein, in dem anfangs `Objekt1` steht (siehe Abbildung 3.8, links oben eingekreist).

Schritt 2: Ein überflüssiges Kostüm löschen

Du löscht das zweite Kostüm der Katze. Klicke auf das x.

Schritt 3: Einen Geist malen

Jetzt klickst du bei KOSTÜM 1 auf die Schaltfläche BEARBEITEN. Es öffnet sich ein neues Fenster mit dem Malprogramm. Das funktioniert im Prinzip so, wie jedes andere pixelorientierte Grafikprogramm (z.B. Microsoft Paint).

- Klicke auf die Schaltfläche LÖSCHEN. Das Bild der Katze wird gelöscht.
- Wähle den Pinsel und die Farbe Schwarz.
- Zeichne die Umrisse und das Gesicht des Gespenstes.
- Wähle den Farbeimer und eine helle Farbe.
- Klicke mit dem Farbeimer auf die Innenfläche des Gespenstes.
- Wenn du fertig bist, klickst du unten rechts auf OK.

Abb. 3.9: *Ein Kostüm bearbeiten*

Schritt 4: Ein zweites Kostüm erstellen

Kopiere dein Kostüm, indem du auf KOPIEREN klickst. Nun hast du zwei gleiche Kostüme, die einen Geist darstellen. Bearbeite das zweite Kostüm und sorge dafür, dass der Mund offen steht. Wenn der Geist etwas sagt, soll der Mund geöffnet sein.

- Wähle das Radiergummi und radiere den Strich-Mund weg.
- Klicke mit der Pipette auf die helle Farbe des Gespenstes und wähle so diese Farbe aus.
- Fülle mit dem Farbeimer das Loch, das durch das Radieren entstanden ist.
- Zeichne mit dem Pinsel einen offenen Mund.

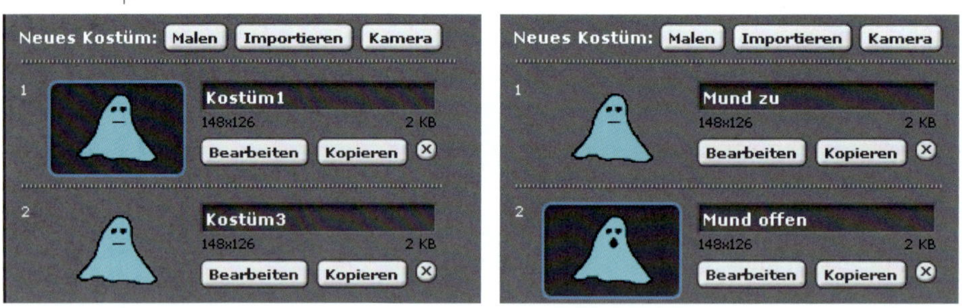

Abb. 3.10: *Ein Kostüm kopieren und verändern*

Gib den Kostümen sinnvolle Namen, z.B. MUND ZU und MUND OFFEN.

Schritt 5: Das Skript erweitern

Nun musst du dein Skript ein bisschen verändern, damit der Geist beim Sprechen den Mund öffnet. Setze vor und hinter die Sprechanweisung einen Baustein mit dem Befehl nächstes Kostüm. Achte beim Einfügen von neuen Befehlen auf den weißen Balken! Er zeigt die Stelle, an die der neue Baustein kommt.

Abb. 3.11: *Das Skript erweitern*

Es werde Nacht! Der Hintergrund

Geister kommen bekanntlich nur nachts. Deshalb musst du noch den Hintergrund in eine nächtliche Szene verwandeln. Klicke unten rechts auf die Bühne. Wähle dann den Reiter HINTERGRÜNDE und bearbeite den Hintergrund. Mit dem Farbeimerwerkzeug kannst du den Hintergrund ganz schwarz machen.

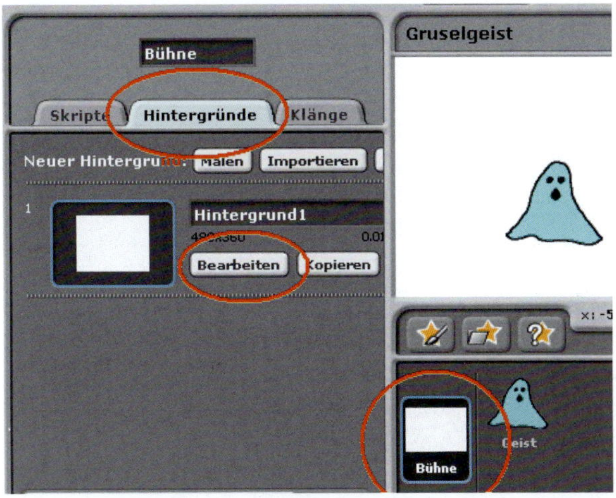

Abb. 3.12: *Den Hintergrund der Bühne bearbeiten*

Damit ist nun das Projekt abgeschlossen. Wie man Animationen mit mehreren Figuren macht, kannst du in Kapitel 3 lesen.

Projekt 5: Formel 1

Dieses Projekt ist ein Autosimulator. Die Bühne zeigt eine Rennstrecke, über die ein Auto fährt. Du steuerst das Auto mit den Pfeiltasten. Immer wenn du auf [→] drückst, dreht es sich ein Stückchen nach rechts. Wenn du auf [←] drückst, dreht es sich nach links. Das Auto fährt mit konstanter Geschwindigkeit. Wenn es die Straße verlässt, hält es an. Game over.

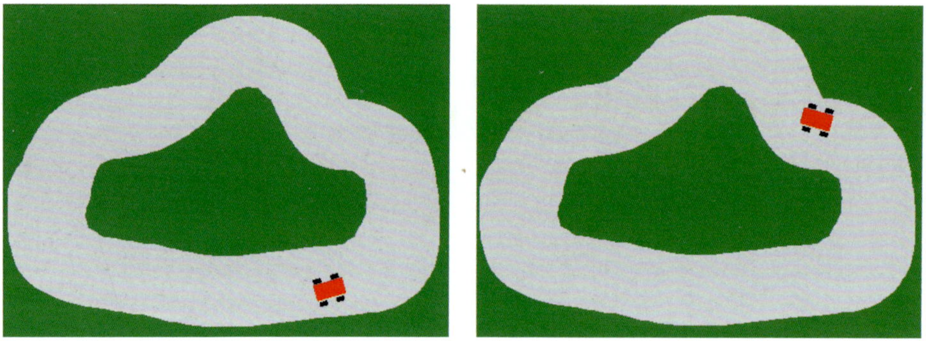

Abb. 3.13: *Screenshots des Autosimulators*

Die Rennstrecke

Lege ein neues Projekt an und speichere es in deinem Projektordner z.B. unter dem Namen auto ab. Als erstes zeichnest du die Rennstrecke.

Klicke auf das Symbol der Bühne und wähle den Reiter HINTERGRÜNDE. Klicke dann auf die Schaltfläche BEARBEITEN.

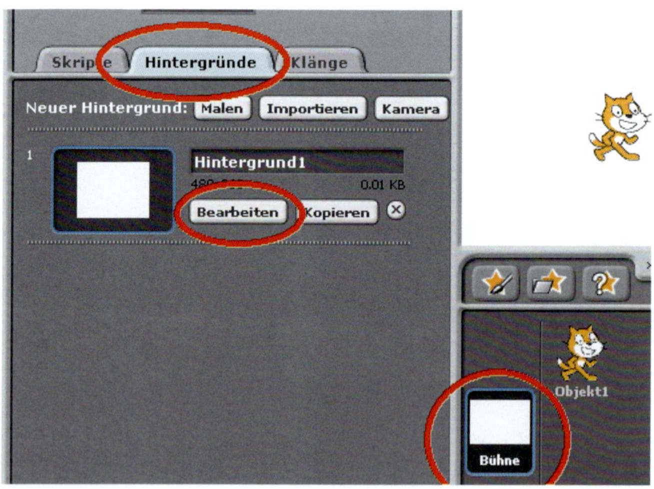

Abb. 3.14: *Einen Hintergrund der Bühne zeichnen*

Mit dem Farbeimer färbst du das Bild grün ein. Dann wählst du den Pinsel. Klicke auf PINSELBREITE und stelle eine große Pinselbreite ein. Wähle einen hellgrauen Farbton für den Asphalt der Rennstrecke. Zeichne dann mit dem dicken Pinsel die Rennstrecke und klicke auf OK.

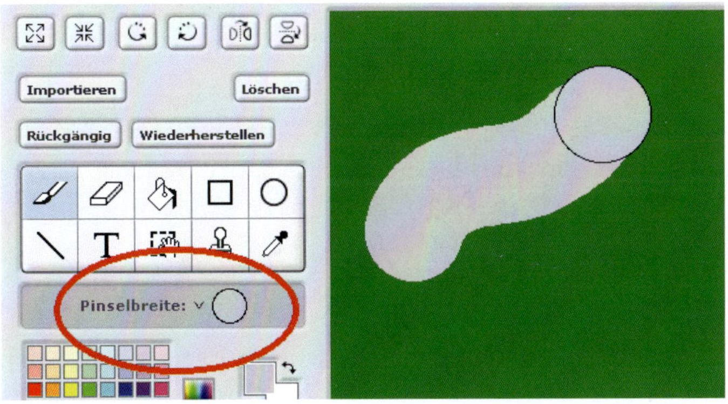

Abb. 3.15: *Die Rennstrecke mit einem dicken Pinsel streichen*

Das Auto

Jedes neue Scratch-Projekt enthält bereits ein Objekt – die Katze. Aber jetzt brauchst du keine Katze. Deshalb löschst du sie am besten. Klicke sie mit der rechten Maustaste an und wähle im Kontextmenü den Befehl LÖSCHEN.

Abb. 3.16: *Ein Objekt löschen*

Klicke dann auf die Schaltfläche NEUES OBJEKT MALEN . Sie befindet sich unterhalb der Bühne und sieht aus wie ein Stern mit einem Pinsel.

Abb. 3.17: *Ein neues Objekt malen*

Es öffnet sich ein Fenster des Malprogramms. Darin kannst du nun das Aussehen des Autos gestalten, das Kostüm. Halte die Form klar und einfach. Denn das Auto wird auf dem Bildschirm nur klein zu sehen sein.

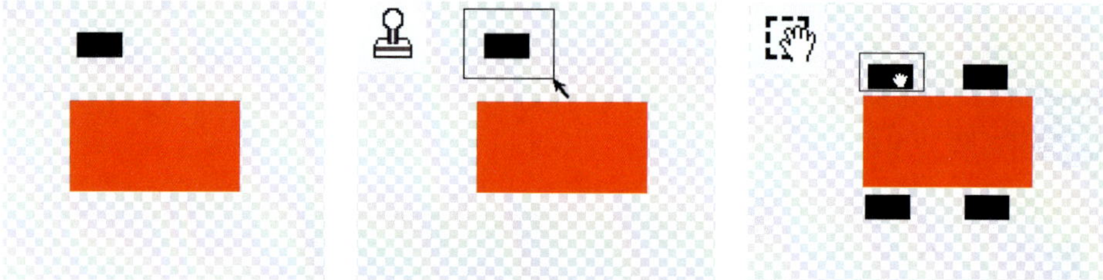

Abb. 3.18: *Ein Auto mit gestempelten Rädern*

Wenn dein Auto vier gleiche Räder haben soll, lohnt es sich, den Stempel zu verwenden. Abbildung 3.18 zeigt, wie du vorgehst:

- Mit dem Rechteckwerkzeug ☐ malst du ein größeres rotes Rechteck als Karosserie und ein kleines schwarzes Rechteck als Reifen (Abbildung 3.18, links).
- Wähle das Stempelwerkzeug und umrahme mit dem Mauszeiger den Reifen (Abbildung 3.18, Mitte). Dazu bewegst du den Mauszeiger zu einer Stelle links oberhalb des Reifens, klickst die linke Maustaste, hältst sie gedrückt, bewegst sie ein Stück nach rechts unten, bis ein Rahmen entsteht, und lässt sie dann los.
- Es entsteht eine Kopie des Reifens. Bewege sie an eine andere Stelle an der Karosserie und klicke die linke Maustaste. Damit »stempelst« du ein Bild des Reifens an diese Stelle. Auf diese Weise kannst du schnell vier völlig gleiche Reifen erzeugen.
- Mit dem Handwerkzeug kannst du einen Reifen (oder einen anderen Bildausschnitt) nachträglich verschieben (Abbildung 3.18, rechts).

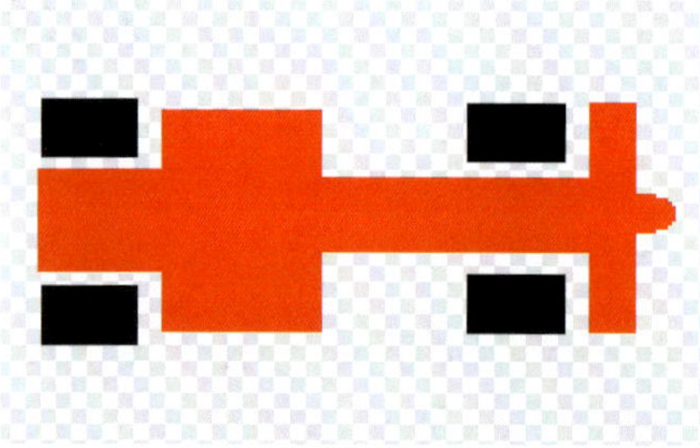

Abb. 3.19: *Ein etwas realistischeres Bild eines Formel-1-Wagens von oben. Tipp: Zeichne zuerst ein rotes Rechteck und entferne dann mit dem Radiergummi kleinere Stücke.*

Vergiss nicht, dem neuen Objekt einen sinnvollen Namen zu geben, z.B. Auto.

Das Auto-Objekt erhält für die Steuerung drei Skripte. Das erste Skript wird zu Beginn einmal gestartet und läuft dann solange, bis der Wagen von der Bahn abkommt und die grüne Umgebung berührt. Die beiden anderen Skripte werden immer wieder ausgeführt, und zwar immer dann, wenn eine Pfeiltaste gedrückt wird.

Abb. 3.20: Die drei Skripte des Objekts Auto

Da gibt es noch eine Schwierigkeit. Wie trägt man in dem Baustein wird Farbe berührt? die Farbe ein? Abbildung 3.21 zeigt, wie es geht. Klicke mit der linken Maustaste im Baustein das Quadrat mit der Farbe an. Der Mauszeiger verwandelt sich in eine Pipette. Klicke dann auf der Bühne die grüne Fläche an. Sofort übernimmt das Farbquadrat im Baustein diese Farbe.

Abb. 3.21: Eine Farbe auswählen

Fragen zum Autorennen

1. Wie kannst du das Auto schneller machen? Es gibt zwei Möglichkeiten!
2. Was ändert sich, wenn in der ZEIGE RICHTUNG...- Anweisung statt der Zahl 90 die Zahl 0 steht?

Am Ende des Kapitels findest du die Antworten.

Erweiterung: Gas geben und bremsen

Natürlich fahren Formel-1-Autos nicht mit konstanter Geschwindigkeit – es sei denn, sie haben einen Motorschaden. Ein wirkliches Auto kann beschleunigen und bremsen. In diesem Abschnitt erfährst du, wie man das programmiert.

Was ist eine Variable?

Schau dir noch einmal das Skript an. Das Auto fährt mit konstanter Geschwindigkeit. Alle 0,05 Sekunden geht es um drei Pixel (Bildpunkte) vorwärts. Dafür sorgt der Befehl gehe 3 -er Schritt. Wenn du willst, dass es schneller fährt, kannst du eine größere Schrittlänge eintragen, z.B. gehe 6 -er Schritt. Mit dem Befehl gehe 1 -er Schritt fährt das Auto langsamer. Ist ja logisch. Es legt ja dann alle 0,05 Sekunden eine kleinere Strecke zurück. Wenn du mit ganz kleinen Schritten – im »Gänsemarsch« – durch die Wohnung, bist du auch langsamer, als wenn du mit großen Schritten marschierst.

Die Geschwindigkeit entspricht also der Schrittlänge. Große Schrittlänge – große Geschwindigkeit. Kleine Schrittlänge – kleine Geschwindigkeit.

Wenn du in deinem Rennwagen Gas gibst, wird die Geschwindigkeit höher. Wenn du bremst, wird sie niedriger. Das heißt: Die Schrittlänge *ändert sich.* Das Problem ist also, die Zahl in dem GEHE-Baustein. Wenn die Geschwindigkeit geändert werden kann, darf hier überhaupt keine feste Zahl stehen.

Was tun? Die Lösung ist eine *Variable.* An Stelle einer Zahl setzen wir in das Zahlfenster eine Variable, z.B. gehe Speed -er Schritt (engl. *speed*=Geschwindigkeit). Wie das mit Scratch geht, wird gleich im nächsten Abschnitt genau erklärt.

Wenn man den Befehl liest, klingt das ein bisschen seltsam: »Gehe Speed-er Schritt«. Was ist damit gemeint? Stell dir die Variable Speed als Speicher für eine Zahl vor. Der Wert von Speed (also die Zahl) kann *geändert* werden. Die Länge des Schrittes in dem GEHE-Befehl ist genau die Zahl, die gerade in Speed enthalten ist. Wenn Speed die Zahl 1 enthält, ist die Bewegung langsam (kleine Schritte). Und wenn Speed die Zahl 10 enthält, ist sie rasend schnell (große Schritte).

Eine Variable einrichten

Der Computer muss sich die momentane Geschwindigkeit irgendwie merken. Zahlen – wie die Geschwindigkeit – werden in Variablen gespeichert. Variablen sind aber nicht von vornherein da, du musst sie erst einrichten. Das geht so:

- Wähle die Bausteinsammlung VARIABLEN.
- Klicke auf die Schaltfläche NEUE VARIABLE.
- Es erscheint eine Dialogbox, in der du den Namen der Variablen eintragen musst, z.B. Speed.
- Abbildung 3.22 zeigt, was nun passiert: In der Sammlung VARIABLEN erscheinen neue Bausteine, die sich auf die neue Variable beziehen. Und auf der Bühne sieht man eine Anzeige mit dem augenblicklichen Wert der Variablen. Wenn dich diese Anzeige stört, kannst du sie auch verstecken. Entferne (durch Anklicken) den Haken in der Checkbox vor dem Baustein Speed.

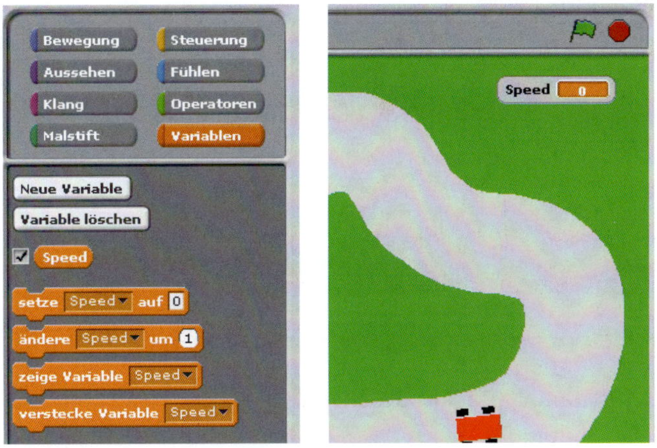

Abb. 3.22: *Eine Variable für die Geschwindigkeit*

Das Skript erweitern

Min den neuen Speed-Bausteinen kannst du nun die Skripte für das Objekt Auto erweitern. Die beiden Skripte für die Steuerung nach rechts und links bleiben unverändert.

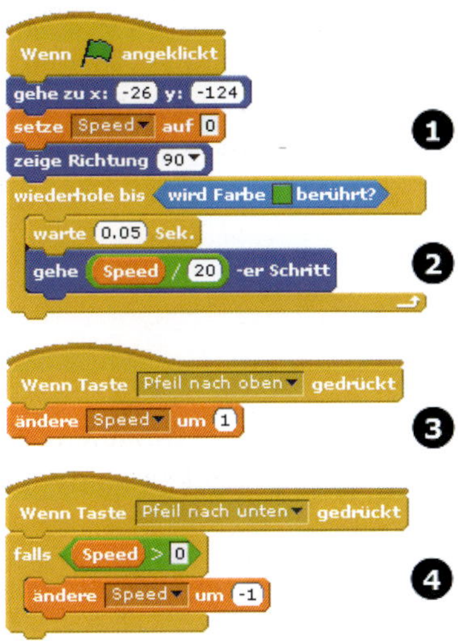

Abb. 3.23: *Geänderte und neue Skripte für den Rennwagen*

So funktioniert's

1. Die Variable Speed bekommt den Anfangswert 0. Der Wagen steht.

2. Die Geschwindigkeit (Wert der Variablen Speed) ist die Anzahl der Schritte pro Sekunde. Da es 20 Bewegungen pro Sekunde gibt (Wartezeit ist 0,05 Sekunden), geht das Auto hier um Speed/20 Schritte vorwärts. Abbildung 3.24 zeigt,

wie du diesen Ausdruck aus Bausteinen aufbaust. Als erstes brauchst du einen Baustein aus der Sammlung OPERATOREN.

❸ Hier beschleunigt der Wagen. Die Geschwindigkeit wird erhöht.

❹ Der Wagen bremst. Wenn die Geschwindigkeit noch größer als 0 ist (der Wagen bewegt sich noch), wird sie um 1 verkleinert.

Abb. 3.24: *So baust du einen mathematischen Ausdruck mit einem Operator (z.B. Division /) auf.*

Damit ist die verbesserte Rennsimulation fertig. In den Aufgaben am Ende des Kapitels findest du noch eine Anregung zur Weiterentwicklung. Vielleicht möchtest du eine größere Rennstrecke anlegen, die über mehrere Bildschirmseiten geht. In Kapitel 3 erfährst du, wie das geht.

Projekt 6: Hilfe, Meteore!

Der Planet wird von herabfallenden Meteoren bedroht. Auf dem Boden steht eine Rakete. Mit den Pfeiltasten kannst du die Rakete nach links und rechts bewegen. Drückst du die Leertaste, startet sie. Wenn sie den Meteor trifft, gibt es einen Blitz und der Meteor ist verschwunden. Unten steht dann wieder die nächste Rakete bereit und von oben kommt ein neuer Meteor.

Abb. 3.25: *Abschuss eines Meteors*

Die Bühne

Natürlich kannst du das Hintergrundbild der Bühne gestalten wie du willst. Im Beispiel haben wir einen einfach nur schwarzen Weltraum. Es gibt aber einen Trick, den du beachten solltest. Am unteren, rechten und linken Rand ist ein schmaler Streifen, dessen Farbe sich von der restlichen Hintergrundfarbe unterscheidet. Diese Farbe ist sozusagen ein Signal für das Meteor-Objekt. Sobald es diese Farbe berührt, verschwindet es und springt wieder nach oben. Dazu später mehr.

Abb. 3.26: *Der Hintergrund*

Der Meteor

Lösche die Katze und male ein neues Objekt. Das Objekt heißt `Meteor`. Es erhält zwei Kostüme. Das erste sieht aus wie ein Gesteinsbrocken. Das zweite sieht aus wie ein Blitz. Wenn der Meteor von der Rakete getroffen worden ist, wechselt er das Kostüm und verwandelt sich (für kurze Zeit) in einen Blitz.

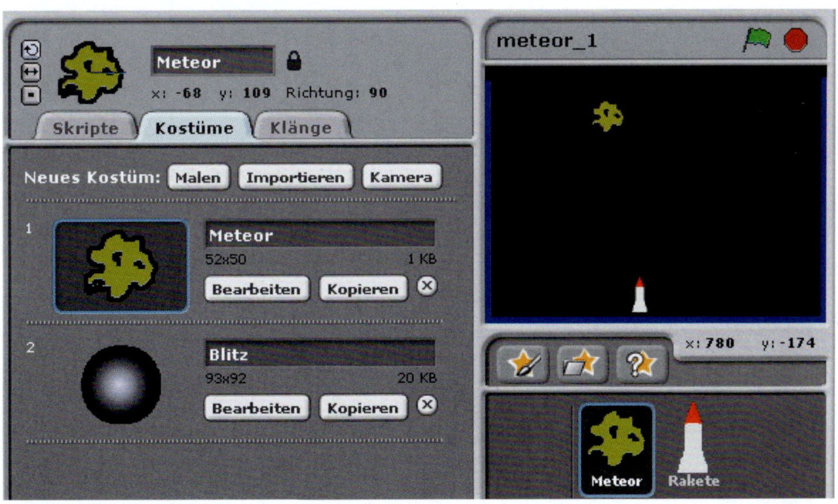

Abb. 3.27: *Die beiden Kostüme des* `Meteor`*-Objekts*

Der Blitz sieht am besten aus, wenn du einen Farbverlauf verwendest. Das geht so:

- Zeichne mit dem Kreiswerkzeug eine Kreisfläche, die etwas größer als der Meteor ist.
- Wähle das Farbeimer-Werkzeug.

- Stelle als erste Farbe *Hellblau* (oder eine andere helle Farbe) ein. Als zweite Farbe wählst du die Farbe *Durchsichtig*. Sie sieht im Scratch-Malprogramm wie ein Schachbrett mit weißen und grauen Feldern aus.
- Wähle die Option RADIALER FARBVERLAUF (im Bild in der Mitte eingekreist).
- Fülle die Kreisfläche mit dem Farbeimer.

Abb. 3.28: *So machst du eine Kreisfläche mit einem radialen Farbverlauf von hellblau nach farblos.*

Das `Meteor`-Objekt bekommt ein einziges Skript mit einer Endloswiederholung.

Abb. 3.29: *Das Skript des Meteorobjekts*

So funktioniert's

1. Das Objekt wird nach ganz oben, noch über den Bildschirmrand gesetzt. Es ist also am Anfang unsichtbar. Die Position in waagerechter Richtung (x-Kompo-

nente) ist eine Zufallszahl. Das heißt, bei jedem Lauf startet der Meteor an einer anderen Stelle.

❷ Der Meteor bewegt sich ein Stück nach unten (y wird kleiner) und ein bisschen nach rechts (x wird größer).

❸ Wenn der Meteor die Rakete berührt, wechselt er sein Kostüm. Er wird zum Blitz. Nach einer Sekunde wird er wieder zum Meteor und springt wieder nach oben auf eine zufällige Position. Für den Spieler sieht es so aus, als käme ein neuer Meteor.

❹ Die Farbe ist die Farbe der Linie am linken, unteren und rechten Rand. Wenn der Meteor diese Linie berührt, springt er wieder nach oben an eine zufällig gewählte Stelle. Übrigens: Den Test WIRD RAND BERÜHRT? kann man nicht so einfach verwenden, weil zu Beginn der Meteor natürlich den oberen Rand berührt.

Die Rakete

Das zweite bewegliche Objekt ist die Rakete. Über ihr Kostüm brauchen wir nicht zu reden. Interessanter sind die Skripte.

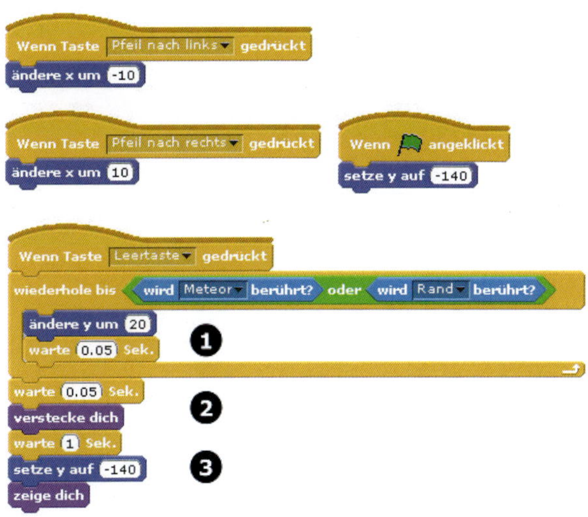

Abb. 3.30: *Steuerung der Rakete*

So funktioniert's

Die ersten beiden Skripte dienen der Steuerung in waagerechter Richtung nach rechts und links. Das dritte Skript stellt sicher, dass die Rakete am Anfang unten ist. Das vierte Skript wird ausgeführt, wenn die Rakete startet. Sie bewegt sich nach oben, bis sie auf den Rand der Bühne oder den Meteor trifft.

❶ Bewegung nach oben.

❷ Hier ist ein Trick: Nach der Kollision mit dem Meteor wartet die Rakete noch einen kleinen Moment, damit das Meteor-Objekt auch ganz sicher erkennt, dass es mit der Rakete zusammengestoßen ist.

❸ Die Rakete verschwindet für eine Sekunde und taucht dann unten wieder auf.

Erweiterung: Uhr und Zähler

Die erste Version ist ja schon ganz nett, aber es fehlt noch etwas zu einem richtigen Spiel – der Wettkampfcharakter. Wir erweitern die Spielregeln: Nach dem Start (Leertaste) hat man 30 Sekunden Zeit, um möglichst viele Meteore abzuschießen. Wenn die Spielzeit abgelaufen ist, erscheint der Schriftzug ENDE auf dem Bildschirm.

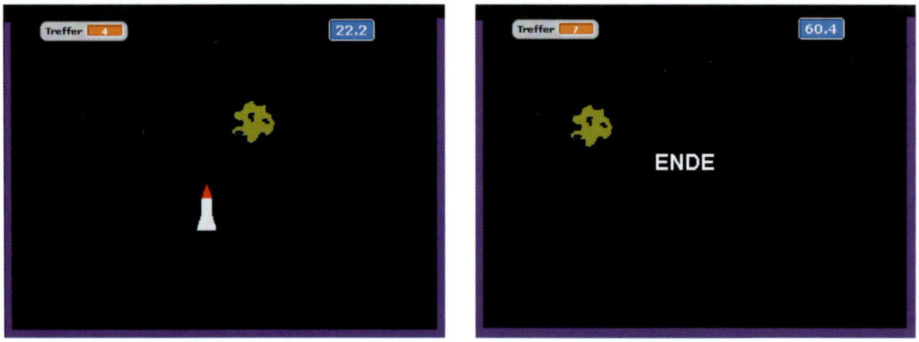

Abb. 3.31: *Das erweiterte Spiel mit Uhr und Trefferzähler*

Wie kann man das programmieren? Du brauchst eine Uhr und eine Variable als Zähler. Bei jedem Abschuss wird der Zähler um eins erhöht. Außerdem brauchst du einen zweiten Hintergrund für die Bühne.

Variable und Uhr

- Klicke in der Bausteinsammlung VARIABLEN auf NEUE VARIABLE.
- Gib der neuen Variablen den Namen Treffer.
- Es entstehen neue Bausteine für die neue Variable.
- Setze in die Checkbox vor dem Variablenbaustein TREFFER einen Haken (einfach anklicken). Dann erscheint auf der Bühne eine Anzeige der Variablen.
- In der Sammlung FÜHLEN findest du Bausteine zur Steuerung der Stoppuhr (Abbildung 3.32). Setze einen Haken in die Checkbox vor dem Baustein STOPPUHR.

- Auf der Bühne erscheint die Anzeige der Stoppuhr. Klicke sie mit der rechten Maustaste an und wähle die Option GROSSANZEIGE.

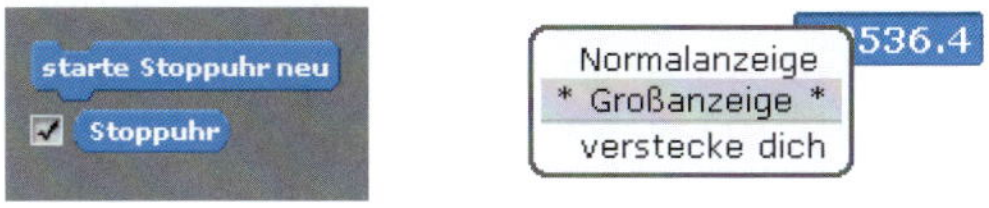

Abb. 3.32: Die Stoppuhr mit Großanzeige

Die Bühne

Wenn die Spielzeit abgelaufen ist, soll die Bühne ein anderes Hintergrundbild zeigen. Kopiere das schwarze Hintergrundbild. Gib beiden Hintergründen sinnvolle Namen (z.B. Spiel und Ende) und bearbeite die Kopie.

Abb. 3.33: Zwei Hintergrundbilder für die Bühne

In dem neuen Hintergrundbild für das Spielende schreibst du das Wort ENDE. Dazu wählst du das Schreibwerkzeug (T) und stellst eine große Buchstabengröße ein (z.B. 40). Vielleicht möchtest du das Textfeld verschieben, damit es genau in der Mitte ist. Du musst den Mauszeiger zur linken oberen Ecke des Textfeldes bringen, bis er sich in eine Hand verwandelt. Dann klickst du die linke Maustaste und verschiebst das Textfeld an die richtige Stelle.

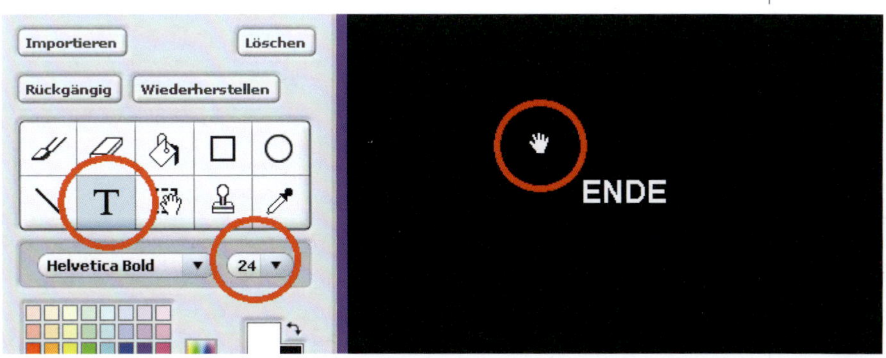

Abb. 3.34: Ein Textfeld bearbeiten und verschieben

Das neue Hintergrundbild soll erscheinen, wenn 30 Sekunden vergangen sind. Für den Wechsel des Hintergrunds ist die Bühne selbst zuständig. Dafür braucht sie ein Skript. Ja, auch die Bühne kann Skripte besitzen. So gehst du vor:

- Sorge dafür, dass die Bühne ausgewählt ist (das Symbol der Bühne ist durch eine blaue Linie eingerahmt) und klicke auf den Reiter SKRIPTE.
- Konstruiere ein Skript wie in Abbildung 3.35.

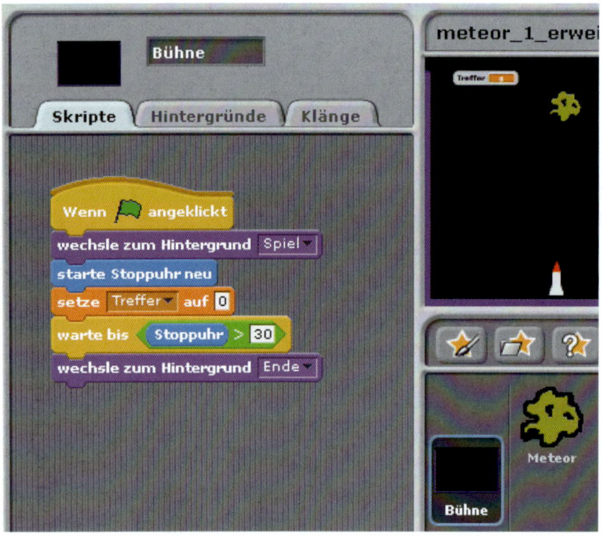

Abb. 3.35: *Das Skript der Bühne*

Ich glaube, das Skript kann man ohne weitere Erklärung verstehen.

Der Meteor

Bei einem Zusammenstoß der Rakete mit dem Meteor wird der Wert der Variablen Treffer um 1 erhöht. Du brauchst in das Skript des Meteors nur eine einzige Anweisung einzufügen.

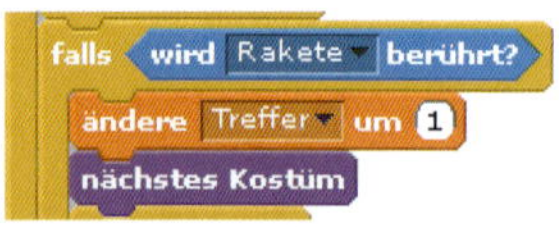

Abb. 3.36: *Das Skript des Meteors erweitern*

Die Rakete

Wenn die Spielzeit abgelaufen ist, wird die Rakete unsichtbar gemacht. Dazu musst du zwei Skripte der Rakete ändern.

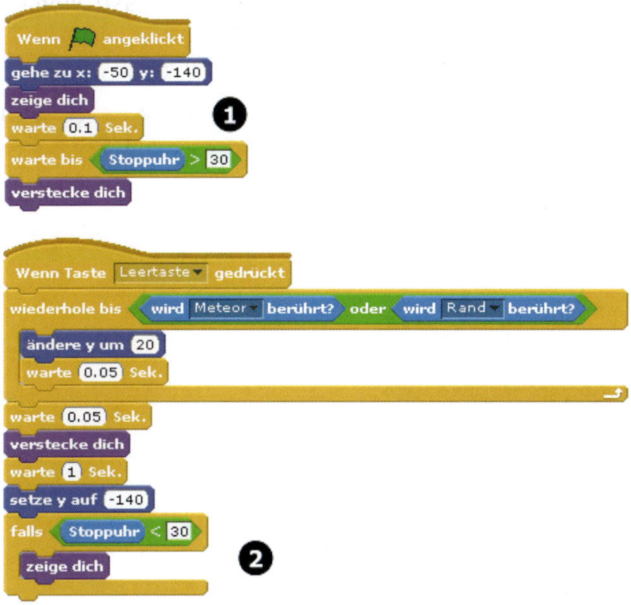

Abb. 3.37: *Zwei Skripte der Rakete werden geändert.*

So funktioniert's

❶ Das erste Skript wird einmal zu Beginn des Spiels ausgeführt. In dieser Zeile gibt es einen Trick, auf den ich auch nicht sofort gekommen bin. Ohne diesen zusätzlichen warte-Befehl funktioniert das Programm nicht richtig. Durch das Warten wird sichergestellt, dass das Bühne-Skript die Uhr inzwischen neu gestartet hat. Sonst kann es sein, dass die Uhr noch einen großen Wert hat. Die Rakete »denkt« dann, dass das Spiel schon wieder vorbei ist und wird sofort wieder unsichtbar. Das muss vermieden werden.

❷ Bevor die Rakete wieder sichtbar wird, muss sie erst prüfen, ob nicht inzwischen das Spiel beendet worden ist. Ist die Zeit abgelaufen, bleibt sie unsichtbar.

Fragen zu den Meteoren

1. Du kannst für die Bühne Skripte aus Bausteinen zusammensetzen. Aber die Befehle für die Bühne unterscheiden sich ein bisschen von den Befehlen für Objekte. Welche Befehle gibt es *nicht* für die Bühne?

2. Was ist der Unterschied zwischen 

und 

?

Die Antworten findest du am Ende des Kapitels.

Erweiterung: Mehr Meteore!

Mit einem einzelnen Meteor ist das Spiel noch sehr einfach. Interessanter wird es durch folgende Erweiterungen:

- Statt einem Meteor sind immer *mehrere Meteore* zu sehen, die auf den Planeten prasseln.
- Wenn ein Meteor den Boden oder den Bildrand berührt, gibt es zwei Minuspunkte.

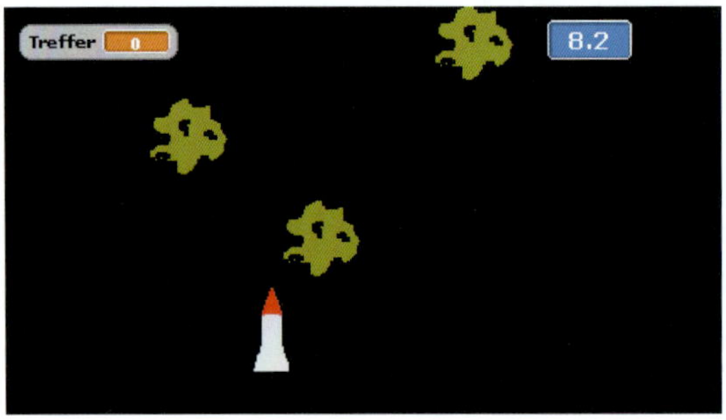

Abb. 3.38: *Mehrere Meteore an zufälligen Positionen*

Meteore

Verändere das Skript des Meteors wie in Abbildung 3.39. Füge die drei eingerahmten Anweisungen an dieser Stelle ein. Was ist der Sinn dieser neuen Befehle? Wir kommen später darauf zurück.

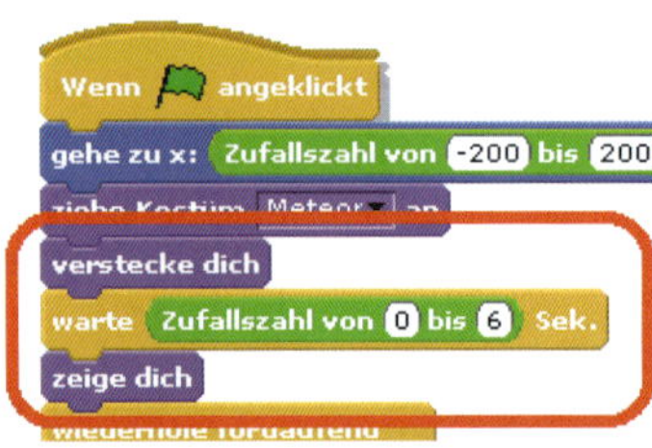

Abb. 3.39: *In das Meteor-Skript werden drei Befehle eingefügt.*

Auch am Ende des Skripts muss etwas verändert werden. Wenn der Meteor mit dem Rand zusammenstößt, gibt es Punktabzug. Füge an der richtigen Stelle 

ein.

Teste dein Programm. Funktioniert alles? Prima. Jetzt kannst du das `Meteor`-Objekt zwei Mal kopieren. Klicke mit der rechten Maustaste auf das Objektsymbol und wähle den Befehl DUPLIZIEREN.

Abb. 3.40: *Ein Objekt duplizieren*

Wenn du nochmals duplizierst, hast du drei gleiche Objekte. Gib ihnen die Namen M1, M2 und M3.

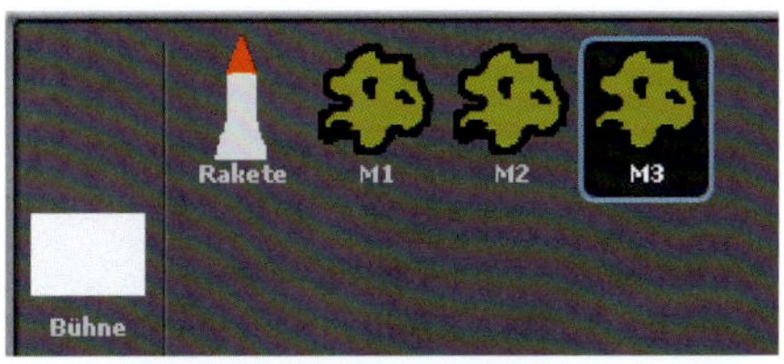

Abb. 3.41: *Drei Meteorobjekte*

Teste dein Projekt. Nach dem Klick auf die grüne Flagge fallen nacheinander drei Meteore vom Himmel. Spätestens jetzt ist dir der Sinn der WARTE...-Anweisung klar. Sie bewirkt, dass (meistens) die Meteore zu unterschiedlichen Zeiten starten, obwohl sie alle das gleiche Skript haben. Das sieht interessanter aus, als wenn sie alle gleichzeitig herunter fallen würden.

Wichtig

Wenn du später das Skript der Meteore verändern möchtest, gehst du so vor:

- Lösche alle `Meteor`-Objekte bis auf eins. Das Löschen geht so: Rechts anklicken und LÖSCHEN wählen.
- Verändere das Skript des einen Meteors und teste das Programm.
- Dupliziere das veränderte Objekt und gib den Kopien wieder ihre richtigen Namen.

Die Rakete

Nun kann ja die Rakete mit drei unterschiedlichen Objekten zusammenstoßen. Deshalb muss der Kollisionstest geändert werden.

Abb. 3.42: *Ein neuer Kollisionstest in der Wiederholungsanweisung*

Studios auf der Scratch-Website

Hast du schon einmal die Scratch-Website im Internet besucht? Die Adresse ist *http://scratch.mit.edu*. Sie ist ein virtuelles Museum mit mehreren Millionen Scratch-Programmen, die von Menschen aus der ganzen Welt erstellt worden sind. Die Projekte sind auf Studios verteilt. Diese sind sozusagen die Ausstellungsräume des Museums und werden von Kuratoren verwaltet. Du kannst die Scratch-Projekte ansehen und direkt online ausprobieren – allerdings nicht auf dem Raspberry Pi. Sorry. Für das Angucken und Ausprobieren braucht dein Computer einen aktuellen Flash-Player. Und der ist für den RPi eine Nummer zu groß. Also: Wenn du die Scratch-Website besuchen willst, benutzt du besser einen leistungsstärkeren Computer (Laptop, Tablet, PC). Ein solcher Besuch lohnt sich auf jeden Fall.

Scratcher werden

Vielleicht möchtest du eigene Projekte hochladen, damit deine Freunde sie sehen können. Das klappt auch mit dem Raspberry Pi. Du musst dich jedoch auf der Scratch-Website anmelden und Mitglied der Scratcher-Gemeinschaft werden. Klicke dazu am oberen Rand der Startseite auf JOIN SCRATCH, falls du die Seite auf Englisch siehst. Auf Deutsch heißt diese Schaltfläche SCRATCHER WERDEN.

Abb. 3.43: *Hier registrierst du dich auf der Scratch-Website.*

Alles Weitere ist auf der Webseite gut erklärt. Du verwendest als Benutzername einen erfundenen Namen, ein Pseudonym. Verrate niemals, wer du bist und wo du wohnst. Scratch verlangt allerdings bei der Anmeldung einige persönliche Angaben (Geburtsmonat, Land und E-Mail-Adresse), die nur für wissenschaftliche Zwecke benutzt werden. Das MIT ist schließlich eine Universität. Dennoch – wenn du noch jung bist, solltest du mit deinen Eltern sprechen, bevor du dich registrierst. Wenn alles geklappt hat, bist du ein Mitglied der internationalen Scratch-Gemeinschaft. Lies dir die Regeln durch. Die wichtigste Regel lautet: »Sei den anderen gegenüber respektvoll«.

Als registrierter Scratcher kannst du deine Projekte hochladen, Projekte herunter laden und verändern, eigene Studios gründen und noch einiges mehr.

Ein Projekt hochladen

Auf der Scratch-Website kannst du deine Projekte der Weltöffentlichkeit zeigen. Klicke in der oberen Menüleiste auf VERÖFFENTLICHEN! und wähle dann den Befehl DIESES PROJEKT IM INTERNET VERÖFFENTLICHEN?

Es erscheint eine Dialogbox wie in Abbildung 3.44. Trage deinen Online-Namen und Passwort ein und vergiss nicht, zu deinem Projekt einige Kommentare zu schreiben. Am Ende klickst du auf OK.

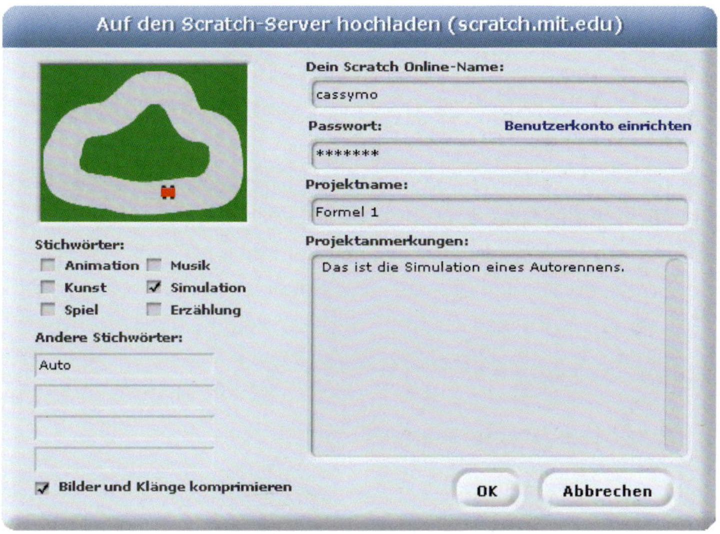

Abb. 3.44: *Ein Projekt veröffentlichen*

Auf der Scratch-Website kannst du dein Projekt verwalten und zum Beispiel einem Studio zuordnen. Klicke in der oberen rechten Ecke auf deinen Benutzernamen und wähle den Menüpunkt MY STUFF bzw. MEINE SACHEN, falls du die Seite auf Deutsch siehst.

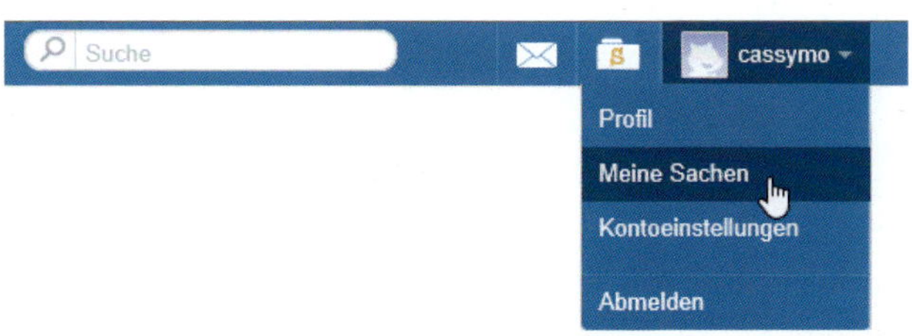

Abb. 3.45: *Unter deinem Online-Namen findest du deine Projekte.*

Remixen

Eine Idee von Scratch ist, dass man sich von den Arbeiten anderer Leute inspirieren lässt. Wenn dich ein Projekt auf der Scratch-Website besonders interessiert, kannst du es herunterladen und dann verändern. Das nennt man *remixen*. Aber für das Herunterladen brauchst du einen größeren Computer mit einem Browser, der einen Flash-Player enthält. Suche also ein Projekt, das du remixen willst. Klicke auf der Projektseite oben rechts auf die Schaltfläche SEE INSIDE (SCHAU HINEIN). Du kommst in einen Online-Editor von Scratch. Wähle dann die Schaltfläche REMIXEN und lade das Projekt herunter. Jetzt kannst du es auf einen Memorystick speichern und anschließend auf den RPi übertragen.

Aufgaben

Landung auf dem Asteroiden

Das Raumschiff sinkt langsam herab. Mit den Tasten [←] und [→] kann es nach links und rechts bewegt werden. Drückt man auf die Leertaste, dreht es sich um 90 Grad. Das Raumschiff muss genau in den Landetunnel auf dem Asteroiden gelangen und mit der Spitze die blaue Linie auf dem Boden des Landetunnels treffen (Abbildung 3.46, rechts). Wird das Gestein des Asteroiden getroffen (gelb), gibt es einen Crash (Abbildung 3.46, Mitte).

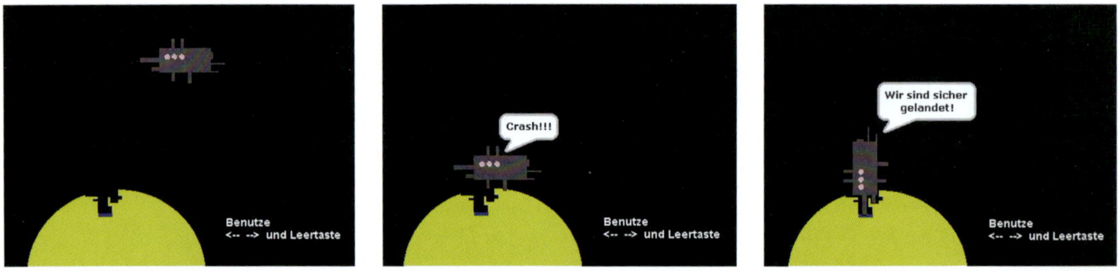

Abb. 3.46: *Screenshots aus dem Projekt – schlechtes und gutes Spielende*

Tipp

Du brauchst einen Hintergrund mit dem Asteroiden und ein Objekt für das Raumschiff. Für die Skripte des Raumschiffs kannst du die Bausteine aus Abbildung 3.47 verwenden.

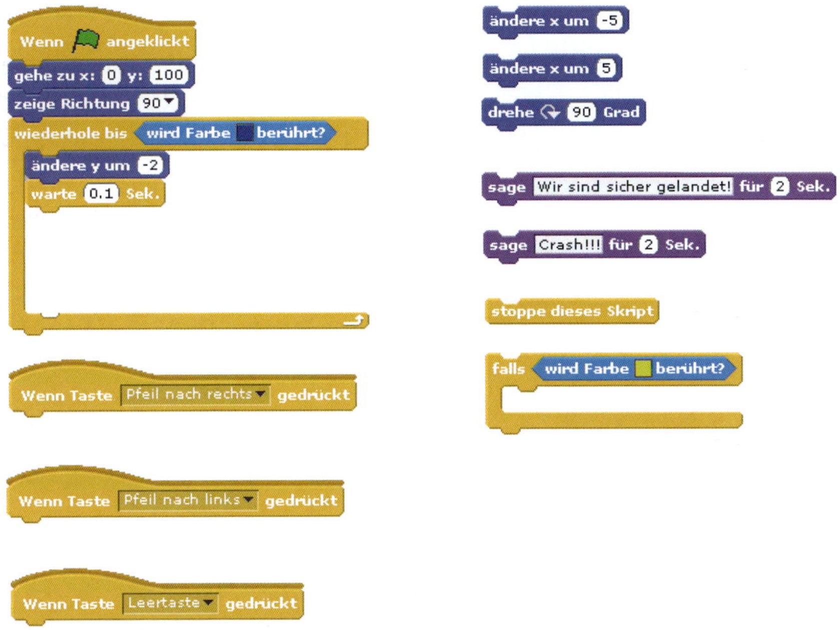

Abb. 3.47: *Aus diesen Bausteinen kannst du vier Skripte zur Steuerung des Raumschiffes zusammensetzen.*

Die Assel im Labyrinth

Eine hungrige Kellerassel sitzt in einem Labyrinth aus unterirdischen Gängen und sucht Futter. Sie krabbelt eigenständig durch die Gänge. Wenn sie das Futter (rote Kreisfläche) erreicht hat, sagt sie etwas.

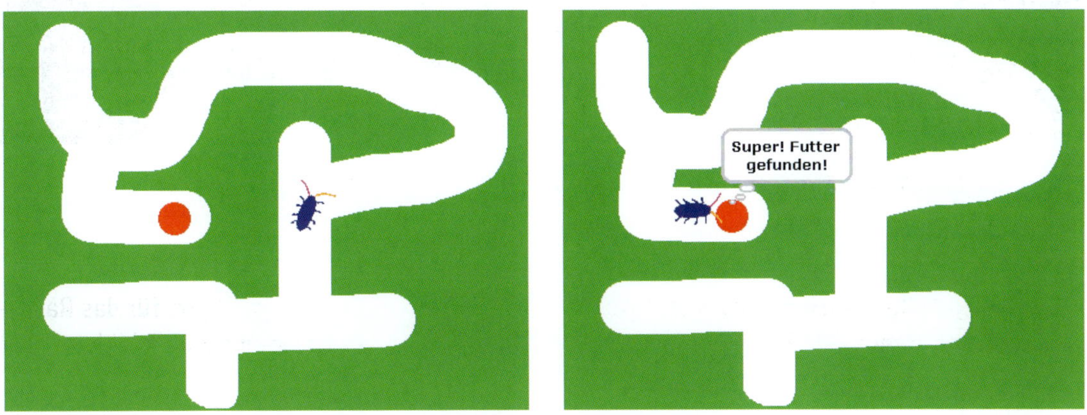

Abb. 3.48: *Die Assel krabbelt eigenständig durch die Gänge zum Futter.*

Tipp

Du brauchst ein Hintergrundbild für die Bühne und ein Objekt mit zwei Kostümen für die krabbelnde Kellerassel. Dieses Tier ist ein Fantasiewesen und muss nicht so aussehen wie eine richtige Assel. (Übrigens: Wie viele Beinpaare haben Asseln in Wirklichkeit?) Die beiden Kostüme der Assel sehen etwas unterschiedlich aus. Wenn sie immer wieder abwechselnd gezeigt werden, sieht es so aus als ob sich die Beine und Fühler bewegen (Befehl: NÄCHSTES KOSTÜM). Wichtig ist, dass die beiden Fühler unterschiedliche Farben haben. Mit den Fühlern kann die Assel feststellen, ob sie an der rechten oder an der linken Wand angestoßen ist. Sie merkt auch, ob sie frontal gegen eine Wand gelaufen ist.

Abb. 3.49: *Die zwei Kostüme der Assel*

Abbildung 3.50 zeigt ein halbfertiges Skript für die Assel. Setze die Bausteine auf der rechten Seite an den richtigen Stellen links ein.

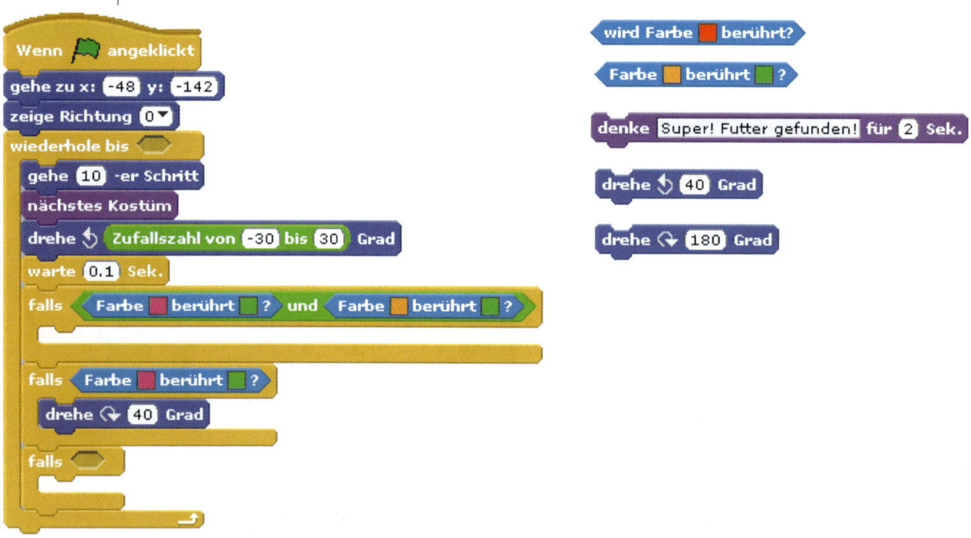

Abb. 3.50: *Aus diesen Teilen kannst du das Skript für die Assel zusammensetzen.*

Lösungen

Landung auf dem Asteroiden

So funktioniert's

❶ Beim Klick auf die grüne Flagge wird das Raumschiff zunächst auf seine Anfangsposition gesetzt.

❷ Das Raumschiff bewegt sich von alleine abwärts (y-Wert wird kleiner). Nach jedem Schritt wird geprüft, ob der Asteroid (gelbe Farbe) berührt worden ist.

Abb. 3.51: *Skripte zur Steuerung des Raumschiffs*

Die Assel im Labyrinth

So funktioniert's

❶ Die Wiederholung wird ausgeführt, bis die Assel das Futter berührt hat.

❷ Die Assel dreht sich um einen zufälligen Winkel zwischen 30° nach links und 30° nach rechts.

❸ Wenn beide Fühler die Farbe der Umgebung berühren, ist die Assel frontal gegen eine Wand gelaufen. Dann kehrt sie um.

❹ Wenn die Assel links angestoßen ist, dreht sie sich ein Stück nach rechts.

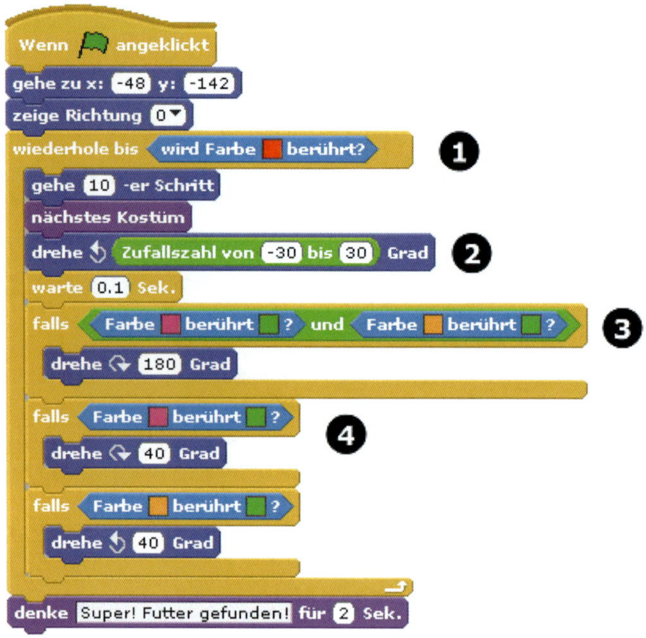

Abb. 3.52: *Das Skript steuert die Bewegung der Assel.*

Antworten zu den Fragen

Autorennen

1. Du kannst für den GEHE...- Befehl eine größere Schrittzahl wählen. Oder du setzt im WARTE...-Befehl eine kleinere Wartezeit ein.

2. Das Auto zeigt dann nach oben.

Meteore

1. Für die Bühne gibt es keine Befehle in der Kategorie BEWEGUNG. Das ist logisch, denn die Bühne bewegt sich nicht. Die Befehlssammlungen AUSSEHEN, FÜHLEN und MALSTIFT enthalten für die Bühne andere Befehle als für Objekte.

2. Wenn du hinter VON und BIS Kommazahlen angibst, sind die Zufallszahlen auch Kommazahlen, und zwar mit zwei Stellen hinter dem Komma wie z.B. 0,15.

4

Animierte Geschichten

In diesem Kapitel geht es um Animationen mit mehreren Figuren und mehreren Hintergrundbildern. Du entwickelst einen Dialog zwischen zwei Figuren, ein animiertes Video mit mehreren Szenen und ein Quiz mit zufällig ausgewählten Fragen.

Projekt 7: Ein gespielter Witz

Abbildung 4.1 zeigt, was passiert. Da kommt ein Hund auf die Bühne und sagt etwas. Dabei öffnet und schließt sich der Mund. Der zweite Hund antwortet. Es ergibt sich ein Gespräch mit einem Lacher am Ende. Was ist die Besonderheit einer solchen Animation? Wir haben hier zwei Objekte, die aufeinander reagieren. Niemand fällt dem anderen ins Wort. Jeder wartet bis er an der Reihe ist. Die Antwort kommt zur richtigen Zeit – nämlich erst dann, wenn eine Frage gestellt worden ist. Das nennt man Synchronisation.

Abb. 4.1: *Ein animiertes Gespräch zwischen zwei Comicfiguren*

Wie macht man die Synchronisation in Scratch-Skripten? Dazu kommen wir später. Beginnen wir erst einmal mit den Figuren.

Eine Comicfigur zeichnen

Natürlich kannst du eine Figur mit dem Malprogramm selbst zeichnen. Aber es ist auch interessant, eine bereits fertige Zeichnung zu übernehmen und abzuwandeln.

Auf deinem Raspberry Pi findest du schon ein Angebot von Figuren. Wenn dir hier nichts gefällt, suche im Internet nach schönen Bildern. Wenn du vorhast, dein Projekt auf der Scratch-Website zu veröffentlichen, musst du das Urheberrecht beachten.

Creative Commons

Wenn du ein Projekt veröffentlichen willst, darfst du nur Bilder verwenden, die gemeinfrei sind, oder bei denen der Urheber dir die Verwendung erlaubt. Viele Bilder im Internet stehen unter einer Creative Commons Lizenz (cc). Für dich sind die folgenden Lizenzen interessant:

- cc 0. Das Bild ist gemeinfrei. Du kannst es verwenden wie du willst.
- cc by. Der Autor muss genannt werden (engl. *by* = von).

- cc by-sa. Der Autor muss genannt werden, und du musst auch dein Scratch-Projekt für andere freigeben (sa steht für *share alike* = auf gleiche Weise mit anderen teilen).
- cc by-nc. Der Autor muss genannt werden, und du darfst dein Projekt nicht zu kommerziellen Zwecken verwenden (nc steht für *non commercial* = nicht kommerziell).
- cc by-nc-sa. Du musst den Autor nennen, dein Projekt für andere freigeben und darfst nicht damit Geld verdienen.

Bilder suchen

Bilder, die unter einer Creative-Commons-Lizenz stehen, findest du z.B. mit einer erweiterten Bildersuche bei Google. Das funktioniert so:

- Besuche die Webseite *http://www.google.de*.
- Klicke oben rechts auf BILDER, um die Bildersuche zu starten.
- Gib Suchbegriffe ein. Oft sind englische Begriffe besser als deutsche, weil es mehr englischsprachige Webseiten als deutsche gibt.
- Klicke auf SUCHOPTIONEN. Dann klappt eine weitere Menüleiste auf. Klicke auf das Dreieck neben NUTZUNGSRECHTE und wähle ZUR WIEDERVERWENDUNG UND VERÄNDERUNG GEKENNZEICHNET (siehe Abbildung 4.2).

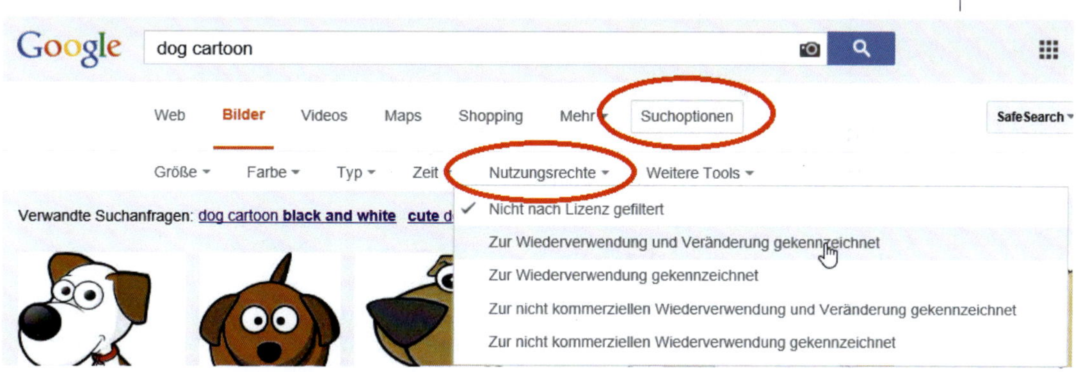

Abb. 4.2: *Suche nach Bildern, die man verwenden und verändern darf*

Ein Bild im Projektordner speichern

Wenn du eine Zeichnung findest, die du gebrauchen kannst, speicherst du sie in deinen Projektordner. Das geht so:

- Klicke das Bild mit der rechten Maustaste an. Neben dem Mauszeiger erscheint ein Kasten mit mehreren Befehlen. Das nennt man ein *Kontextmenü*.

- Klicke im Kontextmenü auf den Befehl BILD SPEICHERN UNTER.
- Suche deinen Projektordner und speichere die Bilddatei dort ab.

Aus einem Bild ein Scratch-Objekt machen

Du kannst in Scratch ein neues Objekt erzeugen, das das gefundene Bild als Kostüm trägt. So gehst du vor:

Starte ein neues Scratch-Projekt und lösche die Katze.

Klicke unter der Bühne auf die Schaltfläche .

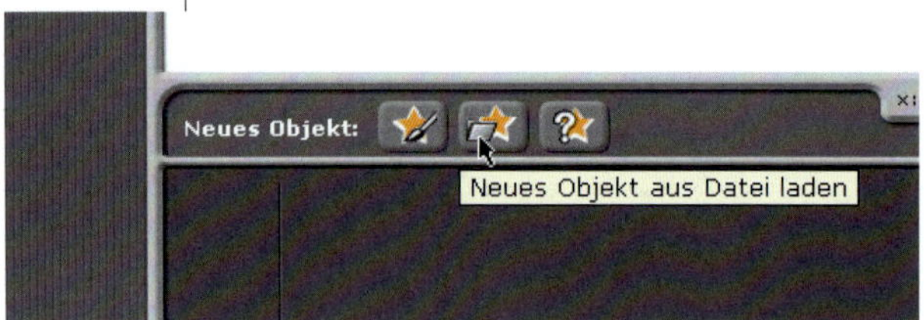

Abb. 4.3: *Aus einem Bild ein neues Objekt machen*

Es öffnet sich eine Dialogbox – das ist ein Kasten (engl. *box* = Kasten) wie in Abbildung 4.4. Darin siehst du schon Verzeichnisse mit Bildern zu verschiedenen Themen. Natürlich kannst du auch diese Bilder für neue Objekte verwenden. Aber jetzt willst du ja das Bild haben, das du gerade gefunden und in deinem Projektordner gespeichert hast.

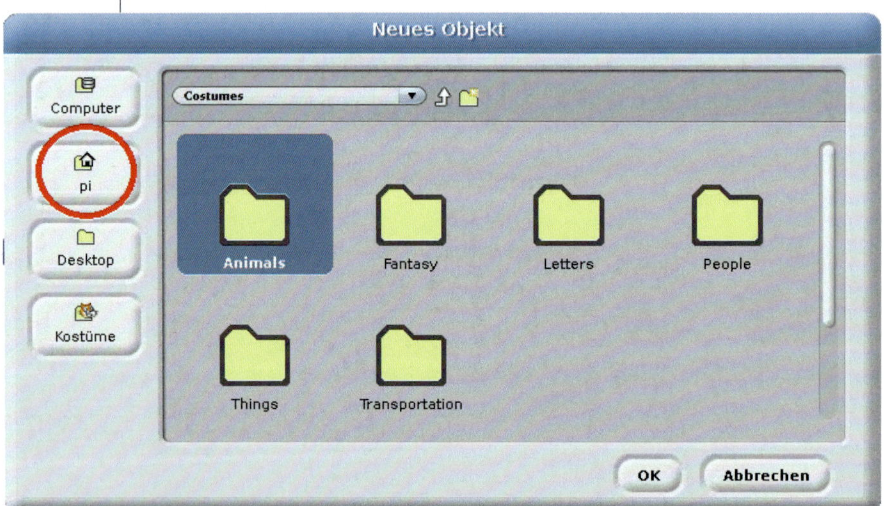

Abb. 4.4: *Ein Objekt aus einer Datei laden*

Klicke links auf PI (dein Home-Verzeichnis) und suche deinen Projektordner. Klicke auf die Datei mit dem Bild, das du ausgesucht hast. Dann klickst du auf OK.

Das neue Objekt erscheint sofort auf der Bühne. Es hat ein Kostüm, das du nun abwandelst. Es soll der kleinere Hund sein. Gib dem Objekt den Namen Max.

Den Namen des Objekts kannst du am oberen Rand des Fensters in das Eingabefeld über dem Reiter KOSTÜME eingeben (Abbildung 4.5, eingekreist). Ein Reiter ist übrigens das oben herausragende Stück einer Registerkarte. Scratch hat die drei Registerkarten Skripte, Kostüme und Klänge. Man sieht immer die Registerkarte, deren Reiter zuvor angeklickt wurde, der dann eingefärbt ist.

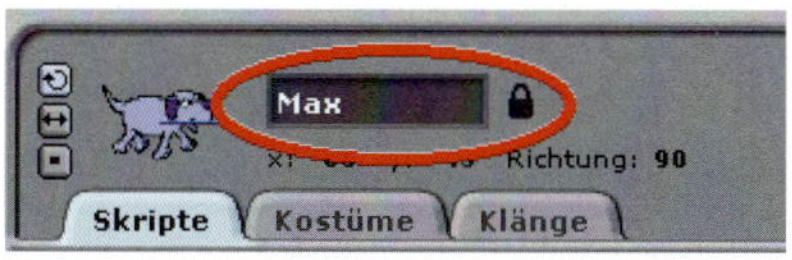

Abb. 4.5: *Eingabefeld für den Objektnamen*

Klicke auf den Reiter KOSTÜME. Dann ist die Registerkarte mit den Kostümen sichtbar. Klicke dann auf BEARBEITEN. Dann öffnet sich das Malprogramm und du kannst das Bild ändern.

Abb. 4.6: *Ein Bild schrumpfen*

Das Bild ist bestimmt viel zu groß. Klicke auf SCHRUMPFEN um es zu verkleinern (Abbildung 4.6). Als nächstes musst du die Umrisse deines Objekts ausschneiden. Wenn der Hintergrund einfarbig ist, geht das ganz schnell. Du wählst die Farbe *Durchsichtig* (ein grau-weißes Schachbrettmuster), nimmst das Farbeimer-Werkzeug und klickst auf den Hintergrund. Er wird nun durchsichtig.

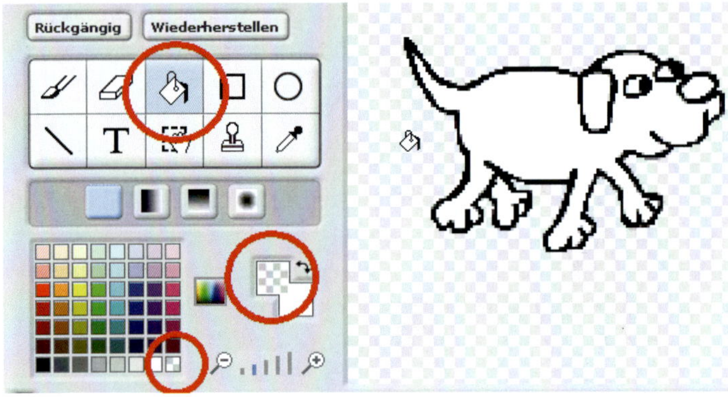

Abb. 4.7: *Den Hintergrund des Kostüms farblos machen*

Färbe Flächen auf dem Bild anders ein und ändere sie mit dem Pinselwerkzeug Linien ab. Denke daran, dass du die Größe des Pinsels verändern kannst. Wenn du genauer arbeiten willst kannst du mit der Lupe (unten im Fenster des Malprogramms) die Ansicht vergrößern. Für den kleineren Hund (Max) brauchst du mindestens zwei Kostüme, eins mit geschlossenem und eines mit geöffnetem Mund. Kopiere das erste Kostüm und bearbeite es.

Abb. 4.8: *Zwei Kostüme für Max*

Von dem Objekt `Max` machst du eine Kopie. Klicke mit der rechten Maustaste auf das Symbol des Objekts und wähle den Befehl DUPLIZIEREN.

Abb. 4.9: *Objekt kopieren (duplizieren)*

Gib dem neuen Objekt einen Namen, z.B. `Tina`.

Klicke auf den Reiter KOSTÜME und lösche das zweite Kostüm des neuen Objekts (auf das X neben KOPIEREN klicken). Dann bearbeitest du das erste Kostüm. Klicke dazu auf BEARBEITEN.

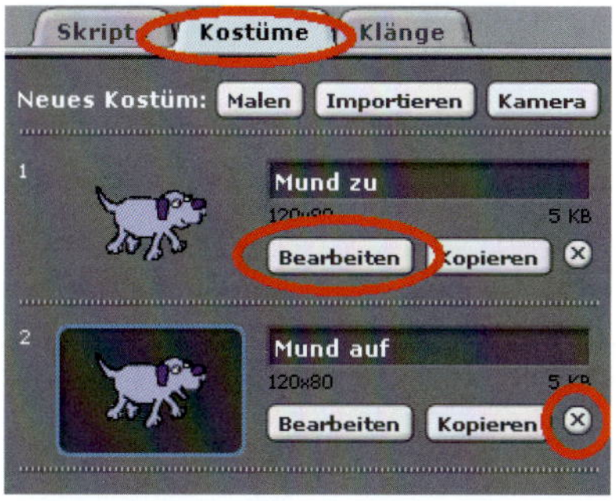

Abb. 4.10: *Das zweite Kostüm der Kopie löschen und das erste Kostüm bearbeiten*

Tina schaut in eine andere Richtung als Max. Deshalb wirst du im ersten Schritt das Bild von Tina spiegeln. Das geht so:

Wähle das Auswahlwerkzeug (in Abbildung 4.11 eingekreist), markiere das Bild des Hundes, und klicke dann oben auf HORIZONTAL SPIEGELN.

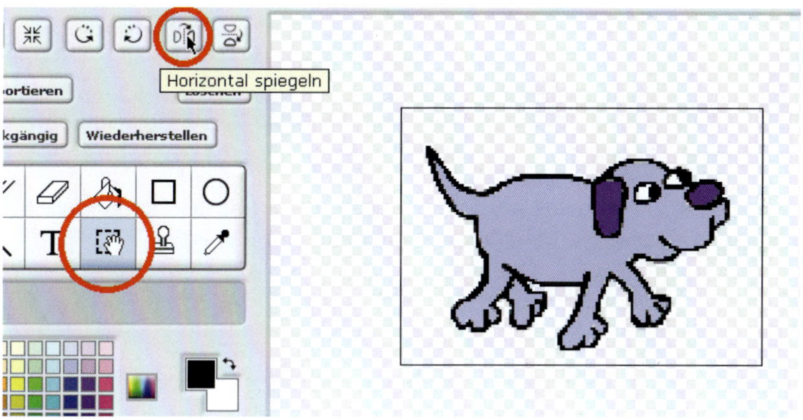

Abb. 4.11: *So spiegelt man ein Bild.*

Färbe das Kostüm anders ein und mache es ein bisschen größer. Dann machst du zwei Kopien, so dass du insgesamt drei Kostüme für das Objekt Tina hast. Denke daran, den Kostümen sinnvolle Namen zu geben, z.B. MUND AUF, MUND ZU, LACHEN. In den Skripten verwendest du diese Namen. Da sollte man schon am Namen erkennen, welches Kostüm gemeint ist.

Die Skripte – Synchronisation durch Warten

Es reicht eigentlich, wenn ich das Skript für einen der beiden Gesprächspartner erkläre. Das Skript für die andere Figur ist im Prinzip genauso aufgebaut.

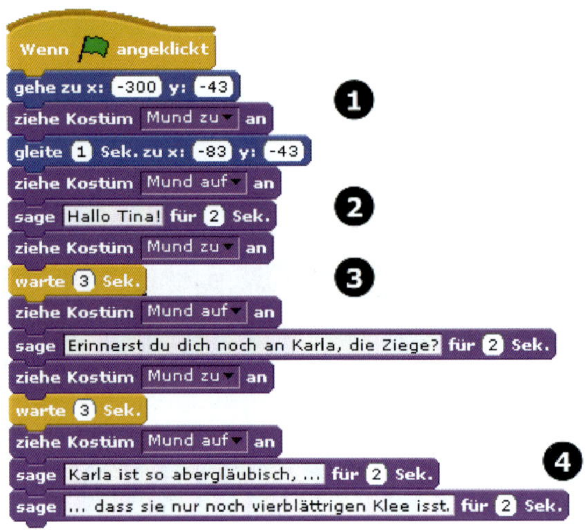

Abb. 4.12: *Max wird durch ein einziges Skript gesteuert.*

So funktioniert's

❶ Hier wird der kleine Hund an den linken Bildrand gesetzt. Anfangs soll er den Mund geschlossen haben.

❷ Der Hund sagt etwas. Zuerst geht der Mund auf, dann erscheint für zwei Sekunden die Sprechblase, dann schließt sich der Mund wieder.

❸ Nun sagt der andere Gesprächspartner etwas. Du musst dir überlegen, wie lange das dauert. So lange wartet Max. Das ist Synchronisation durch Warten.

❹ Langen Text verteilst du am besten auf zwei Sprechblasen. Das macht den Text nicht nur besser lesbar, sondern auch interessanter – oder was meinst du?

Projekt 8: Interaktive Animationen – Synchronisation durch Nachrichten

In diesem Abschnitt entwickeln wir eine interaktive Geschichte mit mehreren Objekten und mehreren Hintergründen. Es ist ein einfaches Adventure Game aus mehreren Szenen und einem Schlussbild. In jeder Szene muss der Betrachter die Hinweise auf dem Bild deuten und dann das Richtige tun, damit es weiter geht.

Die Geschichte

In der ersten Szene ist ein Sternenhimmel zu sehen. Wenn man den richtigen Stern anklickt, wird er größer und denkt zwei Sekunden lang etwas. Dann kommt die nächste Szene.

Wichtig ist, dass der Text im Bild nicht genau verrät, was mit den Eingabegeräten des Computers getan werden muss. Der Spieler muss selbst auf die Idee kommen, den Polarstern mit der Maus anzuklicken.

Abb. 4.13: *Die erste Szene: Wo ist der Polarstern?*

In der zweiten Szene soll eine Kokosnuss gepflückt werden. Wie macht man das? Ganz einfach. Wenn sie angeklickt wird, fällt sie herunter. Danach geht es zur nächsten Szene. Vielleicht ist dir das zu simpel. Du kannst es natürlich auch anders gestalten. Zum Beispiel könnte der Stamm angeklickt werden. Die Palme schüttelt sich dann und wirft die Nuss ab. Aber wir bleiben hier bei der einfachen Version.

Abb. 4.14: *Die zweite Szene: Wie erntet man eine Kokosnuss?*

Die dritte Szene ist etwas raffinierter. Um die Blume zu gießen, muss der Spieler die Gießkanne per Drag & Drop bewegen. Sobald sie sich über der Pflanze befindet, dreht sie sich und vergießt Wasser. Dabei wächst die Pflanze zu einem Busch heran. Danach erscheint das Schlussbild.

Abb. 4.15: *Szene 3 und Szene 4 (Schlussbild)*

Die Bühne

Am besten stellst du dir die Animation als ein Theaterstück vor, das aus mehreren Szenen besteht. Zu jeder Szene gibt es einen eigenen Hintergrund. Außerdem gibt es vier Objekte, die wie Schauspieler auf der Bühne agieren: ein Stern, eine Kokosnuss, eine Gießkanne und eine Pflanze. Abbildung 4.16 zeigt, wie es am Ende aussieht.

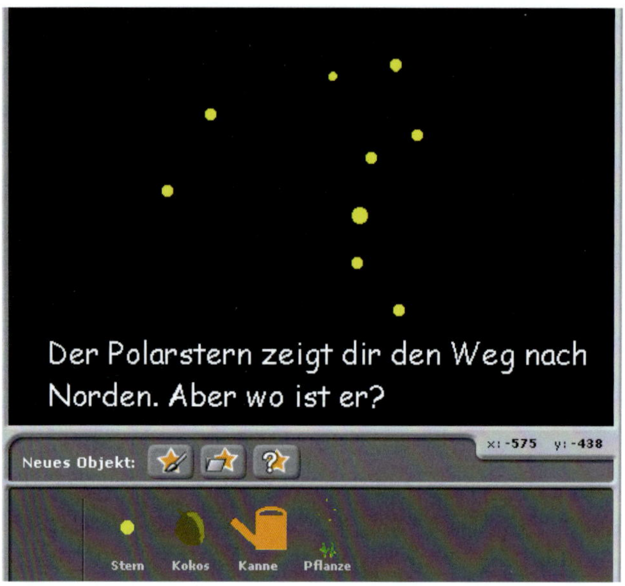

Abb. 4.16: *Der erste Hintergrund der Bühne und die Symbole der vier Objekte*

Zu den Objekten kommen wir später. Widmen wir uns zunächst der Bühne. Du klickst auf das Symbol der Bühne, so dass es blau eingerahmt ist. Wähle den Reiter HINTERGRÜNDE. Anfangs gibt es nur einen leeren Hintergrund. Klicke auf BEARBEITEN und zeichnen ein paar Sterne, lasse den Polarstern aber noch weg. In Abbildung 4.16 siehst du rechts das Sternbild »Großer Wagen« (manchmal auch »Großer Bär« genannt) und zwei weitere Sterne. Für die Sterne wählst du den Pinsel, eine geeignete Farbe und eine Pinselgröße. Dann tupfst du die Sterne auf den Bildschirm. Merke dir Farbe und Größe der Sterne.

Zeichne dann die anderen Hintergründe der Bühne.

Die Bühne ist zuständig für den Wechsel des Bühnenbilds. Kein anderes Objekt hat einen Befehl zum Ändern des Hintergrundes. Aber die anderen Objekte können Nachrichten senden. Die Skripte der Bühne reagieren dann auf die Nachrichten. Klicke auf den Reiter SKRIPTE und baue Skripte wie in Abbildung 4.17.

Abb. 4.17: *Die Skripte der Bühne wechseln den Hintergrund.*

Das erste Skript sorgt dafür, dass zu Beginn die erste Szene zu sehen ist. Die anderen wechseln zum nächsten Hintergrund. Nun gibt es noch ein Problem. Wenn du den Baustein WENN ICH ... EMPFANGE verwendest, gibt es die Nachricht, die empfangen werden soll, noch gar nicht. Klicke auf das kleine Dreieck im Textfeld und klicke dann auf NEU.

Abb. 4.18: *Am Anfang gibt es noch keine Nachrichten.*

Jetzt öffnet sich eine Dialogbox, in der du den Namen der neuen Nachricht eintragen kannst, z.B. Szene 2.

Der Polarstern

Die Bühne ist vorbereitet, nun kommen die Schauspieler dazu. Du beginnst mit dem Polarstern, der in der ersten Szene seinen Auftritt hat. Lösche die Katze und male ein neues Objekt (klicke auf das Symbol  unterhalb der Bühne). Male mit dem Pinsel eine Kreisfläche in der gleichen Farbe und etwa in der gleichen Größe wie die anderen Sterne auf dem Hintergrundbild. Klicke im Malprogramm auf OK und nenne das neue Objekt Stern.

Das Eingabefeld für den Objektnamen befindet sich über dem Reiter KOSTÜME.

Schiebe auf der Bühne den Polarstern an die richtige Stelle. Die richtige Position findest du so: Achte auf die beiden oberen Sterne des Trapezes des Großen Wagens (sie heißen *Merak* und *Dubhe*). Zeichne in Gedanken eine gerade Linie durch die beiden oberen Sterne nach links. Auf dieser Linie befindet sich der Polarstern. Sagen wir, der Abstand zwischen Merak und Dubhe ist x. Dann ist der Polarstern etwa in einer Entfernung von 5*x auf dieser Linie.

Abb. 4.19: *Die Skripte des Stern-Objekts*

So funktioniert's

❶ Der Stern verändert sich während des Programmlaufs. Hier wird er in den Anfangszustand zurückversetzt.

❷ Wenn der Stern angeklickt wurde – wenn er also gefunden worden ist –, macht er sich größer, damit man ihn besser sieht.

❸ Hier sendet das Objekt die Nachricht Szene 2 an alle. Weil du die Nachricht schon in den Skripten der Bühne eingerichtet hast, findest du sie in dem SENDE NACHRICHT...-Baustein. Diese Nachricht ist übrigens nicht nur für die Bühne bestimmt. Auch der Akteur der nächsten Szene braucht das Stichwort.

Die Kokosnuss

In der zweiten Szene ist der Auftritt der Kokosnuss. Bisher war sie versteckt, aber jetzt erscheint sie und spielt ihre Rolle.

Klicke also auf  und zeichne im Malprogramm eine Kokosnuss.

Sorge dafür, dass auf der Bühne die zweite Szene zu sehen ist. Das geht so:

- Klicke auf das Symbol der Bühne.
- Wähle den Reiter HINTERGRÜNDE.
- Klicke auf den Hintergrund mit der Palme.

Jetzt kannst du die Kokosnuss an die richtige Stelle schieben. Sie muss an der Palme hängen.

Gib dem Kokosnuss-Objekt den Namen Kokos. Dann schreibst du die Skripte wie in Abbildung 4.20:

Abb. 4.20: *Die Skripte des Objekts Kokos*

So funktioniert's

❶ Wenn das Programm gestartet wird, muss sich die Kokosnuss unsichtbar machen. Sie taucht erst auf, wenn sie ihr Stichwort hört. Außerdem muss sie auf ihre Anfangsposition oben an der Palme bewegt werden.

❷ Die Kokosnuss erfährt, dass Szene 2 begonnen hat. Sie muss auf die Bühne.

❸ Wenn sie angeklickt worden ist, fällt sie hinunter.

❹ Jetzt ist die Szene zu Ende. Die Kokosnuss sendet allen die Nachricht, dass nun Szene 3 beginnt.

Die Pflanze

In der dritten Szene spielen zwei Objekte mit: Die Pflanze und die Gießkanne. Die Pflanze soll wachsen, sobald sie von der Gießkanne berührt worden ist. Erzeuge mit  ein neues Objekt. Male im ersten Kostüm die Pflanze ganz klein und vielleicht mit einigen braunen Stellen. Denn sie braucht ja Wasser. Male oberhalb der Pflanze mit dem Pinsel (kleinste Größe) ein paar winzige Punkte in einer unauffälligen Farbe (Abbildung 4.21). Hast du eine Idee, wozu die Punkte benötigt werden?

Wenn man eine Blume gießt, hält man die Gießkanne *über* sie. Durch die Punkte wird die Pflanze unsichtbar nach oben erweitert, damit Scratch eine Berührung von Pflanze und Kanne feststellen kann.

Wenn das erste Kostüm fertig ist, kopierst du es einmal. Bearbeite die Kopie. Verlängere darin mit dem Pinsel die Blätter und Ranken der Pflanze, so dass es aussieht, als sei sie ein Stück gewachsen. Auf diese Weise erzeugst du z.B. sechs Kostüme. Auf dem letzten Kostüm hat die Pflanze ihren Endzustand.

Abb. 4.21: *Die Kostüme zeigen die Pflanze in verschiedenen Wachstumsphasen.*

Abb. 4.22: *Die Skripte der Pflanze*

So funktioniert's

1. Zu Beginn trägt das Objekt Pflanze das erste Kostüm. Achte hier auf den richtigen Kostümnamen (manchmal heißt das erste Kostüm nicht Kostüm1).

2. Die Pflanze wächst ein Stück, wenn sie von der Gießkanne die Nachricht wachsen erhält. Aber da es noch keine Gießkanne gibt, musst du an dieser Stelle die Nachricht erst erzeugen. Klicke also auf das kleine schwarze Dreieck in dem Eingabefeld des Bausteins und klicke dann auf NEU.

3. Wenn das letzte Kostüm erreicht ist, ist die Pflanze ausgewachsen und es kann die nächste Szene kommen. Beachte, dass die Pflanze nicht verschwindet (kein verstecke dich)

4. Anderenfalls wechselt das Objekt zum nächsten Kostüm und sieht ein bisschen größer aus.

Die Gießkanne

Die Gießkanne besitzt zwei Kostüme. Das erste Kostüm zeigt sie in aufrechter Stellung. Das zweite Kostüm zeigt eine gedrehte Gießkanne, aus der Wasser tröpfelt.

- Zeichne mit Rechteckwerkzeug, gerader Linie und Kreiswerkzeug (ungefüllt) eine Gießkanne.
- Mache eine Kopie des Kostüms.
- Markiere die gesamte Gießkanne mit dem Auswahlwerkzeug und drehe sie mit nach links.

Wie erreicht man, dass während des Spiels die Gießkanne mit der Maus bewegt werden kann (Drag & Drop)?

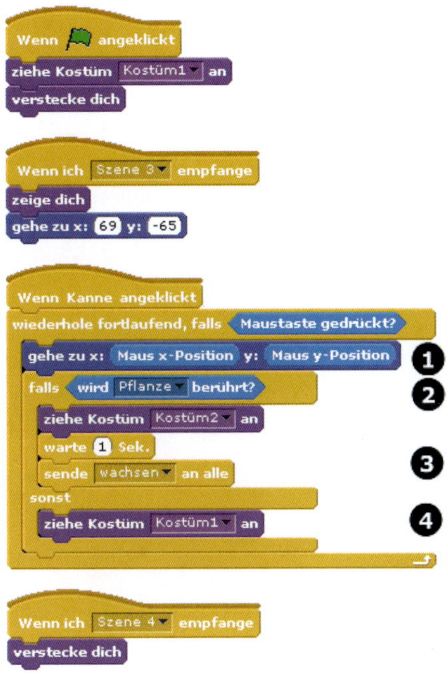

Abb. 4.23: *Die Skripte des Objekts* Kanne

Wie funktioniert's?

❶ Solange die Maustaste gedrückt ist, bewegt sich die Gießkanne zur augenblicklichen Position der Maus. Sie folgt also der Bewegung der Maus. Lässt man die Maustaste los, werden diese Befehle nicht ausgeführt und die Gießkanne bleibt stehen. Das ist Drag & Drop!

❷ Wenn die Pflanze gerade berührt wird, ist die Kanne gedreht und gießt Wasser. Zu dem Objekt `Pflanze` gehören auch die kleinen versteckten Punkte über den grünen Ranken.

3. Nach kurzer Wartezeit wird eine Nachricht verschickt. Sie wird von dem Objekt `Pflanze` gelesen und führt dazu, dass die Pflanze das Kostüm wechselt und größer wird.

4. Falls die Gießkanne das Objekt `Pflanze` gerade *nicht* berührt, steht sie aufrecht.

> **Wichtig**
>
> Das Drag & Drop funktioniert nur im Vollbildmodus. Klicke deshalb vor dem Testen des Projekts oben rechts auf die Schaltfläche .

Projekt 9: Ein Quiz

In diesem Abschnitt programmieren wir ein Quiz. Es geht um Erfindungen. Auf der Bildfläche ist Thomas Edison, der berühmte Erfinder, dem wir z.B. die Glühbirne verdanken. Er sagt eine Vermutung zum Zeitpunkt einer Erfindung, z.B. »Ich glaube, der Reißverschluss wurde schon vor 1909 erfunden.« Der Spieler muss dann durch einen Klick auf einen grünen oder roten Daumen zustimmen oder widersprechen.

Abb. 4.24: *Eine Quizfrage wird aus mehreren Teilen zusammengesetzt.*

Danach gibt Edison eine Rückmeldung. »Genau, du hast Recht!« oder »Nein, da hast du dich vertan.«

Wenn der Spieler Recht hatte, gibt es einen Pluspunkt. Ansonsten wird ein Punkt abgezogen.

Listen

Bei diesem Projekt verwenden wir Listen. Du kennst Listen aus dem Alltag: die Einkaufsliste, die Gästeliste deiner nächsten Party oder die Liste der Dinge, die du in den Sommerferien machen möchtest.

In der Informatik ist eine Liste eine *änderbare Folge von Elementen*. Änderbar heißt: Du kannst zu einer Liste neue Elemente hinzufügen (und sie damit länger machen) oder Elemente aus einer Liste löschen sowie Elemente durch andere Elemente ersetzen.

Jedes Element der Liste besitzt einen *Index*. Das ist eine ganze Zahl, die die Position in der Liste angibt. Das erste Element hat den Index 1, das zweite Element hat den Index 2, usw.

Bei diesem Projekt solltest du als Vorbereitung zuerst eine Liste mit Erfindungen aufschreiben. Im nächsten Kasten ist ein Beispiel. Zu jedem Gegenstand wird in Klammern das Jahr angegeben, in dem er erfunden worden ist.

Was wurde wann erfunden?

Feuerlöscher (1863)

Schreibmaschine (1864)

Elektrisches Bügeleisen (1882)

Schallplatte (1887)

Reißverschluss (1893)

Hörgerät (1901)

Elektrischer Toaster (1909)

Elektrischer Haushaltskühlschrank (1913)

Verkehrsampel (1914)

Mikrowellenherd (1947)

Klettverschluss (1948)

Kreditkarte (1950)

In dem Scratch-Projekt stellst du diese Liste durch zwei Listen dar. Die erste Liste heißt Geräte. Sie enthält die Bezeichnungen der Erfindungen. Die zweite Liste heißt Jahr. Sie enthält die Jahreszahlen. So erzeugst du eine Liste:

- Wähle die Befehlssammlung VARIABLEN. Klicke auf NEUE LISTE.

- Es erscheint eine Dialogbox. Gib der Liste einen Namen (z.B. Geräte).
- Sobald du auf die Schaltfläche OK klickst, passieren zwei Dinge:
  - Auf der Bühne erscheint ein graues Feld. Es stellt die Liste dar. Hier kannst du die Liste bearbeiten. Am Anfang ist die Liste noch leer (Länge: 0).
  - In der Befehlssammlung VARIABLEN entsteht ein neuer Baustein mit dem Namen der Liste, Geräte. Vor dem Namen ist eine Checkbox mit gesetztem Häkchen. Mit diesem Häkchen kannst du festlegen, ob man die Listenanzeige auf der Bühne sehen kann (Häkchen gesetzt) oder nicht (Häkchen nicht gesetzt).
- Die Liste enthält noch kein einziges Element. Aber das wird sich gleich ändern. Mache zunächst das graue Feld ein bisschen breiter, damit auch längere Texte eingetragen werden können. Benutze den Anfasser rechts unten (Abbildung 4.25, erstes Bild).
- Klicke auf das kleine Pluszeichen in der Ecke links unten, um ein neues Element zu erzeugen. Trage das erste Gerät in die neue Zeile ein, z.B. der Feuerlöscher. Schreibe auch den Artikel (der, die, das) mit auf. Dann ist es später leichter, den Begriff in einen Satz einzubauen. Das erste Element der Liste hat den Index 1. Das ist übrigens ungewöhnlich. In den meisten Programmiersprachen beginnt die Nummerierung bei 0.

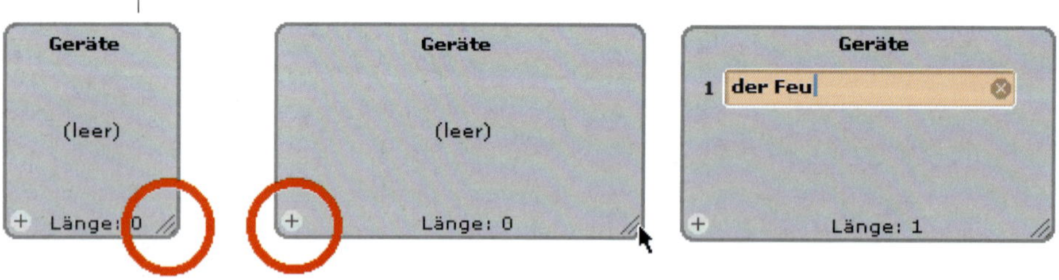

Abb. 4.25: *Das Feld zur Eingabe und Bearbeitung einer Liste*

Auf diese Weise füllst du die Liste mit Inhalt. Je länger die Liste, desto interessanter ist das Quiz. In gleicher Weise legst du für die Jahreszahlen eine Liste mit dem Namen Jahr an. Achte darauf, dass die Jahreszahlen zu den Geräten mit der gleichen Nummer passen.

Beachte: Wenn du dein Projekt speicherst, werden immer auch alle Variablen und Listeninhalte gespeichert. Die Daten gehen nicht verloren. Du brauchst noch weitere Variablen. Die Tabelle gibt einen Überblick.

Name	Bedeutung
Geräte	Liste mit Namen von Geräten
Jahr	Liste mit Jahreszahlen
Nummer	Zufallszahl, mit der ein Gerät und dazugehörige Jahr ausgewählt werden
Zeitpunkt	Eine zufällig ausgewählte Jahreszahl, die in der Nähe des Jahres liegt, in dem das ausgewählte Gerät erfunden wurde
Punkte	Punktestand des Spieles (sichtbar)

Der Quizmaster

Der Quizmaster ist Thomas Edison. Weil das Foto schon so alt ist, ist es *gemeinfrei* und man kann es frei verwenden, ohne das Copyright zu verletzen. Aber natürlich kannst du dir andere Personen aussuchen, die die Fragen stellen. Vielleicht möchtest du eigene Fotos verwenden. Wenn du dein Projekt auf der Scratch-Website veröffentlichen willst, musst du aber sicher sein, dass die abgebildete Person damit einverstanden ist. Das verlangt das »Recht am eigenen Bild«. Thomas Edison ist schon lange tot und kann sich gegen seinen Auftritt in diesem Projekt nicht mehr wehren.

Besorge dir also ein digitales Bild und speichere die Bilddatei in deinem Projektordner ab. Klicke auf die Schaltfläche (Neues Objekt aus Datei laden). Bearbeite das Kostüm (das Foto) und entferne mit dem Radiergummiwerkzeug den Hintergrund.

Der Quizmaster ist das intelligenteste Objekt dieses Projekts. Er stellt die Fragen, reagiert auf richtige oder falsche Antworten und vergibt die Punkte. Aber die Information, ob die Antwort des Spielers richtig oder falsch ist, bekommt er als Nachricht vom angeklickten roten oder grünen Daumen gesendet.

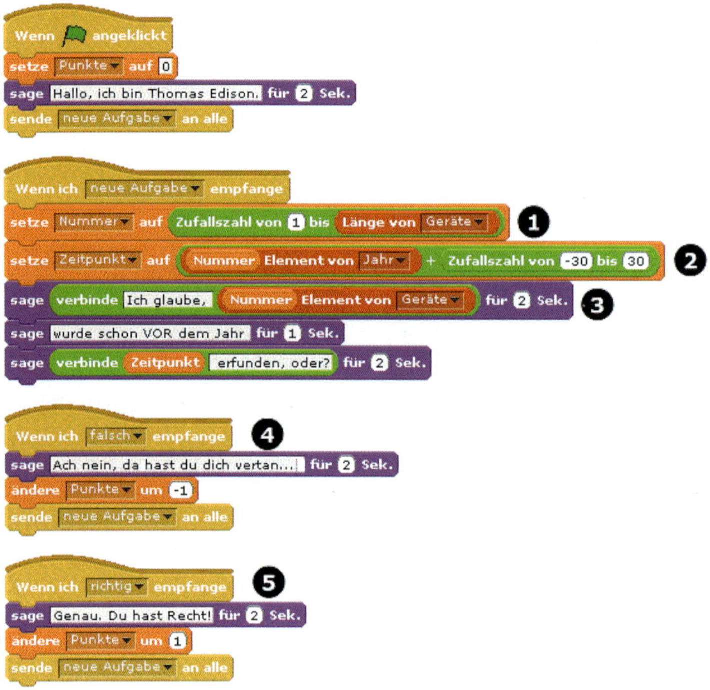

Abb. 4.26: *Die Skripte des Quizmasters (Objekt* Edison*)*

So funktioniert's

❶ In diesem Skript wird eine neue Quizaufgabe gestellt. Als erstes wird die Variable Nummer auf eine Zufallszahl gesetzt. Sie liegt zwischen 1 und der Länge der Liste Geräte. Wenn diese Liste drei Elemente enthält, liegt die Zufallszahl zwischen 1 und 3. Diese Nummer legt fest, auf welches Gerät sich Quizfrage bezieht. Beispiel: Es wird Nummer 3 gewählt. Dann ist der Gegenstand um den es geht, der Reißverschluss.

❷ Jetzt wird ein Zeitpunkt zufällig ausgewählt, der im Text der Frage verwendet wird. Ausgangspunkt ist das Jahr, in dem der gewählte Gegenstand erfunden worden ist. Dann wird eine Zufallszahl zwischen -30 und +30 gebildet. Diese Zahl wird dann zu der Jahreszahl addiert. Das Ergebnis ist eine Jahreszahl, die etwas größer oder etwas kleiner als die richtige Jahreszahl ist.

❸ Hier wird der erste Teil der Frage aus Bausteinen zusammengesetzt. Wenn Nummer der Wert 3 hat, und das dritte Element der Liste der Reißverschluss ist, dann sagt Thomas Edison hier: »Ich glaube, der Reißverschluss«. Das ist natürlich kein vollständiger Satz. Die noch fehlenden Teile werden in den beiden nachfolgenden Anweisungen gebildet und ausgesprochen.

❹ Die Nachricht falsch wird von dem grünen oder roten Daumen gesendet, nämlich dann, wenn der falsche angeklickt worden ist. Es gibt einen Punktabzug.

❺ Die Nachricht richtig wird auch von dem grünen und roten Daumen gesendet, nämlich dann, wenn der richtige angeklickt worden ist. Es gibt einen Pluspunkt.

Die Daumen

Speichere in deinen Projektordner ein Bild mit einem Daumen, der nach oben zeigt. Klicke auf [Symbol], öffne die Bilddatei, und erzeuge so ein neues Objekt. Wähle den Reiter KOSTÜME und bearbeite das Kostüm. Lösche den Hintergrund mit dem Farbeimer (Farbe: farblos) und färbe den Daumen grün ein, falls er es noch nicht ist. Gib dem neuen Objekt den Namen Ja. Denn der grüne Daumen soll ja angeklickt werden, wenn der Spieler der Vermutung des Quizmasters zustimmt.

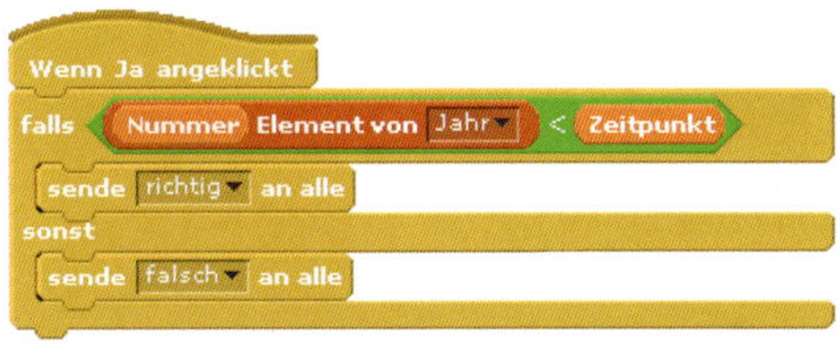

Abb. 4.27: *Das Skript des »grünen Daumens«*

Das Skript wird nach dem Anklicken ausgeführt. Mache dir zuerst klar, was der Ausdruck Nummer Element von Jahr bedeutet, der links vom <-Zeichen steht. Nummer ist die Zufallszahl, die der Quizmaster für die Aufgabe verwendet hat. Wir reden also über das Jahr, in dem das zufällig ausgewählte Gerät erfunden worden ist ...

Wenn diese Jahreszahl tatsächlich kleiner als der zufällig gewählte Zeitpunkt ist, wird die Nachricht richtig versendet. Ansonsten wird falsch gesendet. Die Nachricht geht an den Quizmaster, der dann passend reagiert.

Mache von dem Objekt Ja eine Kopie (das Objektsymbol unter der Bühne mit der rechten Maustaste anklicken und den Befehl DUPLIZIEREN auswählen).

Das neue Objekt bekommt den Namen Nein. Bearbeite das Kostüm. Drehe den Daumen um 180 Grad nach unten und färbe ihn rot ein. Beim Duplizieren ist auch das Skript kopiert worden. Du musst das Skript noch ein klein wenig abwandeln. Es werden einfach die gesendeten Nachrichten vertauscht.

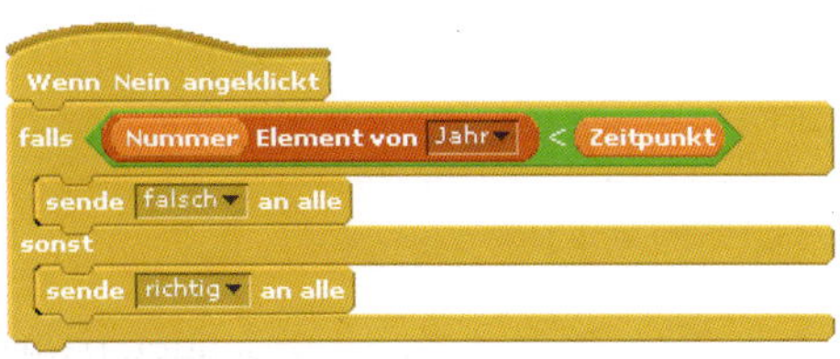

Abb. 4.28: *Das Skript des »roten Daumens«*

Das Projekt testen

In ein Projekt mit so vielen Listen und Variablen kann sich leicht ein Fehler einschleichen. Am besten testest du dein Programm so: Mache alle Variablen und Listen sichtbar, indem du in der Befehlssammlung VARIABLEN vor den Namen Häkchen setzt. Starte das Programm und kontrolliere ob alle Variablen die Werte haben, die sie haben sollen.

Abb. 4.29: *Alle Variablen- und Listenwerte sind sichtbar.*

Wenn alles gut läuft, entfernst du die Häkchen wieder. Nur die Anzeige der Variablen Punkte bleibt zu sehen.

Fragen

1. In einem Scratch-Projekt unterhalten sich zwei Figuren. Wie kann man erreichen, dass sie sich nicht gegenseitig ins Wort fallen? Nenne zwei Techniken.
2. Wie kannst du eine Nachricht, die einmal (zum Beispiel mit einem SENDE...-Baustein) erzeugt worden ist, wieder löschen?
3. Schau dir die beiden Listen in Abbildung 4.29 an. Welche Werte haben die beiden folgenden Ausdrücke?

a) 

b) 

4. Ergänze die fehlenden Wörter: Der .... ist die Nummer eines Elementes in einer Liste. Eine .... Liste hat kein einziges Element.

Aufgaben

Aufgabe 1: Autorennen mit mehreren Szenen

In Kapitel 2 wurde erklärt, wie du mit Scratch eine Autosimulation programmieren kannst. Ein kleiner Schwachpunkt des Projektes war, dass die Rennstrecke auf *ein* Hintergrundbild passen musste. Erweitere das Projekt auf folgende Weise. Die Rennstrecke erstreckt sich über *zwei* Hintergrundbilder wie in Abbildung 4.30. Wenn der Rennwagen den rechten Rand des ersten Bildes berührt, erscheint ein neues Hintergrundbild mit dem zweiten Teil der Rennstrecke. Der Wagen springt an den linken Rand der Bühne und fährt von links über das Bild weiter. Anders herum funktioniert es genauso: Wenn der Wagen sich im rechten Teil der Rennstrecke befindet und gegen den linken Rand fährt, ändert sich wieder das Hintergrundbild.

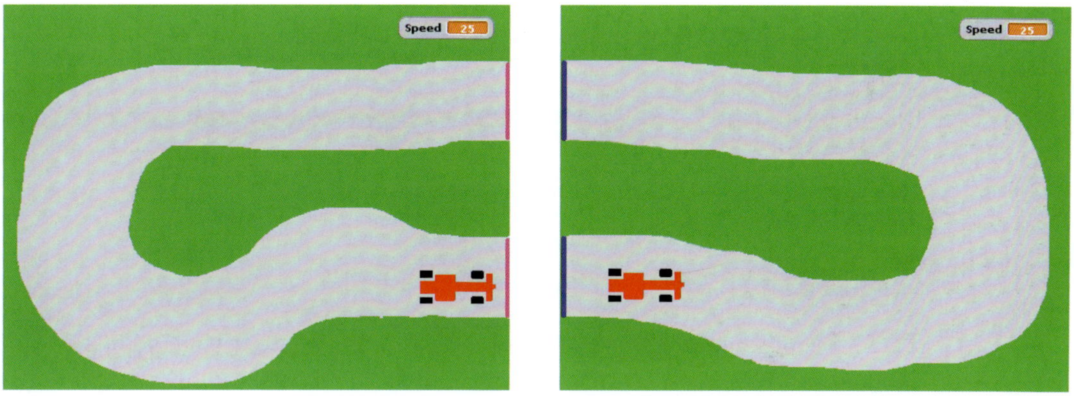

Abb. 4.30: *Eine Rennstrecke, die sich über zwei Hintergrundbilder erstreckt*

Tipps zur Vorgehensweise

Male zwei Hintergrundbilder wie in Abbildung 4.30. Achte auf dieses Detail: Am rechten Rand des ersten Bildes ist auf der Rennstrecke eine dünne violette Linie. (Du kannst auch eine andere Farbe nehmen.) An dieser Linie kann das Auto-Objekt erkennen, dass der rechte Bildrand erreicht ist. Am linken Rand des zweiten Bildes ist eine blaue (oder andersfarbige) Linie.

Die Bühne erhält zwei Skripte und das Auto-Objekt erhält zwei zusätzliche Skripte. (Die anderen Skripte bleiben unverändert.)

Verwende die Bausteine aus Abbildung 4.31.

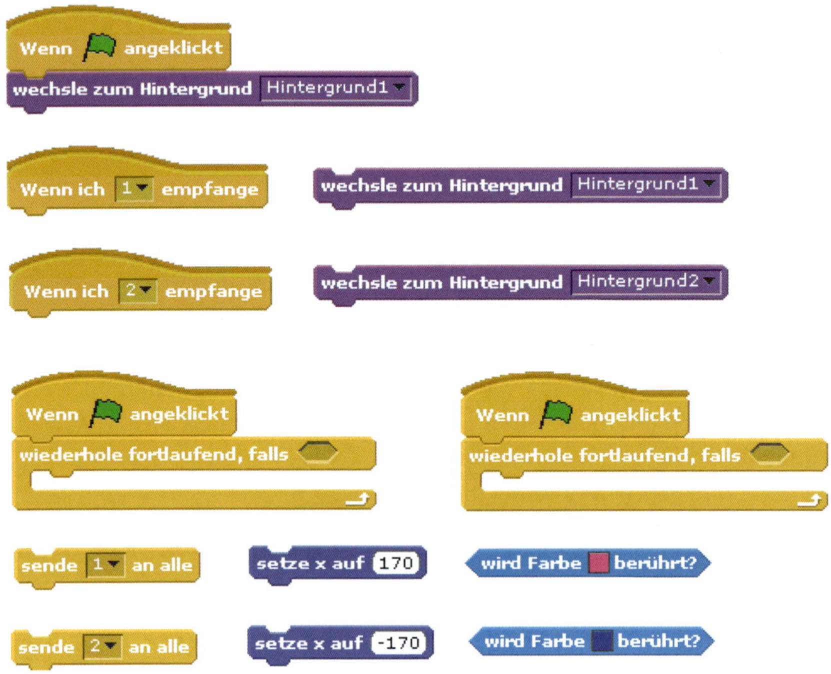

Abb. 4.31: *Die Bausteine der zusätzlichen Skripte für die Bühne (oben) und das Auto (unten)*

Aufgabe 2: Wer wird Millionär?

Entwickle ein Quiz zum Englischlernen – eine vereinfachte Version von »Wer wird Millionär«. Es funktioniert so: Auf dem Bildschirm erscheint ein Gegenstand, z.B. eine Tasse. Am unteren Bildschirmrand gibt es zwei Sprechblasen mit Antwortmöglichkeiten auf Englisch. Eine ist richtig und die andere ist falsch. Wenn der Spieler die richtige Antwort anklickt, erscheint »Richtig« (oder »correct«) in der Sprechblase und die Punktzahl verdoppelt sich. Klickt sie oder er die falsche Antwort an, gehen alle Punkte verloren.

Übrigens: Manchmal ist die richtige Antwort links und manchmal ist sie rechts. Das ist zufällig und bei jedem Durchgang anders.

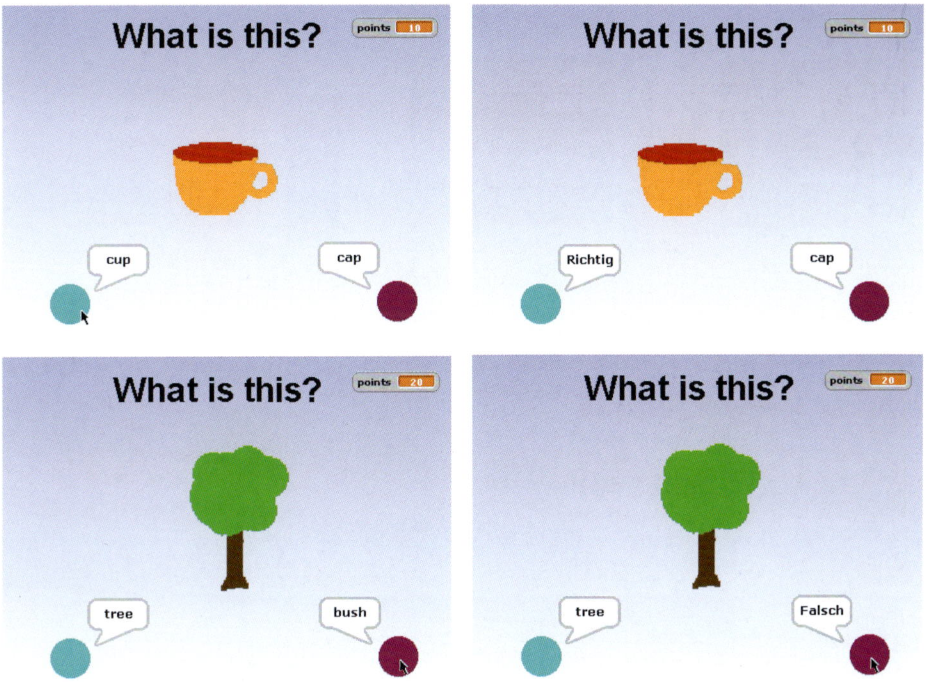

Abb. 4.32: *In den beiden oberen Screenshots wurde das richtige Wort angeklickt und in den beiden unteren das falsche.*

Hier kommen einige Tipps zur Vorgehensweise.

1. Schritt: Variablen und Listen

Erstelle vier neue Variablen.

Variable	Bedeutung
Nummer	Nummer der Quizaufgabe (Zufallszahl)
points	Aktueller Punktestand (anfangs 10)
A	Text der Antwortmöglichkeit A
B	Text der Antwortmöglichkeit B

Erstelle zwei Listen ähnlich wie in Abbildung 4.33. Die Liste `korrekt` bezeichnet (auf korrekte Weise) Gegenstände, die du später zeichnest oder fotografierst.

Abb. 4.33: *Zwei Listen mit Wörtern*

2. Schritt: Objekte anlegen

Erstelle drei Objekte `Bilder`, `A` und `B` wie in Abbildung 4.34.

Abb. 4.34: *Das Projekt hat drei Objekte:* `Bilder`, `A` *und* `B`.

Das Objekt `Bilder` erhält eine ganze Serie von Kostümen. Jedes Kostüm stellt einen Begriff aus der Liste `korrekt` dar. Übrigens sind Kostüme auch eine Art Liste. Jedes Kostüm kann auch über seinen Index (seine Nummer) angesprochen werden.

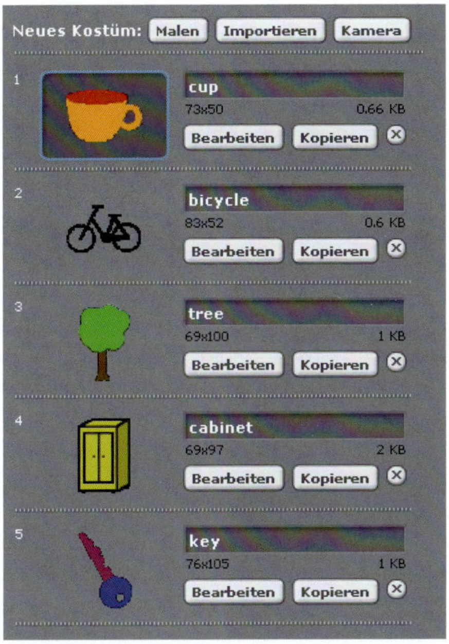

Abb. 4.35: *Die Kostüme von* `Bilder` *zeigen die Begriffe der Liste* `korrekt`.

3. Schritt: Die Skripte

Das Objekt `Bilder` ist für die Auswahl eines Bildes zuständig, die Objekte `A` und `B` sind Antwortmöglichkeiten, die man anklicken kann. Die Abbildungen zeigen Vorschläge für Skripte mit einigen grauen Stellen, an denen noch etwas fehlt. Kannst du die Lücken füllen?

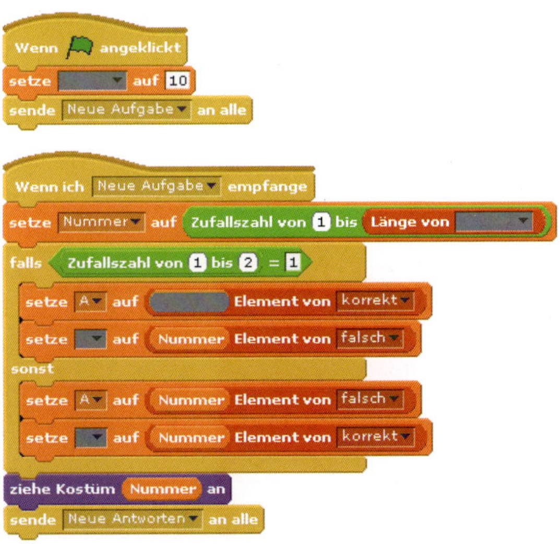

Abb. 4.36: *Die Skripte des Objekts* `Bilder` *(mit Lücken)*

Abb. 4.37: Die Skripte des Objekts A (mit Lücken)

Abb. 4.38: Die Skripte des Objekts B (mit Lücken)

Antworten zu den Fragen

1. Warten und Nachrichten senden.
2. Du musst alle Bausteine löschen, in denen die Nachricht gesendet oder empfangen wird.
3. a) Wer weiß, wo der Feuerlöscher hängt?; b) der Reißverschluss
4. Index, leere

Lösung der Aufgaben

Autorennen mit mehreren Szenen

Wenn das Auto eine farbige Linie berührt, sendet es eine Nachricht an die Bühne. Die Bühne sorgt dann für den Wechsel des Hintergrundbildes.

Abb. 4.39: *Skripte für die Bühne*

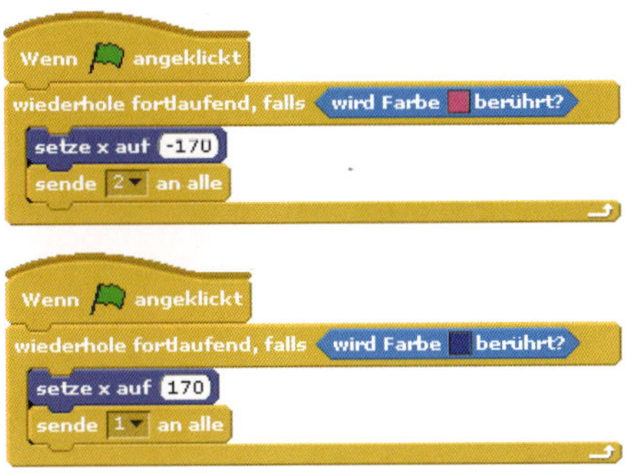

Abb. 4.40: *Zusätzliche Skripte für das Objekt* Auto

Wer wird Millionär?

Das Objekt Bilder ist für die Erstellung einer neuen Aufgabe verantwortlich. Wenn es die Nachricht Neue Aufgabe erhält, macht es folgendes: Es wählt zuerst eine zufällige Nummer. Dann entscheidet es sich nach dem Zufallsprinzip für eine der beiden folgende Möglichkeiten:

1. Die Variable A bekommt das richtige Wort und die Variable B das falsche.
2. Die Variable B bekommt das richtige Wort und die Variable A das falsche.

Dann zieht das Objekt das Kostüm mit der zufällig ausgewählten Nummer an und sendet eine Nachricht an die Objekte A und B.

Abb. 4.41: Skripte des Objekts Bilder

Die Objekte A und B sind für die Antwortmöglichkeiten verantwortlich. Schau dir die Skripte für Objekt A und B an (Abbildung 4.42).

1. Skript: Hier wird die Sprechblase mit der Antwort A erzeugt.

2. Skript: Das Skript wird ausgeführt, wenn das Objekt angeklickt worden ist. Falls A die richtige Antwort ist, erscheint in der Sprechblase das Wort »Richtig« und die Punktzahl wird verdoppelt. Sonst erscheint das Wort »Falsch« und die Punktzahl wird auf null gesetzt.

Die Skripte des Objekts B funktionieren nach dem gleichen Prinzip.

Abb. 4.42: Skripte der Objekte A *(links) und* B *(rechts)*

5

Projekte mit dem PicoBoard

Das PicoBoard der Firma Sparkfun ist eine kleine rote Platine, die über eine USB-Verbindung an den Raspberry Pi angeschlossen werden kann. Sie enthält Sensoren für Licht und Schall, einen Schieberegler, einen Taster und vier Anschlüsse für weitere Sensoren oder Schalter. Damit bekommt dein Raspberry Pi Augen, Ohren und fühlende Hände. Das PicoBoard (früher hieß es ScratchBoard) wurde vom Team des Lifelong Kindergarten am MIT (USA) entwickelt und kann zusammen mit Scratch benutzt werden. In diesem Kapitel werden einige Projekte vorgestellt, die dir einen Eindruck von den technischen Möglichkeiten vermitteln. Oft steckt hinter den etwas verspielten Projektideen ganz ernsthafte Wissenschaft.

Das PicoBoard

Für die Projekte in diesem Kapitel musst du dir ein PicoBoard der Firma Sparkfun zulegen (*https://www.sparkfun.com*). Es kostet etwa 36 €. Du bekommst es bei vielen Händlern im Internet. Wenn du – wie in diesem Buch beschrieben – Raspbian als Betriebssystem installiert hast, funktioniert auch das PicoBoard sofort. Einfach anschließen und loslegen. Du brauchst keine weitere Software zu installieren. In der Scratch-Befehlssammlung FÜHLEN findest du Bausteine, mit denen du den Zustand von Sensoren abfragen kannst. Das PicoBoard wird mit vier Doppelkabeln geliefert. Jedes Doppelkabel hat an der einen Seite einen Klinkenstecker und auf der anderen Seite zwei Krokodilklemmen, die du z.B. an einen selbstgebauten Schalter anschließen kannst. Um das PicoBoard an den RPi anzuschießen, brauchst du noch ein Mini-USB-Kabel. Meist findet man das ja irgendwo im Haushalt.

Abb. 5.1: *Mini-USB-Eingang*

Mit den Eltern zusammenarbeiten

Für viele Projekte in diesem Buch brauchst du außer dem Raspberry Pi noch zusätzliche Bauteile, die man meist nicht so ohne Weiteres im nächsten Elektronikfachgeschäft findet. Um die Dinge im Internet zu bestellen, brauchst du wahrscheinlich die Hilfe deiner Eltern. Im Anhang dieses Buches findet sich ein Kapitel mit Hinweisen für Eltern und Erzieher. Vielleicht leihst du deinen Eltern mal das Buch, damit sie dieses Kapitel lesen können. Hilfe kann man immer gebrauchen.

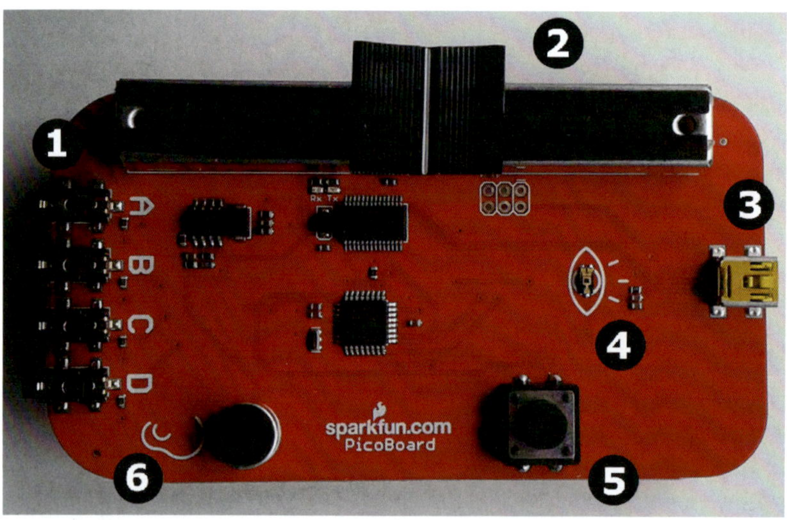

Abb. 5.2: *Aufbau des PicoBoards*

Auf dem PicoBoard gibt es mehrere Sensoren und Eingänge:

❶ Vier Eingänge für die Klinkenstecker der Doppelkabel, die mit großen Buchstaben A, B, C und D markiert sind. Sie werden Widerstandseingänge genannt, weil hier der angeschlossene elektrische Widerstand gemessen wird.

❷ Ein Schieberegler.

❸ Mini-USB-Buchse zur Stromversorgung.

❹ Ein Lichtsensor, der von einem Auge umrahmt ist.

❺ Ein Taster.

❻ Ein Mikrofon, neben dem ein Ohr zu sehen ist.

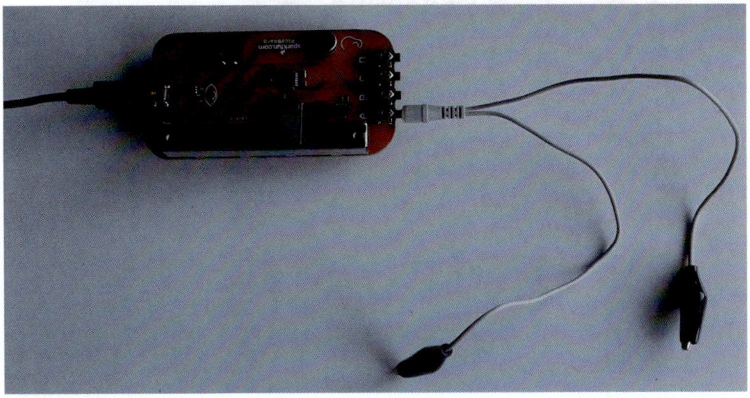

Abb. 5.3: *Das PicoBoard mit einem Doppelkabel für Widerstandsmessungen*

Das PicoBoard testen

Ein Sensor ist ein Fühler, der ein physikalisches Signal (z.B. Licht oder einen Klang) wahrnimmt und in ein elektrisches Signal umwandelt. Das PicoBoard erzeugt aus dem elektrischen Signal einen digitalen Wert, eine Zahl zwischen 0 und 100. Diese Zahl wird an den Raspberry Pi gesendet. Wie kommt man an die Zahlen, die die Sensoren senden? Probier es aus:

> Schließe das PicoBoard mit einem USB-Kabel an den RPi an.

> Starte Scratch.

> Wähle links oben die Befehlssammlung FÜHLEN.

> Klicke mit der rechten Maustaste auf einen der Bausteine WERT VON SENSOR ... oder SENSOR ... (es funktioniert mit beiden Bausteinen) und wähle im Kontextmenü den Befehl SCRATCHBOARD-ANZEIGE.

> Jetzt erscheint auf der Bühne ein grauer Kasten, der einen Überblick über die aktuellen Werte der Sensoren, des Reglers und des Tasters bietet.

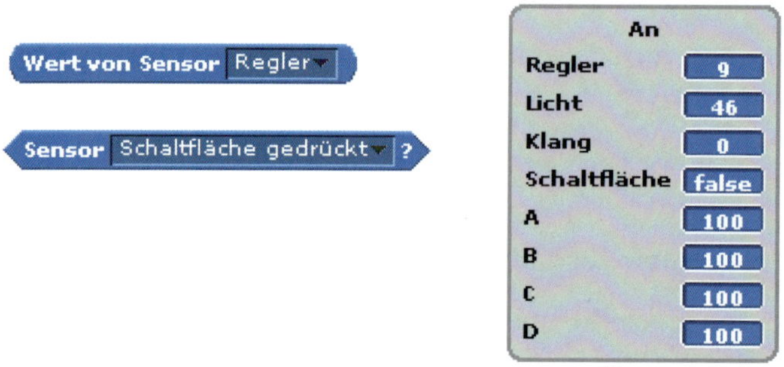

Abb. 5.4: *Bausteine für den Zugriff auf Sensoren (links) und die Anzeige der Werte aller Sensoren (rechts)*

Was bedeuten die Werte? Fangen wir mit dem Taster an. Wenn er gedrückt ist, zeigt die Anzeige SCHALTFLÄCHE den Wert `true` (wahr). Wenn er nicht gedrückt ist (so wie hier), sieht man den Wert `false` (falsch).

Alle anderen Anzeigen zeigen eine Zahl zwischen 0 und 100. Die Widerstandsanzeigen A, B, C und D haben jeweils den Wert 100. Das bedeutet, dass der Widerstand sehr groß ist. Das wiederum heißt: Es fließt kein Strom. Das ist immer dann der Fall, wenn an diesen Eingängen nichts angeschlossen ist. Verschiebe den Regler! Dann ändert sich die Zahl neben REGLER:. Jetzt ist es still (KLANG: 0). Sage etwas. Dann steigt der angezeigte Wert. Halte einen Finger über den Lichtsensor. Dann steht in der Anzeige LICHT: 0.

Wenn die ScratchBoard-Anzeige nicht funktioniert, hilft es meistens, wenn du sie mit der rechten Maustaste anklickst und dann im Kontextmenü den Befehl SERIELLE/USB- SCHNITTSTELLE AUSWÄHLEN aktivierst.

Projekt 10: Magische Worte – Spracherkennung

Computer und Handys können heute durch Sprache gesteuert werden. In diesem Projekt programmierst du eine ganz einfache – aber dennoch wirkungsvolle – Sprachsteuerung. Dabei kommt der Klangsensor des PicoBoards zum Einsatz.

Was sieht man?

Du startest das Programm und siehst einen dunklen Hintergrund wie in Abbildung 5.5 links. Nun sagst du das Wort »dunkel«. Nichts passiert. Aber wenn du »hell« sagst, wird der Hintergrund hell wie im Bild rechts. Mit dem Wort »dunkel« kannst du das Bild wieder abdunkeln. Das kannst du beliebig oft wiederholen.

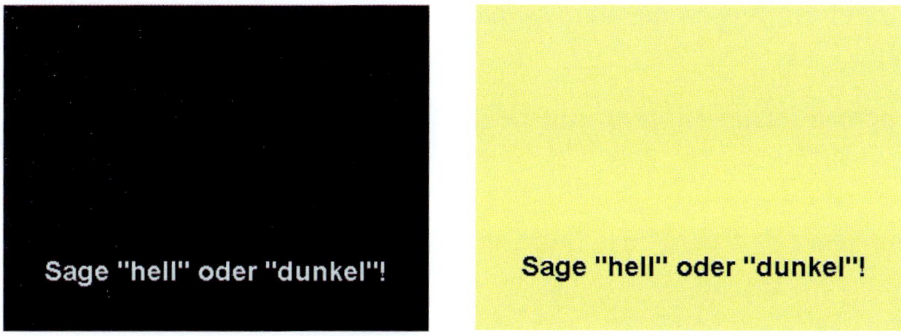

Abb. 5.5: *Steuerung durch Worte*

Wie funktioniert das?

Starte ein neues Scratch-Projekt und lösche die Katze. Dazu musst du das Symbol OBJEKT1 mit der rechten Maustaste anklicken und dann im Kontextmenü den Befehl LÖSCHEN anklicken. Die Katze wird nicht gebraucht. Dieses Scratch-Projekt hat überhaupt keine Figur (Objekt), sondern nur eine Bühne mit zwei Hintergrundbildern.

So erstellst du einen Hintergrund

Weil es kein anderes Objekt gibt, ist automatisch die Bühne ausgewählt. Klicke auf den Reiter HINTERGRUND. Klicke dann auf BEARBEITEN. Es öffnet sich das Fenster des Scratch-Malprogramms.

Klicke mit der Maus auf eine dunkle Farbe. Wähle den Farbeimer und klicke auf die Hintergrundfläche. Sie wird komplett eingefärbt.

Klicke auf das Schreibwerkzeug T. Wähle die Farbe Weiß. Schreibe einen Text. Mit einem Klick auf OK verlässt du das Malprogramm.

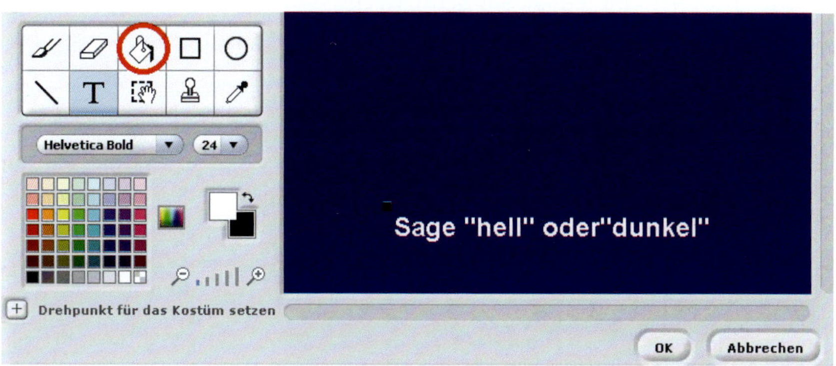

Abb. 5.6: *Mit dem Scratch -Malprogramm gestaltest du den Hintergrund.*

Damit hast du den dunklen Hintergrund. Klicke auf die Schaltfläche KOPIEREN. Es entsteht eine Kopie des dunklen Hintergrundes. Du klickst bei der Kopie auf BEARBEITEN und änderst die Farben.

Nun hast du zwei Hintergründe. Vergiss nicht, ihnen Namen zu geben (siehe Abbildung 5.7).

Das Bild mit dem dunklen Hintergrund heißt DUNKLER HINTERGRUND, das andere heißt HELLER HINTERGRUND.

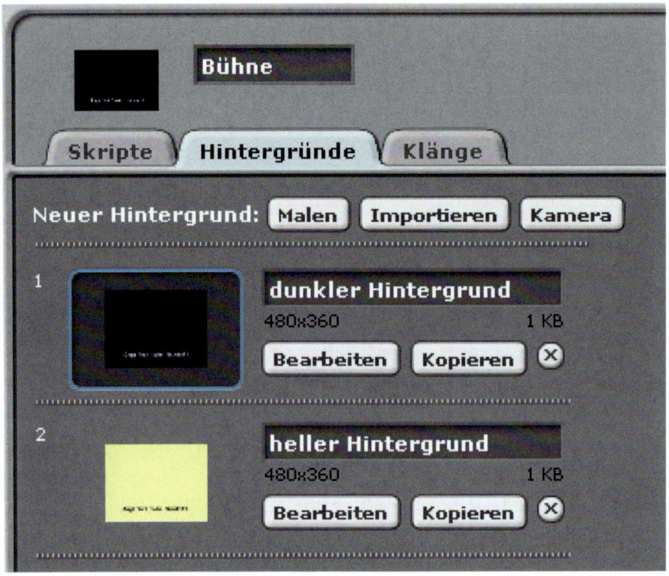

Abb. 5.7: *Zwei Hintergrundbilder für die Bühne*

Das Skript

Die Bühne bekommt ein Skript wie in Abbildung 5.9. Dazu kommen wir gleich. Es enthält einige Befehle mit verschachtelten Ausdrücken, die ein bisschen kniffelig aussehen. Der Trick ist: Du baust sie schrittweise von außen nach innen auf. Abbildung 5.8 zeigt ein Beispiel.

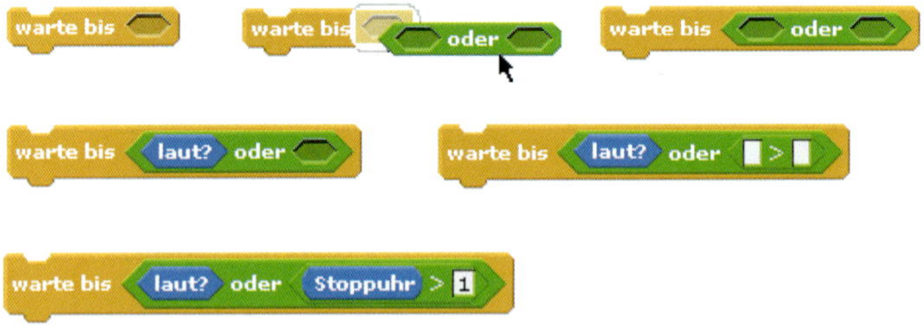

Abb. 5.8: *Aufbau eines Befehls mit einem verschachtelten Ausdruck*

Nun aber zum Skript. Die Grundidee ist ganz einfach. Es erkennt, ob ein gesprochenes Wort aus einer Silbe (wie *hell*) oder aus zwei Silben (wie *dunkel*) besteht. Wird es nur *einmal* oder aber *zweimal kurz hintereinander* laut?

Abb. 5.9: *Das Skript der Bühne*

Erklärungen

Schauen wir uns das Innere der Endloswiederholung genauer an. Da sind viele WARTE BIS...-Anweisungen.

❶ Zuerst wird gewartet, bis es ruhig ist. Dann wartet der Computer, bis es laut wird, also bis die erste Silbe gesprochen wird. Anschließend wartet er, bis es nicht mehr laut ist. Dann ist die erste Silbe zu Ende. Aber was ist jetzt? Kommt noch eine zweite Silbe oder nicht?

❷ Um nicht bis in alle Ewigkeit warten zu müssen, verwendet der Computer die Stoppuhr. In dieser Anweisung wird die Stoppuhr neu gestartet. Dabei wird sie auch wieder auf 0 gesetzt.

❸ Nun wartet der Computer, bis es wieder laut wird *oder* mehr als eine Sekunde vergangen ist. Die Variable Stoppuhr enthält die Zeit, die seit ihrem Neustart vergangen ist. Stoppuhr > 1 bedeutet: Der Wert von Stoppuhr ist größer als 1.

❹ Wenn mehr als eine Sekunde vergangen ist, ohne dass es noch einmal laut geworden ist, bleibt es bei *einer* Silbe. Dann wurde »hell« gesagt und der Hintergrund wird tatsächlich hell. Sonst wird er dunkel.

Projekt 11: Das Applausometer

»Jetzt lassen wir das Publikum entscheiden, wer gewonnen hat«, sagt der Showmaster auf der Bühne. »Wenn euch das erste Team besser gefallen hat, dann klatscht jetzt, jubelt und stampft mit den Füßen... Oh, das ist laut! Vielen Dank. Und jetzt geht es um das zweite Team. Wer für das zweite Team ist, macht ab jetzt ordentlich Krach.«

Vielleicht warst du schon einmal bei einer Live-Show, bei der das Publikum durch Applaus abgestimmt hat. Dabei kommt dann immer ein Applausometer – oder Schallpegelmesser – zum Einsatz. Dieses Gerät misst die Lautstärke des Applauses. Mit dem PicoBoard und Scratch kannst du so etwas leicht bauen.

Was sieht man?

Auf dem Bildschirm ist eine Kreisfläche, die ständig ihre Größe ändert. Ruft man etwas, wird sie groß. Ist es jedoch still, wird sie ganz klein. Diese Kreisfläche visualisiert (veranschaulicht) also die momentane Lautstärke.

Die Zahl rechts oben im Bild ist anfangs 0, zeigt aber bei einer Messung die höchste bisherige Lautstärke an. Sie ist wichtig für den Publikumsentscheid. Du startest eine Applausmessung, indem du auf die Leertaste drückst. Es erscheint das zweite Bild mit anderer Hintergrundfarbe. Die Applauszahl wird auf 0 gesetzt (falls sie vorher einen anderen Wert hatte) und steigt dann aber an, wenn es lauter wird. Du beendest die Messung, indem du wieder die Leertaste drückst. Dann erscheint wieder das erste Bild, und die Applauszahl ändert sich nicht mehr. Du kannst dir die Zahl aufschreiben und dann die nächste Messung machen.

Abb. 5.10: *Das Applausometer. Die Größe der Kreisfläche zeigt die momentane Lautstärke an.*

Wie konstruiert man das?

Als erstes legst du eine Variable mit dem Namen `Maximum` an.

- Wähle die Befehlssammlung VARIABLE.
- Klicke auf NEUE VARIABLE.
- Gib den Namen `Maximum` ein.
- Auf der Bühne erscheint eine Anzeige der Variablen. Klicke mit der rechten Maustaste auf die Anzeige und wähle im Kontextmenü GROSSANZEIGE. Die Anzeige sieht jetzt aus wie im Bild.

Das Objekt

Die momentane Lautstärke wird durch die Größe eines Objektes dargestellt. Lösche das zweite Kostüm der Katze und zeichne das erste Kostüm neu. Es kann eine einfache Kreisfläche wie in Abbildung 5.10 sein. Aber wenn du es besser machen willst, denke dir irgendein Bild aus, das Schall darstellen kann. Vielleicht klatschende Hände oder ein Ohr oder sonst irgendetwas.

Abb. 5.11: *Das Skript des Objekts*

Das Skript enthält eine Endloswiederholung. Ständig wird die Größe des Objektes auf einen Wert gesetzt, der dem augenblicklichen Lärmpegel entspricht.

Die Bühne

Du zeichnest zwei Hintergrundbilder, das erste heißt VORBEREITUNG und trägt den Text START MIT LEERTASTE. Der zweite Hintergrund soll erscheinen, wenn der Applaus gemessen wird. Am unteren Rand des zweiten Bildes steht der Text STOPP MIT LEERTASTE.

Abb. 5.12: *Zwei Skripte für die Bühne*

Die Bühne bekommt zwei Skripte. Das erste Skript (links) wird nur ein einziges Mal ausgeführt, wenn die grüne Flagge angeklickt worden ist. Das zweite Skript (rechts) wird ausgeführt, wenn der Benutzer die Leertaste gedrückt hat. Das vierte Kommando ❶) ist ein WARTE-Befehl. Denn der Computer muss ein bisschen warten, bis die Leertaste wieder losgelassen worden ist.

In der Wiederholungsanweisung wird in der Variablen Maximum der höchste bisher gemessene Lärmpegel gespeichert. Wenn der Lärmpegel höher als das bisherige

Maximum ist, muss Maximum neu gesetzt werden (❷). Den Wert der Variablen sieht man immer in dem orangefarbenen Anzeigefeld rechts oben auf der Bühne.

Die Lautstärke wird so lange gemessen, bis der Benutzer wieder die Leertaste drückt. Dann springt der Hintergrund wieder auf das erste Bild, und das Skript ist beendet. Der Wert der Variablen Maximum ändert sich dann nicht mehr.

Messung des mittleren Lärmpegels

Das Applausometer aus dem letzten Abschnitt funktioniert in vielen Fällen ganz gut. Es gibt aber ein Problem: Ein einziges kurzes lautes Geräusch in der Nähe des Mikrofons sorgt dafür, dass eine maximale Lautstärke angezeigt wird – auch wenn es ansonsten eher ruhig ist. Der Applaus des Publikums wird fairer gemessen, wenn man ganz viele Messungen macht und immer den Mittelwert anzeigt. Die Kreisfläche ändert sich dann auch nicht so hektisch, sondern langsamer.

Variablen

Du brauchst zwei Variablen mit den Namen Summe und Mittelwert. Nur die Variable Mittelwert soll auf der Bühne angezeigt werden. Die Variable Summe enthält die Summe der gemessenen Lärmpegel. Wir brauchen sie, um den Mittelwert berechnen zu können.

Die Bühne

Die Hintergründe der Bühne bleiben wie sie sind.

Abb. 5.13: *Zwei Skripte für die Bühne*

Wenn die Leertaste gedrückt ist, startet die Messung der Lautstärke.

So funktioniert's

1. Warte ein bisschen, damit das Geräusch beim Einschalten unterdrückt wird.
2. Für den Mittelwert brauchen wir die genaue Zeit. Deshalb wird die Stoppuhr gestartet und auf 0 gesetzt.
3. Der Computer macht viele Schallmessungen. Vor jeder Messung wartet er eine Zehntelsekunde.
4. Der Messwert wird dem Wert der Variablen Summe hinzuaddiert. Summe wird also im Laufe der Zeit immer größer.
5. Etwas Mathematik: Der Mittelwert ist die Summe aller Messungen, geteilt durch die Anzahl der Messungen.
   Beispiel: Bei zwei Messungen mit 50 und 60 ist der Mittelwert = (50 + 60)/2 = 110/2 = 55. Bei drei Messungen mit 41, 40 und 42 ist der Mittelwert (41 + 40 + 42)/3 = 123/3 = 41. Hier gibt es in jeder Sekunde zehn Messungen. Deshalb musst du den Wert von Summe durch das Zehnfache der Zeit (Anzahl der Sekunden) teilen.

Projekt 12: Pong

In diesem Projekt verwendest du den Schieberegler des PicoBoards, um einen Tischtennischläger auf dem Bildschirm zu steuern. Das Spiel heißt Pong und ist eines der ältesten Videospiele. Die Idee ist einfach. Über den Bildschirm fliegt ein Ball. An den Seitenrändern und an der Oberseite prallt er ab. Das schwarze Rechteck ist der Schläger. Wenn der Ball den Schläger berührt, prallt er nach oben ab. Du bewegst den Schläger mit dem Schieberegler nach rechts und links und versuchst zu verhindern, dass der Ball auf die grüne Unterseite gelangt. Wenn das doch einmal passiert, weil du nicht schnell genug warst, ist das Spiel zu Ende.

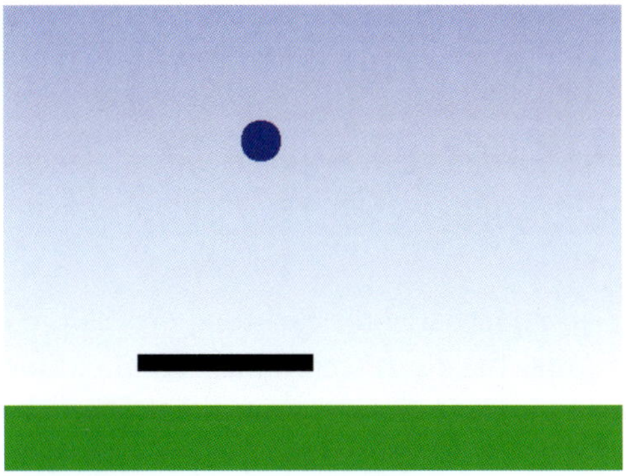

Abb. 5.14: *Screenshot aus Pong*

Das Hintergrundbild der Bühne hat unten einen grünen Streifen. Es gibt zwei bewegliche Objekte – einen Schläger und einen Ball.

Ein fliegender Ball

Abbildung 5.15 gibt einen Überblick und zeigt das Skript für den Ball.

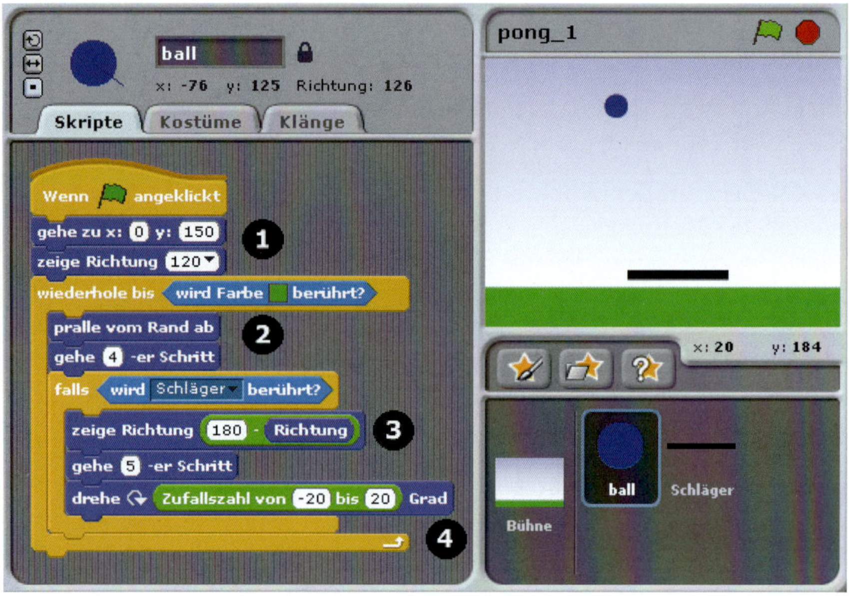

Abb. 5.15: Das Skript für den Ball

So funktioniert's

❶ Zu Beginn (nachdem die grüne Flagge angeklickt worden ist), geht der Ball nach oben in die Mitte. Die Flugrichtung wird auf 120° gesetzt. Das ist schräg nach rechts unten. Bei Scratch ist 0° die Richtung nach oben und positive Gradzahlen bedeuten eine Drehung im Uhrzeigersinn. Du kannst natürlich auch einen anderen Winkel ausprobieren, z.B. 100°. Spiele ein bisschen mit den Werten und beobachte die Wirkung!

❷ Der Befehle PRALLE VOM RAND AB bewirkt nur dann ein Abprallen, wenn tatsächlich gerade in diesem Moment ein Rand berührt worden ist. Sonst hat er keine Wirkung.

❸ Wenn der Schläger berührt worden ist, ändert sich die Richtung des Balls. Er wird vom Schläger reflektiert. Die Formel für die Änderung der Flugrichtung wird in Abbildung 5.16 erklärt. Mache dir klar, dass der Winkel der Flugrichtung vor dem Aufprall (grau) und die Flugrichtung nach dem Abprallen (orange) zusammen 180° ergeben.

❹ Wenn der Ball vom Schläger etwas weggesprungen ist, ändert er ein zweites Mal seine Richtung. Er dreht sich um einen zufälligen Winkel nach rechts oder links. So kommt der Zufall ins Spiel. Das macht es interessanter. Abbildung 5.17 zeigt den Bewegungsablauf.

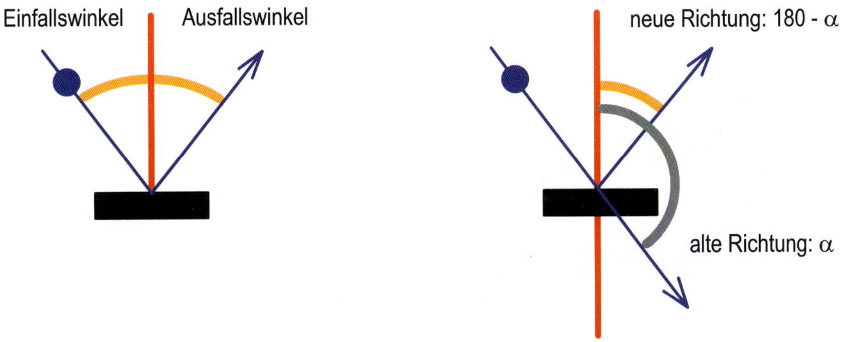

Abb. 5.16: *Der Winkel der Flugrichtung ändert sich, wenn der Ball vom Schläger abprallt. Damit es keine Verwirrung gibt: Der Einfallswinkel ist nicht der Winkel der Flugrichtung.*

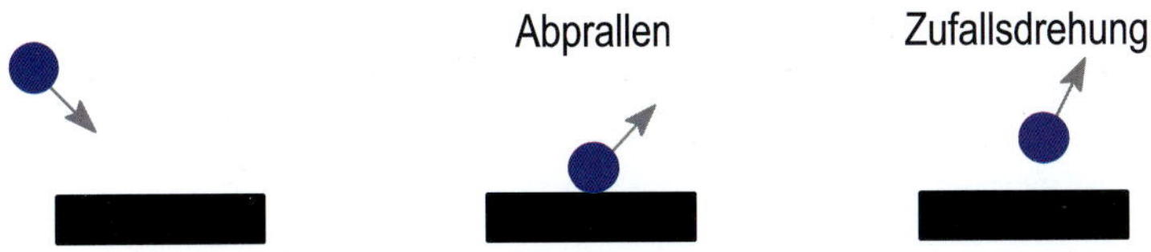

Abb. 5.17: *Bewegungsablauf beim Aufprall auf den Schläger*

Die Rechnerei mit den Winkeln ist ja ganz schön knifflig. Deshalb zum Schluss noch ein Tipp: Um das Programm besser zu verstehen, kannst du die momentane Flugrichtung des Balls anzeigen lassen. Dazu klickst du in der Sammlung BEWEGUNG auf die Checkbox links neben dem Baustein RICHTUNG.

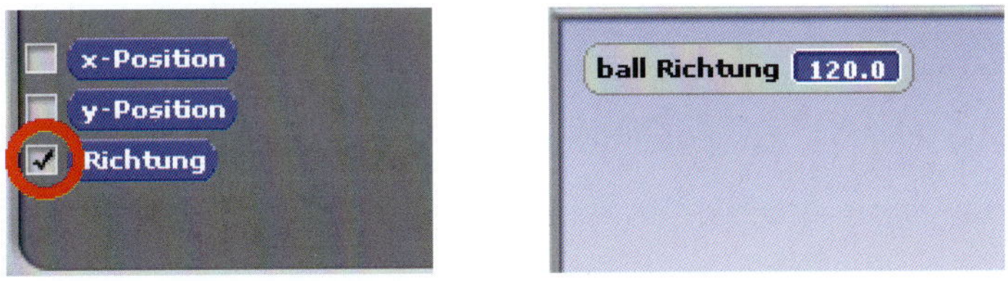

Abb. 5.18: *Die Bewegungsrichtung eines Objektes kannst du anzeigen lassen.*

Der Schläger

Der Schläger kann in waagerechter Richtung mit dem Schieberegler des PicoBoards bewegt werden. Aus dem Wert des Reglers wird eine x-Position berechnet.

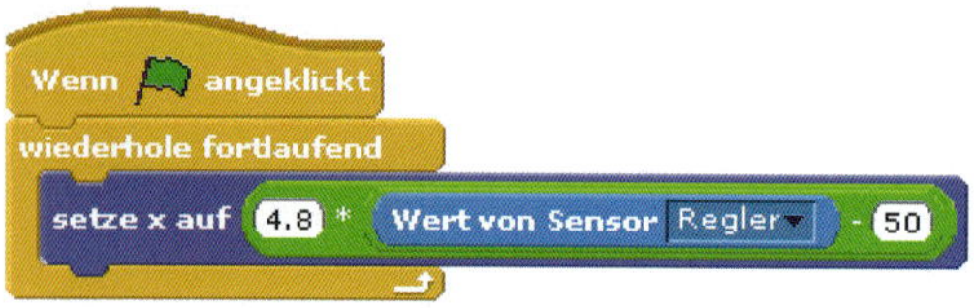

Abb. 5.19: *Das Skript des Schlägers*

Die Formel ist

```
4,8 *(Wert von Sensor Regler -50)
```

Wie kommt man darauf? Wie alle Sensoren liefert der Regler einen Wert zwischen 0 und 100. Wenn der Regler ganz links ist, hat der den Wert 0. Steht er ganz rechts, hat er den Wert 100. Denke daran, wie breit die Bühne ist. Ganz links ist x=-240, ganz rechts ist x=240. Das bedeutet: Du musst die die Reglerwerte 0 bis 100 in Bühnenpositionen -240 bis 240 umrechnen.

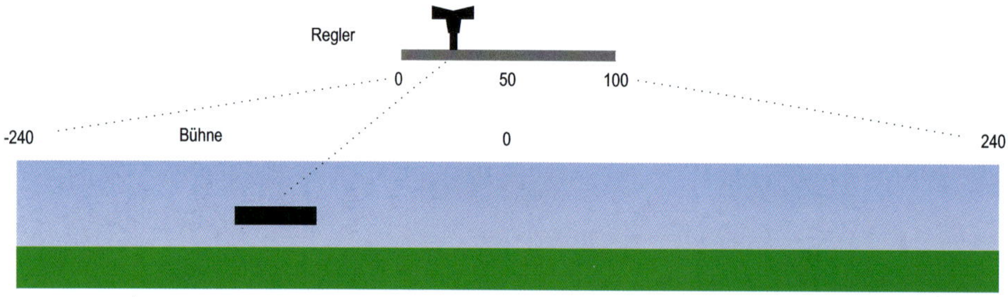

Abb. 5.20: *Der Wert des Reglers muss in eine x-Position auf der Bühne umgerechnet werden.*

Subtrahiert man von dem Reglerwert 50, erhält man einen Wert zwischen -50 (links) und +50 (rechts). Und nach dem Multiplizieren mit 4.8 ergibt sich ein Wert zwischen -240 (ganz links auf der Bühne) und +240 (ganz rechts auf der Bühne).

Es geht auch anders: Parallele Prozesse

Der Ball kann auch durch die drei Skripte in Abbildung 5.21 gesteuert werden. Anstelle eines längeren Skripts haben wir drei kleine. Viele Leute finden, dass man das leichter verstehen kann. Was meinst du?

Das erste Skript sorgt für das Ende des Spiels, wenn der Boden berührt worden ist.

Das zweite Skript regelt, was passiert, wenn der Schläger berührt worden ist. Die Anweisung WIEDERHOLE FORTLAUFEND, FALLS ... hat folgende Wirkung: Immer dann, wenn die Bedingung WIRD SCHLÄGER BERÜHRT erfüllt ist, werden die drei Anweisungen im Inneren ausgeführt.

Das dritte Skript schließlich ist allein für den Flug des Balls zuständig.

Abb. 5.21: *Drei Skripte steuern den Ball.*

Alle drei Skripte werden gestartet, wenn die grüne Flagge angeklickt worden ist. Sie laufen dann gleichzeitig. Man sagt: Es sind drei parallele Prozesse. Du kannst das mit folgender Situation vergleichen: Drei Leute fahren gemeinsam mit einem Ruderboot. Einer rudert, ein zweiter hält nach dem Ziel Ausschau und ruft, wenn das Boot angekommen ist. Der dritte stößt das Boot wieder ab, falls es das Ufer, einen Bootssteg oder irgendetwas anderes berührt. Die drei Leute sind ein Team und jeder ist für etwas anderes zuständig.

Projekt 13: Die Limonadenmischmaschine

Das Problem kennt jeder: Wie viel Wasser muss man zum Fruchtsaft (oder Sirup) geben, damit die Limonade die richtige Verdünnung hat und gut schmeckt? Die Lösung ist die Limonadenmischmaschine. Abbildung 5.22 zeigt den Hardwareaufbau: Eine Schachtel mit einer Öffnung, in die man das Limonadenglas stellt. Vorne ist ein Fenster mit einer grünen Folie, in das eine Taschenlampe leuchtet.

Abb. 5.22: *Die Limonadenmischmaschine*

Wie bei jedem Hightech-Gerät wird auf dem Display erklärt, was zu tun ist. »Bitte ein Glas mit etwas Fruchtsaft in den Schacht stellen.« Gut, machen wir das. Die Maschine bemerkt das Glas, und es erscheint die nächste Meldung auf dem Monitor: »Wie stark soll verdünnt werden? Eins zu ...« Du gibst eine Zahl ein. Dann kommt der nächste Hinweis. »Bitte Wasser in das Glas geben«. Du gießt Wasser in das Glas. »Mehr Wasser!« mahnt die Maschine. Und irgendwann heißt es »Stopp! Die Limonade ist fertig.«

Abb. 5.23: *Die Assistentin auf dem Display gibt Anweisungen zum Mischen.*

Dieses Modell der Limonadenmischmaschine funktioniert nur mit rot gefärbten Flüssigkeiten, also z.B. Säften von Erdbeeren, Kirschen, Himbeeren oder roten Weintrauben. Eine Taschenlampe leuchtet durch ein mit grüner durchsichtiger Folie bedecktes Fenster in das Innere der Box. Das grüne Licht geht durch das Glas mit der Limonade und trifft dann auf den Lichtsensor des PicoBoards. Warum brauchen wir grünes Licht? Eine rote Flüssigkeit schluckt grünes Licht und lässt die anderen Farben durch. Deshalb erscheint uns die Flüssigkeit rot. Man sagt, Grün ist die Komplementärfarbe von Rot. Je stärker verdünnt die Limonade ist, desto blasser ist das Rot und desto weniger grünes Licht wird geschluckt. Der Lichtsensor stellt fest, wie viel grünes Licht von der Flüssigkeit durchgelassen wird und sendet eine Zahl zwischen 0 und 100 an das Scratch-Programm. Je größer dieses Zahl ist, desto dünner ist die Limonade.

Die Hardware

Diese Materialien brauchst du:

- PicoBoard
- Pappkarton (z.B. 20 × 15 × 8 cm) und noch etwas zusätzliche Pappe
- Kreppklebestreifen
- Alleskleber
- Alufolie
- grüne durchsichtige Folie (z.B. grünes Bonbonpapier)
- Taschenlampe

Abbildung 5.22 zeigt, wie die fertige Maschine aussehen kann. Das aufwändigste Teil ist der Schalter im Innern des Pappkartons. Schneide aus dicker Wellpappe (Pappkarton) einen Streifen (etwa 16 mal 5 cm), knicke ihn, und schneide am Knick zwei Mal etwa 3 cm weit ein.

Drücke dann den mittleren Streifen zwischen den beiden Schnitten wie in Abbildung 5.24 nach innen.

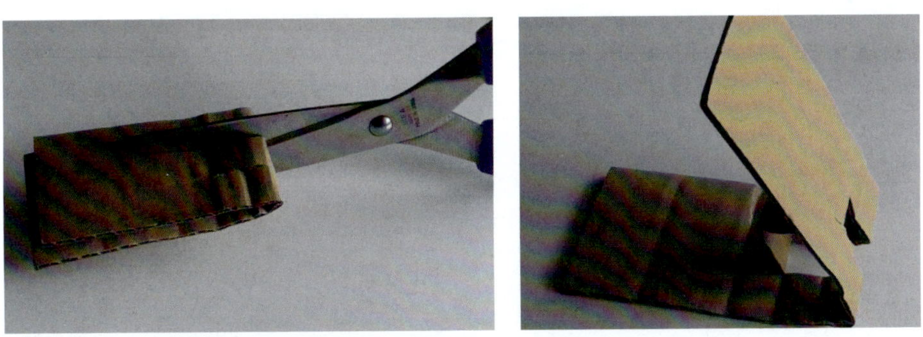

Abb. 5.24: *Pappstreifen knicken und einschneiden*

Schneide einen Streifen Alufolie aus und klebe ihn auf die Pappe wie in Abbildung 5.25 links. Forme aus einem Stück Alufolie eine Figur, die aussieht wie ein Nagel mit einem ganz dicken Kopf (Abbildung 5.25 links, A).

Mit der Schere bohrst du an der Stelle B in den mittleren Pappstreifen ein Loch und steckst von innen den Aluminiumnagel hindurch. Knicke den Alustift hinter der Pappe um und verklebe alles mit Kreppklebebandstücken. Der Kopf bildet den zweiten Kontakt des Schalters. Fertig ist der Schalter.

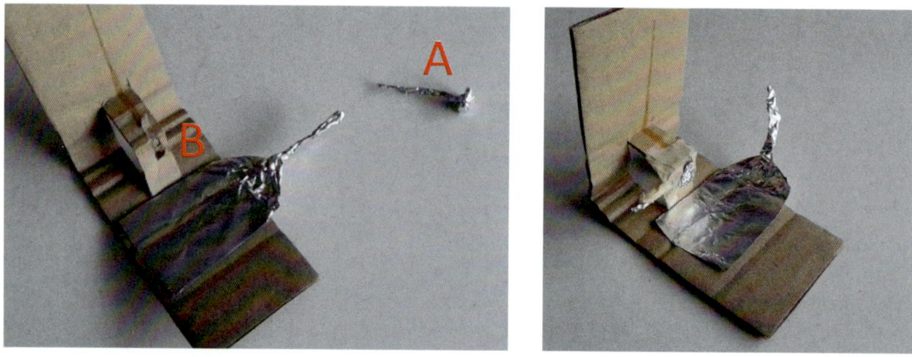

Abb. 5.25: *Zwei Kontakte aus Alufolie*

An die beiden Kontakte des Schalters befestigst du die Krokodilklemmen eines der Doppelkabel des PicoBoards. Den Klinkenstecker steckst du in Eingang A. Befestige das PicoBoard mit einem Pappstreifen und Kreppklebeband im Innern eines kleinen Pappkartons. Achte darauf, wo sich der Lichtsensor befindet (Auge). Vor den Lichtsensor kommt der selbst gebaute Schalter wie in Abbildung 5.26.

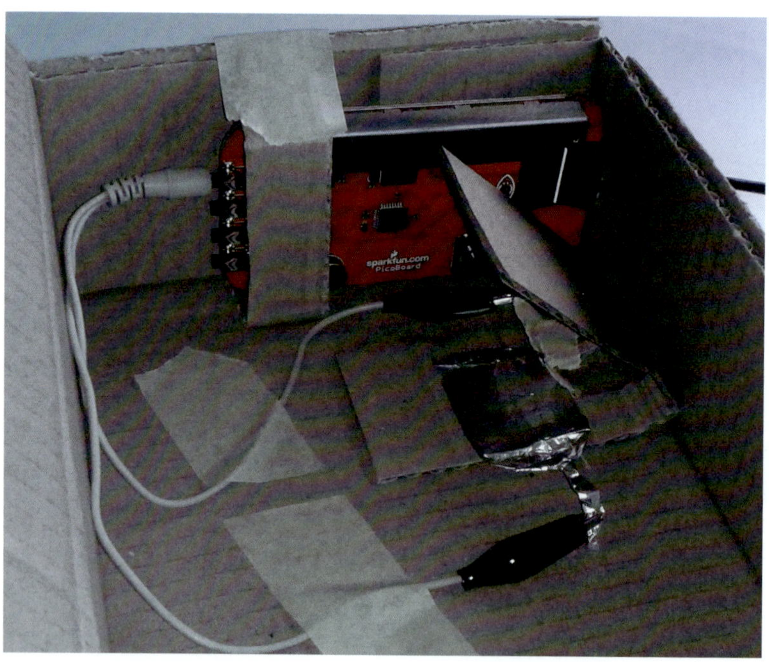

Abb. 5.26: *PicoBoard und Schalter im Inneren eines Pappkartons*

Zum Schluss schneidest du in den Deckel ein kreisrundes Loch für das Glas und auf der Vorderseite – genau gegenüber vom Lichtsensor – ein Loch. Klebe auf das Loch ein Stück grüne Folie. Damit die Filterwirkung stärker ist, kannst du auch zwei Folien übereinander kleben.

Komplementärfarben

Eine rote Flüssigkeit absorbiert (schluckt) grünes Licht und lässt rotes Licht hindurch. Rot und Grün sind Komplementärfarben. Schüttest du roten Saft in ein grünes Glas und schaust du dann von der Seite durch das Glas, erscheint der Inhalt schwarz. Denn durch das Glas kommt nur grünes Licht, aber der rote Saft absorbiert dieses Licht vollständig. Also bleibt kein Licht übrig und es sieht dunkel aus.

Das Programm

Bevor es ans Programmieren geht, musst du herausfinden, wie viel Licht bei den verschiedenen Verdünnungen auf den Lichtsensor trifft. Mische in dem Glas Fruchtsaft (oder Sirup) mit Wasser im Verhältnis 1:4 und stelle das Glas in die Öffnung der Box. Schalte die Taschenlampe ein. Prüfe nun, welchen Wert der Lichtsensor liefert. Das geht so:

- Starte ein neues Scratch-Projekt.
- Klicke in der Befehlssammlung Fühlen mit der rechten Maustaste unten auf den Baustein Wert von Sensor. Wähle im Kontextmenü den Befehl Scratchboard-Anzeige.
- Auf der Bühne erscheint ein grauer Kasten mit den aktuellen Werten aller Sensoren. Schreibe dir den Wert des Lichtsensors auf. Das ist eine Zahl zwischen 0 (kein Licht) und 100 (helles Licht).

Auf die gleiche Weise ermittelst du die Werte für andere Verdünnungen (z.B. 1:5). Diese Zahlen brauchst du für das Programm.

In der einfachsten Version zeigt die Bühne immer den gleichen Hintergrund. Es gibt ein einziges Objekt mit einem Kostüm, auf dem man das Gesicht der Assistentin sieht, die dem Benutzer sagt, was zu tun ist.

In der Befehlssammlung Variablen erzeugst du eine Variable namens `Licht`. In dieser Variablen speichert das Programm den aktuellen Wert des Lichtsensors.

Abb. 5.27: *Skript des Objekts, das die Assistentin darstellt*

Erklärungen

❶ Warte, bis der Schalter in der Box durch das Glas herunter gedrückt wird. Dann ist der Widerstand am Eingang A sehr klein.

❷ Diese Wiederholung wird so lange ausgeführt, bis der Benutzer die Zahl 4 oder die Zahl 5 eingegeben hat. Nur dann wird die Variable `Licht`, die anfangs den Wert 0 hat, auf einen neuen Wert gesetzt.

❸ Am unteren Bildschirmrand erscheint ein Eingabefeld wie in Abbildung 5.23 für die Antwort.

❹ Wenn der Benutzer eine 4 eingeben hat, erhält die Variable `Licht` den Wert des Lichtsensors bei einer Verdünnung von 1:4. Hier wurde die Zahl 35 eingetragen, aber bei deiner Limonadenmischmaschine ist das wahrscheinlich eine andere Zahl.

❺ Wenn der Benutzer eine 5 eingegeben hat, erhält die Variable `Licht` den Wert des Lichtsensors bei einer Verdünnung von 1:5.

❻ Die Assistentin sagt immer wieder »Mehr Wasser«, bis der aktuelle Wert des Lichtsensors größer als der Wert der Variablen `Licht` ist.

❼ Warte, bis das Glas aus der Box herausgenommen worden ist. Dann öffnet sich der Schalter und der Widerstand am Eingang A wird wieder groß (Wert 100).

Erweiterung

In dem Programm hat die Assistentin immer das gleiche Gesicht. Realistischer ist es, wenn sie beim »Sprechen« den Mund auf und zu macht. Dazu braucht dieses Objekt ein zweites Kostüm.

- Mache eine Kopie des ersten Kostüms und verändere den Mund.
- Gib den beiden Kostümen die Namen `offen` und `geschlossen`.
- Füge Kommandobausteine ein wie rechts in Abbildung 5.28.

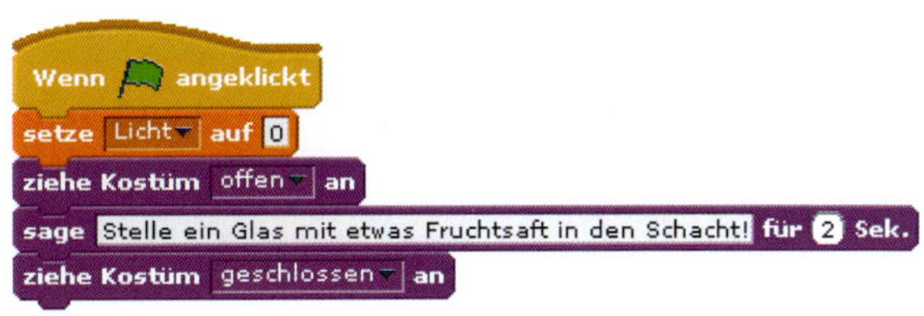

Abb. 5.28: *Sprechen mit Mundbewegung*

Fragen

1. Inwiefern sind die Werte, die das PicoBoard für Helligkeit und Lautstärke liefert, unrealistisch?
2. Welche elektrische Größe wird mit Hilfe der Doppelkabel mit Klinkenstecker gemessen?
3. Wie kannst du die ScratchBoard-Anzeige mit den Werten aller Sensoren sichtbar machen?
4. Mit dem Baustein **Wert von Sensor** Regler kann man den Wert eines Sensors abfragen. Du kannst den Sensor aus einer Liste auswählen. Welche beiden angebotenen Sensoren gehören nicht zum PicoBoard?
5. Was musst du tun, wenn das PicoBoard zwar angeschlossen ist, aber dennoch keine Messwerte liefert?

Aufgabe: Belichtungsmesser

Entwickle einen Belichtungsmesser, der die Helligkeit durch einen Zeiger darstellt.

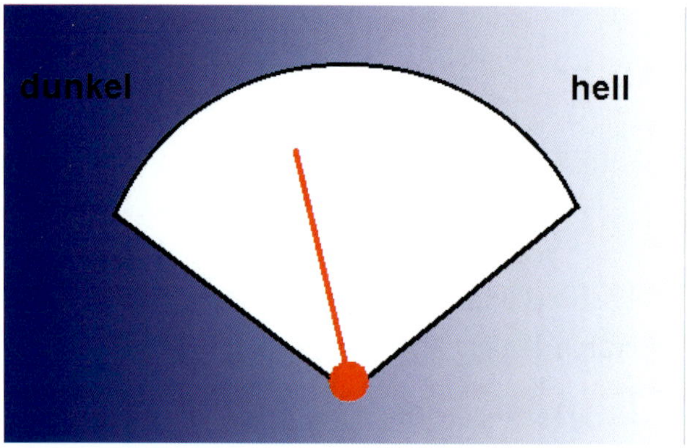

Abb. 5.29: *Belichtungsmesser mit Zeiger*

Tipps: Male ein Objekt, das aussieht wie ein Zeiger. Verwende im Malprogramm die Funktion DREHPUNKT FÜR DAS KOSTÜM SETZEN (links unten). Verwende den Baustein zeige Richtung in der Sammlung BEWEGUNG.

Antworten zu den Fragen

1. Die Werte, die das PicoBoard für Helligkeit und Lautstärke liefert, sind Zahlen zwischen 0 und 100. Das sind keine echten Messwerte mit Einheiten. Zum Beispiel wird die Helligkeit von Lampen in *Lumen* gemessen. Die Einheit für die Lautstärke ist *Phon*. Aber wenn z.B. der Lautstärkesensor den Wert 40 liefert, sind das nicht 40 Phon.
2. Mit Hilfe der Doppelkabel mit Klinkenstecker misst man den elektrischen Widerstand. Allerdings ist der Zahlenwert des Sensors (zwischen 0 und 100) nicht der physikalische Widerstand, den man in Ohm misst.
3. Gehe in die Sammlung FÜHLEN. Klicke mit der rechten Maustaste z.B. auf Wert von Sensor Regler und wähle die Option SCRATCHBOARD-ANZEIGE.
4. Die Sensoren *Neigung* und *Entfernung* gehören nicht zum PicoBoard.
5. Klicke mit der rechten Maustaste auf die ScratchBoard-Anzeige und wähle eine USB-Schnittstelle aus.

Lösung der Aufgabe

Das Objekt, das den Zeiger darstellt, bekommt das Skript aus Abbildung 5.30.

Abb. 5.30: *Skript zur Steuerung des Zeigers*

Noch ein Hinweis: Du malst den Zeiger so, dass er nach oben zeigt. Dann hat er – das ist etwas sonderbar bei Scratch – nicht etwa die Richtung 0 sondern die Richtung 90. In Richtung 0 zeigt er nach links.

6

Interaktive Spiele und Simulatoren

Wenn du ein PicoBoard hast, kannst du interaktive Spiele und Simulatoren mit selbst gebauten Steuerungsgeräten bauen: Eine Ente wird durch lautes Rufen ermuntert, hoch zu fliegen und Hindernisse zu überwinden. Mit Pappe, Blechdosen oder Bleistiftzeichnungen konstruierst du ein Eingabegerät für das Mückenspiel. Mit einer »Fliegenklatsche« aus Alufolie muss man versuchen, die Mücke zu erwischen. Außerdem erfährst du, wie du einen Autosimulator mit Lenkrad und Gaspedal bauen kannst.

Für alle Projekte brauchst du ein PicoBoard. Aber auch wenn du kein PicoBoard besitzt, kannst die die meisten Projekte aus diesem Kapitel umsetzen. Du musst nur anstelle der PicoBoard-Sensoren die Computertastatur abfragen. Dazu findest du Tipps!

Projekt 14: Hilf der Ente!

Die Ente (genau genommen ist es ein Erpel – eine männliche Ente) fliegt über die Landschaft. Ihre Flügel bewegen sich nach oben und unten. Die Ente muss aufpassen, dass sie nicht mit Wolken oder Bäumen zusammenstößt. Leider ist sie ziemlich müde und braucht ständig Aufmunterung. Wenn es laut wird, steigt sie nach oben. Wenn es leise wird, schwinden die Kräfte und sie sinkt nach unten. Durch lautes Rufen kann man der Ente helfen, sicher über die Landschaft zu kommen. Wenn die Ente gegen etwas stößt, ruft sie »Ups!« und stürzt ohnmächtig ab. Dann ist das Spiel zu Ende.

Abb. 6.1: *Die Ente fliegt und stößt am Ende gegen die Wolke.*

Wenn die Ente den rechten Rand des Bildschirms erreicht hat, kommt sie in das nächste Bild.

Abb. 6.2: *Sprung ins nächste Bild*

Ohne PicoBoard

Wenn du kein PicoBoard hast, kannst du die Ente auch mit der Leertaste steuern. Wenn die Leertaste gedrückt wird, fliegt die Ente hoch. Du verwendest dann den Baustein **Taste** Leertaste **gedrückt?**.

Die Bühne

Die Bühne benötigt mehrere Hintergrundbilder. Damit die fliegende Ente leicht Hindernisse erkennen kann, verwenden wir einen Trick. Wolken, Bäume, Berge und was sonst noch im Weg stehen kann, sind von einer grauen Linie umrandet. Es muss immer der genau gleiche Farbton sein. Dann kann man prüfen, ob das Ente-Objekt diese Farbe berührt.

Die Bühne braucht auch zwei Skripte. Das erste Skript sorgt dafür, dass man zu Beginn den ersten Hintergrund sieht, und das zweite Skript wechselt das Hintergrundbild. Natürlich gibt es die Botschaft nächstes Bild zunächst noch nicht. Du musst sie erst erstellen. Klicke dazu auf das kleine schwarze Dreieck in dem Baustein WENN ICH ... EMPFANGE.

Abb. 6.3: *Die Skripte der Bühne*

Die Ente

Du brauchst ein Objekt, das die Ente darstellt. Es bekommt mehrere Kostüme, die verschiedene Bewegungsphasen wiedergeben. Einige davon können gleich aussehen.

Abb. 6.4: *Bewegungsphasen der fliegenden Ente*

Diese Bilderfolge wird später wie ein Film immer wieder abgespielt.

Als nächstes kommen die Skripte. Es gibt fünf Skripte, die gleichzeitig (durch einen Klick auf die grüne Flagge) gestartet werden und dann parallel laufen. Sie steuern gemeinsam den Flug der Ente. Jedes Skript übernimmt eine bestimmte Aufgabe.

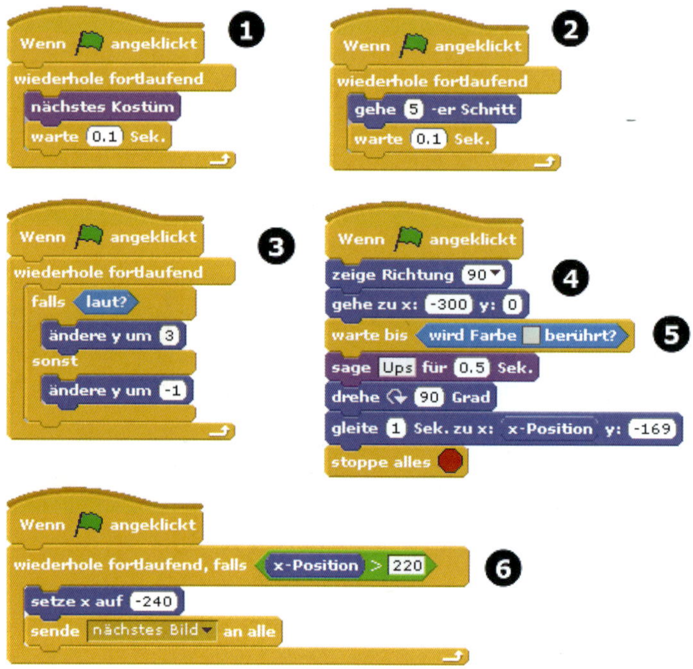

Abb. 6.5: *Skripte für die Ente*

So funktioniert's

❶ Die Bewegungsphasen der Ente werden immer wieder abgespielt. Die Ente bewegt ihre Flügel.

❷ Die Ente bewegt sich vorwärts.

❸ Wenn es laut wird, steigt die Ente schnell hoch. Sonst sinkt sie langsam.

❹ Dieses Skript sorgt für Anfang und Ende des Spiels. Zu Beginn wird die Ente in die Anfangsposition gebracht (nach ganz links).

❺ Das Skript wartet, bis graue Farbe berührt worden ist. Mit dieser Farbe sind alle Hindernisse (Wolken, Bäume) umrandet. Wenn die Ente mit einem Hindernis zusammengestoßen ist, stürzt sie ab, und das Spiel ist zu Ende.

❻ Dieses Skript prüft, ob die Ente den rechten Rand erreicht hat. Wenn das passiert, springt die Ente wieder an den linken Rand. Die Bühne erhält die Botschaft `nächstes Bild`. Sie sorgt dann dafür, dass das Hintergrundbild wechselt.

Projekt 15: Mücken fangen

Auf dem Bildschirm siehst du vier Kekse. Ab und zu erscheint eine Mücke. Sie setzt sich für wenige Augenblicke auf einen der Kekse und verschwindet dann wieder. Deine Aufgabe ist, innerhalb von 30 Sekunden möglichst viele Mücken mit der Fliegenklatsche zu erlegen. Vor dem Bildschirm liegt ein Blatt Papier oder eine Pappe mit vier elektrisch leitenden Flächen. Es können auch vier Blechdosen sein. Sie stellen die Kekse auf dem Bildschirm dar.

Abb. 6.6: *Die Mücke auf dem unteren linken Keks wird getroffen.*

Die Fliegenklatsche ist ein Stab, den du aus Alufolie formst. Du fängst eine Mücke, indem du mit der »Fliegenklatsche« das Feld berührst, das zu dem Keks gehört, auf dem die Mücke gerade sitzt (Abbildung 6.7). Wenn du es geschafft hast, den richtigen Keks zu treffen, während die Mücke noch da ist, wird der Hintergrund kurz rot und die Trefferanzeige um 1 erhöht.

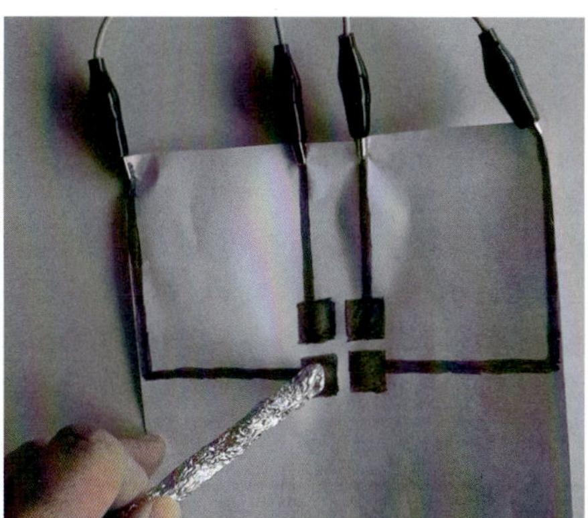

Abb. 6.7: *Die Fliegenklatsche aus Alufolie wird auf den unteren linken Keks gedrückt.*

Ohne PicoBoard

Wenn du kein PicoBoard hast, kannst du die Mücke auch mit der Tastatur fangen. Jeder »Keks« auf dem Bildschirm trägt einen Buchstaben (z.B. A, B, C, D). Wenn die Mücke z.B. auf A sitzt, muss die Taste A gedrückt werden. Die Skripte sind genauso wie die Skripte, die gleich im Abschnitt »Die Software« auf Seite 164 erklärt werden. Der einzige Unterschied: An Stelle der Bausteine, die den Wert eines Sensors testen, wie z.B. Wert von Sensor Widerstand-C < 100, verwendest du Bausteine, die prüfen, ob eine Taste gedrückt worden ist, wie z.B. Taste a gedrückt?.

Die Hardware

Wusstest du, dass ein Bleistiftstrich den elektrischen Strom leitet? Probiere es aus. Zeichne einen dicken Bleistiftstrich und messe mit deinem RPi und dem PicoBoard den Widerstand!! Verwende die ScratchBoard-Anzeige. Die Bleistiftmine besteht aus Graphit. Dieses Material leitet nicht so gut wie Metall, aber du wirst einen Widerstand von deutlich unter 100 feststellen. Der Widerstand ist ein Maß dafür, wie gut elektrischer Strom durch ein Material fließt. Zwischen den beiden Krokodilklemmen eines Widerstandskabels gibt es eine elektrische Spannung von 5 Volt. (Miss es mit einem Messgerät nach!) Ist der Widerstand hoch, fließt nur wenig Strom. Ist der Widerstand niedrig, fließt viel Strom.

Zeichne mit einem möglichst weichen Bleistift (dessen Mine enthält viel Graphit und wenig Ton) auf ein Blatt Papier vier Felder mit Leiterbahnen, die an den Rand führen.

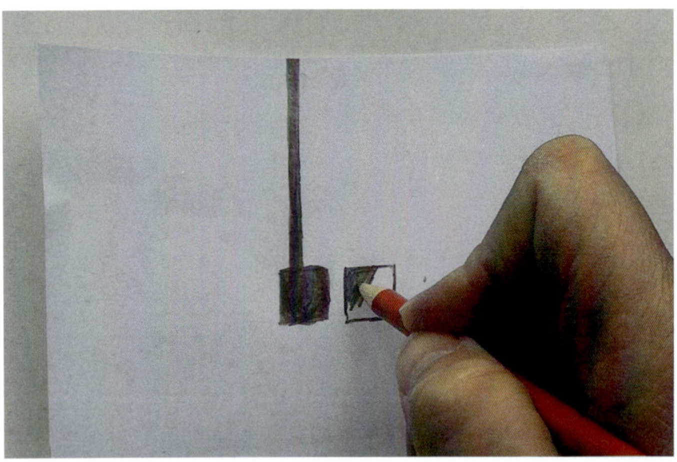

Abb. 6.8: *Elektrisch leitende Felder und Leiterbahnen kannst du mit einem weichen Bleistift zeichnen.*

Forme eine »Fliegenklatsche« aus Alufolie und verbinde sie mit einem Kabel. Abbildung 6.9 zeigt, wie der Hardware-Aufbau am Ende aussieht.

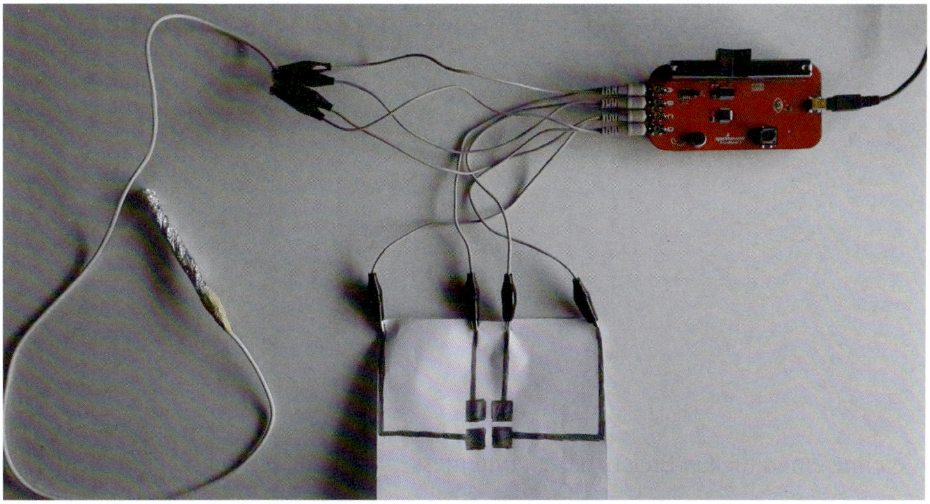

Abb. 6.9: *Das ist der fertige Hardware-Aufbau. Beim Anschluss der Krokodilklemmen musst du auf die richtige Polung achten.*

Aber du musst beim Anschluss der Krokodilklemmen die Polung beachten. Dazu brauchst du die ScratchBoard-Anzeige. Du gehst Schritt für Schritt vor:

- Sorge dafür, dass das PicoBoard an den Raspberry Pi angeschlossen ist.
- Starte Scratch und öffne die Scratchboard-Anzeige. Klicke dazu mit der rechten Maustaste auf einen Sensorbaustein in der Sammlung FÜHLEN und wähle SCRATCHBOARD-ANZEIGE.
- Schließe am Eingang A des ScratchBoards ein Doppelkabel mit Krokodilklemmen an. Die *eine* Krokodilklemme schließt du an das obere linke Feld für die »Fliegenklatsche« an. Das »Maul« des Krokodils »beißt« in die Graphit-Leiterbahn. Die *andere* Krokodilklemme verbindest du mit dem Kabel der »Fliegenklatsche«. Berühre mit der »Fliegenklatsche« das obere linke Bleistiftfeld. Die ScratchBoard-Anzeige zeigt für Eingang A einen Wert unter 100.
- Bei den anderen Doppelkabeln musst du nun aufpassen. Du musst erst testen, welche der beiden Krokodilklemmen an die Eingabefelder angeschlossen werden muss. Schließe an Eingang B des PicoBoards das zweite Doppelkabel an. Berühre nun mit der einen Krokodilklemme die Krokodilklemme, die zu A gehört und bereits am Papier angeschlossen ist. Achte auf die ScratchBoard-Anzeige. Steht dort am Eingang B die Zahl 0, war dies die falsche Krokodilklemme. Nimm die andere und berühre noch einmal die bereits angeschlossene Krokodilklemme (A). Jetzt muss in der Scratchboard-Anzeige neben B die Zahl 100 stehen. Schließe diese Klemme an die Leiterbahn zum Feld rechts oben an. Die Krokodilklemme, die *nicht* mit einem Eingabefeld verbunden ist, kannst du an das Kabel der »Fliegenklatsche« anschließen (wie in Abbildung 6.9). Du musst das aber nicht, weil sowieso schon eine leitende Verbindung besteht.

- In dieser Weise schließt du auch die anderen Krokodilklemmen an.

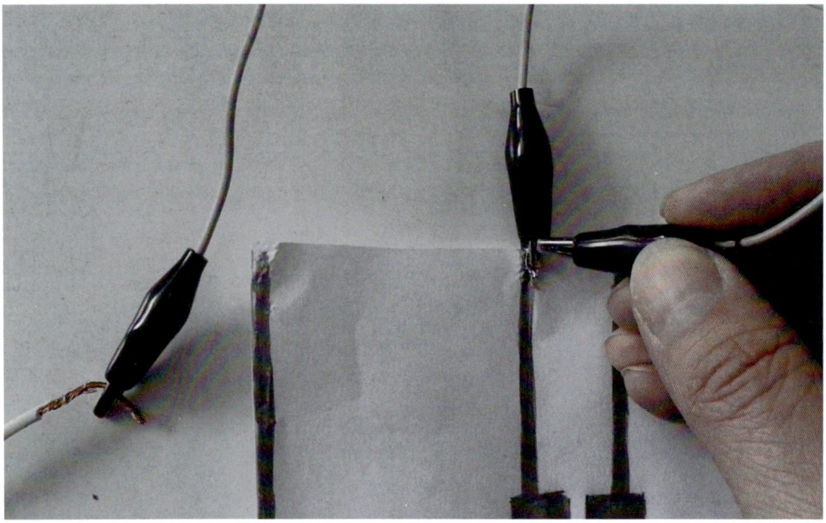

Abb. 6.10: *Vor dem Anschließen musst du sicherstellen, dass keine leitende Verbindung zur ersten Krokodilklemme besteht.*

Die Software

Die Variablen

Richte zwei Variablen ein. Die Variable Feld soll die Nummer des Feldes enthalten, auf dem die Mücke gerade sitzt. Nummer 1 bezeichnet das Feld links oben, 2 das Feld rechts oben, 3 das Feld links unten, 4 das Feld rechts unten. Diese Variable bleibt unsichtbar. Sorge dafür, dass die Checkbox neben dem Variablennamen *kein* Häkchen enthält. Dann wird die Variable auch nicht auf der Bühne angezeigt.

Die Variable Treffer zeigt die Anzahl der Treffer. Ihre Anzeige soll zu sehen sein.

Abb. 6.11: *Die Variable* Treffer *wird angezeigt, die Variable* Feld *nicht.*

Die Bühne

Die Bühne bekommt zwei Hintergrundbilder:

- Das erste zeigt vier Kekse, auf denen gelegentlich eine Mücke sitzt.

- Das zweite zeigt irgendetwas anderes. Hier ist es einfach rot. Es wird kurz gezeigt, wenn die Mücke getroffen worden ist.

Insgesamt gibt es fünf Skripte. Davon sind vier sehr ähnlich. Sie werden alle zu Beginn gestartet und laufen dann parallel.

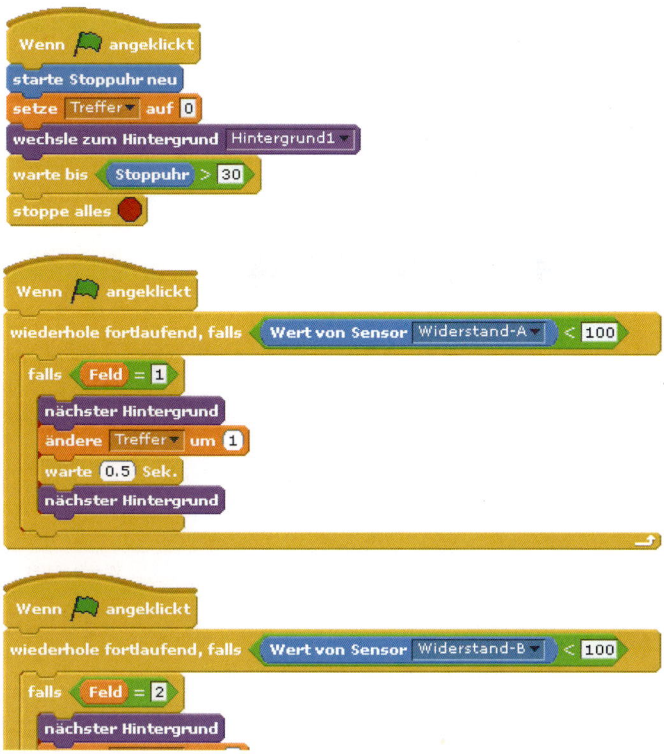

Abb. 6.12: *Skripte der Bühne*

Das erste Skript setzt die Trefferzahl auf 0, sorgt dafür, dass zu Beginn der richtige Hintergrund gezeigt wird (vier Kekse), startet die Uhr und stoppt alles, wenn die Spielzeit vorbei ist.

Das zweite Skript wacht über das erste Eingabefeld, das zum Keks links oben gehört. Wenn die »Fliegenklatsche« auf diesem Feld gelandet ist, fließt Strom durch das Graphit. Dann sinkt der Widerstand an Eingang A unter 100. Falls gerade die Mücke auf diesem Keks sitzt (die Variable Feld hat den Wert 1), ist das ein Treffer. Die Trefferzahl wird erhöht und das Hintergrundbild wird für kurze Zeit geändert.

Die restlichen drei Skripte ähneln diesem Skript. Beachte: Es gibt für jedes Eingabefeld ein Skript, das den Widerstand beobachtet und dann Aktionen auslöst, wenn der Widerstand unter 100 sinkt. Du kannst dieses Skript einfach kopieren und dann abwandeln.

Die Mücke

Richte ein Objekt für die Mücke ein. Das Mücke-Objekt hat ein einziges Kostüm und ein einziges Skript, das ein bisschen lang aussieht, aber ganz einfach aufgebaut ist. Hier spielt der Zufall eine besondere Rolle.

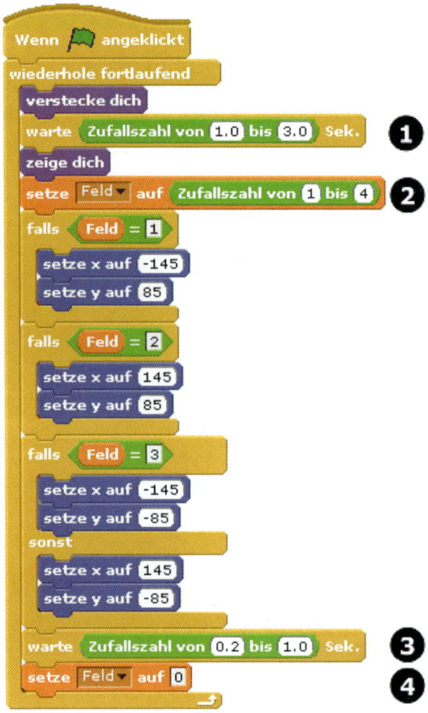

Abb. 6.13: *Das Skript, das die Mücke steuert*

So funktioniert's

❶ Die Mücke soll überraschend auftauchen. Sie ist zuerst unsichtbar und wird erst nach einer Wartezeit von bis zu drei Sekunden wieder sichtbar. Aber wo wird sie erscheinen?

❷ Es gibt vier Kekse, denen wir die Zahlen 1 bis 4 zugeordnet haben. Hier wird die Nummer eines Kekses zufällig ausgewählt. In der Variablen Feld wird diese Nummer gespeichert. Die Mücke wird dann auf der Bühne auf die Position des ausgewählten Kekses gesetzt.

❸ Schon wieder eine Zufallszahl! Die Mücke bleibt manchmal kurz und manchmal länger auf dem Keks sitzen.

❹ Wenn Feld den Wert 0 hat, heißt das: Die Mücke ist verschwunden und sitzt auf keinem Keks.

MaKey MaKey

Wenn es dir Spaß macht, ausgefallene Schalter aus Alltagsmaterialien zu konstruieren, könnte *MaKey MaKey* für dich interessant sein (*http://www.makeymakey.com/*). Ähnlich wie das PicoBoard ist es eine Platine, die du an eine USB-Buchse anschließt. *MaKey MaKey* ist auf Widerstandsmessungen spezialisiert. Es reagiert schon auf geringste Stromstärken. So kannst du Touchpads und Schalter konstruieren, die auf Berührungen reagieren. Es kostet in Deutschland etwa 50 €.

Projekt 16: Formel 1

Im Kapitel 2 hatten wir schon eine Rennsimulation entwickelt, bei der das Auto über Pfeiltasten gesteuert wurde. In diesem Abschnitt wird das Projekt weitergeführt. Wir bauen eine komplette Cockpit-Konsole mit Lenkrad und Gaspedal. Damit soll der Rennwagen gesteuert werden – fast schon wie bei einem professionellen Simulator.

Die Hardware

Für das Projekt brauchst du folgende Materialien:

- einen kleinen Pappkarton und dicke Wellpappe,
- Kreppklebestreifen und Klebstoff,
- Alufolie,
- Kabel,
- ein Potenziometer mit einem Widerstand von 10 Kiloohm.

Das Gaspedal

Baue aus dicker Pappe einen Schalter ähnlich wie bei der Limonadenmischmaschine – nur größer und aus möglichst dicker Wellpappe. An die beiden Kontakte schließt du ein zweiadriges Kabel an (ca. 1,20 m lang).

Abb. 6.14: *Ein Gaspedal aus Pappe und Alufolie*

Das Lenkrad

Für das Lenkrad verwendest du ein Drehpotenziometer (oder Potentiometer oder Poti). Das ist ein elektrischer Widerstand, den man durch Drehen einer Achse verändern kann. In der Elektronik benutzt man Potenziometer, um Spannungen einzustellen. Aber bei diesem Projekt geht es uns um den Widerstand.

Das Potenziometer besitzt einen bestimmten (maximalen) Widerstand zwischen den beiden äußeren Anschlüssen. Du brauchst ein Potenziometer mit einem maximalen Widerstand von 10 Kiloohm. Denn das PicoBoard kann am besten Widerstände zwischen 0 und 10 Kiloohm erfassen. Wichtig ist nun Folgendes: Der Widerstand zwischen dem mittleren Anschluss und einem äußeren Anschluss ist veränderlich. Er wird durch Drehen der Achse verstellt. Auf die Achse des Potenziometers wird später das Lenkrad montiert. Dann kann die Stellung des Lenkrads durch den gemessenen Widerstand erkannt werden.

Abb. 6.15: *Drehpotenziometer mit Mutter zur Befestigung*

- Schraube die Befestigungsmutter vom Potenziometer ab, stecke es durch ein Loch im Deckel eines Pappkartons und befestige es mit der Mutter.
- In den Karton kommt das PicoBoard.
- Verbinde den Eingang A mit einem äußeren und einem mittleren Kontakt des Potenziometers (siehe Abbildung 6.16, rechts).
- Stecke das offene Ende des Kabels vom Gaspedal durch ein Loch in den Karton. Verbinde den Eingang B mit den beiden Adern des Kabels.

Abb. 6.16: *Die Rennkonsole entsteht aus einem Pappkarton.*

- Klebe um die Achse des Potenziometers etwas Kreppklebeband, damit im nächsten Schritt die Pappe besser haftet.
- Klebe einen schmalen Streifen Pappe (2 mal 10 cm) an die Achse und knicke ihn oben nach außen (Abbildung 6.17, links).
- Klebe auf die gegenüberliegende Seite einen zweiten Pappstreifen (Abbildung 6.17, Mitte).
- Schneide aus dicker Pappe ein Formel-1-Lenkrad aus und klebe es auf die Pappstreifen auf der Achse. Das abgebildete Papplenkrad hat übrigens die Form des Lenkrads eines Mercedes-Silberpfeils. Achte darauf, dass die Drehachse des

Potenziometers sich in einer mittleren Position befindet, wenn das Lenkrad waagrecht ist (Geradeausposition).

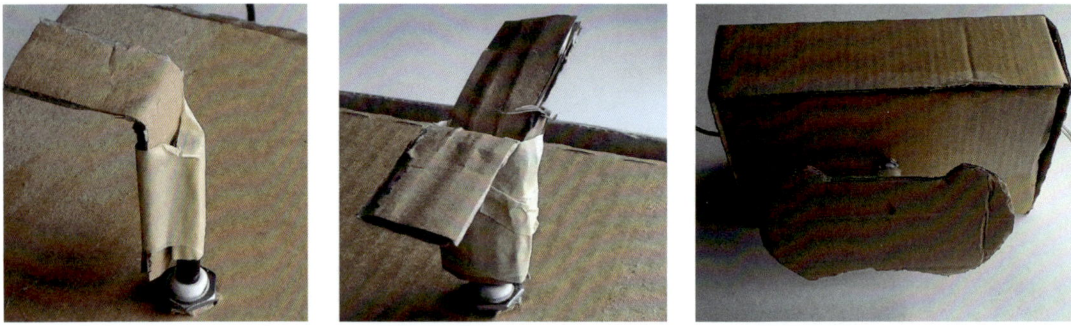

Abb. 6.17: *Montage des Lenkrads*

Das Programm

Öffne dein altes Rennstreckenprojekt und speichere es unter einem neuen Namen ab. Dazu klickst du auf DATEI|SPEICHERN. ALS. Es öffnet sich eine Dialogbox mit dem Titel PROJEKT SPEICHERN. Trage unten in dem Feld neben DATEINAME: einen neue Dateinamen ein.

Du kannst alle Zeichnungen des alten Projekts übernehmen. Nur das Skript des Rennwagens wird geändert oder am besten ganz neu konstruiert.

Widerstand des Lenkrads testen

Wenn das PicoBoard am RPi angeschlossen ist, solltest du erst einmal testen, welche Zahlen für Eingang A angezeigt werden, wenn du das Lenkrad drehst. Dazu schaltest du die Anzeige des PicoBoards an: Klicke mit der rechten Maustaste auf einen Sensorbaustein in der Befehlssammlung FÜHLEN und wähle die Option SCRATCHBOARD-ANZEIGE. Du musst folgende Dinge herausfinden:

- Welche Zahl erscheint am Eingang A, wenn das Lenkrad in waagrechter Position ist (geradeaus)?
- Wird die angezeigte Zahl kleiner oder größer, wenn du das Lenkrad nach links drehst?
- Wird die angezeigte Zahl kleiner oder größer, wenn du das Lenkrad nach rechts drehst?

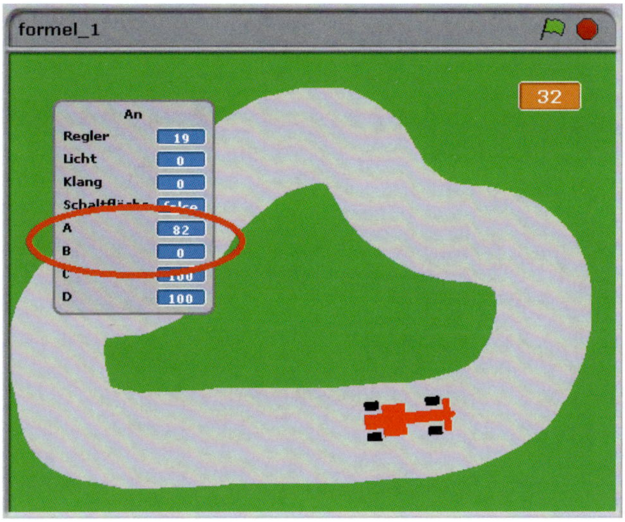

Abb. 6.18: *Oberfläche der Rennsimulation mit Anzeige des PicoBoards*

Das Objekt Auto

Das Objekt Auto besitzt nur ein einziges Skript. Es enthält eine Wiederholung (man sagt auch Schleife), in der immer wieder die Eingänge A und B des PicoBoards abgefragt werden.

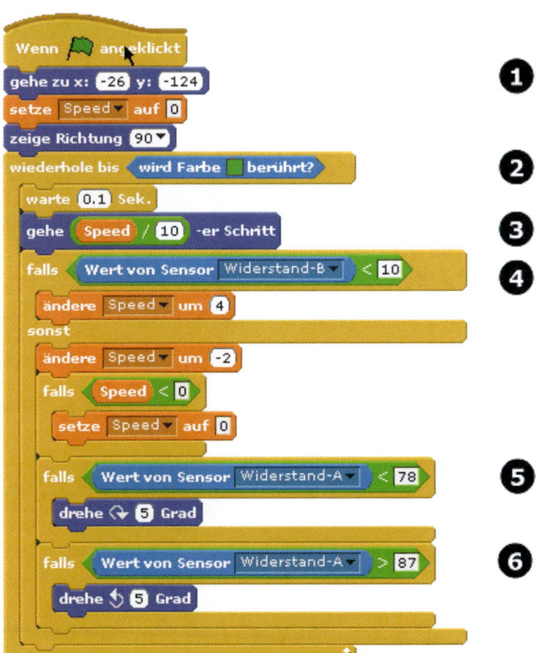

Abb. 6.19: *Das Skript, das den Rennwagen steuert*

Erklärungen

❶ Zu Beginn wird das Auto in die Anfangsposition gebracht. Es zeigt nach rechts und hat die Anfangsgeschwindigkeit 0.

❷ Die Hauptschleife wird so lange durchlaufen, bis der Wagen von der Fahrbahn abkommt und das Grün berührt.

❸ Da (wegen der Anweisung WARTE 0,1 SEK.) zehn Mal in der Sekunde das Auto um einen Schritt bewegt wird, ist die Länge des einzelnen Schrittes ein Zehntel der Geschwindigkeit (Variable Speed).

❹ Wenn das Gaspedal gedrückt wird, ist der Widerstand am Eingang B gleich null, also deutlich kleiner als 10. Dann wird die Geschwindigkeit erhöht, sonst wird sie erniedrigt (das Auto bremst).

❺ In diesem Fall wurde im Testlauf festgestellt, dass das Lenkrad bei einem Widerstandswert von 82 waagerecht steht. Der Widerstand wird kleiner, wenn man das Lenkrad nach rechts dreht. Wenn also das Lenkrad *deutlich* nach rechts gedreht ist (Zahl kleiner als 78), dreht der Wagen auf dem Bildschirm um 5 Grad nach rechts.

❻ Wenn das Lenkrad deutlich nach links gedreht wird, dreht auch der Wagen nach links. Steht das Lenkrad in einem mittleren Bereich (Widerstand zwischen 78 und 87), dreht der Wagen nicht. Er fährt dann geradeaus.

Fragen

1. Wozu braucht eine Bühne manchmal ein Skript?
2. Mit welchem Befehl kann ein Objekt der Bühne mitteilen, dass sie das Hintergrundbild wechseln soll?
3. Welche Spannung liegt zwischen den Krokodilklemmen eines Doppelkabels an, das an einen Widerstandseingang (A, B, C oder D) des PicoBoards angeschlossen ist?
4. Welche elektrische Größe ändert sich, wenn du an der Achse eines Drehpotenziometers drehst?

Aufgabe: Mondlandung

Das ist ein echter Klassiker unter den Computeranwendungen. Ein Raumschiff nähert sich der Mondoberfläche. Unter dem Einfluss der Schwerkraft fällt es immer schneller. Irgendwann zünden die Astronauten das Triebwerk. Das Raum-

schiff wird langsamer und landet dann sanft – wenn alles gut geht. Aber es gibt ein Problem. Der Treibstoffvorrat des Raumschiffs ist begrenzt. Wenn die Astronauten zu früh das Triebwerk einschalten, kann es passieren, dass schon vor der Landung der Sprit ausgeht. Das kann böse enden!

Entwickle eine Simulation der Mondlandung. Das Triebwerk wird durch lautes Rufen oder Klatschen eingeschaltet. Wenn es still wird, geht es wieder aus. Fallgeschwindigkeit und Treibstoffvorrat werden angezeigt.

Abb. 6.20: *Eine sichere Landung auf dem Mond. Aber es kann auch anders ausgehen.*

Tipps

Richte zwei Variablen ein: Geschwindigkeit und Treibstoff. Erzeuge für das Raumschiff ein Objekt mit drei Kostümen (siehe Abbildung 6.21)

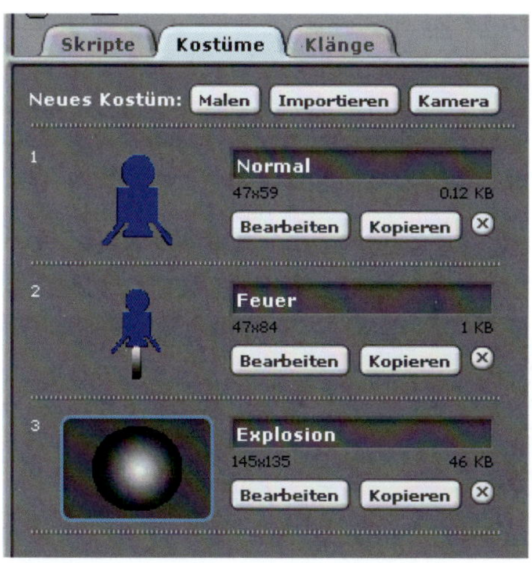

Abb. 6.21: *Die Kostüme des Raumschiffs*

Das Raumschiff-Objekt benötigt zwei Skripte. Setze sie aus den Bausteinen in Abbildung 6.22 zusammen.

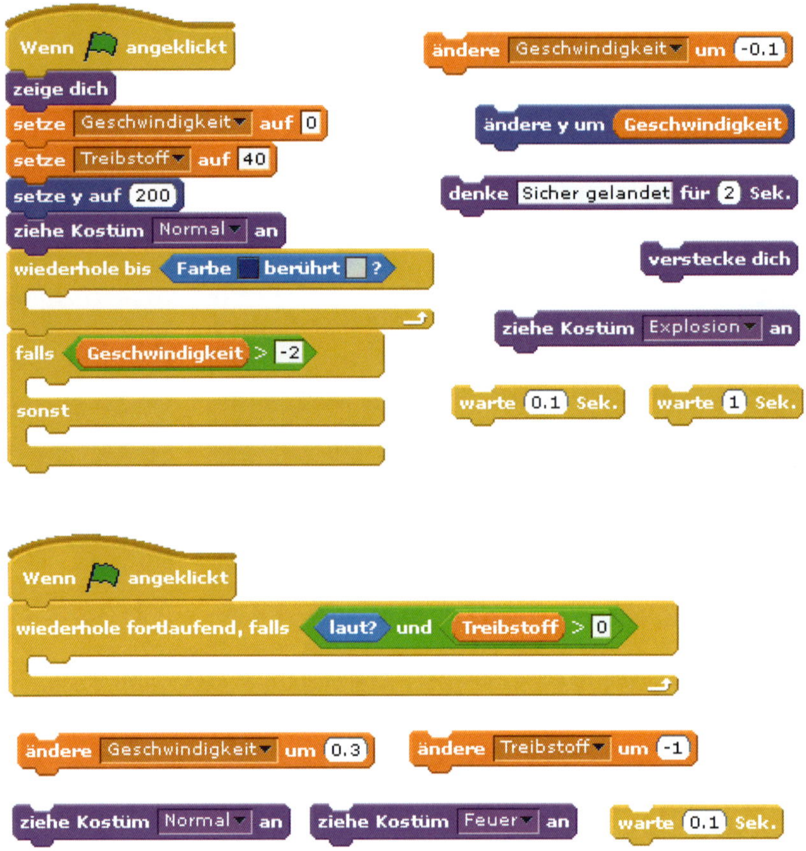

Abb. 6.22: *Aus diesen Teilen bestehen die beiden Skripte des Objekts* `Raumschiff`.

Ohne PicoBoard

Wenn du kein PicoBoard hast, kannst du das Raumschiff auch mit der Leertaste steuern. Das Triebwerk geht an, wenn die Leertaste gedrückt ist.

Antworten zu den Fragen

1. Die Bühne braucht ein eigenes Skript, wenn das Hintergrundbild gewechselt werden soll. Das kann nur die Bühne.
2. Ein Objekt kann mit dem Befehl 

eine Botschaft an die Bühne senden. Die Bühne enthält ein Skript, das mit 

anfängt.
3. Zwischen den Krokodilklemmen liegt eine Spannung von 5 Volt an.
4. Es ändert sich der Widerstand.

Lösung der Aufgabe

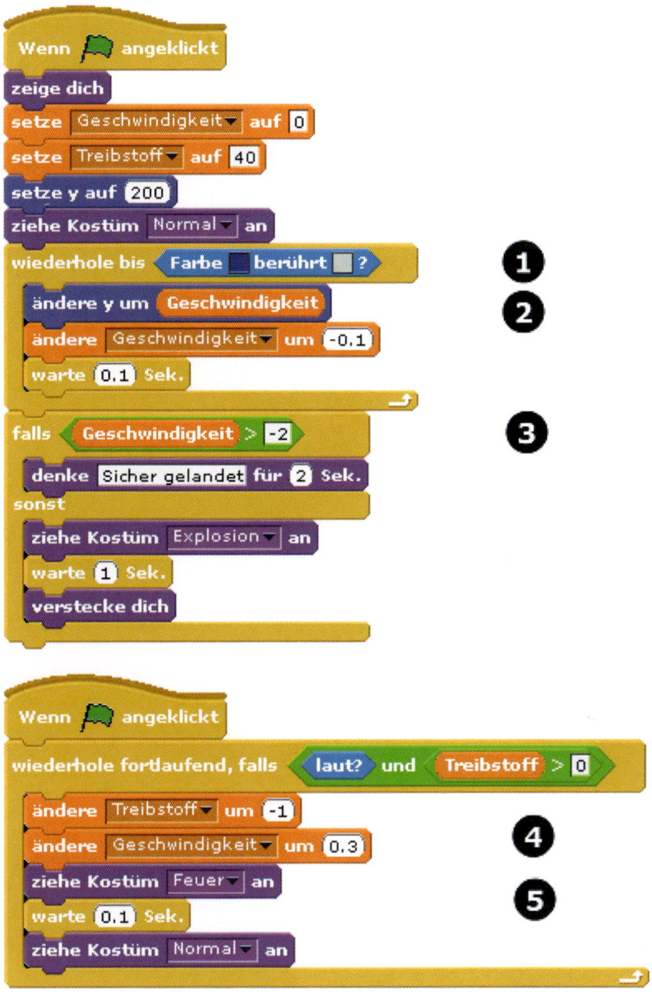

Abb. 6.23: *Die beiden Skripte des Objekts* `Raumschiff`

So funktioniert's

❶ Wiederhole, bis das Raumschiff – und zwar wirklich das blaue Raumschiff und nicht der weißliche Feuerschweif – die graue Oberfläche des Mondes berührt.

❷ Das Raumschiff bewegt sich ein Stückchen nach unten, wenn die Geschwindigkeit kleiner als null ist. Beachte: Wenn das Raumschiff fällt, ist seine Geschwindigkeit negativ. Denn nach unten hin wird der y-Wert der Position auf der Bühne kleiner.

3 Wenn beim Aufsetzen die Fallgeschwindigkeit nahe an Null ist, landet das Raumschiff sanft.

4 Während die Leertaste gedrückt ist, wird Treibstoff verbraucht, und die Geschwindigkeit wird pro Zeitschritt (0,1 Sekunden) um 0,3 Einheiten positiver gesetzt. Weil das andere Skript parallel weiterläuft, überlagern sich die Effekte. In der Summe wird pro Zeitschritt die Geschwindigkeit um 0,2 Einheiten positiver.

5 Für 0,1 Sekunden sieht man das zweite Kostüm mit dem Feuerstrahl. Dann sieht man für einen kurzen Moment die normale Ansicht ohne Feuer. So wird erreicht, dass immer die normale Ansicht zu sehen ist, wenn die Leertaste nicht gedrückt ist.

7 Einstieg in Python

Python ist eine weitere Programmiersprache, die auf dem RPi installiert ist. Mit einer Programmiersprache schreibt man Programmtexte. Auch ein Scratch-Programm ist ein Text, den man vorlesen kann. Die Besonderheit beim Scratch-Programm ist nur, dass es aus Bausteinen zusammengesetzt worden ist. Das ist bei Python anders. Du schreibst deine Python-Programme Buchstabe für Buchstabe.

In diesem Kapitel lernst du die wichtigsten Grundlagen von Python kennen und schreibst die ersten Programme.

Was ist Python?

Im Unterschied zu Scratch ist Python eine vollwertige Programmiersprache, die auch in der Softwareindustrie für kommerzielle Projekte eingesetzt wird. Viele Systeme, die du aus dem Internet kennst, sind mit Python programmiert worden: Routenplaner, Suchmaschinen oder Plattformen zum Speichern von Daten in der »Cloud«. Python wird von Profis gerne verwendet, weil damit die Programmentwicklung schneller geht als mit anderen Sprachen. Und gerade in der Industrie gilt: Zeit ist Geld. Auch an Schulen und Universitäten wird immer häufiger mit Python gearbeitet. Denn Python ist leicht zu lernen und man kann damit kurze und gut verständliche Programmtexte schreiben. Python ist plattformunabhängig, das heißt die Programme, die du für den Raspberry Pi mit dem Linux-Betriebssystem schreibst, funktionieren auch auf anderen Computern und mit anderen Betriebssystemen wie z.B. Windows oder OS X.

Python gibt es in zwei Versionen, Python 2 und Python 3. In diesem Buch verwenden wir das neuere Python 3.

Python ist kostenlos, wurde von dem niederländischen Informatiker Guido van Rossum erfunden und wird nun von der Python Software Foundation (*http://www.python.org/psf*) gepflegt.

Die Python-Shell

Ein Python-Programm (Skript) besteht aus Anweisungen. Wenn man das Programm startet, werden die Anweisungen vom Python-Interpreter nacheinander gelesen und ausgeführt.

Was ist ein Interpreter? Ein Computer kann alleine mit einem Python-Programmtext nichts anfangen. Der Interpreter ist eine Art Dolmetscher – eine Software, die den Programmtext Zeile für Zeile liest und dem Computer dann jeweils mitteilt, was zu tun ist.

Es ist auch möglich, dem Interpreter *einzelne* Anweisungen zu geben und direkt ausführen zu lassen. Auf diese Weise kann man experimentieren und die Bedeutung von Kommandos besser verstehen. Genau das machen wir in diesem Abschnitt.

Abb. 7.1: *Die Icons für Python 2 und Python 3*

Auf dem Desktop findest du zwei Programmsymbole: IDLE und IDLE3 wie in Abbildung 7.1. Das Aussehen des Icons erinnert an zwei verschlungene Schlangen. Oben eine blaue, unten eine gelbe. Allerdings hat Guido van Rossum seine Programmiersprache nicht nach der Würgeschlange, sondern nach der englischen Comedy-Gruppe Monty Python benannt.

Starte durch einen Doppelklick IDLE3. Das ist die Standard-Entwicklungsumgebung für Python 3. Eine Entwicklungsumgebung ist eine Software, die Programmierer benutzen, wenn sie Programme entwickeln. Sie besteht aus der Shell und einem Editor:

- Die Shell ist ein Fenster, in dem du einzelne Python-Anweisungen eingeben und die Ergebnisse (Zahlen oder Texte) sehen kannst.

◇ Der Editor ist ein Fenster, in dem du ein Python-Programm aus mehreren Anweisungen schreiben und es speichern kannst.

Wenn du IDLE3 angeklickt hast, musst du zunächst einmal etwas Geduld haben. Es dauert eine Weile, aber schließlich öffnet sich ein Fenster wie in Abbildung 7.2. Das ist die Python Shell.

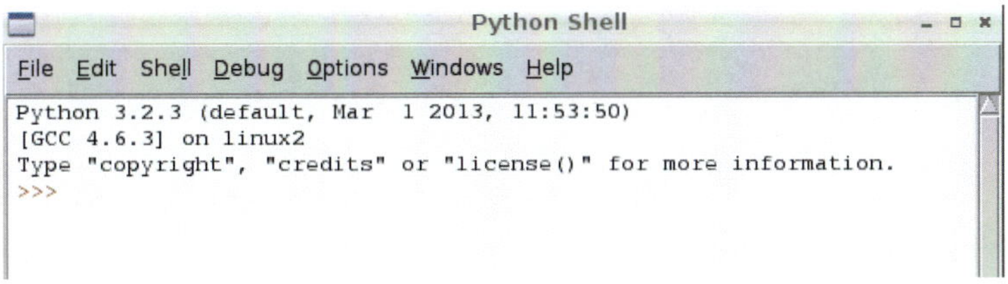

Abb. 7.2: *Die Python-Shell*

Die unterste Zeile beginnt mit einer *Eingabeaufforderung* (man sagt auch *Prompt*) aus drei spitzen Klammern >>>. Hinter der Eingabeaufforderung kannst du eine Anweisung eingeben. Sobald du [↵] drückst, führt der Interpreter die Anweisung aus und gibt in der nachfolgenden Zeile das Ergebnis aus. Dann kommt wieder der Prompt >>> und der Interpreter wartet auf die nächste Anweisung. Es ist wie ein Gespräch – oder eine Interaktion – zwischen Mensch und Maschine. Man nennt die Arbeit mit der Python-Shell deshalb auch den *interaktiven Modus*. Probiere es aus:

```
>>> 2+2
4
>>>
```

Hier ist die Anweisung ein mathematischer Ausdruck, ein so genannter Term. Wenn der Term nicht korrekt gebildet worden ist, bekommst du eine Fehlermeldung. Probiere es aus:

```
>>> 2 +
SyntaxError: invalid syntax
>>>
```

Zwei wichtige Tastenkombinationen

Hier sind zwei Tastenkombinationen, die dir bei der Arbeit mit der Shell viel Zeit ersparen können.

Manchmal möchtest du ein früheres Kommando ein zweites Mal eingeben. Dann drückst du die Tastenkombination [Alt]+[P]. Das P steht für *previous* (vorig, früher). Nehmen wir an, du beginnst so:

```
>>> 2 + 2
4
>>>
```

Wenn du jetzt *einmal* die Tastenkombination Alt+P betätigst, erscheint hinter dem letzten Prompt wieder die vorige Anweisung:

```
>>> 2 + 2
```

Wenn du nochmals Alt+P drückst, verschwindet der Term wieder und es erscheint die *vorletzte* Anweisung, beim nächsten Mal die *vorvorletzte* und so weiter. Die Shell merkt sich alle deine Eingaben in einer Folge, die man *History* nennt (*history* = Geschichte). Mit Alt+P und Alt+N (*next* = nächste) kannst du in der History rückwärts und vorwärts gehen und so jede Anweisung finden, die du schon einmal eingegeben hast.

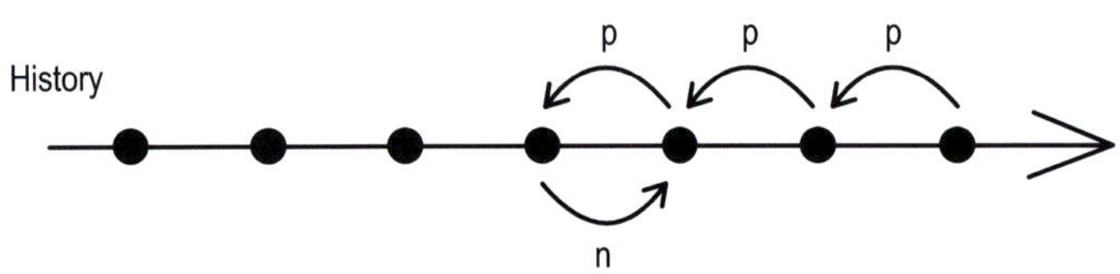

Abb. 7.3: *In der History kannst du frühere Anweisungen finden.*

Die Python-Shell als Taschenrechner

Du kannst die Python-Shell wie einen Taschenrechner verwenden. Du gibst einen mathematischen Ausdruck (Term) ein und drückst ↵. In der nächsten Zeile steht das Ergebnis.

Mathematische Terme

Ein mathematischer Term kann aus Zahlen, Operatoren und runden Klammern aufgebaut werden. Die Schreibweise ist im Prinzip so, wie du sie aus der Schule kennst. Allerdings gibt es ein paar kleine Besonderheiten.

Für Multiplikationen verwendest du den Stern *. Zum Beispiel:

```
>>> 100 * 21
2100
```

Es gibt keine langen Bruchstriche. Für Zähler oder Nenner musst du gegebenenfalls Klammern verwenden:

```
>>> (2 + 3) / 2
2.5
```

Achte darauf, dass das Ergebnis 2.5 und nicht 2,5 ist. Dezimalbrüche (»Kommazahlen«) enthalten kein Komma, sondern stattdessen einen Punkt. Diese Schreibweise ist in vielen Ländern üblich.

Es gibt eine exakte Division / und eine ganzzahlige Division //. Die ganzzahlige Division liefert immer eine ganze Zahl. Sie ist das nach unten gerundete Rechenergebnis. Probiere es aus:

```
>>> 3 / 2
1.5
>>> 3 // 2
1
```

Zum Potenzieren einer Zahl verwendest du den Operator **. Die Potenz 2^8 (sprich »zwei hoch acht«) schreibst du 2**8. Das ist übrigens das gleiche wie 2*2*2*2*2*2*2*2.

Mit Python kannst du sehr, sehr lange Zahlen berechnen.

```
>>> 2**8
256
>>> 5**1
5
>>> 5**2
25
>>> 5**-1
0.2
>>> 5**200
62230152778611417071440640537801242405902521687211671331011166147896988340
353834411839448231257136169569665895551224821247160434722900390625
>>>
```

Bei Termen mit mehreren Operatoren musst du deren Prioritäten beachten. Du kennst das aus der Schulmathematik. Die Operation mit höherer Priorität wird zuerst ausgeführt. Der Potenzoperator hat die höchste Priorität, dann kommen Multiplikation und Division. Addition und Subtraktion haben die niedrigste Priorität.

```
>>> 2*3**2
18
```

Hier berechnet der Computer *zuerst* 3 hoch 2 (das macht 9) und multipliziert dann das Ergebnis mit 2.

```
>>> (2*3)**2
36
```

Der Term in der Klammer wird immer zuerst ausgewertet. Klammern haben die höchste Priorität.

Funktionen aufrufen

Häufig brauchst du für Berechnungen Funktionen, z.B. die Rundungsfunktion. Probiere es aus:

```
>>> round (1.4)
1
>>> round (1.5)
2
```

Die Funktion `round()` liefert zu einer Kommazahl die gerundete ganze Zahl. Ein Aufruf einer Funktion besteht immer aus folgenden Teilen:

- dem Namen der Funktion, z.B. `round`,
- dahinter zwei runde Klammern `()`.
- In den Klammern stehen Daten (z.B. Zahlen), die die Funktion verarbeiten soll. Diese Daten nennt man *Argumente*.

Das Argument einer Funktion kann auch ein mathematischer Term sein. Probiere es aus:

```
>>> round(8/3)
3
```

Wie funktioniert das? Zuerst wird `8/3` ausgerechnet. Das ergibt etwa `2,666...`. Dann wird diese Zahl gerundet. Das macht 3. Du kennst das aus der Schule: Bis zur 4 hinter dem Komma wird nach unten gerundet, und ab einer 5 wird die größere ganze Zahl genommen.

Du kannst auch auf mehrere Stellen hinter dem Komma runden. Dann gibst du ein zweites Argument an, nämlich die Anzahl der Stellen, auf die gerundet werden soll. Hinter dem ersten Argument steht ein Komma. Dahinter kommt das zweite Argument. Probiere es aus:

```
>>> round(1/3, 1)
0.3
>>> round(1/3, 2)
0.33
```

Hier wurde 1/3 auf eine und auf zwei Stellen hinter dem Komma gerundet.

Übrigens siehst du das Aufrufformat der Funktion, während du sie im Editor eingibst. Das ist eine große Hilfe. Sobald du round und die erste Klammer eingetippt hast, erscheint eine Infobox wie in Abbildung 7.4. Die eckigen Klammern [...] bedeuten, dass du das zweite Argument auch weglassen darfst. Man sagt: Dieses Argument ist *optional.*

```
>>> round(1/3, 2
        round(number[, ndigits]) -> number
```

Abb. 7.4: *Sobald man den Namen einer Funktion eingetippt hat, erscheint eine Infobox.*

Wie spät ist es? Das Modul time

Viele Funktionen sind immer verfügbar. Das sind die Standardfunktionen. Zu den Standardfunktionen gehören round() und min(). Zusätzlich zu den Standardfunktionen gibt es viele weitere Funktionen. Sie sind in so genannten Modulen gespeichert. Das Modul time ist eine Sammlung von Funktionen, die irgendwie mit Zeit zu tun haben. In diesem Modul ist die Funktion asctime() enthalten. Sie liefert einen kurzen Text mit Datum und Zeit. Bevor du diese Funktion nutzen kannst, musst du sie zuerst *importieren.*

Es ist ungefähr so, als ob du in den Keller gehst und ein spezielles Werkzeug holst, das du nicht immer zur Hand hast.

Probiere es aus:

```
>>> from time import asctime
>>> asctime()
'Sat Nov  1 11:13:57 2014'
```

Die Funktion asctime() kann man ganz ohne Argument aufrufen. Die Klammern () nach dem Funktionsnamen darf man aber dennoch nicht vergessen.

Ein Modul importieren

Du kannst auch das ganze Modul time importieren.

```
>>> import time
```

Dann musst du aber die Funktion so aufrufen:

```
>>> time.asctime()
```

Vor den Funktionsnamen wird dann der Modulname und ein Punkt geschrieben.

Das erste Python-Skript

Programme bestehen aus einer oder mehreren Anweisung(en), die vom Computer automatisch ausgeführt werden können. Ein Python-Programm nennt man auch *Skript*. In diesem Abschnitt erfährst du, wie du ein Python-Skript mit IDLE schreibst, speicherst und ausführst.

Ein neues Projekt anlegen

Ein Python-Skript wird als Datei gespeichert. Deshalb solltest du als erstes für deine Projekte einen eigenen Ordner einrichten. Das kannst du mit dem Dateimanager erledigen:

- Klicke unten *einmal* auf das zweite Symbol von links  und starte auf diese Weise den Dateimanager.
- Wähle in der oberen Menüleiste den Befehl DATEI|NEU|ORDNER.
- Gib einen sinnvollen Namen für deinen Ordner ein, z.B. PYTHON-PROJEKTE. Fertig.

Abb. 7.5: *Ein neuer Ordner für die Python-Projekte*

Das war die Vorbereitung. Öffne jetzt IDLE 3 und klicke im Menü FILE auf NEW WINDOW. Es öffnet sich ein neues Fenster. Das ist der *Editor* von IDLE, also der Teil der Entwicklungsumgebung, mit dem man Programme schreibt.

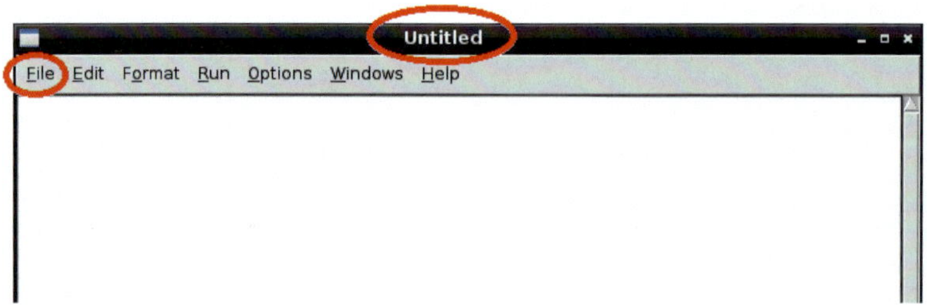

Abb. 7.6: *Ein leeres IDLE-Editorfenster*

Obwohl du noch keine einzige Programmzeile geschrieben hast, solltest du das Projekt schon jetzt unter einem sinnvollen Namen speichern.

- Klicke in der Menüleiste des Editorfensters auf das Kommando FILE|SAVE AS... .
- Wähle das Verzeichnis PYTHON-PROJEKTE.
- Das erste Programm soll die aktuelle Uhrzeit ausgeben. Ein sinnvoller Name ist dann z.B. UHRZEIT.PY. Gib den Dateinamen in das Feld neben DATEINAME: ein.
- Achte auf die Endung .py. Wenn du sie vergisst, kann IDLE die Datei nicht als Python-Programm erkennen.
- Wichtig ist auch, dass in der unteren Auswahlliste DATEIEN DES TYPS die Option PYTHON FILES ausgewählt ist. Wenn alles in Ordnung ist, klickst du auf die Schaltfläche SPEICHERN.

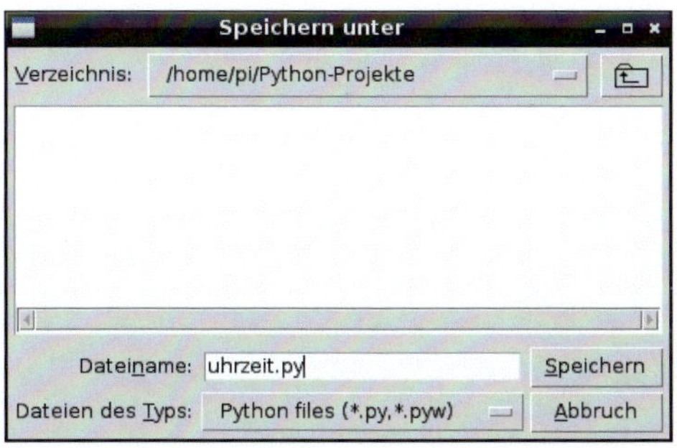

Abb. 7.7: *Ein Python-Skript im Projektordner speichern*

In das Editorfenster schreibst du den folgenden Programmtext:

```
from time import asctime
print('Die aktuelle Uhrzeit:')
print(asctime())
```

Achte darauf, dass am Anfang einer Zeile *kein Leerzeichen* steht! Einrückungen haben bei Python eine besondere Bedeutung. Dazu später mehr.

So funktioniert's

Was bedeuten die drei Programmzeilen? Gehen wir sie einzeln durch.

```
from time import asctime
```

Aus dem Modul `time` – einer Sammlung von Zeitfunktionen – wird die Funktion `asctime()` importiert.

```
print('Die aktuelle Uhrzeit:')
```

Um etwas auf dem Bildschirm anzuzeigen verwendet man die Funktion `print()`. Das englische Verb *to print* bedeutet auf Deutsch *drucken*. Aber die Informatiker (die Computerfachleute) sprechen von *ausgeben*. Der Text, der auf dem Bildschirm erscheint, ist die *Ausgabe* des Programms. Der Text, der ausgegeben werden soll, steht in Hochkommata ' in den Klammern hinter dem Funktionsnamen.

```
print(asctime())
```

Hier wird kein bestimmter Text ausgegeben. Deshalb gibt es keine Hochkommata. Stattdessen steht in den Klammern ein zweiter Funktionsaufruf. Die Funktion `asctime()` liefert die aktuelle Uhrzeit, und die wird dann von `print()` auf den Bildschirm geschrieben.

Das fertige Skript wird wieder abgespeichert. Da der Dateiname bereits festgelegt worden ist, klickst du jetzt auf FILE|SAVE (statt FILE|SAVE AS ...). Dann wird der Programmtext unter dem bestehenden Namen gespeichert.

Das Skript ausführen

Um das Programm zu starten, klickst du im Menü RUN des Editorfensters auf den Befehl RUN MODULE. Es öffnet sich das Shell-Fenster (sofern es nicht schon geöffnet war). Der Python-Interpreter wird gestartet. Er liest den Programmtext, übersetzt ihn in Befehle, die vom Prozessor des RPi verstanden werden und sorgt dafür, dass diese Befehle ausgeführt werden.

Im Shell-Fenster siehst du die Ausgabe des Programms – oder aber eine Fehlermeldung, falls du dich vertippt hast. Ja, das ist natürlich ein Unterschied zu Scratch! Schreibfehler (man nennt sie auch Syntaxfehler) kommen bei der Arbeit mit Programmiersprachen wie Python ständig vor. Oft braucht man mehrere Testläufe, bis ein Programm wirklich funktioniert.

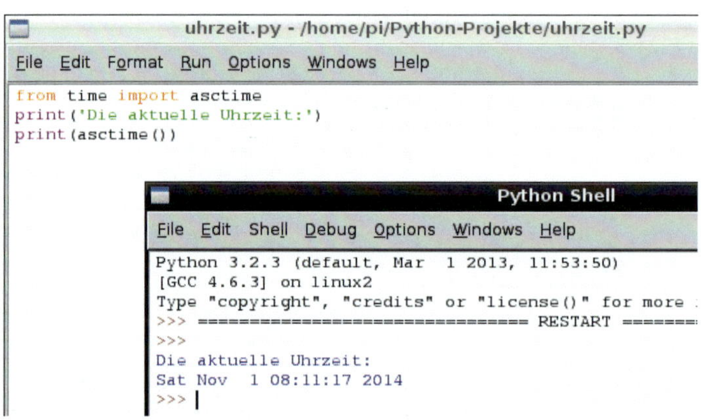

Abb. 7.8: *Im oberen Editorfenster steht der Programmtext, im unteren Shell-Fenster die Bildschirmausgabe.*

Ein Python-Programm in der Konsole starten

Du kannst also ein Skript direkt von IDLE aus starten. Das ist sehr praktisch, wenn du das Programm testen willst, das du gerade entwickelst. Es gibt aber auch einen anderen Weg. Du kannst dein Programm in der Kommandozeile der Konsole (LX-Terminal) starten. Das geht so:

Öffne das Programm LXTERMINAL (Doppelklick).

Gehe mit Hilfe des Linux-Befehls cd in den Ordner, in dem sich dein Programm befindet. Praktisch ist dabei die automatische Vervollständigung von Verzeichnisnamen mit der Tabulatortaste. Wenn du im Home-Verzeichnis

```
$ cd P
```

eingibst und dann [⭾] drückst, erscheint der vollständige Name des Unterverzeichnisses:

```
$ cd Python-Projekte/
```

Starte das Programm mit dem folgenden Kommando:

```
$ python3 uhrzeit.py
```

Dabei wird der Python-Interpreter gestartet, der dann das Skript uhrzeit.py ausführt.

Die Ausgabe des Programms erscheint direkt unter dem Kommando.

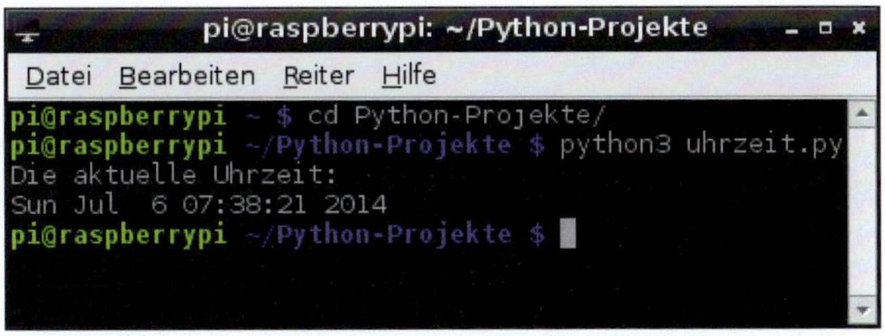

Abb. 7.9: *Ein Python-Skript in der Konsole ausführen*

Ein Programm mit grafischer Benutzungsoberfläche

Wenn man mit Computern arbeitet, ist man es gewohnt, ein Programm durch Anklicken eines Icons zu starten. Dann öffnet sich ein Anwendungsfenster und darin passiert etwas.

Programme mit grafischer Benutzungsoberfläche nennt man auch Anwendungen oder Applikationen oder kurz *Apps*. Solche Programme kannst du auch mit Python programmieren. Diesem Thema ist weiter hinten im Buch ein ganzes Kapitel gewidmet. Aber als Vorgeschmack ist hier schon einmal ein kleines Beispiel: Eine digitale Uhr.

Abb. 7.10: *Ein Anwendungsfenster mit aktueller Uhrzeit.*

Das Programm erzeugt ein kleines Fenster mit der aktuellen Uhrzeit wie in Abbildung 7.10. Die Doppelkreuze mit Zahlen #1, #2, ... sind Kommentare und gehören nicht zum Programm. Du kannst sie auch weglassen.

```
#!/usr/bin/python3.2                              #1
import time, tkinter                              #2
window = tkinter.Tk()                             #3
label = tkinter.Label(master=window,
                      text=time.asctime())        #4
label.pack()                                      #5
window.mainloop()                                 #6
```

So funktioniert's

#1 Die erste Zeile nennt man »Magic Line«. Sie beginnt mit dem Shebang, der Zeichenfolge #!. Dahinter ist der Pfad zur Programmdatei des Python-Interpreters angegeben, der das Programm ausführen soll. Du erinnerst dich: Auf deinem RPi sind zwei unterschiedliche Python-Versionen installiert.

#2 Hier werden zwei Module importiert. Das Modul `tkinter` enthält alles, was man für grafische Benutzeroberflächen braucht. Bei dieser Art des Imports muss beim Aufruf einer Funktion immer der Name des Moduls vorangestellt werden (siehe nächste Anweisung).

#3 Der Befehl `tkinter.Tk()` ruft die Funktion `Tk()` aus dem Modul `tkinter` auf. Durch diesen Befehl wird ein neues Applikationsfenster erzeugt. Das ist der äußere Rahmen des Programms. Dieses Fenster erhält den Namen `window`.

#4 Hier wird ein Label (Etikett) definiert. Das ist nichts weiter als ein rechteckiges Feld, auf dem ein Text dargestellt werden kann. Nun muss der Computer ja wissen, wohin das Label gesetzt werden soll. Mit `master=window` wird das Label dem Applikationsfenster namens `window` zugeordnet. Mit `text=time.asctime()` wird auf das Label das aktuelle Datum und die Uhrzeit geschrieben.

#5 Bisher ist das Label dem Fenster nur zugeordnet. Es muss aber noch in das Fenster an eine bestimmte Stelle gesetzt werden. Das nennt man Layout. Mit diesem Befehl wird das Label in das Fenster gepackt, so dass es das ganze (kleine) Fenster ausfüllt.

#6 Das Applikationsfenster wird aktiviert.

Dieses Python-Skript mit einer *Magic Line* ist direkt ausführbar. Du kannst es durch einen Doppelklick auf das Programmicon im Dateimanager starten. Durch die Magic Line erfährt das Betriebssystem, dass es diesen Programmtext mit Python 3 ausführen soll. Mehr über Python-Programme mit grafischer Oberfläche (GUI) findest du in Kapitel 16.

Interaktive Programme

Bei einem interaktiven Programm findet eine Art Gespräch zwischen Mensch und Computer statt. In diesem Abschnitt entwickeln wir ein interaktives Programm, das den Benutzer nach dem Namen fragt und ihn anschließend begrüßt.

Persönliche Begrüßung

Auf dem Bildschirm steht:

```
Wie heißt du?
Name:
```

Hinter dem Doppelpunkt blinkt der Cursor. Der Computer wartet auf eine Eingabe über die Tastatur.

Den Beginn der Zeile – die Zeichenkette `Name:` – nennt man eine *Eingabeaufforderung* oder einen *Prompt*. Es ist klar, was gemeint ist. Hier soll ein Name eingegeben werden.

Sagen wir, der Benutzer gibt »Anna« ein. Auf dem Bildschirm steht jetzt:

```
Wie heißt du?
Name: Anna
```

Sobald der Benutzer die Taste [↵] drückt, ist die Eingabe abgeschlossen. Es erscheint eine persönliche Begrüßung:

```
Hallo Anna
>>>
```

Das Programm

Hier ist das Python-Programm, das genau das tut, was gerade beschrieben worden ist. Es sind nur drei Zeilen, die gleich genau erklärt werden.

```
print('Wie heißt du?')
name = input('Name: ')
print('Hallo', name)
```

So gehst du vor

- Klicke im IDLE3-Editor auf FILE|NEW FILE.
- Speichere das noch leere Programm unter dem Namen BEGRUESSUNG.PY ab (FILE|SAVE AS...).
- Gib den Programmtext ein.
- Speichere erneut (FILE|SAVE oder [Strg]+[S]
- Starte das Programm mit [F5] und teste es.

So funktioniert's!

Wir gehen die drei Anweisungen der Reihe nach durch.

```
print('Wie heißt du?')
```

Hier wird mit der Funktion `print()` ein Text ausgegeben. Vergiss nicht, den Text in Hochkommata zu schreiben. Das nennt man einen String oder eine Zeichenkette. Auf dem Bildschirm erscheinen später, wenn das Programm läuft, die Anführungszeichen nicht.

```
name = input('Name: ')
```

Die Funktion `input()`sorgt dafür, dass der Benutzer Daten über die Tastatur eingeben kann. In den Klammern nach dem Funktionsnamen steht der Text der Eingabeaufforderung (Prompt), hier also `'Name: '`. Das ist wieder ein String und du darfst die Hochkommata nicht vergessen. Auch das Leerzeichen hinter dem Doppelpunkt gehört zu dem String.

Wenn `input()` ausgeführt wird, wartet der Computer bis eine Eingabe erfolgt ist und die Taste [↵] gedrückt worden ist. Dann speichert der Computer den eingegebenen Text (z.B. den String `'Anna'`) in der Variablen `name`. Das nennt man eine *Zuweisung*. Man kann sich das so vorstellen, dass jemand in einen Behälter mit dem Etikett `name` einen Zettel mit der Aufschrift `Anna` legt (siehe Abbildung 7.11 links).

```
print('Hallo', name)
```

Hier wird die `print()`-Funktion aufgerufen. Sie bekommt diesmal zwei Argumente, die durch ein Komma getrennt sind. Das sind zwei Strings, die hintereinander auf den Bildschirm geschrieben werden. Der erste String ist das Wort `Hallo`. Der zweite String ist *nicht* etwa das Wort `name`. Die Funktion schreibt *nicht*

```
Hallo name
```

auf den Bildschirm. Schau dir die dritte Programmzeile noch einmal an! Das zweite Argument `name` ist nicht von Hochkommata umgeben! Das bedeutet: Gemeint ist der *Inhalt* der Variablen `name`, also das, was der Benutzer vorher über die Tastatur eigegeben hat. Wenn wir uns die Variable als Behälter mit Inhalt vorstellen, ist es so, als ob eine Kopie des Inhalts gemacht und dann ausgegeben wird (siehe Abbildung 7.11 rechts).

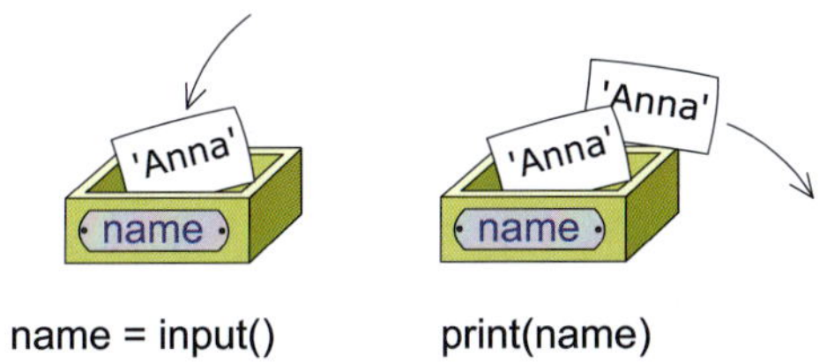

Abb. 7.11: *Das Programm merkt sich in einer Variablen den Text, der über die Tastatur eingegeben worden ist.*

Das EVA-Prinzip

Viele Computerprogramme arbeiten nach folgendem Muster:

- Zuerst werden Eingabedaten abgefragt (Eingabe).
- Aus den Eingabedaten berechnet das Programm neue Daten (Verarbeitung).
- Das Ergebnis wird auf dem Display ausgegeben (Ausgabe).

Diese Abfolge von Eingabe, Verarbeitung und Ausgabe nennt man auch das *EVA-Prinzip*.

Projekt 17: Bremsweg

Wir entwickeln ein interaktives Python-Programm zu folgender Aufgabe:

Das Programm erfragt zuerst die Geschwindigkeit v und die Bremsverzögerung a des Fahrzeugs und gibt dann den Bremsweg aus.

Die Bremsverzögerung gibt an, wie rasch die Geschwindigkeit eines Fahrzeugs bei einer Vollbremsung abnimmt. Sie hängt unter anderem von der Fahrbahnoberfläche und den Wetterbedingungen ab. Auf nassem Kies braucht ein Auto länger, bis es zum Stehen kommt (kleine Bremsverzögerung), als auf trockenem Asphalt (hohe Bremsverzögerung). Tabelle 7.1 zeigt einige typische Werte für PKW.

Fahrbahn	Bremsverzögerung
Trockene Asphaltfahrbahn	7,5 – 8,0 m/s^2
Nasse Asphaltfahrbahn	6,0 m/s^2
Trockene Betonfahrbahn	7,5 m/s^2
Nasse Betonfahrbahn (neue Bauart)	7,0 m/s^2
Nasse Betonfahrbahn (alte Bauart)	5,0 m/s^2
Trockenes Pflaster (Verbundsteine)	7,0 m/s^2
Nasses Pflaster (Verbundsteine)	5,5 m/s^2
Trockenes Kopfsteinpflaster	6,0 m/s^2
Nasses Kopfsteinpflaster	5,0 m/s^2
Trockener Sand oder Kies	5,5 m/s^2
Nasser Sand oder Kies	4,5 m/s^2
Schneebedeckte Fahrbahn	2,0 – 3,0 m/s^2
Eis (abhängig von der Eistemperatur)	0,5 – 2,0 m/s^2

Tabelle 7.1: *Bremsverzögerung eines PKW auf verschiedenen Oberflächen*

Hier ist ein Python-Skript, das die Anforderungen erfüllt.

```
# Eingabe
eingabe_a = input('Bremsverzögerung: ')
eingabe_v = input('Geschwindigkeit (km/h): ')

# Verarbeitung
a = float(eingabe_a)
v = float(eingabe_v)/3.6
bremsweg = v*v/(2*a)

# Ausgabe
print('Länge des Bremswegs (m): ')
print(round (bremsweg,2))
```

Gib das Programm im Editor ein und speichere es unter dem Namen BREMSWEG.PY in deinem Projektordner ab. Starte das Programm mit [F5]. Das Programm wird im Folgenden noch detailliert erklärt. Mach dir also keine Sorgen, wenn du jetzt noch nicht sofort alles verstehst.

Es geht los. In der Python-Shell steht:

```
Bremsverzögerung:
```

Der Computer wartet, bis du etwas eingibst (z.B. 7.5) und [↵] drückst.

```
Bremsverzögerung: 7.5
Geschwindigkeit (km/h):
```

Wieder wartet der Computer auf eine Eingabe. Du gibst 50 ein und drückst [↵]. Sofort erscheint das Ergebnis.

```
Bremsverzögerung: 7.5
Geschwindigkeit (km/h): 50
Länge des Bremswegs (m):
12.86
```

Kommentare

Programmtext kann *Kommentare* enthalten. Sie sollen kurz erklären, was im Programm passiert sowie den Text verständlicher und besser lesbar machen. Kommentare sind für Menschen und nicht für den Computer. Das Programm funktioniert ohne Kommentare genauso gut.

Ein Kommentar beginnt mit einem Doppelkreuz #. Der gesamte Text dahinter in derselben Zeile wird vom Interpreter einfach übersprungen. Kommentare sind keine Anweisungen. Im Beispielprogramm wurden die Abschnitte durch Kommentare markiert, z.B. # Eingabe.

Eingabe der Daten

Wir gehen die Zeilen des Programms der Reihe nach durch.

```
# Eingabe
eingabe_a = input('Bremsverzögerung: ')
eingabe_v = input('Geschwindigkeit (km/h): ')
```

Im ersten Teil des Programms findet ein kleiner Dialog zwischen Mensch und Maschine statt. Der Benutzer gibt über die Tastatur Werte für die Bremsverzögerung und für die Geschwindigkeit ein. Diese Werte werden als Strings in den Variablen eingabe_a und eingabe_v gespeichert.

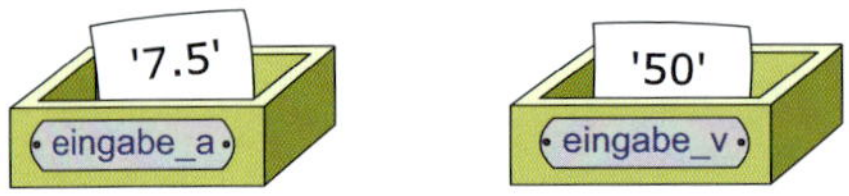

Abb. 7.12: *Zwei Variablen, die Strings (Zeichenketten) enthalten*

Verarbeitung und Typumwandlung

```
# Verarbeitung
a = float(eingabe_a)
```

Die Funktion `input()`liefert immer *Zeichenketten* (Strings) – auch wenn der Benutzer Zahlen eingibt. Mit Zeichenketten kann man nicht rechnen. Das geht nur mit Zahlen. Die Eingabe muss deshalb zuerst in eine Gleitkommazahl (Dezimalbruch) umgewandelt werden. Das macht die Funktion `float()`. Abbildung 7.13 zeigt, wie man sich die Ausführung der Anweisung vorstellen kann. Wichtig ist: Die Variable `a` enthält eine *Zahl* (ohne Hochkommata). Und damit kann gerechnet werden.

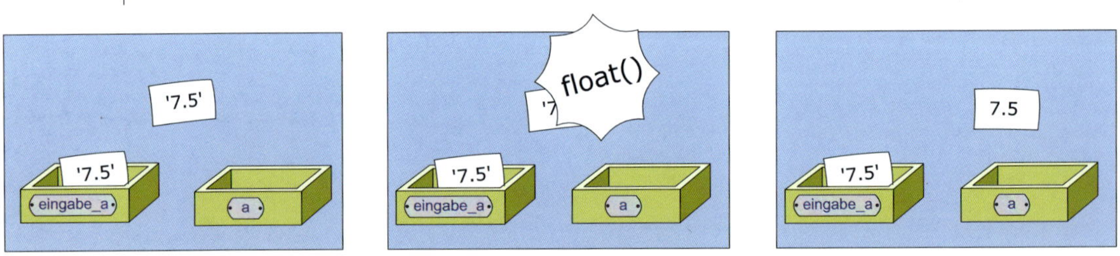

Abb. 7.13: *Der Inhalt von* `eingabe_a` *wird in eine Gleitkommazahl umgewandelt und der Variablen* `a` *zugewiesen.*

```
v = float(eingabe_v)/3.6
```

In dieser Zeile wird zuerst aus dem eingegebenen Text eine Gleitkommazahl gemacht, und diese Zahl wird dann durch 3,6 dividiert. Denn es müssen Stundenkilometer in Meter pro Sekunde umgerechnet werden. 1 Kilometer sind 1000 Meter und eine Stunde hat 3600 Sekunden. Damit gilt:
1 km/h = 1000 m/3600 s = 1/3,6 m/s

Kommen wir zur nächsten Programmzeile:

```
bremsweg = v*v/(2*a)
```

Hier wird schließlich der Bremsweg berechnet und in der Variablen `bremsweg` gespeichert.

Was bedeutet die Berechnungsformel? Die Geschwindigkeit wird mit sich selber multipliziert und dann durch das Doppelte der Bremsverzögerung dividiert. Eine genaue Erklärung, wie man auf diese Formel kommt, findest du z.B. in der Wikipedia.

Ausgabe

```
# Ausgabe
print('Länge des Bremswegs (m): ')
print(round (bremsweg,2))
```

In der ersten `print()`-Anweisung wird einfach nur ein konstanter Text ausgegeben. Wenn die zweite `print()`-Anweisung ausgeführt wird, passiert Folgendes: Zuerst wird mit der Funktion `round()` der auf zwei Nachkommastellen gerundete Wert der Variablen `bremsweg` berechnet. Und diese Zahl wird auf dem Bildschirm ausgegeben.

Eine Verbesserung der Ausgabe

Im Beispielprogramm wurde die Ausgabe auf zwei Zeilen verteilt. Nach jedem Aufruf von `print()` wird standardmäßig eine neue Zeile begonnen. Es können auch mehrere Werte in einem einzigen Aufruf der `print()`-Funktion ausgegeben werden. Zwischen die ausgegebenen Textstückchen schreibt der Python-Interpreter ein Leerzeichen.

Ersetze in dem Programm den Ausgabeteil durch folgende Anweisung:

```
print('Bremsweg:', round (bremsweg,2), 'm')
```

Die Ausgabe lautet nun:

```
Bremsweg: 12.86 m
```

Wie kann man die Programmbeispiele downloaden?

Der Programmtext des Projekts Bremsweg und die anderen Programmbeispiele findest du auf der Webseite zu diesem Buch. Starte den Webbrowser, indem du auf das Programmicon des Epiphany Webbrowsers klickst (unten links auf dem Desktop). Gib im Adressfenster folgende Adresse ein: *www.mitp.de/7648*.

Klicke in dem Kasten DOWNLOADS auf den Link PROGRAMMBEISPIELE. Damit lädst du ein zip-Archiv herunter. Das ist eine einzelne Datei, die ein ganzes Paket von Verzeichnissen und Dateien enthält. Der Download dauert eine Weile. Am unteren Rand des Browserfensters wird angezeigt, wie viel Prozent schon geschafft sind. Wenn alles auf deinem Raspberry Pi angekommen ist, öffnet sich automatisch der Xarchiver. Das ist ein Programm, mit dem du die heruntergeladene Datei entpacken kannst. Warte bis sich das Anwendungsfenster des Xarchivers vollständig aufgebaut hat (auch das dauert ein paar Sekunden) und klicke dann auf Aktion. Es öffnet sich eine Dialogbox wie im Bild.

Gib in das Feld unter ENTPACKEN NACH: den Pfad eines Ordners ein, in dem du die entpackten Dateien speichern möchtest, z. B. `/home/pi/rpi_kids`. Drücke dann unten auf ENTPACKEN. Fertig.

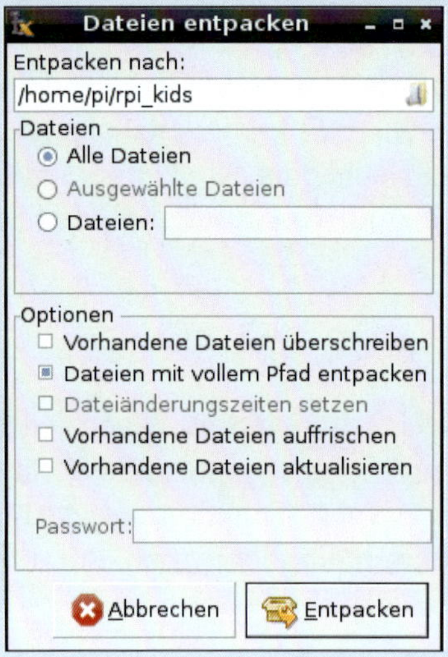

Namen und Zuweisungen

Namen und Zuweisungen spielen in der Programmierung eine wichtige Rolle. In den ersten Programmen kamen schon Zuweisungen vor. In diesem Abschnitt findest du einige weitere Informationen zu diesem Thema. Probiere die Beispiele in der Python-Shell von IDLE 3 aus.

Einfache Zuweisungen

Die einfachste Form der Zuweisung ist

```
name = wert
```

Beispiel:

```
>>> x = 12
```

Das Gleichheitszeichen ist kein Vergleichsoperator (wie in der Mathematik), sondern der Zuweisungsoperator. Am besten liest man diese Anweisung »Setze x auf den Wert 12«.

Über den Namen kannst du auf den zugewiesenen Wert zugreifen, Gib hinter der Eingabeaufforderung x ein, damit du erfährst, welchen Wert x hat.

```
>>> x
12
```

Es ist so als ob du den Computer fragst, welcher Wert der Variablen x zugewiesen worden ist.

Man kann sich vorstellen, dass die Zahl 12 in der Variablen x *gespeichert* ist. Bei dieser Veranschaulichung ist die Variable ein Behälter, der eine Zahl enthält. Der Name der Variablen steht auf dem Etikett des Behälters. Immer, wenn in einem Programm der Name x vorkommt, schaut der Computer nach, was im Behälter liegt.

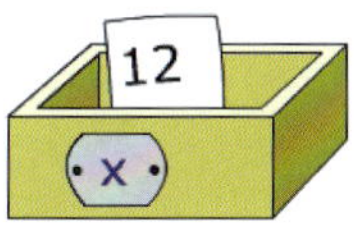

Abb. 7.14: *Die Variable* x *enthält die Zahl* 12.

Wenn ein Name einmal in einer Zuweisung verwendet worden ist, kann er anstelle des Zahlenwerts verwendet werden.

```
>>> x * x
144
```

Der Wert einer Variablen kann einer anderen Variablen zugewiesen werden.

```
>>> y = x
>>> y
12
```

Das kann man sich als Wertübertragung vorstellen: Die Variable y bekommt den gleichen Wert, den die Variable x hat.

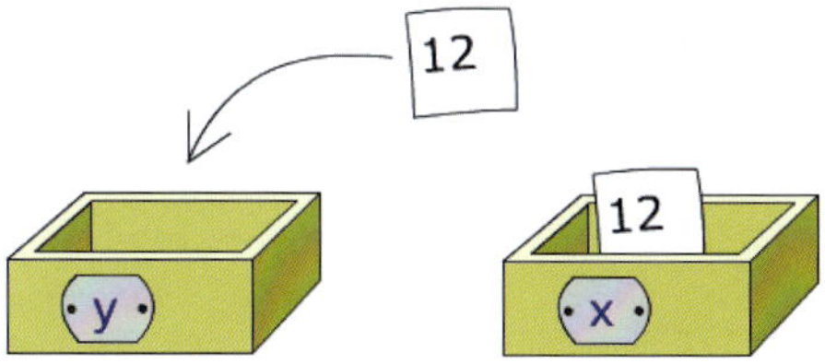

Abb. 7.15: *Eine Wertübertragung von* x *nach* y

Den Namen einer Variablen kann man sich auch als ein Etikett vorstellen, das man an eine Zahl oder ein anderes Objekt geklebt hat. Manchmal ist dieses Modell anschaulicher.

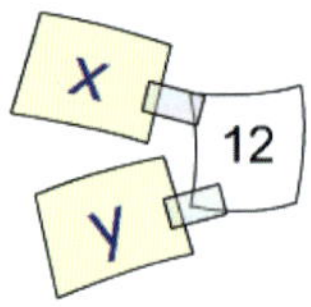

Abb. 7.16: *Eine Zuweisung kann man sich als Zufügen eines neuen Namens vorstellen.*

Zuweisungen mit mehreren Variablen

Du kannst in einer einzigen Anweisung mehrere Namen mit dem gleichen Wert belegen. Anstelle von

```
>>> x = 1
>>> y = 1
```

schreibst du

```
>>> x = y = 1
```

Und so ordnest du in einer einzigen Zuweisung mehreren Namen *unterschiedliche* Werte zu:

```
>>> x, y = 1, 2
```

Prüfe es nach:

```
>>> x
1
>>> y
2
```

Welche Namen sind erlaubt?

Man darf nicht jede beliebige Zeichenfolge als Name für eine Variable verwenden. Du musst folgende Regeln beachten:

1. Ein Variablenname darf kein Python-Schlüsselwort sein. Schlüsselwörter sind Wörter aus der Programmiersprache, die eine festgelegte Bedeutung haben, z.B. `import`.

2. Ein Variablenname besteht nur aus Buchstaben (`a...z`), Ziffern (`0...9`) oder Unterstrichen (_).
3. Ein Variablenname muss mit einem Buchstaben oder Unterstrich beginnen.

Gültige Bezeichner sind z.B. `a`, `B`, `zahl`, `zahl_1`, `geldbetrag`, `_körpergröße`.

Ungültig sind dagegen die folgenden Wörter:

- `1_zahl` (beginnt mit Ziffer),
- `Atem-Frequenz` (enthält nicht erlaubtes Sonderzeichen -).

Fragen

1. Für viele Befehle des Editors von IDLE gibt es Funktionstasten oder Tastenkombinationen (Shortcuts). Wenn du z.B. die Tastenkombination [Strg]+[S] drückst, wird der Programmtext, an dem du gerade arbeitest, gespeichert. Die Shortcuts stehen in den Pull-down-Menüs des Editorfensters. Finde heraus, was die Taste [F5] bewirkt.
2. Welchen Nachteil hat Python gegenüber Scratch?
3. Welche Vorteile hat Python gegenüber Scratch?
4. Was ist bei Python der Unterschied zwischen `0` und `0.0`?
5. Jemand behauptet: »Das Rechnen mit ganzen Zahlen ist genauer als das Rechnen mit Gleitkommazahlen«. Stimmt das?

Aufgaben

Aufgabe 1

Schreibe Python-Ausdrücke auf, die die handschriftlichen Formeln berechnen. Teste sie in der Python-Shell.

$\frac{2}{4+3}$ $\quad$ $\frac{1}{2-5}$ $\quad$ $3(2+1)$

5^{20} $\quad$ $2^{64}-1$ $\quad$ $2{,}5 \cdot 10^{-12}$

Aufgabe 2

In der ersten Spalte der Tabelle stehen Zuweisungen. In den restlichen Spalten stehen die Werte der Variablen *nach* Ausführung der jeweiligen Zuweisung. Vervollständige!

Zuweisung	x	y	z
x = y = z = 1	1	1	1
x = 2 * x	2	1	1
y = x			
z = x + y			
y, z = z, y			
x = x ** 3 + 1			
x = x // 2			

Aufgabe 3: Zuweisungen visuell

Variablen kann man sich als Behälter vorstellen. Der Name der Variablen ist ein Etikett auf dem Behälter und der Inhalt ist ein Zettel mit Daten. Schreibe zu den Bildern passende Python-Anweisungen auf.

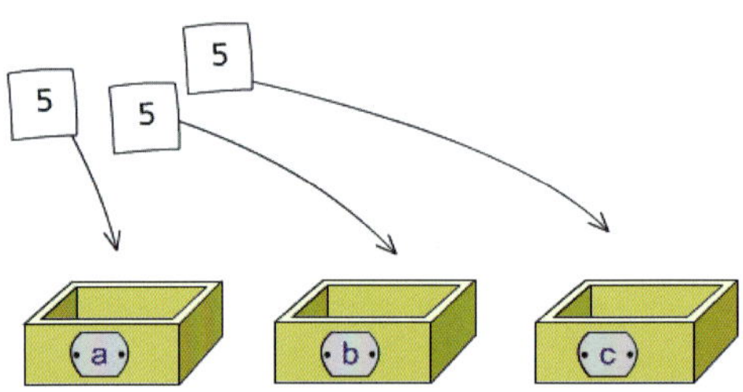

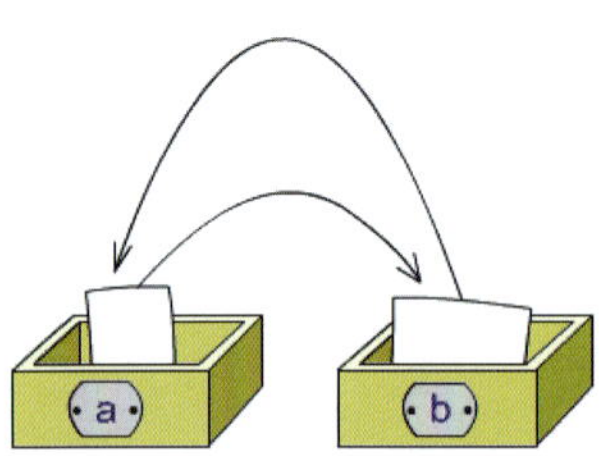

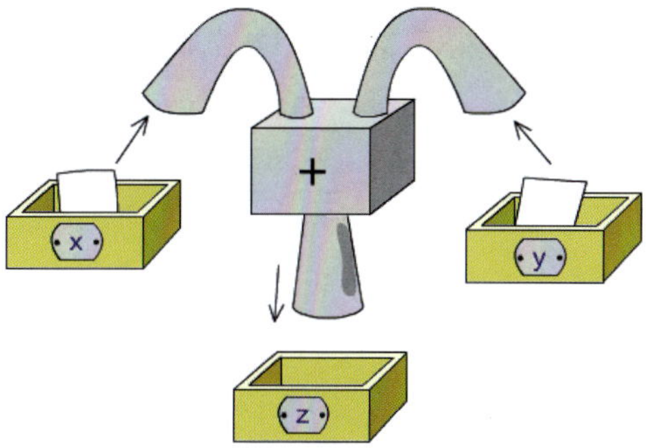

Aufgabe 4: Ausdrücke

Welches Ergebnis liefern die Ausdrücke?

Ausdruck	Ergebnis
1 + 1	2
15//2	
'2' + '2'	
10 * '2'	
2+10**2	
(2 + 10)**2	

Aufgabe 5

Es gibt viele Rezepte für Kuchenteig. Schreibe ein interaktives Programm, das den Kaloriengehalt eines Kuchens berechnet. Das Programm folgt dem EVA-Prinzip. Zuerst wird der Benutzer nach den Zutaten gefragt. Dann wird ausgegeben, wie viele Kalorien 100 g des Kuchens haben.

Beispieldialog

```
Welche Zutaten hast du verwendet?
Eier (Stückzahl): 2
Milch (Masse in g): 0
Weizenmehl (Masse in g): 100
```

```
Zucker (Masse in g): 100
Butter (Masse in g): 100
Der Kuchen enthält 420 kcal pro 100 g.
```

Tipps

Du kannst die eingegebenen Werte direkt in Zahlen umwandeln. Im folgenden Beispiel erhält die Variable `mehl` eine Gleitkommazahl.

```
mehl = float(input('Weizenmehl (Masse in g): '))
```

Hier ist eine Kalorientabelle, die du für die Programmierung verwenden kannst:

Lebensmittel	Energiegehalt
Hühnerei (55 g)	89 kcal pro Ei
Vollmilch (3,5% Fett)	69 kcal pro 100 g
Weizenmehl	360 kcal pro 100 g
Zucker	410 kcal pro 100 g
Butter	776 kcal pro 100 g

Antworten zu den Fragen

1. [F5] bedeutet RUN MODULE.
2. Bei Python kann man Syntaxfehler (Schreibfehler) machen, das geht bei Scratch nicht. Bei Python muss man wissen, wie Anweisungen aufgebaut sind. Bei Scratch sind fertige Anweisungen vorgegeben, die man nur noch anpassen muss.
3. Python ist eine vollwertige Programmiersprache und hat gegenüber Scratch viele Vorteile, von denen in diesem Kapitel erst einige wenige angesprochen worden sind, unter anderem: Man kann mit größeren Zahlen rechnen, es gibt viel mehr Funktionen, man kann den GPIO des Raspberry Pi ansteuern.
4. `0` ist eine ganze Zahl (Typ `int`) und `0.0` ist eine Gleitkommazahl (Typ `float`).
5. Ja, das stimmt. Ganze Zahlen können beliebig lang sein und die Rechenoperationen auf ganzen Zahlen liefern immer ein exaktes Ergebnis. Gleitkommazahlen haben eine maximale Anzahl von Nachkommastellen und haben deshalb nur eine begrenzte Genauigkeit. Beispiel:

```
>>> 1/3
0.3333333333333333
```

Lösungen zu den Aufgaben

Lösung 1

```
>>> 2/(4+3)
>>> 1/(2-5)
>>> 3*(2+1)
>>> 5**20
>>> 2**64-1
>>> 2.5*10**(-12)
```

Lösung 2

Zuweisung	x	y	z
x = y = z = 1	1	1	1
x = 2 * x	2	1	1
y = x	2	2	1
z = x + y	2	2	4
y, z = z, y	2	4	2
x = x ** 3 + 1	9	4	2
x = x // 2	4	4	2

Lösung 3

```
>>> a = b = c = 5
>>> a, b = b, a
>>> z = x + y
```

Lösung 4

Ausdruck	Ergebnis
1 + 1	2
15//2	7
'2' + '2'	'22'
10 * '2'	'2222222222'
2+10**2	102
(2 + 10)**2	144

Lösung 5

```
# Eingabe
print('Welche Zutaten hast du verwendet?')
eier = int(input('Eier (Stückzahl): '))                       #1
milch = float(input('Milch (Masse in g): '))
mehl = float(input('Weizenmehl (Masse in g): '))
zucker = float(input('Zucker (Masse in g): '))
butter = float(input('Butter (Masse in g): '))

# Verarbeitung
masse = eier*55 + milch + mehl + zucker + butter              #2
kalorien = eier*89 + milch*69/100 + mehl*360/100              #3
kalorien = kalorien + zucker*410/100 + butter*776/100         #4
kcal_pro_100g = round(kalorien/masse*100)

# Ausgabe
print('Der Kuchen enthält', kcal_pro_100g,
      'kcal pro 100 g.')                                      #5
```

So funktioniert's

#1 Die Zeichenkette, die die Funktion input() liefert, wird hier in eine ganze Zahl umgewandelt. Diese Zahl wird in der Variablen eier gespeichert. Bei den anderen Zutaten könnte es sein, dass der Benutzer eine Kommazahl eingibt. Deshalb nehmen wir den Datentyp float.

#2 Hier wird die gesamte Masse des Kuchenteigs ausgerechnet und der Variablen `masse` zugewiesen. Die Anzahl der Eier muss mit der Masse eines Eis multipliziert werden.

#3 Hier wird die gesamte Kalorienzahl des Kuchens ausgerechnet. Weil die Angaben in der Kalorientabelle pro 100 g sind, muss die angegebene Kalorienzahl durch 100 dividiert werden (Ausnahme: Eier).

#4 Die Berechnung der gesamten Kalorienzahl wurde auf zwei Zeilen verteilt.

#5 Die Ausgabe auf dem Bildschirm besteht aus drei Teilen: einem Text, der berechneten Zahl und dann wieder einem Text. All das wird hintereinander geschrieben.

8

Was blinkt denn da? Mit dem Raspberry Pi Leuchtdioden steuern

Mit Python kannst du Programme schreiben, die Leuchtdioden steuern. Dein Raspberry Pi kann zum Beispiel automatisch Morsezeichen senden.

Dazu musst du eine elektronische Schaltung aufbauen und an den Raspberry Pi anschließen. Hier erfährst du, wie das geht.

SOS – mit Python-Befehlen Leuchtdioden ein- und ausschalten

Mit dem Raspberry Pi kann man Geräte steuern. Wir fangen ganz einfach an und bringen eine Leuchtdiode (LED) mit Python-Befehlenzum Blinken. Bevor es an die Programmierung geht, musst du eine kleine elektronische Schaltung aufbauen.

Für die Projekte in diesem Abschnitt brauchst du folgende elektronische Bauteile:

- eine Steckplatine (Breadboard),
- einen elektrischen Widerstand mit R = 130 Ohm,
- eine Leuchtdiode (LED),
- Steckbrücken (Jumper-Kabel, male-male) für die Steckplatine,
- zwei flexible Jumper-Kabel (female-male).

Abbildung 8.1 zeigt diese Teile in genau dieser Reihenfolge.

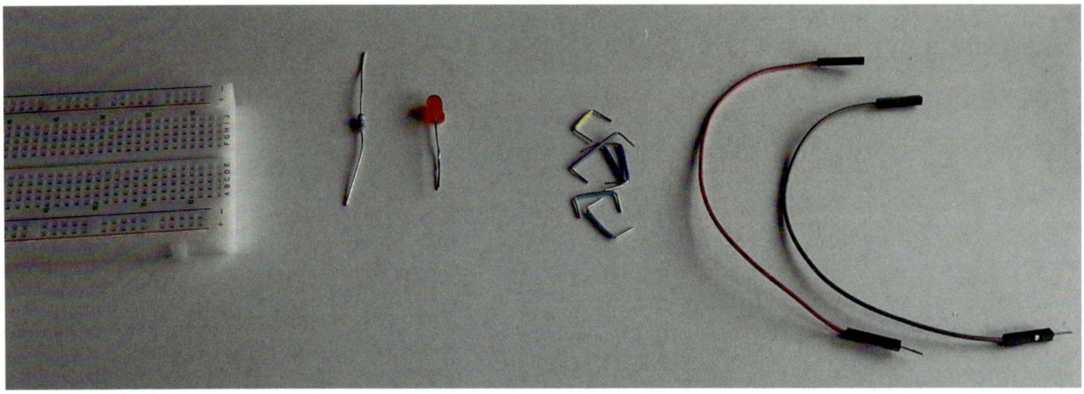

Abb. 8.1: *Bauteile für das LED-Projekt*

- In Elektronik-Geschäften und Online-Versandhäusern bekommst du für wenig Geld Sortimente mit mehreren Jumper-Kabeln, Leuchtdioden verschiedener Farbe und Widerständen mit unterschiedlichen Widerstandswerten. Diese Teile sind sehr billig (pro Stück wenige Cent), wenn du sie in größeren Mengen kaufst. Am besten tust du dich mit Freunden zusammen, die auch gerne basteln und ihr bestellt gemeinsam, was ihr braucht.

Einen Widerstand mit einem Universalmessgerät messen

Widerstände sind meist kleine zylinderförmige Bauteile, aus denen rechts und links ein Draht herauskommt. Ein Widerstand begrenzt den Strom, der durch einen Stromkreis fließt. Elektrischer Strom ist nichts anderes als ein Fluss von Elektronen, die durch das Metall strömen. Der Widerstand behindert den Fluss der Elektronen. Ein Widerstand ähnelt Steinen in einem Bach, die den Fluss des Wassers verlangsamen.

Die Größe des elektrischen Widerstands wird in Ohm (Ω) und Kiloohm (kΩ) gemessen. Ein Kiloohm sind 1000 Ohm. Auf den üblichen Widerständen ist der Widerstandswert meist durch eine Kombination von farbigen Ringen kodiert. In Tabellen kannst du die Bedeutung einer Farbkombination nachlesen. Einfacher ist es jedoch, mit einem digitalen Universalmessgerät den Widerstand zu messen. Das geht so:

Schließe an das Messgerät die Messelektroden an. Das schwarze oder blaue Kabel (Minuspol) wird an die Masse angeschlossen. Für das rote Kabel (Pluspol) gibt es oft zwei Buchsen. Wähle die Buchse, die für die Messung von Widerständen gedacht ist. Neben einigen anderen Buchstaben müsste auch der griechische Buchstabe Omega Ω an der richtigen Buchse zu sehen sein.

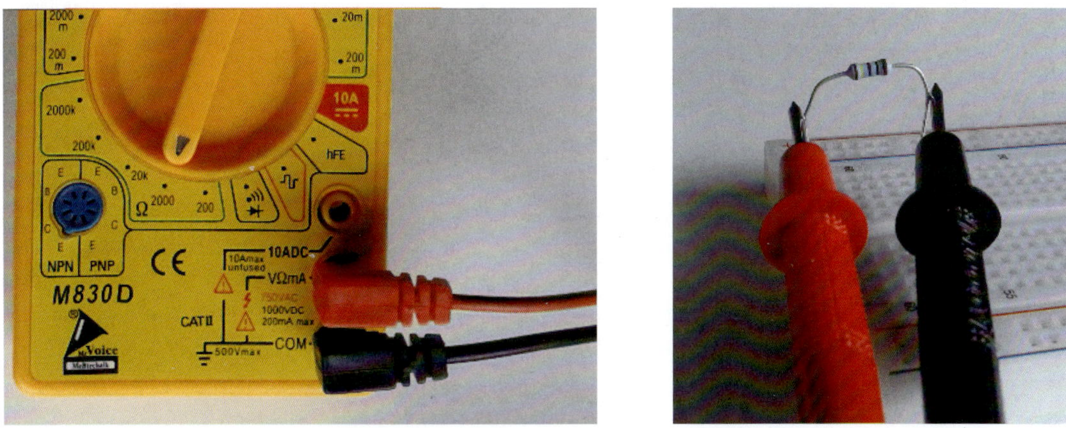

Abb. 8.2: *Mit einem Universalmessgerät den Widerstand messen.*

Stelle auf dem Messgerät den Messbereich ein. Meistens gibt es dafür einen großen Drehknopf (siehe Abbildung 8.2 links). Der Bereich für Widerstandsmessungen ist mit Ω markiert. Die Zahlen an den Punkten geben den maximalen Wert der Anzeige an. Stelle den Drehschalter auf 2000 Ohm. In dieser Einstellung kannst du Widerstände bis maximal 2000 Ohm messen.

Halte die beiden Elektroden an die beiden Drähte des Widerstandbauteils (Abbildung 8.2 rechts). Auf dem Display siehst du den Widerstandswert. Wenn der Widerstand größer als 2000 Ohm ist, zeigt das Display eine Fehlermeldung, meist eine Eins, die ganz links im Anzeigefeld steht. In Abbildung 8.3 siehst du typische Anzeigen eines Universalmessgerätes bei verschiedenen Einstellungen. Achte auf die Position des Drehschalters. Bei den ersten beiden Bildern ist 2000 Ω und im rechten Bild 20 kΩ eingestellt.

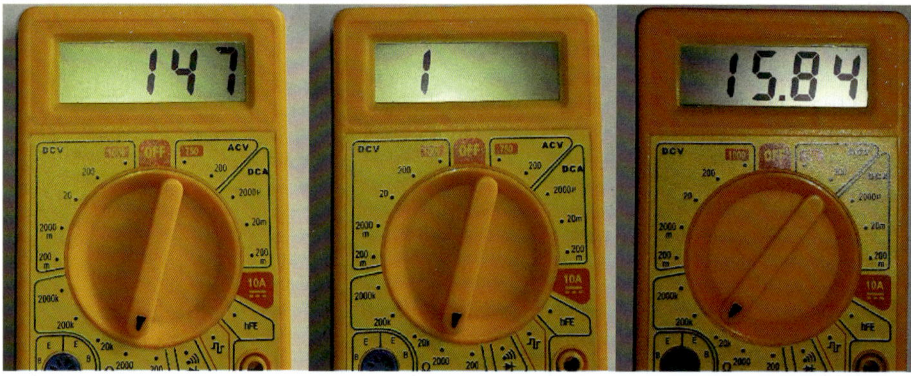

Abb. 8.3: *Anzeige eines Widerstandwerts: links 147 Ohm, in der Mitte wurde der Messbereich überschritten, rechts15,84 Kiloohm*

Die GPIO-Schnittstelle

Der Raspberry Pi hat eine Allzweck-Ein-/Ausgabe-Einheit, den GPIO (*General Purpose Input/Output*). Das sind zwei Reihen mit insgesamt 40 vergoldeten Metallstäbchen (Pins), die aus der Platine herausragen. An diese Pins kannst du mit Jumper-Kabeln eine elektronische Schaltung anschließen. Das ältere Modell B hat nur 26 Pins. Aber ihre Belegung ist mit den ersten 26 Pins beim Modell B+ identisch. Bei den Projekten in diesem Buch verwenden wir ohnehin nur einige wenige Pins mit kleiner Nummer. Das heißt alle Projekte funktionieren auch mit Modell B.

Abb. 8.4: *Der GPIO auf der Platine des Raspberry Pi, Modell B+. Eingekreist ist Pin 1.*

Abbildung 8.5 zeigt die Belegung der ersten 26 Pins. Hier ein paar Hinweise zu den wichtigsten Pins, die wir immer wieder verwenden.

- Pin 1 ist links oben auf der Platine (Kreis inAbbildung 8.4). An ihm liegt eine Spannung von +3,3 Volt an.
- Rechts daneben befindet sich Pin 2, an dem eine Spannung von +5,0 Volt anliegt. Pass auf, dass du diesen Pin niemals aus Versehen mit einem der anderen Pins verbindest. Das kann einen Kurzschluss geben, der deinen RPi beschädigt.
- An Pin 6 ist die Masse (*ground*, *GND*).
- Beim Modell B+ sind 26 Pins frei programmierbar und können als Ein- oder Ausgang verwendet werden. An ihnen liegt entweder die Spannung 0 Volt oder +3,3 Volt an. Wenn du programmierst, wird die Spannung 0 Volt als Wahrheitswert `False` und die Spannung +3,3 Volt als `True` angegeben.
- Pin 3 und Pin 5 haben noch eine Besonderheit. Sie besitzen einen Pull-up-Widerstand. Das heißt, wenn sie als Eingang geschaltet werden, liegt an ihnen eine positive Spannung an, weil sie über einen 1,7-Kiloohm-Widerstand mit dem 3,3-Volt-Pol verbunden sind. Das muss man beachten, wenn man Schalter an den GPIO anschließt.

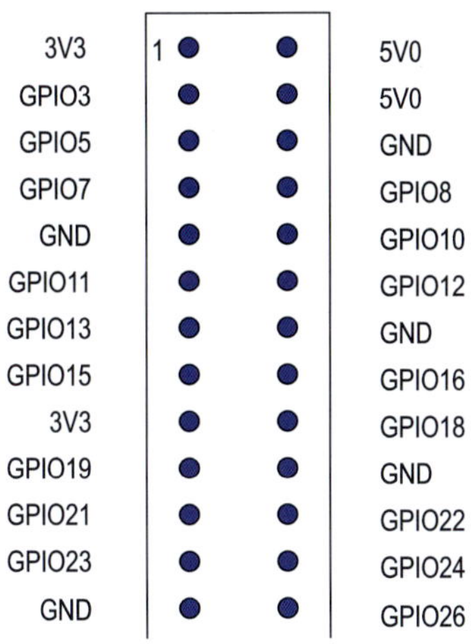

Abb. 8.5: *Belegung der ersten 26 Pins des GPIO (Modus* BOARD*)*

Die Pins werden zickzackförmig durchnummeriert. Links oben ist Pin 1, gegenüber (auf der rechten Seite) Pin 2. Unter Pin 1 ist Pin 3 usw. Die programmierbaren Pins tragen Bezeichnungen wie GPIO3, GPIO5 usw. Die Nummern in diesen Bezeichnungen sind jeweils die Pin-Nummern. Diese Nummerierungsweise wird als Modus BOARD bezeichnet. (Es gibt noch eine andere Nummerierung, aber die verwenden wir in diesem Buch nicht.)

Eine Leuchtdiode an den GPIO anschließen

Mit einer Steckplatine kannst du ohne zu Löten in Sekundenschnelle elektronische Schaltungen aufbauen. Die Steckplatine besteht aus Plastik und besitzt ein Raster aus Löchern. In jedem Loch ist ein Silberkontakt. Die Steckplatine hat in der Mitte eine Rille. Durch sie wird sie in zwei Hälften geteilt. Auf jeder Hälfte sind fünf Spalten, die mit den Buchstaben ABCDE und FGHIJ gekennzeichnet sind. Die Reihen sind mit Zahlen durchnummeriert. Wichtig ist: Auf jeder Hälfte sind unter der Oberfläche die fünf Steckkontakte einer Reihe elektrisch leitend verbunden (Abbildung 8.6).

Abb. 8.6: *So sieht eine Steckplatine von unten aus, wenn man die Schutzschicht entfernt hat. In jeder Hälfte sind die Kontakte einer Reihe (quer) verbunden.*

Abbildung 8.7 zeigt, wie die Schaltung in der Realität aussieht. Gehen wir den Aufbau Schritt für Schritt durch:

- Die (+)-Leiterbahn (rot) der Steckplatine wird über ein flexibles Jumper-Kabel mit Pin 1 des GPIO verbunden (+3.3 Volt). Pin 1 ist auf der Platine mit `P1` gekennzeichnet.
- Die (-)-Leiterbahn verbindest du mit Pin 10 des GPIO. Auf der Abbildung erkennst du, dass rechts neben der schwarzen Buchse des Jumper-Kabels noch vier blanke Pins zu sehen sind.
- Die Kathode der Leuchtdiode verbindest du durch eine Steckbrücke mit der (-)-Leiterbahn. Du erkennst die Kathode daran, dass der Anschluss etwas kürzer ist und der Gehäusesockel aus Plastik abgeflacht ist (Merkregel: Kathode=Kante=kürzer).
- Die Anode der Leuchtdiode ist über einen Widerstand von etwa 130 Ohm und einer Steckbrücke mit der (+)-Leiterbahn verbunden.

Abb. 8.7: *Aufbau der Schaltung und Anschluss an den GPIO*

Der Aufbau einer Schaltung kann ganz übersichtlich durch ein Schaltdiagramm mit Schaltsymbolen beschrieben werden (Abbildung 8.8).

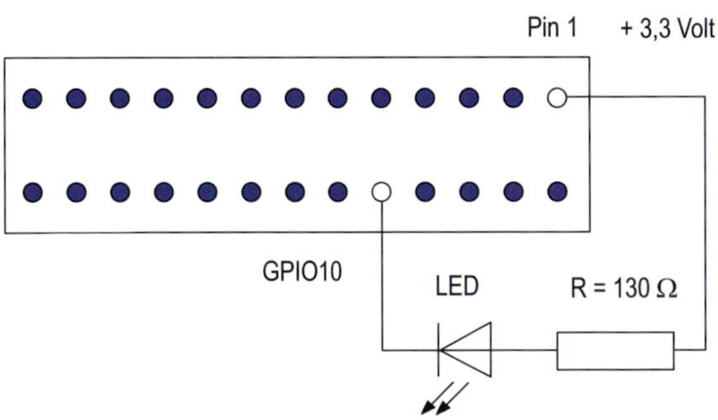

Abb. 8.8: *Schaltdiagramm für den Anschluss einer LED an den GPIO.*

Warum braucht eine LED einen Vorwiderstand?

Eine Leuchtdiode (oder LED von engl. *light emitting diode*) ist ein Halbleiterbauteil, das Licht aussendet und sich wie eine Diode verhält. Eine Diode ist wie ein Ventil für Elektronen und lässt den Strom nur in einer Richtung durch. Deshalb ist es wichtig, dass die LED richtig herum in den Stromkreis eingebaut wird. Eine Leuchtdiode hat zwei Anschlüsse, die man *Anode* und *Kathode* nennt. Die Anode (längerer Anschluss) muss mit dem Pluspol und die Kathode (kürzerer Anschluss) mit dem Minuspol verbunden sein. Das Schaltsymbol ähnelt ein bisschen einem Pfeil, der auf den Minuspolzeigt.

Leuchtdioden vertragen nur eine begrenzte Stromstärke. Bei den LEDs, die du von Anzeigeleuchten in Elektrogeräten und Armaturenbrettern kennst und die wir auch für Schaltungen mit dem RPi verwenden, beträgt die zulässige Maximalstromstärke etwa 20 mA (Milliampere). Nun haben Leuchtdioden selbst nur einen geringen Innenwiderstand. Wenn man sie einfach so an eine Spannungsquelle anschließen würde, wäre der Stromfluss zu hoch und »ungebremst« und würde die LED zerstören.

Um die Stromstärke zu begrenzen, muss ein Widerstand in den Stromkreis geschaltet werden. Ein guter Widerstandswert für unsere Zwecke ist R = 130 Ohm.

Das kannst du selbst nachrechnen: Nach dem Ohmschen Gesetz gilt immer die Beziehung R = U/I. Nun haben wir an den steuerbaren Pins des GPIO eine Spannung von U =3,3 Volt. An einer Leuchtdiode liegt meist eine Spannung von 2 Volt an. Damit liegt am Widerstand die Differenz, nämlich eine Spannung von 1,3 Volt an. Wenn wir den Strom I auf 10mA begrenzen wollen, ergibt sich für den Vorwiderstand: $R = 1{,}3V/0{,}01A = 130\Omega$.

Wenn du die Schaltung aufgebaut und den RPi eingeschaltet hast, passiert noch nichts. Denn Pin 10 des GPIO muss erst noch aktiviert werden.

Die LED steuern – das Modul RPi.GPIO

Nun kommen wir zur Programmierung. Du kannst nur mit Root-Rechten (als Administrator) auf die GPIO-Schnittstelle zugreifen. Öffne ein LXTerminal und starte die Python-Shell mit dem Befehl

```
sudo idle3
```

Vorbereitung

Wir machen zunächst einige Experimente und steuern die Leuchtdiode von Hand durch einzelne Befehle in der Python-Shell.

Importiere das Modul `RPi.GPIO`. Achte beim Eintippen auf das kleine `i` bei `RPi`.

```
>>> from RPi import GPIO
```

Mit der Funktion `setmode()` lässt sich einstellen, mit welcher Art von Pin-Nummerierung wir arbeiten. Du stellst den Modus `BOARD` ein:

```
>>> GPIO.setmode(GPIO.BOARD)
```

Mache Pin 10 zum Ausgabekanal.

```
>>> GPIO.setup(10, GPIO.OUT)
```

In diesem Moment beginnt die LED zu leuchten. Denn am Pin 10 des GPIO liegt nun ein Spannungspegel von 0 Volt an. Das ist der Zustand `False`. Somit gibt es ein Spannungsgefälle von insgesamt 3.3 Volt und es fließt Strom.

Wahrheitswert	Spannung
False	0 Volt
True	+3,3 Volt

Tabelle 8.1: *Wahrheitswerte und Spannungspegel am GPIO*

Spannungen messen

An der LED sollte eine Spannung von etwa 2 Volt anliegen. Das kannst du leicht nachprüfen. Stelle dein Universalmessgerät auf »Gleichspannung bis 20 Volt« ein (siehe Abbildung 8.9). Die Bezeichnung *DCV* auf dem Messgerät steht für *Direct Current Voltage*. Das bedeutet Gleichspannung.

Halte dann die beiden Elektroden an die Anschlüsse der Leuchtdiode und lies die Spannung ab. Ersetze den Widerstand in der Schaltung durch einen Widerstand, der doppelt oder drei Mal so groß ist, und wiederhole die Messung. Die Spannung an der LED sinkt nur leicht.

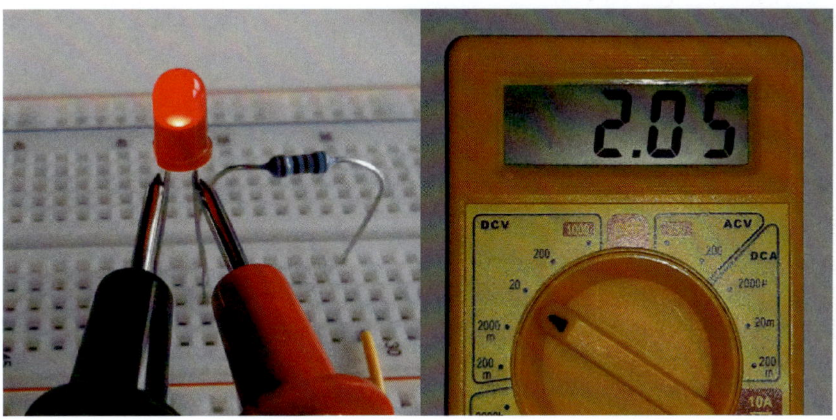

Abb. 8.9: *Die Spannung an der Leuchtdiode beträgt 2,05 Volt. Rechts ist die positive Anode der LED, links die negative Kathode. Achte auf die gerade Kante!*

Die Leuchtdiode an- und ausschalten

Schalte die LED aus, indem du Pin 10 mit dem Wahrheitswert `True` belegst. Er hat dann 3,3 Volt.

```
>>> GPIO.output(10, True)
```

Jetzt hat Pin 10 den gleichen Spannungspegel wie Pin 1, nämlich+3,3 Volt. Beide Pins haben das gleiche elektrische Potenzial gegenüber der Masse. Zwischen ihnen gibt es keine Spannung, und es fließt deshalb auch kein Strom.

Setze Pin 10 auf den Wahrheitswert False:

```
>>> GPIO.output(10, False)
```

Jetzt besitzt Pin 10 einenSpannungspegel von 0 Volt. Damit gibt es einen Spannungsabfall, weil an Pin 1 immer noch 3,3 Volt anliegen. Es fließt Strom und die LED leuchtet.

Mit dem Kommando cleanup() kannst du auf einen Schlag alle Einstellungen des GPIO rückgängig machen (engl. *to clean up*=aufräumen). Probiere es aus:

```
>>> GPIO.cleanup()
```

Pin 10 ist jetzt nicht mehr Ausgang und auch nicht mehr mit der Masse verbunden. Deshalb geht die LED wieder aus.

Tabelle 8.2 gibt einen Überblick über die wichtigsten Befehle des Moduls GPIO.

Kommando	Erklärung
cleanup()	Alle Einstellungenwerden zurückgesetzt.
input(pin)	Statt pin schreibst du eine Pin-Nummer, z.B. 10. Die Funktion prüft den Zustand des Pins. Wenn an dem Pin +3,3 Volt anliegen, gibt sie True zurück. Bei 0 Volt, gibt sie False zurück.
output(pin, state)	Der GPIO-Pin mit der Nummer pin wird in den Zustand state(True oder False) versetzt. Statt state musst du also True oder False schreiben. Bei True bekommt der Pin eine Spannung von +3,3 Volt, bei False wird er auf 0 Volt gesetzt.
setmode(mode)	Setzt den Modus, in dem die Pins des GPIO nummeriert sind. In diesem Buch verwenden wir für das Argument nur GPIO.BOARD.
setup(pin, mode)	Das erste Argument ist die Pin-Nummer. Statt pin schreibst du also eine Zahl (z.B. 10). Wenn mode die Konstante GPIO.IN ist, wird der Pin zum Eingabekanal. Wenn mode die Konstante GPIO.OUT ist, wird der Pin zum Ausgabekanal.

Tabelle 8.2: *Die wichtigsten Funktionen des Moduls RPi.GPIO*

Projekt 18: SOS – ein Blinkmuster programmieren

Mit Lichtsignalen kann man Daten übertragen. Im Morsealphabet werden Buchstaben und Zahlen durch kurze und lange Signale kodiert. Die bekannteste Buchstabenfolge ist vermutlich der internationale Notruf SOS, kurz-kurz-kurz-lang-lang-lang-kurz-kurz-kurz. Man spricht es auch »Ditditditdahdahdahditditdit« aus. Das lange Signal (Dah) ist dreimal so lang wie das kurze Signal (Dit). Eine Pause zwischen zwei Morsesignalen ist so lang wie ein Dit. Beim Notsignal SOS gibt es übrigens keine Pause zwischen den Buchstaben S und O. Das heißt, alle Pausen sind gleich lang.

Hier ist ein Python- Programm, das durch Ein- und Ausschalten einer LED ein SOS-Signal sendet. Für dieses Projekt verwendest du die Schaltung aus Abbildung 8.8. Du brauchst eigentlich nur die ersten Zeilen schreiben und kannst die **fett** gedruckte Passage immer wieder kopieren und gegebenenfalls abwandeln. Das Kopieren funktioniert bei IDLE genau so, wie bei jedem anderen Texteditor auch:

- Setze den Mauszeiger (Cursor) an den Beginn der Textstelle, die kopiert werden soll.
- Drücke die linke Maustaste und halte sie gedrückt.
- Bewege den Mauszeiger (mit gedrückter Maustaste) an das Ende der Textstelle. Lasse dann die Maustaste los. Der markierte Bereich ist grau unterlegt.
- Drücke die Tastenkombination [Strg]+[C]. Das C steht für *copy* (kopieren). Damit ist die Textstelle kopiert und zwischengespeichert.
- Drücke die Taste [↵], damit eine neue Zeile entsteht,
- Drücke die Tastenkombination [Strg]+[V]. Die kopierte Textstelle wird eingefügt.
- Wenn du nochmals [Strg]+[V] drückst, wird eine weitere Kopie der Textstelle eingefügt.

```
#S
GPIO.output(10,False)
time.sleep(0.2)
GPIO.output(10,True)
time.sleep(0.2)
```

Abb. 8.10: *Ein Stück des Programmtextes markieren*

Die Kommentare #1, #2, #3, #4 kannst du auch weglassen. Ich habe sie nur eingefügt, weil diese Zeilen anschließend erklärt werden.

```
from RPi import GPIO
import time

#GPIO vorbereiten
GPIO.setmode(GPIO.BOARD)
GPIO.setup(10, GPIO.OUT)

#S
GPIO.output(10, False)                    #1
time.sleep(0.2)                           #2
GPIO.output(10, True)                     #3
time.sleep(0.2)

GPIO.output(10, False)
time.sleep(0.2)
GPIO.output(10, True)
time.sleep(0.2)

GPIO.output(10, False)
time.sleep(0.2)
GPIO.output(10, True)
time.sleep(0.2)

#O
GPIO.output(10, False)
time.sleep(0.6)                           #4
GPIO.output(10, True)
time.sleep(0.2)

GPIO.output(10, False)
time.sleep(0.6)
GPIO.output(10, True)
time.sleep(0.2)

GPIO.output(10, False)
time.sleep(0.6)
GPIO.output(10, True)
time.sleep(0.2)

#S
```

```
GPIO.output(10, False)
time.sleep(0.2)
GPIO.output(10, True)
time.sleep(0.2)

GPIO.output(10, False)
time.sleep(0.2)
GPIO.output(10, True)
time.sleep(0.2)

GPIO.output(10, False)
time.sleep(0.2)
GPIO.output(10, True)
```

So funktioniert's

#1 Pin 10 des GPIO wird auf 0 Volt gesetzt (Zustand `False`). Damit wird dieser Pin gegenüber Pin 1 zum Minuspol und Strom fließt. Die LED wird eingeschaltet.

#2 Die Funktion `sleep()` aus dem Modul `time` sorgt dafür, dass die Programmausführung für eine gewisse Zeit angehalten wird. In Klammern steht die Anzahl der Sekunden, die gewartet werden soll. Hier wartet der Computer 0,2 Sekunden.

#3 Pin 10 wird auf 3,3 Volt gesetzt (Zustand `True`). Die LED wird ausgeschaltet. Sie hat 0,2 Sekunden lang geleuchtet.

#4 Bei den langen Signalen bleibt die LED 0,6 Sekunden lang eingeschaltet.

Fragen

1. Welche besondere elektrische Eigenschaft hat eine Diode?
2. Woran erkennst du die Kathode einer Leuchtdiode?
3. Mit welchem Pol einer Stromquelle (Plus oder Minus) muss die Kathode der Leuchtdiode verbunden werden?
4. Warum braucht eine Leuchtdiode einen Vorwiderstand?
5. Welche Spannung liegt an einem Pin des GPIO an, der im Zustand `True` ist?
6. An welchem Pin des GPIO ist immer ein Spannungspegel von 0 Volt (Masse) vorhanden?
7. An welchem Pin des GPIO ist immer ein Spannungspegel von +3,3 Volt vorhanden?

Aufgabe: Zwei blinkende LEDs

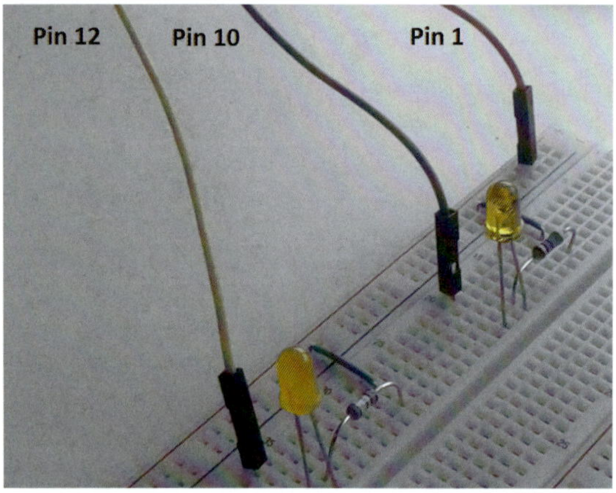

Abb. 8.11: *Zwei Leuchtdioden auf der Steckplatine. Die Kathoden (kurzer Anschluss) befinden sich links.*

Schreibe ein Programm, das zwei Leuchtdioden ansteuert. Sie sollen nach dem Muster in Abbildung 8.12 blinken. Zuerst sind beide LEDs ausgeschaltet. Dann leuchtet nur die untere LED. Dann sind wieder beide ausgeschaltet, usw.

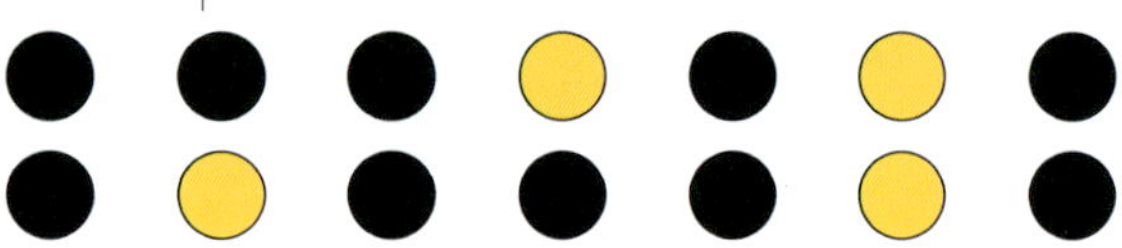

Abb. 8.12: *Blinkmuster*

Abbildung 8.13 zeigt den Aufbau der Schaltung. Die beiden LEDs werden mit der Kathodenseite an die Pins 12 und 10 angeschlossen.

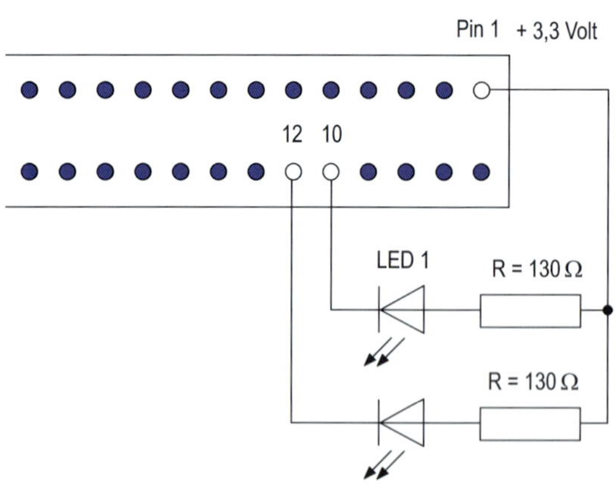

Abb. 8.13: *Schaltplan für den Anschluss von zwei LEDs an den GPIO*

Antworten zu den Fragen

1. Eine Diode wirkt wie ein Ventil für Elektronen. Durch sie kann elektrischer Strom nur in einer Richtung fließen.
2. An der Seite mit der Kathode hat der Sockel der Leuchtdiode eine gerade Kante, und außerdem ist der Anschlussdraht dort kürzer. Merkregel: *Kathode = Kante und kurz.*
3. Die Kathode ist mit dem Minuspol (Masse) verbunden.
4. Durch den Vorwiderstand wird der Stromfluss begrenzt. Die meisten LEDs vertragen nicht mehr als 20 Milliampere.
5. Im Zustand `True` liegt eine Spannung von +3,3 Volt an. Im Zustand `False` dagegen 0 Volt.
6. An Pin 6 ist beispielsweise immer ein Spannungspegel von 0 Volt (Masse) vorhanden.
7. An Pin 1 ist immer ein Spannungspegel von +3,3 Volt vorhanden.

Lösung der Aufgabe

Programm

```
from RPi import GPIO                    #1
import time

GPIO.setmode(GPIO.BOARD)                #2
GPIO.setup(10, GPIO.OUT)                #3
GPIO.setup(12, GPIO.OUT)

GPIO.output(10, True)                   #4
GPIO.output(12, True)
time.sleep(0.5)                         #5

GPIO.output(12, False)                  #6
time.sleep(0.5)
GPIO.output(12, True)                   #7
time.sleep(0.5)

GPIO.output(10, False)                  #8
```

```
time.sleep(0.5)
GPIO.output(10, True)                        #9
time.sleep(0.5)

GPIO.output(12, False)                       #10
GPIO.output(10, False)
time.sleep(0.5)
GPIO.output(12, True)                        #11
GPIO.output(10, True)
```

So funktioniert's

#1 Die Module `GPIO` und `time` werden importiert.

#2 Es wird (wie immer) die Pin-Nummerierung `BOARD` eingestellt.

#3 Pin 10 und 12 des GPIO werden als Ausgang eingestellt.

#4 Pin 10 und Pin 12 werden in den Zustand `True` versetzt. An den beiden Pins liegt jetzt +3,3 Volt an. Durch beide Leuchtdioden fließt kein Strom. Sie bleiben dunkel.

#5 Das Programm wartet 0,5 Sekunden.

#6 Pin 12 wird in den Zustand `False` versetzt. Hier liegen jetzt 0 Volt an. Damit gibt es ein Spannungsgefälle (links 0 Volt, rechts +3,3 Volt). Strom fließt und die untere LED leuchtet.

#7 An Pin 12 wird wieder eine positive Spannung von 3,3 Volt angelegt. Die untere LED wird wieder ausgeschaltet. Damit sind beide LEDs dunkel.

#8 Pin 10 wird auf 0 Volt gesetzt. Dadurch gibt es an der oberen LED ein Spannungsgefälle. Strom fließt und die LED leuchtet.

#9 Die obere LED wird wieder ausgeschaltet.

#10 Beide LEDs werden eingeschaltet.

#11 Beide LEDs werden ausgeschaltet.

9

Der Computer trifft Entscheidungen

In diesem Kapitel lernst du einige weitere Python-Programmiertechniken kennen: Programmverzweigungen (`if-else`) und Wiederholungen (`while`).

Mit `if-else`-Anweisungen kann dein Python-Programm Entscheidungen treffen. Du schreibst ein Programm, das aufgrund von Beobachtungen einen Kunststoff erkennen kann.

Mit einer Wiederholungsanweisung (`while`) kannst du eine Leuchtdiode beliebig lange in einem bestimmten Rhythmus blinken lassen.

Programmverzweigungen

Du kennst das von Scratch: Programme können Verzweigungen enthalten. Bei einer Verzweigung werden bestimmte Anweisungen nur dann ausgeführt, wenn eine Bedingung erfüllt ist.

Einfache Verzweigung (if)

Die einfachste Programmverzweigung ist die bedingte Anweisung, oder if-Anweisung. Wenn eine Bedingung erfüllt ist (wahr ist), wird ein zusammenhängender Block von Anweisungen ausgeführt. Wenn die Bedingung nicht erfüllt ist, passiert nichts.

```
if Bedingung:
    Anweisungsblock
```

Der Anweisungsblock kann aus mehreren Anweisungen bestehen. Wichtig ist, dass alle Anweisungen des Blocks um die exakt gleiche Anzahl von Leerzeichen eingerückt sein müssen.

Das folgende Programm fragt nach dem Namen und begrüßt den Benutzer, falls es Tom ist. (Sonst passiert nichts.)

Programmlauf

```
Name: Tom
Hallo Tom!
Herzlich willkommen!

name = input('Name: ')
if name == 'Tom':                               #1
    print('Hallo, Tom!')                        #2
    print('Herzlich willkommen!')
```

So funktioniert's

#1 Nach dem Schlüsselwort `if` steht die Bedingung. Hier wird der eingegebene Name durch den Operator `==` mit dem String `'Tom'` verglichen. Die beiden Gleichheitszeichen sind der Vergleichsoperator. Achte auf den Doppelpunkt hinter der Bedingung!

#2 Die beiden eingerückten Anweisungen sind ein Block. Sie werden nur ausgeführt, wenn die Bedingung erfüllt ist, also wenn die Variable `name` den String `'Tom'` enthält.

Zweifache Verzweigung (if-else)

Die zweifache Verzweigung oder `if-else`-Anweisung ist eine Entscheidung zwischen zwei Handlungsmöglichkeiten. Entweder mache ich das eine oder ich

mache das andere. Zum Beispiel: Wenn die Sonne scheint, spiele ich Fußball, sonst spiele ich Tischtennis.

Bei einer `if-else`-Anweisung gibt es *zwei* Anweisungsblöcke: die `if`-Klausel und die `else`-Klausel.

- Die `if`-Klausel (z.B. Fußball spielen) wird ausgeführt, wenn die Bedingung erfüllt ist (z.B. die Sonne scheint).
- Die `else`-Klausel (z.B. Tischtennis spielen) wird ausgeführt, wenn die Bedingung nicht erfüllt ist (die Sonne scheint nicht).

```
if Bedingung:
    Anweisungsblock 1
else:
    Anweisungsblock 2
```

Das folgende Programm fragt nach dem Alter und entscheidet sich dann, ob es den Gesprächspartner mit *Sie* oder *Du* anredet.

Programmlauf 1 (Bedingung erfüllt)

```
Alter (Jahre): 15
Was kann ich für dich tun?
```

Programmlauf 2 (Bedingung nicht erfüllt)

```
Alter (Jahre): 19
Was kann ich für Sie tun?
```

Programm

```
alter = int(input('Alter (Jahre): '))          #1
if alter < 18:                                 #2
    print(Was kann ich für dich tun?)          #3
else:
    print(Was kann ich für Sie tun? ')         #4
```

So funktioniert's

#1 Der Computer wartet auf eine Eingabe über die Tastatur. Die eingegeben Zeichen werden mit `int()` in eine ganze Zahl umgewandelt. Diese Zahl wird der Variablen `alter` zugewiesen.

#2 Nach dem Schlüsselwort `if` steht die Bedingung `alter < 18`. Achte auf den Doppelpunkt hinter der Bedingung.

#3 Diese Anweisung muss eingerückt sein. Das ist die `if`-Klausel. Sie wird ausgeführt, wenn die Bedingung erfüllt (wahr) ist.

#4 Achte auf den Doppelpunkt hinter dem Schlüsselwort `else`!

#5 Diese Anweisung muss eingerückt sein. Das ist die `else`-Klausel. Sie wird ausgeführt, wenn die Bedingung hinter `if` *nicht erfüllt* (falsch) ist.

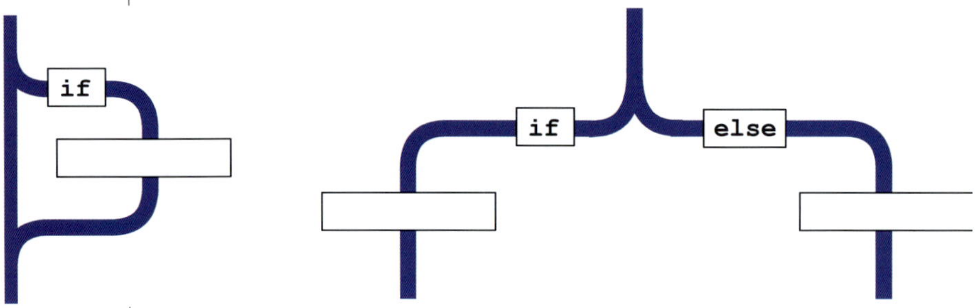

Abb. 9.1: *Veranschaulichung einer einfachen und einer zweifachen Verzweigung*

Projekt 19: Welcher Kunststoff ist das?

Viele Verpackungen sind aus Kunststoff: Plastiktüten, Flaschen, Joghurtbecher usw. Damit man sie besser recyceln kann, ist auf der Verpackung der Kunststoff durch eine Abkürzung angegeben: PE (Polyethylen), PP (Polypropylen), PS (Polystyrol), PET (Polyethylenterephthalat). Aber man kann einen Verpackungskunststoff auch durch kleine Experimente herausfinden. Dazu schreiben wir ein Programm.

```
Gib ein Stück Kunststoff in ein Glas Wasser. Schwimmt es? (j/n) j
Verbrenne draußen (nicht in der Wohnung) auf einer Blechschale ein
kleines Stückchen von dem Kunststoff. Was kannst du beobachten?
1: Es verbrennt stark rußend.
2: Es brennt und riecht nach Kerzenwachs.
3: Andere Beobachtung.
Beobachtung (1, 2, oder 3): 2
Ergebnis: Es handelt sich um PE
```

Programm

```
# Eingabe
print('Gib ein Stück Kunststoff in ein Glas Wasser.')
schwimmen = input('Schwimmt es? (j/n) :')                #1
print('Verbrenne draußen (nicht in der Wohnung)',
      'auf einer Blechschale ein kleines Stückchen',
      'von dem Kunststoff. Was kannst du beobachten?')   #2
print('1: Es brennt stark rußend.')                      #3
print('2: Es brennt und riecht nach Kerzenwachs.')
print('3: Andere Beobachtung.')
brennen = input('Beobachtung (1, 2 oder 3):')            #4

# Verarbeitung
if schwimmen == 'j':                                     #5
    if brennen == '2':
        stoff = 'PE'                                     #6
    else:                                                #7
        stoff = 'PP'
else:
    if brennen == '1':
        stoff = 'PS'
    else:
        stoff = 'PET'

# Ausgabe
print ('Ergebnis: Es handelt sich um', stoff)            #8
```

So funktioniert's

#1 Das, was hinter `input` in Klammern steht, ist die Eingabeaufforderung, die auf dem Bildschirm erscheint. Die Variable `schwimmen` speichert die Eingabe des Benutzers. Wenn der alles richtig macht, ist das entweder `'j'` oder `'n'`.

#2 Hier wird ein Text auf den Bildschirm geschrieben. Der Text wird auf drei Strings verteilt.

#3 Mit einer `print()`-Anweisung wird eine neue Zeile begonnen. Diese und die beiden nächsten Ausgabenmit den Antwortmöglichkeiten stehen also in eigenen Zeilen. Das sieht übersichtlicher aus.

#4 In der Variablen `brennen` wird die Beobachtung zum Brennverhalten gespeichert. Der Wert dieser Variablen ist keine Zahl sondern eine Zeichenkette

(String). Wenn der Benutzer alles richtig gemacht hat, enthält die Variable '1', '2' oder'3'.

#5 Hier beginnt eine verschachtelte if-else-Anweisung.

#6 Die Variable stoff enthält die Bezeichnung des Kunststoffs, für den sich das Programm entschieden hat. Das ist das Ergebnis der Datenverarbeitung.

#7 Das else muss genau unter dem zugehörigenif stehen. D.h. das if und das zugehörige else müssen genau gleich eingerückt sein.

#8 Hier wird das Ergebnis auf dem Bildschirm ausgegeben. Die Ausgabe besteht aus zwei Strings.

Das Programm enthält eine verschachtelte if-else-Anweisung. Abbildung 9.2 veranschaulicht die Verzweigung des Programmlaufs.

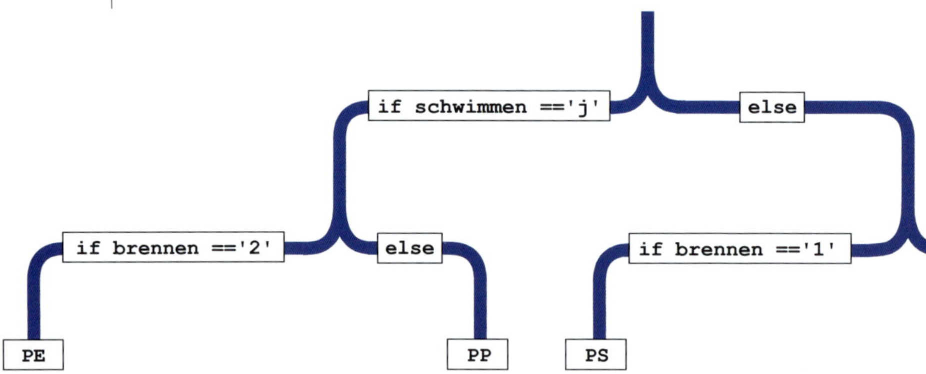

Abb. 9.2: *Die verschachtelten* if-else*-Anweisungen können durch einen Entscheidungsbaum veranschaulicht werden.*

Beachte die Blockstruktur des Programms! In jedem Block sind die Anweisungen genau gleich eingerückt.

Wichtig

Jedes else muss genau unter dem zugehörigenif stehen. Beide Schlüsselwörter haben die gleiche Einrückung.

Bedingungen

Jede Programmverzweigung enthält eine Bedingung. Eine Bedingung ist eine logische Aussage, die wahr (True) oder falsch (False) sein kann. Meistens sind Bedingungen Vergleiche, so wie in den bisherigen Beispielen für if-Anweisungen.

Im interaktiven Modus kannst du Bedingungen auch ohne if-Anweisung eingeben und vom Interpreter auswerten lassen. Das Ergebnis ist entweder True oder False:

```
>>> 1 == 1
True
>>> 1 == 2
False
>>> 1/3 == 2/6
True
```

Beachte, dass der Vergleichsoperator == aus zwei Gleichheitszeichen besteht. Ein einfaches Gleichheitszeichen = verwendest du, wenn du einer Variablen einen Wert zuweist. In der Tabelle findest du einen Überblick über die wichtigsten Vergleichsoperatoren.

Operator	Erklärung	Beispiel	Wahrheitswert
<	kleiner	10 < 20	True
		10 < 10	False
<=	kleiner oder gleich	10 <= 20	True
		10 <= 10	True
>	größer	5.0 > 5.0	False
>=	größer oder gleich	5 >= 6	False
==	gleich	1 == 1.000	True
!=	ungleich	2 != 3	True

Tabelle 9.1: *Vergleichsoperatoren in Python*

Für Bedingungen hat Python den Datentyp bool. Probiere aus:

```
>>> type(2 > 1)
<class 'bool'>
```

Wahrheitswerte von Zahlen

Eine Besonderheit von Python ist, dass Zahlen und andere Objekte zusätzlich zu ihrem eigentlichen Wert auch einen Wahrheitswert besitzen. Es gibt leere und nichtleere Objekte. Leere Objekte sind z.B. Zahlen mit dem Wert null (0 und 0.0) und die leere Zeichenkette '' (zwei Hochkommata hintereinander), die keinen einzigen Buchstaben enthält.

Alle leeren Objekte haben den Wahrheitswert False, und die anderen nichtleeren Objekte haben den Wahrheitswert True. Mit der Funktion bool() kannst du den Wahrheitswert eines Objektes abfragen. Probiere aus:

```
>>> bool(0)
False
>>> bool(100)
True
>>> bool(-23)
True
```

Wahrheitswerte von Zahlen werden oft in Verzweigungen und Wiederholungen abgefragt.

Hier ein kleines Anwendungsbeispiel. Der Kehrwert einer Zahl kann nur berechnet werden, wenn die Zahl ungleich null ist.

Programm

```
zahl = int(input('Gib eine ganze Zahl ein: '))
if zahl != 0:
    print('Kehrwert: ', 1/zahl)
```

Programmlauf

```
Gib eine ganze Zahl ein: 2
Kehrwert: 0.5
```

Statt

```
if zahl != 0:
```

kann man auch einfach Folgendes schreiben:

```
if zahl:
```

Das macht den Programmtext kürzer.

Und noch ein zweites Beispiel mit Strings. Wenn du bei einer Eingabeaufforderung sofort [↵] drückst, liefert die input()-Funktion einen leeren String. Der hat den Wahrheitswert False.

Programm

```
name = input('Wie heißt du?')
if name != '':                                   #1
    print('Hallo', name, '!')
else:
    print('Hallo Fremder!')
```

Programmlauf 1

```
Wie heißt du? Tina
Hallo Tina !
```

Programmlauf 2

```
Wie heißt du?
Hallo Fremder!
```

In Zeile #1 hätte man auch Folgendes schreiben können:

```
if name:
```

Ich glaube, man versteht sofort, was gemeint ist: »Wenn es einen Namen gibt, ...« oder »Wenn ein Name eingegeben worden ist, ...«.

Bedingte Wiederholung – die while-Anweisung

Bei einer bedingten Wiederholung wird eine Anweisung oder Anweisungsfolge so lange wiederholt, wie eine *Bedingung* erfüllt ist. Beispiele aus dem Alltag sind:

- Solange das Spiel läuft, bleibe im Stadion und unterstütze deinen Verein.
- Solange du Hunger hast, iss.

Du kannst dir die bedingte Wiederholung als Schleife vorstellen. Der Test der Bedingung ist wie eine Weiche. Solange die Bedingung erfüllt ist, sorgt die Weiche dafür, dass der Zug in der Schleife fährt. Erst wenn die Bedingung nicht mehr erfüllt ist, stellt sich die Weiche auf »geradeaus« und der Zug kann die Schleife verlassen.

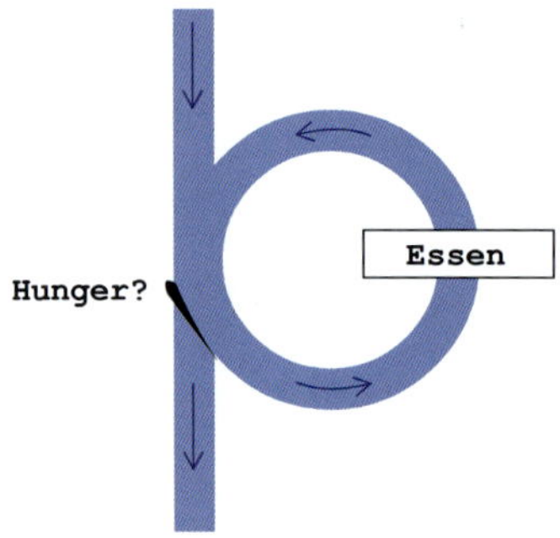

Abb. 9.3: *Veranschaulichung einer bedingten Wiederholung*

Solche Wiederholungen programmiert man durch eine `while`-Anweisung. Sie hat meist folgendes Format:

```
while Bedingung:
    Anweisungsblock
```

Hinter dem Schlüsselwort `while` steht die Bedingung, gefolgt von einem Doppelpunkt. In den folgenden Zeilen stehen die Anweisungen, die wiederholt werden sollen – das *Schleifeninnere*. Sie müssen um die gleiche Anzahl von Leerzeichen eingerückt sein, damit sie der Interpreter als zusammengehörigen Block erkennt.

Es kann sein, dass die Anweisungen des Schleifeninneren nicht ein einziges Mal ausgeführt werden, nämlich dann, wenn die Bedingung von Anfang an nicht erfüllt ist.

Denke an das Beispiel »Solange du Hunger hast, iss.« Wenn du von Anfang an keinen Hunger hast, wirst du gar nicht erst mit dem Essen beginnen.

Projekt 20: Zahlenraten

Das Spiel geht so: Der Computer wählt eine Zufallszahl, und der Spieler muss die Zahl mit möglichst wenig Versuchen erraten. Nach jeder Eingabe meldet der Computer, ob die Zahl zu klein oder zu groß war.

Beispieldialog

```
Ich denke an eine Zahl zwischen 1 und 100.
Rate mal, welche Zahl das ist.
Zahl: 50
Zu klein!
Zahl: 80
Zu groß!
Zahl: 70
Richtig!
```

In diesem Programm verwenden wir die Funktion `randint()` aus dem Modul `random`. Mit dem Aufruf

```
randint(a, b)
```

kannst du ganze Zufallszahlen zwischen `a` und `b` (einschließlich) erzeugen. Zum Beispiel ist der Aufruf

```
randint(1, 6)
```

wie Würfeln und liefert Zahlen von 1 bis 6.

Das kannst du in der IDLE-Shell ausprobieren:

```
>>> from random import randint
>>> randint(1, 6)
3
```

Programm

```
# zahlenraten.py
from random import randint                          #1
zufallszahl = randint(1, 100)                       #2
print('Ich denke an eine Zahl zwischen 1 und 100.')
print('Rate mal, welche Zahl das ist.')
zahl = int(input('Zahl: '))                         #3
while zahl != zufallszahl:                          #4
    if zahl < zufallszahl:
        print('Zu klein!')
    else:
        print('Zu groß!')
    zahl = int(input('Zahl: '))                     #5
print('Richtig!')
```

So funktioniert's

#1 Aus dem Modul `random` wird die Funktion `randint()` importiert. Sie kann ganze Zufallszahlen erzeugen.

#2 Der Funktionsaufruf liefert eine Zahl zwischen 1 und 100, die der Variablen `zufallszahl` zugewiesen wird.

#3 Der Interpreter wartet, bis über die Tastatur eine Eingabe erfolgt ist. Die eingegebene Zeichenkette wird in eine ganze Zahl (Typ `int`) »umgewandelt«.

#4 Der Operator `!=` bedeutet »ungleich«. Solange die Zahl noch nicht gefunden worden ist, wird der nun folgende Block ausgeführt (Schleife).

#5 Der Benutzer gibt eine neue Zahl ein. Nach dieser Zeile ist der Anweisungsblock der `while`-Schleife zu Ende. Jetzt wird wieder die Bedingung in Zeile #4 getestet. Wenn nun die eingegebene Zahl mit der Zufallszahl übereinstimmt, wird die Schleife verlassen und »Richtig!« ausgegeben.

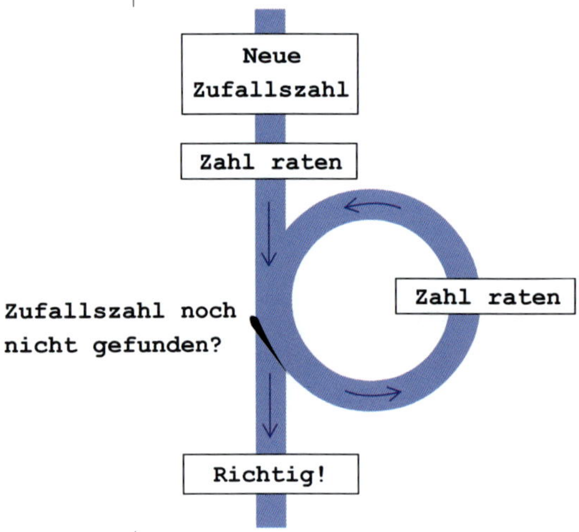

Abb. 9.4: *Veranschaulichung des Zahlenratens*

Lichtsignale

`while`-Schleifen sind wichtig, wenn man sich wiederholende Muster erzeugen will. In diesem Abschnitt entwickeln wir verschiedene Varianten von Blinklichtern.

Projekt 21: Einfaches Blinklicht

Verwende die Schaltung mit einer LED aus Kapitel 9. Öffne ein LXTerminal und starte IDLE3 mit Administratorrechten:

```
$ sudo idle3
```

Das folgende Programm lässt die LED blinken.

Programm

```
from RPi import GPIO                          #1
from time import sleep
GPIO.setmode(GPIO.BOARD)
GPIO.setup(10, GPIO.OUT)                      #2
```

```
while True:                                   #3
    GPIO.output(10, False)                    #4
    sleep(0.5)                                #5
    GPIO.output(10, True)                     #6
    sleep(0.5)
```

So funktioniert's

#1 Zu Beginn werden aus den Modulen `RPi` und `time` Funktionen geholt, die gleich verwendet werden.

#2 Pin 10 des GPIO wird als Ausgang konfiguriert.

#3 Endlosschleife. Der folgende eingerückte Block wird ewig wiederholt.

#4 Pin 10 wird auf 0 Volt gesetzt. Es fließt Strom und die LED leuchtet.

#5 0,5 Sekunden warten.

#6 Die Leuchtdiode wird wieder ausgeschaltet, indem Pin 10 auf 3,3 Volt gesetzt wird. Jetzt fließt kein Strom mehr.

Das Programm läuft für immer und ewig. Es enthält eine endlose Wiederholung, weil die Bedingung der `while`-Anweisung immer wahr ist (`True`). Das nennt man auch eine *Endlosschleife*. Du kannst das Programm durch einen Keyboard-Interrupt stoppen. Drücke die Tastenkombination `Strg`+`C`.

Projekt 22: Blinkmuster

Anstelle eines einfachen An-/Aus-Blinkens kannst du auch raffiniertere Blinkmuster programmieren. Mit der folgenden `while`-Schleife sendet die Leuchtdiode immer wieder das Morsezeichen des Buchstabens A (kurz-lang).

```
while True:
    GPIO.output(10, False)                    #1
        sleep(0.2)
        GPIO.output(10, True)
        sleep(0.2)
    GPIO.output(10, False)                    #2
        sleep(0.6)
        GPIO.output(10, True)
        sleep(1)
```

So funktioniert's

#1 Die LED wird für 0,2 Sekunden eingeschaltet.

#2 Die LED wird für 0,6 Sekunden eingeschaltet.

Fragen

1. Was ist der Unterschied zwischen = und ==?
2. Was ist ein Anweisungsblock?
3. Wie beendest du ein Python-Programm, das eine Endloswiederholung enthält?
4. Mit welchem Funktionsaufruf kannst du einen Würfel (mit Zahlen von 1 bis 6) simulieren?
5. Welchen Wahrheitswert hat der String `'0'`?

Aufgabe: Sport oder nicht Sport?

Computerprogramme können den Menschen bei einer Entscheidungsfindung unterstützen. Entwickle ein interaktives Programm, das eine Antwort auf die folgende Frage findet: »Soll ich heute draußen Sport treiben?«

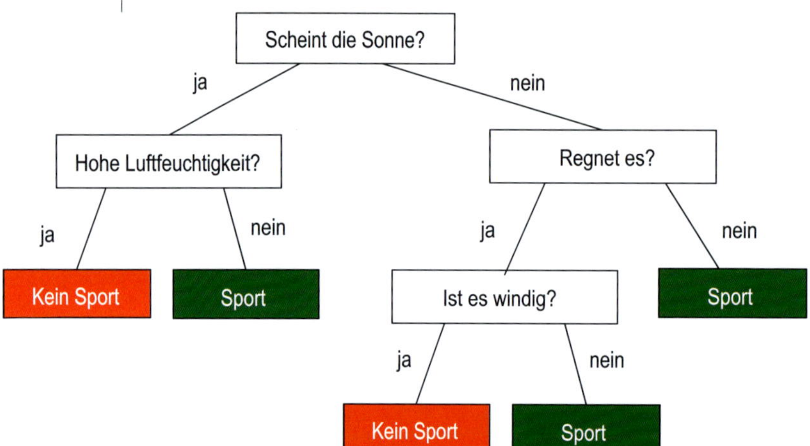

Abb. 9.5: Entscheidungsbaum

Antworten zu den Fragen

1. Das Gleichheitszeichen = wird für eine Zuweisung verwendet. Zum Beispiel bewirkt `a = 1`, dass der Variablen `a` der Wert `1` zugewiesen wird. Dagegen ist das doppelte Gleichheitszeichen == ein Vergleichsoperator. Zum Beispiel ergibt `a == 1` dann den Wert `True`, wenn die Variable `a` den Wert `1` besitzt.

2. Ein Anweisungsblock besteht aus einer oder mehreren Anweisungen, die gleich eingerückt sind.
3. Du kannst ein Python-Programm, durch einen Keyboard-Interrupt beenden. Du drückst die Tastenkombination [Strg]+[C].
4. Du simulierst einen Würfel mit folgender Anweisung: `randint(1, 6)`
5. Der String `'0'` ist nicht leer, sondern enthält ein Zeichen (`0`). Deshalb ist der Wahrheitswert `True`.

Lösung: Sport oder nicht Sport?

Programm

```
# entscheidungsbaum.py
print('Soll man heute draußen Sport treiben?')
a = input('Scheint die Sonne? (j/n): ')          #1
if a == 'j':                                      #2
    a = input('Hohe Luftfeuchtigkeit? (j/n): ')
    if a == 'j':
        print('Heute besser kein Sport.')
    else:
        print('Ja, du kannst Sport treiben.')
else:                                             #3
    a= input('Regnet es? (j/n): ')
    if a== 'j':
        a= input('Ist es windig? (j/n): ')
        if a== 'j':
            print('Heute besser kein Sport.')
        else:
            print('Ja, du kannst Sport treiben.')
    else:
        print('Ja, du kannst Sport treiben.')
```

So funktioniert's

#1 Wir verwenden für alle Antworten immer die gleiche Variable `a`.

#2 Die Bedingung passt nur, wenn der Benutzer einen kleinen Buchstaben eingibt.

#3 Dieses `else` gehört zum `if` in Zeile #2. Achte auf die richtige Blockstruktur mit korrekten Einrückungen. Jedes `else` muss genau unter dem zugehörigen `if` stehen.

10

Steuerung mit Schaltern

An den Raspberry Pi kannst du selbst gebaute Schalter anschließen. Ein Computerprogramm kann den Zustand eines Schalters abfragen und Entscheidungen treffen.

Wir bauen einen Zähler, einen Türgong und eine Alarmanlage. Ein anspruchsvolleres Projekt ist ein Lochkartenleser, mit dem ein digitaler Schlüssel gelesen werden kann.

Schalter

Wir haben den GPIO des RPi als Ausgang verwendet. Nun verwenden wir ihn als Eingang. Wir schließen an einen Pin des GPIO einen Schalter an. Ein Programm liest (in einer `while`-Schleife) den Zustand des Schalters und reagiert in irgendeiner Weise.

Die Aufgabe eines Schalters ist, einen Stromkreis zu schließen und zu öffnen. Du kannst leicht aus Pappe, Alufolie, Klebeband und Klebstoff Schalter für alle möglichen Verwendungszwecke selbst basteln. Da wir nur ganz geringe Ströme schalten (max. 50 mA), und mit niedrigen Spannungen arbeiten (max. 5 Volt), ist das Experimentieren völlig ungefährlich. In Kapitel 5 findest du eine Anleitung für ein Grundmodell aus Pappe, das sich für viele Zwecke bewährt hat.

Ein Pin des GPIO, der als Eingang verwendet wird, muss sich immer in einem von zwei elektrischen Zuständen befinden:

- Niedriger Spannungspegel (0 Volt bis 0,5 Volt). Das entspricht dem Wahrheitswert `False`.
- Hoher Spannungspegel (+2,4 Volt bis +3,3 Volt). Das entspricht dem Wahrheitswert `True`.

Mittlere Spannungspegel zwischen 0,5 und 2,4 Volt sind verboten. Sie können nicht eindeutig als `True` oder `False` interpretiert werden.

Übrigens ist für den Python-Interpreter `False` dasselbe wie `0` und `True` dasselbe wie `1`. Du kannst das in der Python-Shell leicht nachprüfen:

```
>>> False == 0
True
>>> True == 1
True
```

Abbildung 10.1 zeigt den Aufbau einer Schaltung, bei der Pin 10 als Eingang verwendet wird. Pin 10 ist über einen 10-Kiloohm-Widerstand an die Masse (GND) angeschlossen. Die Leiterbahnen, die einen hohen elektrischen Spannungspegel besitzen, sind etwas dicker gezeichnet.

- Wenn der Schalter geöffnet ist (Abbildung 10.1, links), hat Pin 10 einen niedrigen Spannungspegel (0 Volt) und ist im Zustand `False`. Jetzt »wirkt« die Verbindung zur Masse (GND) über den Widerstand. Deshalb spricht man auch von einem Pull-down-Widerstand (engl. *to pull down* = herunter ziehen).
- Wenn der Schalter geschlossen ist, ist Pin 10 mit Pin 1 verbunden (+3,3 Volt). Pin 10 hat dann einen hohen elektrischen Spannungspegel (etwa +3,3 Volt) und befindet sich im Zustand `True` (Abbildung 10.1 rechts).

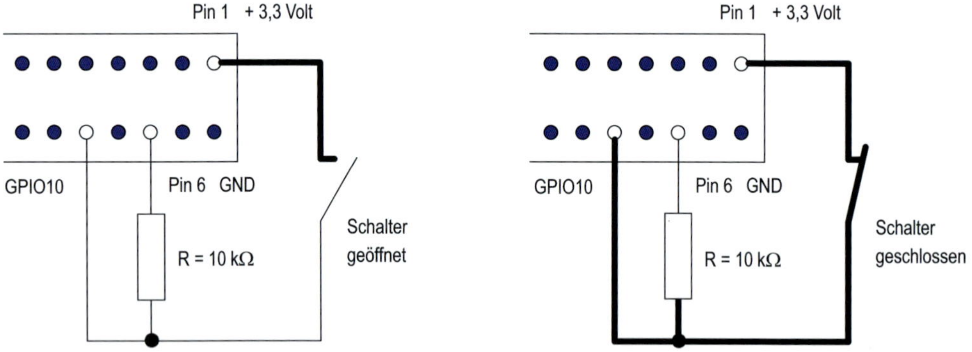

Abb. 10.1: *An Pin 10 ist ein Schalter mit Pull-down-Widerstand angeschlossen. Links: Zustand* `False`*. Rechts: Zustand* `True`.

Ein Pull-down-Widerstand ist wie ein Stein auf einer Wippe. Sieh dir Abbildung 10.2 an. Im linken Bild ist die Wippe in einem unklaren Zustand. Mal neigt sie sich ein bisschen nach links, mal ein bisschen nach rechts. Ein Stein macht die Wippe an einer Seite schwerer und sorgt dafür, dass sie in einem eindeutigen Zustand ist. Erst wenn sich jemand auf die andere Seite setzt (rechtes Bild), wechselt sie den Zustand.

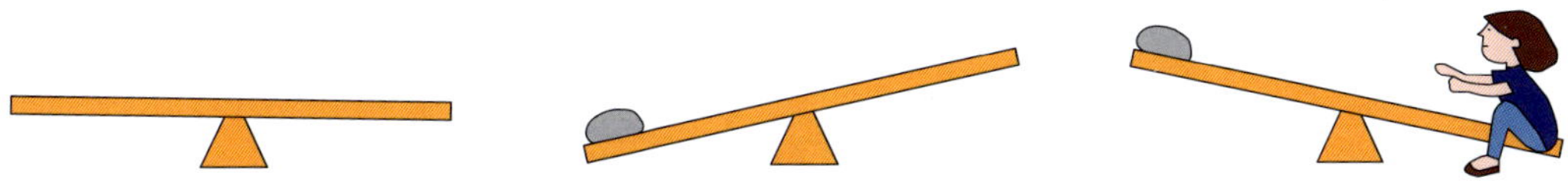

Abb. 10.2: *Links: Unklarer Zustand. Mitte: Zustand* `False`. *Rechts: Zustand* `True`.

Nun geht es darum, wie das Eingangssignal an Pin 10 in einem Python-Programm verarbeitet werden kann.

Den Schalter testen

Wenn der Computer auf den Schalter reagieren soll, muss er ihn ständig beobachten, damit er eine Zustandsänderung erkennen kann. Das folgende Programm dient zum Testen des Schalters. In einer Endlosschleife gibt es jede Sekunde seinen momentanen Zustand aus.

Programmlauf

```
0
0
1
1
...
```

Offenbar wurde nach zwei Sekunden der Schalter geschlossen.

Programm

```
from RPi import GPIO
from time import sleep
GPIO.setmode(GPIO.BOARD)
GPIO.setup(10, GPIO.IN)                         #1
while True:                                     #2
    print(GPIO.input(10))                       #3
    sleep(1)
```

So funktioniert's

#1 Pin 10 wird als Eingabekanal eingerichtet.

#2 Beginn der Endlosschleife.

#3 Der momentane Zustand von Pin 10 wird auf dem Bildschirm ausgegeben.

Du beendest den Programmlauf in der IDLE3-Shell mit Strg+C.

Projekt 23: Zähler

Schalter kann man zum Zählen von Ereignissen verwenden. Auf Flughäfen, öffentlichen Plätzen oder in Geschäften werden ständig Leute gezählt, weil man wissen will, wie viele Personen sich in den beobachteten Bereichen aufhalten.

In diesem Projekt zählt der RPi, wie viele Leute eine Tür öffnen und schließen. So kannst du z.B. feststellen, wie oft jemand in dein Zimmer gekommen ist – falls jedes Mal die Tür geöffnet und geschlossen worden ist.

Abbildung 10.3 zeigt einen Schalter, den man in wenigen Minuten aus Pappe, Alufolie und Klebeband zusammenbauen kann. Er besteht aus zwei Teilen:

- Über der Tür ist ein Schalter, wie er in Abschnitt »Aufgabe: Mondlandung« auf Seite 172 beschrieben worden ist. Er wird mit Kreppklebeband an der Wand befestigt.
- Auf das Türblatt wird mit Kreppklebeband ein Winkel aus Wellpappe geklebt. Achte darauf, dass die »Wellen« in Längsrichtung liegen, damit die Pappe stabil genug ist.

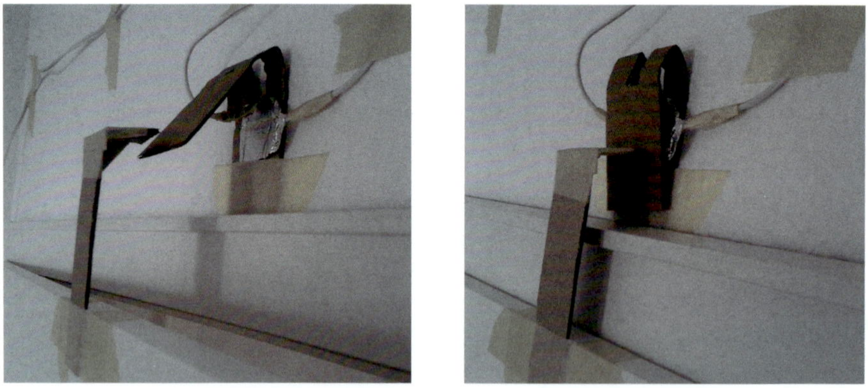

Abb. 10.3: *Türschalter aus Pappe, Alufolie und Klebeband. Links: Tür geöffnet. Rechts: Tür geschlossen.*

Du verwendest die Schaltung aus Abbildung 10.1. Das Programm soll in einer Endlosschleife zählen, wie oft der Schalter geöffnet worden ist und die Zahl sowie Datum und Uhrzeit (Zeitstempel) auf dem Bildschirm ausgeben.

Programmlauf (Beispiel)

```
1 Thu Jul 17 07:27:00 2014
2 Thu Jul 17 07:34:18 2014
3 Thu Jul 17 09:21:45 2014
```

Programm

```
# zaehler.py
from RPi import GPIO
from time import *                                  #1
GPIO.setmode(GPIO.BOARD)
GPIO.setup(10, GPIO.IN)                             #2
count=0                                             #3
while True:
    if GPIO.input(10)== False:                      #4
        count += 1                                  #5
        print(count, asctime())                     #6
        sleep(0.1)                                  #7
        while not GPIO.input(10):                   #8
            sleep(0.2)                              #9
```

So funktioniert's

#1 Der Stern * bedeutet, dass hier aus dem Modul `time` *alle* Funktionen importiert werden.

#2 Pin 10 wird als Eingang eingerichtet.

#3 Der Zähler wird auf null gesetzt.

#4 Wenn der Schalter geöffnet wird, sinkt der Spannungspegel an Pin 10 von +3.3 Volt (`True`) auf 0 Volt (`False`). Dann wird der eingerückte Anweisungsblock (die `if`-Klausel) ausgeführt.

#5 Der Inhalt von `count` wird um 1 erhöht.

#6 Die aktuelle Zahl und der Zeitpunkt des Türöffnens werden auf dem Bildschirm ausgegeben.

#7 Schalter prellen manchmal. Das heißt, dass der Kontakt in den ersten Millisekunden nicht stabil ist. Deshalb wartet das Programm 0,1 Sekunden (= 100 Millisekunden) lang.

#8 Nun wartet das Programm solange, bis der Schalter wieder geschlossen und an Pin 10 wieder ein hoher Spannungspegel anliegt (Wahrheitswert `True`).

#9 An dieser Stelle sind gleich drei Blöcke zu Ende (`while`, `if`, `while`).

Erweiterung für Experten: Daten speichern

Vielleicht möchtest du, dass die Uhrzeiten in einer Logdatei abgespeichert werden. Eine Logdatei ist eine Textdatei, in der bestimmte Ereignisse aufgeschrieben sind. Es ist eine Art Protokoll. Die Datei kannst du später mit einem Texteditor öffnen und dir den Inhalt ansehen.

In dem Programm brauchst du nur zwei Zeilen abzuwandeln.

Änderungen

Hinter Zeile #1 fügst du diese Anweisung ein:

```
logdatei = open('log.txt', 'w')
```

Damit wird im gleichen Ordner, in dem das Programm gespeichert ist, eine Datei mit dem Namen `'log.txt'` angelegt. Mit dem zweiten Argument `'w'` legst du fest, dass die Datei zum Schreiben geöffnet wird (engl. *to write* = schreiben).

Die Zeile #4 ersetzt du durch folgende Anweisung (gleiche Einrückung):

```
print(count,asctime(), file=logdatei, flush=True)
```

Hier wurden dem Aufruf der `print()`-Funktion zwei Parameter hinzugefügt:

`file=logdatei` bewirkt, dass die Daten nicht auf den Bildschirm, sondern an das Ende der Datei geschrieben werden.

`flush=True` bewirkt, dass nach dem Schreiben die Datei neu gespeichert wird. Das heißt, auch wenn jemand den Computer ausschaltet und so der Programmlauf abgebrochen wird, gehen keine Daten verloren.

Du kannst die Logdatei mit einem normalen Texteditor (z.B. LEAFPAD) öffnen und dir die Daten ansehen. Das Programm LEAFPAD findest du so: Klicke unten links auf den Startknopf und klicke dann auf das Menü ZUBEHÖR.

Die Logdatei liegt in dem gleichen Ordner, in dem auch das Programm gespeichert ist.

Projekt 24: Ein Türgong – Klangdateien abspielen

Den Türschalter aus dem letzten Abschnitt kannst du verwenden, um eine Klangdatei abzuspielen, wenn jemand die Tür öffnet. Die Datei kann einen Gong, Pfiff, Glockenklang oder auch eine Begrüßung durch eine menschliche Stimme (»Herzlich willkommen in meinem Zimmer«) enthalten. Hauptsache, die Datei liegt im Wave-Format vor. Der Dateiname endet dann mit `.wav`. Kostenlose Wave-Dateien findest du im Internet. Einige kleine Beispiel sind im Ordner SOUNDS im Projektordner zu diesem Kapitel.

Sound auf dem RPi

Damit man Klänge hört, braucht man einen Lautsprecher. Der RPi selbst besitzt keinen. Aber vielleicht hast du über HDMI einen Multimedia-Monitor angeschlossen, der Lautsprecher hat. Wenn du dir nicht sicher bist, mache einfach einen Test:

Öffne ein LXTerminal-Fenster und gib folgendes Kommando ein:

```
$ speaker-test
```

Wenn du ein Rauschen hörst, ist dein Monitor mit Lautsprechern ausgestattet. Mit einem Keyboard-Interrupt (Tastenkombination `Strg`+`C`) beendest du den Test.

Monitorlautsprecher haben oft nur eine schlechte Klangqualität. Um ordentlich Krach machen zu können, musst du Aktivboxen (Lautsprecher mit eingebautem Verstärker) über einen 3,5-mm-Klinkenstecker mit dem Audio-Ein-/Ausgang des RPi verbinden (siehe Abbildung 10.4).

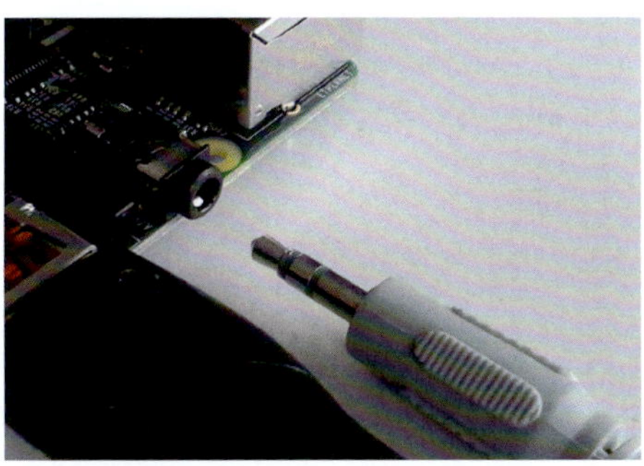

Abb. 10.4: *Der analoge Audio-Ein-/Ausgang des RPi (Modell B+) sitzt neben der HDMI-Buchse.*

Nun wählt das Betriebssystem des RPi bevorzugt den HDMI-Kanal. Wenn du den Sound über die 3,5-mm-Buchse ausgeben willst, musst du die Konfiguration ändern. Gib in der Kommandozeile des LXTerminal-Fensters ein:

```
$ sudo raspi-config
```

Es startet das Konfigurationsprogramm. Wähle mit den Pfeiltasten den Befehl 8 ADVANCED OPTIONS und drücke ↵.

Wähle dann A8 AUDIO und drücke wieder ↵.

Schließlich wählst du die Option FORCE 3.5 MM ('HEADPHONE') JACK, gehst mit der Taste → auf OK und beendest die Eingabe mit ↵.

In einem LXTerminal-Fenster kannst du testen, ob nun der Sound aus den Aktivboxen kommt:

```
$ speaker-test
```

Klangdateien abspielen

Mit dem Programm aplay, das auf deinem RPi installiert ist, kannst du Klangdateien mit den Formaten .voc, .wav, .raw und .au abspielen. Auf deinem RPi sind schon einige Klangdateien für Testzwecke gespeichert (Ordner /usr/share/sound/alsa). Im einfachsten Fall rufst du das Programm nach folgendem Muster auf:

```
$ aplay klangdatei
```

Dabei ist *klangdatei* der Pfad zu einer Klangdatei. Öffne ein LXTerminal-Fenster und probiere es aus:

```
$ cd /usr/share/sound/alsa
$ aplay Side_Right.wav
```

Im Projektorder zu diesem Buch findest du einen Ordner mit Klängen, die man als »Türgong« verwenden könnte. Aber noch viel mehr Auswahl hast du im Internet, z.B. bei *http://www.wavsource.com*.

Wir entwickeln nun ein ganz einfaches Python-Programm, das eine Klangdatei immer wieder abspielt, wenn man ↵ drückt.

Richte für deine Soundprojekte einen Projektordner ein. Erzeuge in dem Projektordner einen Unterordner mit dem Namen sounds. Dieser Ordner soll Wave-Dateien enthalten – unter anderem eine Datei namens gong.wav.

Öffne mit IDLE 3 ein neues Editorfenster und speichere das neue Projekt z.B. unter dem Namen sound_test.py in deinem Projektordner ab. Wichtig ist, dass es in dem Projektordner einen Unterordner sounds gibt, der die Klangdateien enthält (siehe Abbildung 10.5). Sonst stimmt in dem Python-Programm der Bezug nicht.

Abb. 10.5: *Projektordner mit Python-Programm und Ordner mit Klangdateien*

Programm

```
import os                                              #1
while True:
    input('Ton starten mit <ENTER>')                   #2
    os.system('aplay sounds/gong.wav')                 #3
```

So funktioniert's

#1 Das Modul os wird importiert. Es enthält Funktionen, die mit dem Betriebssystem zu tun haben (*os* = operating system).

#2 In der Endlosschleife wird zunächst gewartet, bis der Benutzer die Taste [↵] drückt. Hier geht es nur um das Warten. Ob der Benutzer vor [↵] noch irgendetwas anderes eingibt oder nicht, ist völlig gleichgültig.

#3 mit os.system() wird ein Kommando abgesetzt, so als ob man es in der Kommandozeile der Konsole (LXTerminal) geschrieben hätte. Das Kommando ist eine Zeichenkette und wird in Anführungszeichen gesetzt. Das Kommando besteht aus dem Programmnamen aplay und dem Pfad der Klangdatei, hier sounds/gong.wav.

Türgong

Du benutzt eine Schaltung wie in Abbildung 10.1 und den Türschalter aus Abbildung 10.3. Das folgende Programm spielt eine Klangdatei immer wieder ab, solange der Schalter geöffnet ist.

Programm

```
import os
from RPi import GPIO
from time import sleep
GPIO.setmode(GPIO.BOARD)
```

```
GPIO.setup(10, GPIO.IN)

while True:
    if not GPIO.input(10):                   #1
        os.system('aplay sounds/huhu.wav')   #2
        sleep(1)                             #3
```

So funktioniert's

#1 Wenn der Schalter geöffnet ist, dann hat Pin 10 (wegen des Pull-down-Widerstands) einen niedrigen Spannungspegel. Das entspricht dem Zustand `False`. Der Funktionsaufruf `GPIO.input(10)` liefert deshalb den Wert `0` mit dem Wahrheitswert `False`. Man hätte diese Zeile auch so schreiben können: `if GPIO.input(10) == 0:`

#2 Spiele den Klang ab.

#3 Warte eine Sekunde.

Projekt 25: Alarmanlage

Die Alarmanlage soll ohne Tastatur und Monitor arbeiten. Sie besteht aus diesen Bauteilen:

- RPi mit Netzteil und Aktivbox,
- LED mit Vorwiderstand (130 Ω),
- Kabel,
- einem Türschalter wie in Abbildung 10.3,
- einem normalen Schalter, der irgendwo im Raum versteckt ist.

Das passiert

10 Sekunden nach dem Start des Programms beginnt die Anlage ihre Arbeit. Vor Ablauf dieser Zeit kannst du zum Beispiel den Raum verlassen, ohne dass ein Alarm ausgelöst wird. Nach 10 Sekunden geht das nicht mehr. Die Anlage startet ihre Arbeit. Zu Beginn ist sie im Zustand *wartend*. Wenn jemand die Tür öffnet, wechselt sie in den Zustand *aktiviert*. Zur Kontrolle wird eine Leuchtdiode eingeschaltet.

Nun gibt es zwei Möglichkeiten: Wenn nichts weiter passiert, wird nach fünf Sekunden der Alarm ausgelöst (Zustand *Alarm*). Das Programm spielt immer wieder eine Klangdatei ab, die einen Eindringling verschrecken soll.

Oder aber du schließt die Tür wieder und drückst auf den zweiten Knopf, dessen Versteck nur Eingeweihte kennen, bis die LED wieder ausgeht. Dann wird die Alarmanlage deaktiviert und ist dann wieder im Zustand *wartend*.

Falls der Alarm ausgelöst worden ist, endet er wieder, sobald der geheime Deaktivierungsschalter gedrückt worden ist.

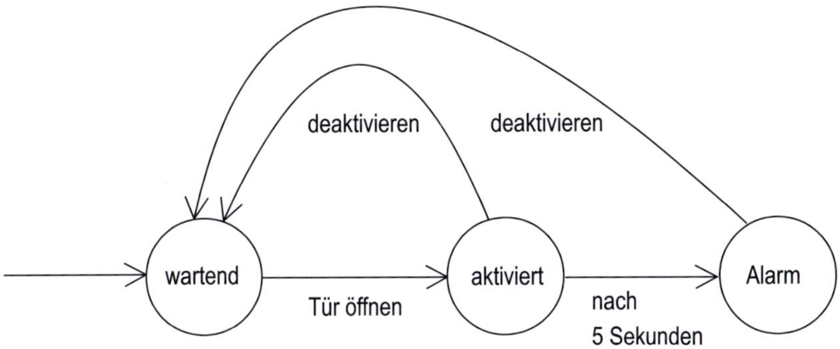

Abb. 10.6: *Zustände der Alarmanlage*

Hardware und Software

Der Aufbau der Hardware ist sehr einfach. Du brauchst für die Schalter keine Widerstände. Denn dieses Mal verwenden wir die Pins 3 und 5 des GPIO. Die haben eine Besonderheit. Sie besitzen jeweils einen Pull-up-Widerstand, der sie auf einem positiven Spannungspegel hält (etwa 3,3 V).

Über die Schalter werden die Eingänge mit der Masse (GND) verbunden. Das heißt: Wenn der Pegel niedrig ist (`False`), ist der Schalter geschlossen. Wenn er hoch ist (`True`), ist der Schalter offen.

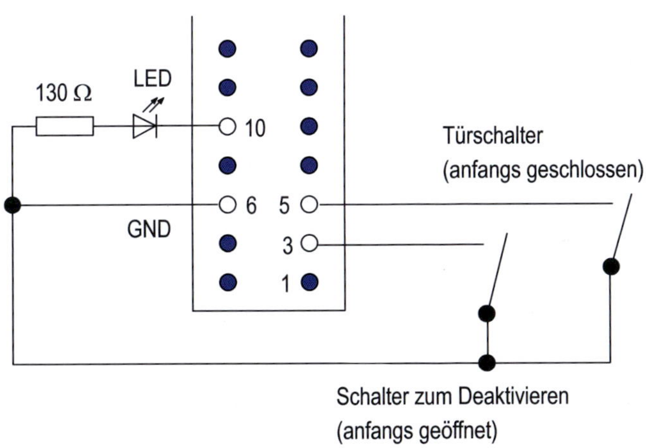

Abb. 10.7: *Schaltplan der Alarmanlage*

Programm

```
import os
from RPi import GPIO
from time import sleep
GPIO.setmode(GPIO.BOARD)
GPIO.setup(3, GPIO.IN)
GPIO.setup(5, GPIO.IN)
GPIO.setup(10, GPIO.OUT)

sleep(10)

while True:                                    #1
    GPIO.output(10, False)                     #2
    if GPIO.input(5):                          #3
        GPIO.output(10, True)                  #4
        sleep(5)                               #5
        while GPIO.input(3):                   #6
            os.system('aplay sounds/huhu.wav')
```

So funktioniert's

#1 Beginn der Endlosschleife.

#2 Die Leuchtdiode wird ausgeschaltet.

#3 Wenn die Tür geöffnet wird, öffnet sich auch der Türschalter und an Pin 5 entsteht wegen des internen Pull-up-Widerstands ein positiver Spannungspegel. Pin 5 wechselt in den Zustand True. Dann wird der folgende eingerückte Anweisungsblock ausgeführt.

#4 Die Leuchtdiode wird eingeschaltet.

#5 Fünf Sekunden warten.

#6 Solange der Deaktivierungsschalter nicht gedrückt worden ist, wird ein schauriger Klang abgespielt. Bedenke zwei Dinge:

- Wenn der Deaktivierungsschalter offen ist, hat Pin 3 den Zustand True (Pull-up-Widerstand) und die Schleifenbedingung ist erfüllt.
- Wenn schon vor Ablauf der 5-Sekunden-Wartezeit der Deaktivierungsschalter gedrückt worden ist, wird die Schleife nicht ein einziges Mal durchlaufen. Die Alarmanlage bleibt still. Und so soll es ja auch sein.

Projekt 26: Nullen und Einsen – eine Lochkarte als digitaler Schlüssel

Schon im 18. Jahrhundert wurden Lochstreifen verwendet, z.B. um Drehorgeln und mechanische Webstühle zu steuern. Ein Lochstreifen ist ein langer Streifen aus Pappe, in den Muster aus Löchern gestanzt worden sind. Der Streifen ist in Zeilen aufgeteilt. In jeder Zeile gibt es eine bestimmte Anzahl von Positionen. An einer Position kann ein Loch eingestanzt sein oder es ist dort kein Loch. Es gibt nur diese beiden Möglichkeiten. Man kann sagen, dass jedes Loch eine 1 darstellt und jedes Nichtloch eine 0. Und das Muster aus Nullen und Einsen in einer Zeile kann Zahlen oder Buchstaben kodieren. So kann ein Lochstreifen Daten speichern.

Eine Loch*karte* ist einfach nur ein kurzer Lochstreifen bestimmter Länge. Ein sehr verbreitetes Format waren Lochkarten mit 80 Spalten und 12 Zeilen, die für IBM-Großrechner verwendet wurden. Ja, in der Anfangszeit der Computertechnik spielten Lochkarten eine große Rolle. Auf ihnen wurden Computerprogramme und Daten gespeichert. In den 1960er Jahren wurden sie von Magnetbändern weitgehend abgelöst. Aber als robuste mechanische Speicher für kleine Datenmengen (z.B. Umfragedaten) haben Lochkarten auch heute noch eine gewisse Bedeutung. In diesem Projekt setzen wir Lochkarten als digitale Schlüssel ein.

Das passiert

Eine rote Leuchtdiode blinkt. Das ist das Zeichen, dass die Lochkarte in den Schlitz des Lochkartenlesers eingeschoben werden kann. Die Lochkarte ist ein Stück Plastik mit eingeschnittenen rechteckigen Löchern. Steckt die Lochkarte im Lesegerät, gibt es zwei Möglichkeiten:

1. Das Lochmuster entspricht der Folge von Nullen und Einsen, die im Computer gespeichert ist. Dann passt der Schlüssel. Die gelbe (oder andersfarbige) LED leuchtet. An Stelle der gelben Leuchtdiode kann natürlich auch ein elektrischer Türöffner oder irgendein Gerät eingeschaltet werden.

2. Das Lochmuster entspricht nicht der gespeicherten Folge. Dann ist der Schlüssel falsch. Die rote LED leuchtet.

Wird die Lochkarte aus dem Lesegerät gezogen, gibt es wieder das Blinklicht. Abbildung 10.8 veranschaulicht die Arbeitsweise durch ein Zustandsübergangsdiagramm.

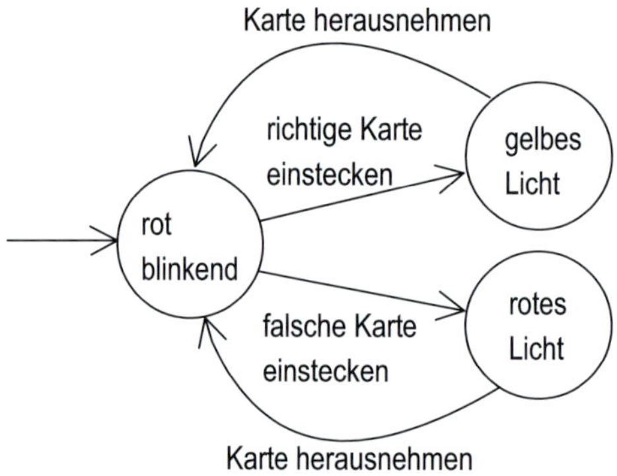

Abb. 10.8: *Zustandsübergangsdiagramm für den »digitalen Schlüssel«*

Selbstbau eines Lochkartenlesers

Ein Lochkartenleser enthält eine Reihe von Schaltern, die durch ein Loch geschlossen und durch ein Nichtloch geöffnet werden. Abbildung 10.9 zeigt das Prinzip.

Abb. 10.9: *Arbeitsweise des Lochkartenlesers*

In einer Viertelstunde kannst du dir einen Lochkartenleser aus Alltagsmaterialien selbst zusammenbauen. Du brauchst folgende Teile:

- Wellpappe (aus einem Verpackungskarton)
- Klebstoff
- Kreppklebeband
- Alufolie
- Büroklammern
- Flachbandkabel
- eventuell einige Münzen oder Schrauben als Gewichte

Biege an vier Büroklammern vorne die Spitze um (Abbildung 10.10).

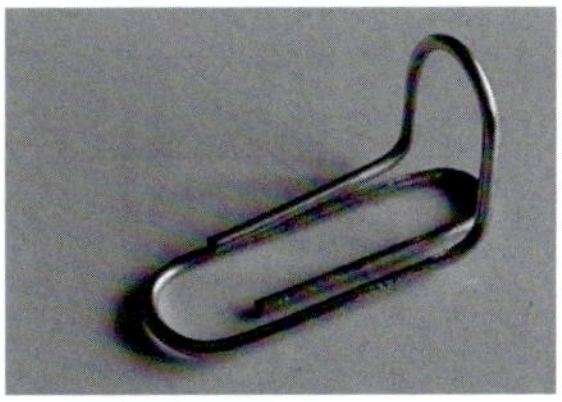

Abb. 10.10: *Büroklammer mit umgebogener Spitze*

Trenne von einem Flachbandkabel einen Streifen mit fünf Adern ab.

Abb. 10.11: *Flachbandkabel*

Schneide ein Rechteck aus Pappe aus (ca. 15 × 20 cm). Das ist die Grundplatte. Klebe auf die Grundplatte einen Streifen Alufolie. Er sollte an einer Seite überstehen, damit man dort leicht ein Kabel anschließen kann. Klebe über die vordere Kante des Alufoliestreifens Kreppklebeband, damit sich später keine Lochkarte versehentlich unter die Alufolie schieben kann. Klebe wie in der Abbildung drei Pappstreifen auf die Grundplatte.

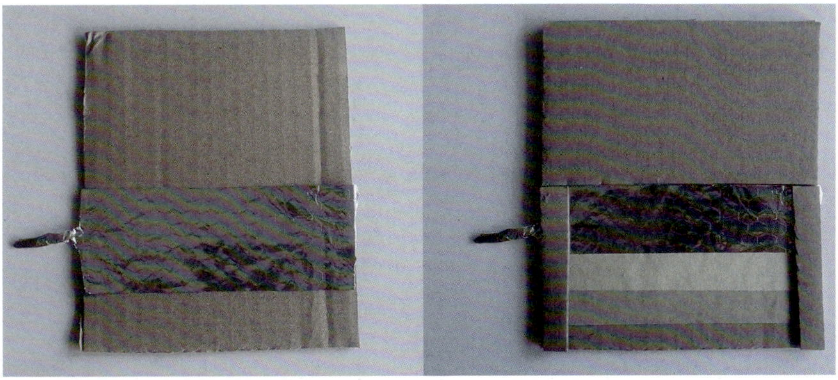

Abb. 10.12: *Die Grundplatte*

Schneide vier Streifen aus Wellpappe aus. Sie sind für die Schalter. Achte darauf, dass die »Wellen« in Längsrichtung liegen und die Streifen in Längsrichtung stabil sind.

Verbinde die erste Ader des Flachbandkabels mit dem Aluminiumstreifen.

Stecke auf einen Pappstreifen eine umgeknickte Büroklammer. Klebe den Pappstreifen wie in Abbildung 10.13 fest. Die Büroklammer muss die Alufolie berühren. Klemme eine Ader des Flachbandkabels unter die Büroklammer.

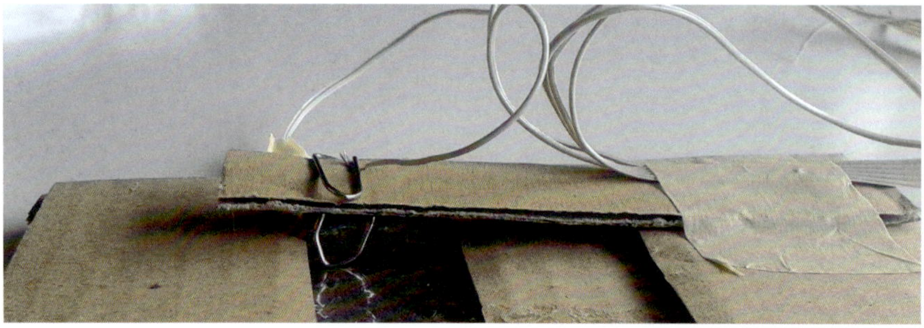

Abb. 10.13: *Ein Schalter, der die Lochkarte abtastet. Trifft er auf ein Loch, wird der Stromkreis geschlossen, sonst bleibt er geöffnet.*

Mache das gleiche mit den drei anderen Pappstreifen. Du kannst die Pappstreifen mit einem dicken Buch beschweren, damit sie gut festgedrückt werden, während der Kleber aushärtet. Klebe vorne ein Stück Pappe als Abdeckung über die Grundplatte, so dass ein Schlitz zum Einschieben der Lochkarte entsteht.

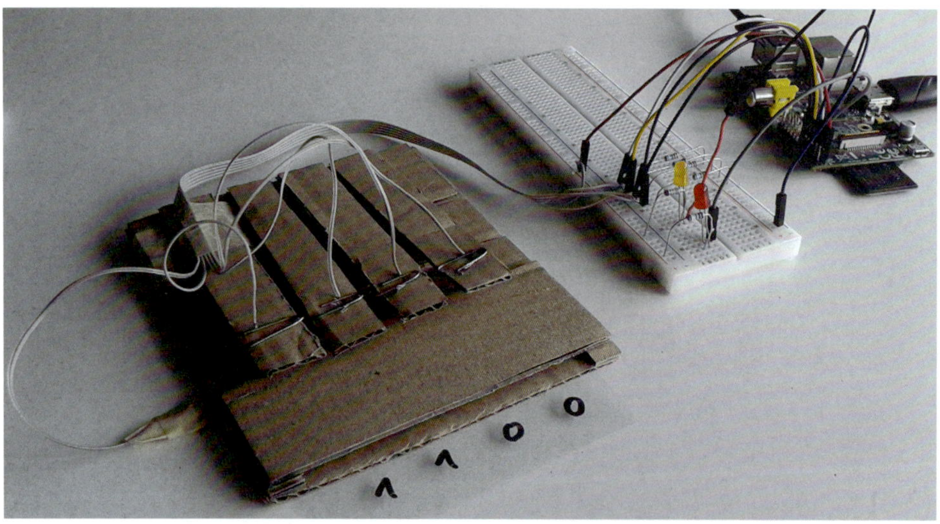

Abb. 10.14: *Ein Lochkartenleser für das Projekt »Digitaler Schlüssel« (mit Lochkarte)*

Für die Lochkarte nimmst du ein Stück feste Plastikfolie (z.B. von einer Pralinenschachtel oder ähnlichem) und schneidest mit einem Teppichmesser einige rechteckige Löcher hinein. Natürlich kann man auch Papier oder dünne Pappe nehmen, aber ich finde klares Plastik sieht irgendwie »spaciger« aus und erinnert ein bisschen an Science-Fiction-Filme. Achte darauf, dass die Löcher genau unter den Büroklammer-Kontakten sitzen, wenn die Karte bis zum Anschlag in den Eingang des Lochkartenlesers geschoben worden ist.

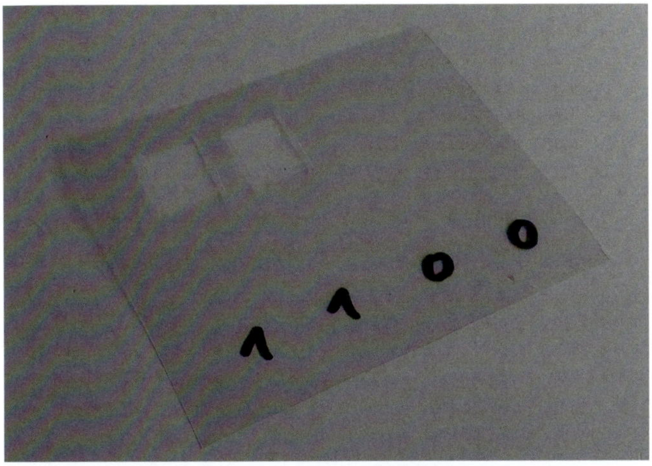

Abb. 10.15: *Eine Lochkarte aus Kunststoff*

Die Schaltung

- Für die elektronische Schaltung auf der Steckplatine brauchst du vier Widerstände mit 10 kΩ als Pull-down-Widerstände,
- zwei Leuchtdioden (z.B. rot und gelb) und
- zwei Widerstände mit 130 Ω als Vorwiderstände für die LEDs.

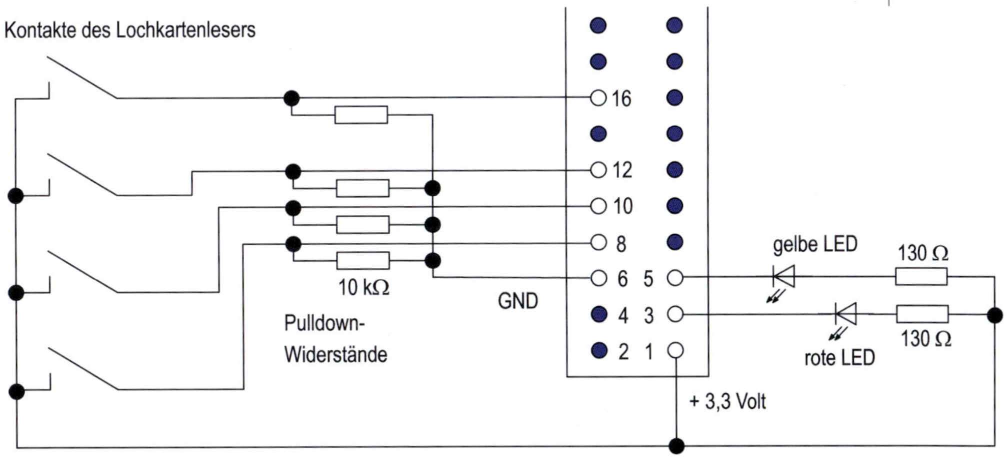

Abb. 10.16: *Schaltplan für den Anschluss des Lochkartenlesers an den RPi*

Am besten gehst du so vor: Stecke zuerst die elektronischen Bauteile (Widerstände und LEDs) übersichtlich in die Steckplatine. Abbildung 10.17 zeigt wie das aussehen könnte.

Verbinde dann die Bauteile durch Jumper-Kabel mit dem GPIO.

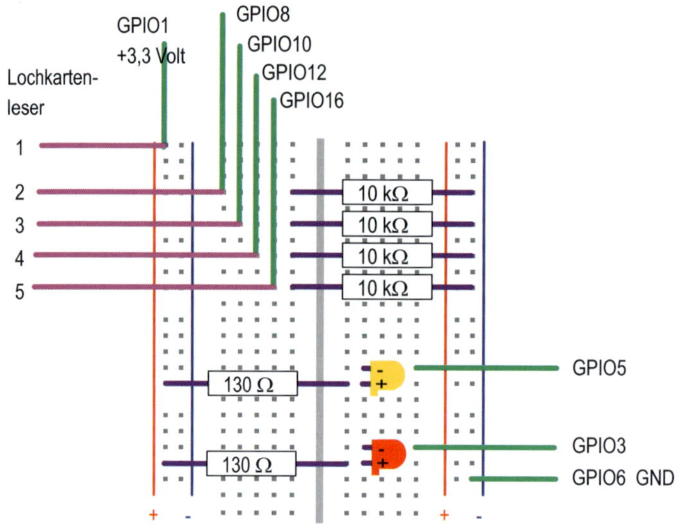

Abb. 10.17: *Anordnung der elektronischen Bauteile auf der Steckplatine*

Du benutzt die Pins 3 und 5 als Ausgang zur Steuerung der LEDs. Die Pins 8,10, 12 und 16 dienen als Eingang. (Man kann natürlich auch andere frei programmierbare Pins verwenden.)

Die fünf Kabel des Lochkartenlesers kannst du mit Hilfe der Jumper-Kabel, die zum GPIO gehen, in der Steckplatine festmachen (siehe Abbildung 10.18).

Abb. 10.18: *Die weißen Kabel vom Lochkartenleser sind vorne ein Stückchen weit von der Isolierung befreit (damit das Metall leitend verbunden wird) und stecken zusammen mit Jumper-Kabeln in Löchern der Steckplatine.*

Das Testprogramm

Am besten schreibst du zuerst ein kleines Testprogramm für den Kartenleser. Das folgende Programm liest jede Sekunde die Daten, die der Lochkartenleser liefert und schreibt sie auf den Bildschirm. Im folgenden Programmlaufbeispiel ist zuerst keine Karte in den Lochkartenleser eingesteckt. Deshalb sind alle vier Schalter geschlossen. Die Büroklammern berühren die Alufolie. Dann wird eine Lochkarte hineingeschoben und gleich wieder herausgezogen.

Programmlauf (Beispiel)

```
1 1 1 1
1 1 0 0
1 1 0 0
1 1 1 1
```

Das Programm

```
from RPi import GPIO
from time import sleep
GPIO.setmode(GPIO.BOARD)
GPIO.setup(8, GPIO.IN)                                  #1
GPIO.setup(10, GPIO.IN)
GPIO.setup(12, GPIO.IN)
GPIO.setup(16, GPIO.IN)
while True:
    print(GPIO.input(8),
          GPIO.input(10),
          GPIO.input(12),
          GPIO.input(16))                               #2
    sleep(1)                                            #3
```

So funktioniert's

#1 Die Pins 8, 10, 12, 16 werden als Eingang eingerichtet.

#2 In dieser `print()`-Anweisung werden die Zustände der vier Eingänge auf dem Bildschirm ausgegeben, und zwar als `0` oder `1` und nicht als `False` oder `True`. Für den Python-Interpreter ist aber `False` dasselbe wie `0` und `True` dasselbe wie `1`.

#3 Eine Sekunde warten. Hier ist der Block zu Ende.

Möglicherweise stellst du fest, dass das Programm an einigen Stellen eine `0` anzeigt, obwohl du eine `1` erwartest. Dann haben einige Büroklammern keinen sauberen Kontakt zur Alufolie. Zur Abhilfe musst du auf die Pappstreifen mit Kreppklebeband kleine Gewichte (z.B. Schrauben oder 2-Cent-Münzen) kleben.

Der digitale Schlüssel

Das Programm für den digitalen Schlüssel ist zwar relativ lang, aber eigentlich einfach. Zur Orientierung lohnt es sich, einen Blick auf das Zustandsübergangsdiagramm (Abbildung 10.8) zu werfen. Das Programm enthält eine Endlosschleife (#2). Du brichst es mit der Tastenkombination [Strg]+[C] ab.

```
from RPi import GPIO
from time import sleep

GPIO.setmode(GPIO.BOARD)                        #1
GPIO.setup(3, GPIO.OUT)
GPIO.setup(5, GPIO.OUT)
GPIO.setup(8, GPIO.IN)
GPIO.setup(10, GPIO.IN)
GPIO.setup(12, GPIO.IN)
GPIO.setup(16, GPIO.IN)

while True:                                     #2
    GPIO.output(3, 1)                           #3
    GPIO.output(5, 1)
    a0 = GPIO.input(8)                          #4
    a1 = GPIO.input(10)
    a2 = GPIO.input(12)
    a3 = GPIO.input(16)

    while (a0, a1, a2, a3) == (1, 1, 1, 1):     #5
        # Warte, bis Karte eingeschoben ist
        a0 = GPIO.input(8)                      #6
        a1 = GPIO.input(10)
        a2 = GPIO.input(12)
        a3 = GPIO.input(16)
        # Rote LED blinkt
        GPIO.output(3, 0)                       #7
        sleep(0.2)
        GPIO.output(3, 1)                       #8
        sleep(0.5)                              #9
    sleep(2)                                    #10
```

```
    a0 = GPIO.input(8)
    a1 = GPIO.input(10)
    a2 = GPIO.input(12)
    a3 = GPIO.input(16)
    print(a0, a1, a2, a3)                      #11
    if (a0, a1, a2, a3) == (1, 1, 0, 0):       #12
        GPIO.output(5, 0)                      #13
    else:
        GPIO.output(3, 0)                      #14

    while (a0, a1, a2, a3) != (1, 1, 1, 1):    #15
        # Warte, bis Karte herausgezogen ist
        a0 = GPIO.input(8)
        a1 = GPIO.input(10)
        a2 = GPIO.input(12)
        a3 = GPIO.input(16)
        sleep(0.5)
```

So funktioniert's

#1 Hier wird der GPIO eingerichtet. Wir verwenden die Pin-Nummerierung BOARD. Die Pins 3 und 5 werden Ausgänge und die Pins 8, 10, 12, 16 werden Eingänge.

#2 Wir verwenden eine Endlosschleife. Die Befehle des großen eingerückten Blocks werden ständig wiederholt.

#3 Pin 3 und Pin 5 werden auf 3,3 Volt gesetzt. Damit werden die rote und die gelbe LED ausgeschaltet.

#4 Hier werden die Zustände der vier Eingänge abgefragt und in den Variablen `a0`, `a1`, `a2`, und `a3` gespeichert.

#5 Hier wird geprüft, ob alle Eingänge im Zustand 1 sind. Denke daran, dass *alle* Büroklammern Kontakt haben, wenn noch keine Karte eingeschoben worden ist. Das heißt an allen vier Eingängen liegt eine Spannung von 3,3 Volt an (Zustand `1` bzw. `True`). Solange alle Büroklammern Kontakt zur Alufolie haben (also solange noch keine Lochkarte eingeschoben worden ist), wird diese Schleife durchlaufen. Es wird also gewartet.

#6 Alle vier Eingänge werden wieder abgefragt.

#7 Die Spannung an Pin 3 wird auf 0 Volt gesetzt. Dann fließt durch die rote LED Strom und sie leuchtet.

#8 Nach 0,2 Sekunden wird die Spannung wieder auf 3,3 Volt gesetzt. Nun fließt kein Strom mehr, und die LED geht wieder aus. Sie hat also einmal kurz aufgeblitzt.

#9 Nach 0,5 Sekunden geht es in Zeile #5 wieder weiter.

#10 Die Schleife ist verlassen worden. Das heißt, jemand hat eine Lochkarte in den Lochkartenleser geschoben, und die Kontakte wurden getrennt. Nun wartet das Programm 2 Sekunden lang. Wir gehen davon aus, dass in dieser Zeit die Lochkarte ganz (bis zum Anschlag) in den Lochkartenleser geschoben worden ist. Danach kann der Code gelesen werden.

#11 Zur Kontrolle werden die Zustände der vier Eingänge auf dem Bildschirm ausgegeben. Diese Zeile kannst du entfernen, wenn das Programm perfekt läuft.

#12 Hier werden die Zustände der Eingänge mit dem Muster `(1, 1, 0, 0)` verglichen. Das ist der gespeicherte Geheimcode. Du kannst natürlich für dein Digitalschloss einen anderen Code verwenden.

#13 Wenn die Lochkarte das richtige Muster hat, wird die gelbe LED eingeschaltet. (Statt der LED könnte auch ein elektrischer Türöffner eingeschaltet werden.)

#14 Sonst wird die rote LED eingeschaltet.

#15 Diese Schleife wird solange durchlaufen, bis die Karte herausgezogen worden ist und alle Sensoren (Büroklammern) Kontakt zur Alufolie haben. Dann beginnt die Endlosschleife von vorne (Zeile #2). Der Lochkartenleser wartet auf die nächste Karte.

Fragen

1. Welche Aufgabe hat ein Pull-down-Widerstand an einem Eingang des GPIO?
2. Welche beiden Pins des GPIO haben einen eingebauten Pull-up-Widerstand?
3. Wie viele verschiedene Lochmuster kann man mit vier Positionen erzeugen, wenn die Lochkarte als »digitaler Schlüssel« verwendet werden soll?
4. Mit welcher Stromstärke (in Milliampere, mA) fließt Strom, wenn du Pin 10 des GPIO als Eingang konfigurierst und ihn dann mit Pin 1 (3,3 V) verbindest? Miss den Strom mit einem Universalmessgerät.

Aufgaben

Aufgabe 1: Gesteuertes Blinken

Deine Zimmertür soll mit einem Warnblinklicht ausgestattet werden. Immer, wenn sie offen steht, blinkt eine Leuchtdiode. Verwende den Türschalter sowie die Schaltung aus Abbildung 10.19 und schreibe ein passendes Python-Programm. Nur wenn der Schalter geöffnet ist, soll die LED blinken, sonst nicht.

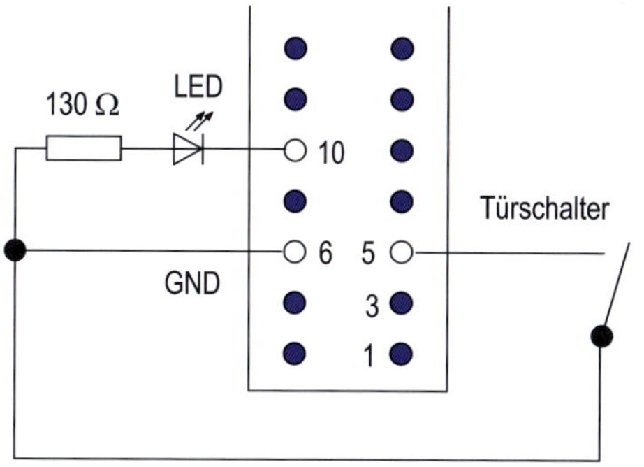

Abb. 10.19: Schaltplan für gesteuertes Blinken

Aufgabe 2: Jukebox

Eine Jukebox ist eine Maschine, die Musikstücke abspielt, die man aus einem Menü auswählen kann. Schreibe ein interaktives Programm, das eine Jukebox für Soundeffekte realisiert.

Programmlauf

```
Wähle einen Sound. Ende mit <ENTER>
(A)pplaus
(J)ubel
(B)ellen
(F)anfare
Auswahl: a
```

Antworten zu den Fragen

1. Ein Pull-down-Widerstand liegt zwischen einem Eingang und der Masse (GND, ground). Er bringt den Spannungspegel des Eingangs auf 0 Volt (`False`), wenn nicht von außen (über einen Schalter) eine positive Spannung angelegt ist.
2. Pin 3 und 5 haben jeweils einen Pull-up-Widerstand, der für einen positiven Spannungspegel sorgt (Wahrheitswert `True`), wenn der Pin als Eingang geschaltet ist und nicht über ein Kabel mit der Masse verbunden wird.
3. Es sind im Prinzip 16 Muster (2*2*2*2) möglich. Allerdings kann das Muster 1111(vier Löcher) aufgrund des Leseprogramms nicht verwendet werden. Denn wenn keine Karte im Kartenleser steckt, hat das die gleiche Wirkung wie eine Karte mit vier Löchern. Somit gibt es 15 brauchbare Lochmuster.
4. Die Stromstärke liegt bei etwa 2 mA.

Lösungen der Aufgaben

Lösung 1: Gesteuertes Blinken

Programm

```
# tuerblinken.py
import os
from RPi import GPIO
from time import sleep
GPIO.setmode(GPIO.BOARD)
GPIO.setup(5, GPIO.IN)
GPIO.setup(10, GPIO.OUT)

while True:                                      #1
    while GPIO.input(5):                         #2
        GPIO.output(10, True)                    #3
        sleep(0.5)
        GPIO.output(10, False)                   #4
        sleep(0.5)
```

So funktioniert's

#1 Endlosschleife.

#2 Wenn die Tür offen ist, ist der Schalter geöffnet. Pin 5 hat wegen des eingebauten Pull-up-Widerstands einen hohen Spannungspegel (Wahrheitswert True). Deshalb ist die Bedingung erfüllt, wenn die Tür offen ist. Dann wird das Innere der Schleife (eingerückter Block) ausgeführt.

#3 LED einschalten.

#4 LED ausschalten.

Lösung 2: Jukebox

Programm

```
import os
wahl = 'a'                                       #1
while wahl != 'q':                               #2
    print()                                      #3
    print('Wähle einen Sound. Ende mit q.')      #4
```

```
    print('(A)pplaus')
    print('(J)ubel')
    print('(B)ellen')
    print('(F)anfare')
    wahl = input('Auswahl: ')                    #5
    if wahl == 'a':                              #6
        os.system('aplay sounds/applaus.wav')
    if wahl == 'j':
        os.system('aplay sounds/jubel.wav')
    if wahl == 'b':
        os.system('aplay sounds/bellen.wav')
    if wahl == 'f':
        os.system('aplay sounds/fanfare.wav')    #7
print('Auf Wiedersehen.')                        #8
```

So funktioniert's

#1 In der Variablen wahl wird später der eingegebene Buchstabe gespeichert.Aber sie braucht einen Anfangswert, weil sonst die Bedingung in der while-Anweisung nicht getestet werden kann.

#2 Beginn der while-Schleife. Sie wird wiederholt, solange der Benutzer etwas anderes als q eingibt.

#3 Drucke eine leere Zeile.

#4 Das Menü wird ausgegeben.

#5 Warte auf die Eingabe des Benutzers. Wichtig ist, dass kleine Buchstaben eingegeben werden. Sonst passen die Bedingungen nicht.

#6 Wenn der Buchstabe a eingegeben worden ist, wird eine Klangdatei mit Applaus abgespielt.

#7 Das ist die letzte Zeile des Schleifeninneren.

#8 Nach Beendigung der Wiederholung (wenn der Benutzer q eingegeben hat), wird diese Anweisung ausgeführt. Sie ist nicht eingerückt und gehört deshalb nicht mehr zum Schleifeninneren.

11

Anzeigen mit Leuchtdioden

Besonders große und lichtintensive Displays bestehen aus vielen Leuchtdioden. Ein spektakuläres Beispiel für diese Technik ist die Medienfassade auf dem Dortmunder U-Turm (siehe Abbildung 11.1). In diesem Kapitel bauen wir eine Leuchtanzeige aus LEDs, Draht und Pappe und stellen auf ihr statische und animierte Lichtmuster dar. Wenn du nicht gerne lötest, kannst du für deine Projekte auch eine vorgefertigte LED-Punktmatrixanzeige verwenden.

Abb. 11.1: *Eine riesige LED-Anzeige: die Medienfassade auf dem Dortmunder U-Turm*

Projekt 27: Eine LED-Matrix

Wenn du mit dem Zug nach Dortmund kommst, siehst du auf dem Dach des U-Turms ein riesiges LED-Display. Es besteht aus 1,7 Millionen sehr hellen Outdoor-LEDs und hat eine Gesamtfläche von 625 Quadratmetern. Darauf werden Tag und Nacht farbige Animationen abgespielt: Feuer, ein Aquarium, durch das Fische schwimmen, fliegende Tauben.

Sind die LEDs ausgeschaltet, verschwindet das Display scheinbar und man sieht die dahinter liegenden Mauern der Dachkrone. Denn aus der Entfernung sind die dunklen Leuchtdioden unscheinbare kleine Pünktchen, und zwischen ihnen ist viel Platz zum Durchgucken.

In diesem Projekt bauen wir eine Miniaturversion solch einer LED-Fassade aus nur 16 Leuchtdioden. Dennoch: Das Steuerungsprinzip ist das gleiche. Abbildung 11.2 erklärt die Funktionsweise einer LED-Matrix. Es gibt waagerechte Leitungen (Zeilen) und senkrechte Leitungen (Spalten), die sich nicht berühren. An jedem Schnittpunkt einer Zeile und einer Spalte sitzt eine LED. Die Anode (Pluspol) ist an einer Spaltenleitung und die Kathode (Minuspol) ist an einer Zeilenleitung angebracht. Die LED-Matrix kann nur funktionieren, weil LEDs *Dioden* sind. Durch sie kann nur in *einer Richtung* elektrischer Strom fließen. Eine LED leuchtet nur dann, wenn an ihrer Anode ein hoher Spannungspegel (`True`) und an der Kathode ein niedriger Spannungspegel (`False`) anliegt.

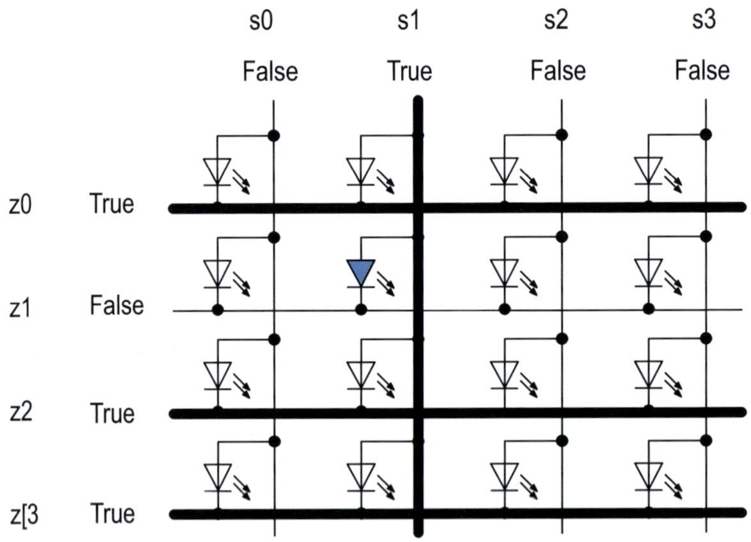

Abb. 11.2: *So wird eine einzelne LED in einer LED-Matrix eingeschaltet.*

Im Beispiel, das die Abbildung zeigt, ist `s1` als einzige Spalte im Zustand `True` und `z1` als einzige Zeile im Zustand `False`. Nur die eine LED, die an `s1` und `z1` angeschlossen ist, leuchtet.

Die Hardware

In diesem Abschnitt wird beschrieben, wie du dir eine 4x4-LED-Matrix selbst zusammenbauen kannst. Wenn du nicht so gerne mit Schere und Lötkolben umgehst, kannst du dir auch eine fertige LED-Matrix wie den TA07 kaufen. Im Abschnitt »Ein Baustein mit einer LED-Punktmatrix« auf Seite 274 erfährst du, wie du diesen Baustein anschließt und ansteuerst. Die Programmierprojekte dieses Abschnitts kannst du auch mit dem TA07 durchführen. Du musst nur ein paar Zahlen ändern.

Für dieses Projekt brauchst du folgende Materialien

- 16 LEDs;
- 4 Widerstände 100 Ohm;
- ein Flachbandkabel mit 40 Adern und einen 40-poligen Pfostensteckverbinder zum Anschluss an den RPi B+ oder einen 26-poligen Pfostensteckverbinder für den älteren RPi B;
- ca. 2 m Klingeldraht;
- dicke Wellpappe und Kreppklebeband;
- Schere;
- Lötdraht und Lötkolben;
- Holzbrett als Unterlage;
- flaches Stück Styropor (10 x10 cm);
- optional Jumper-Kabel (female-female).

Zuerst schneidest du aus Pappe einen quadratischen Rahmen mit einer Kantenlänge von ungefähr 20 cm.

Bohre mit einem Nagel an einer Seite kleine Löcher vor, durch die dann die Widerstände gesteckt werden (Abbildung 11.3). Obwohl wir 16 Leuchtdioden haben, reichen vier Widerstände für die Zeilen der Matrix. Denn jede LED ist mit einem Zeilenkabel verbunden, so dass der Strom immer durch einen Widerstand fließt.

Abb. 11.3: *Der Rahmen für die LED-Matrix*

Schneide vom Klingeldraht acht etwa 25 cm lange Stücke ab. Sie müssen etwas länger als der Papprahmen sein. Entferne mit einer Schere stückchenweise die Isolierung. Du brauchst für deine Matrix blanken Kupferdraht. Dazu legst du den Klingeldraht zwischen die beiden Schneidflächen der Schere, drückst die Schere nur *ganz leicht* zusammen und drehst sie ein paar Mal, so dass im Kunststoff (aber nicht im darunter liegenden Kupfer) ein Einschnitt entsteht. Dann ziehst du die Kunststoffisolierung mit den Fingern ab.

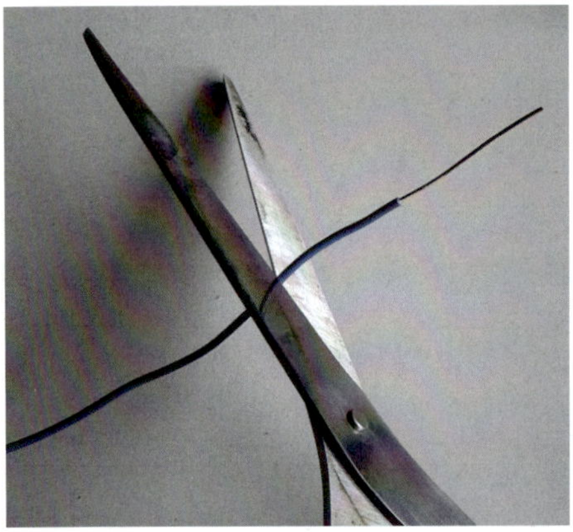

Abb. 11.4: *Stückchenweise die Isolierung vom Klingeldraht entfernen*

Steche weitere Löcher in den Rahmen, durch die du die Kupferdrähte steckst (Abbildung 11.5). Die Drähte für die Zeilen liegen flach und werden mit den Widerständen verbunden. Die Drähte für die Spalten sind erhoben und bilden Brücken. Sie dürfen die Zeilendrähte nicht berühren.

Klebe an die Ränder Kreppklebeband, um die Drähte zu stabilisieren und zu schützen.

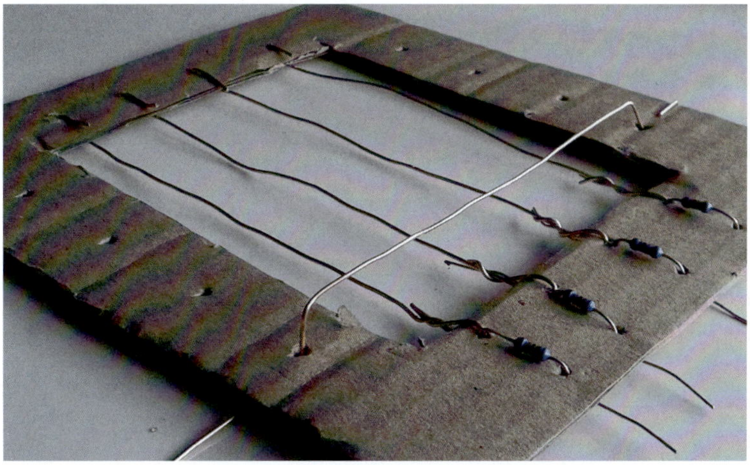

Abb. 11.5: *Kupferdrähte für die Zeilen und Spalten der Matrix*

Nun wird gelötet. Auf ein Holzbrett legst du ein Quadrat aus Styropor und darauf deine Matrix. Nimm eine LED und halte sie mit dem Kopf nach oben, und zwar so, dass links der kürzere Anschluss (Kathode) und rechts der längere Anschluss ist (Anode). Knicke den längeren Anschlussdraht etwa 5 mm unterhalb des LED-Sockels im rechten Winkel zu dir ab. Stecke die LED mit dem kürzeren Kathodenanschluss in das Styropor, so dass dieser kürzere Draht ein Zeilenkabel der Matrix berührt und der abgeknickte Anodendraht ein Spaltenkabel berührt. In der gleichen Weise bereitest du auch drei weitere LEDs vor und steckst sie in die Matrix. Es muss so aussehen wie in Abbildung 11.6. Achte darauf, dass die Kathode (abgeflachte Kante des LED-Sockels) immer links ist. Je regelmäßiger die Struktur ist, desto weniger Fehler macht man. Wenn du eine Zeile vorbereitet hast, lötest du die Anodenanschlüsse oben an den Spaltenkabeln der Matrix fest.

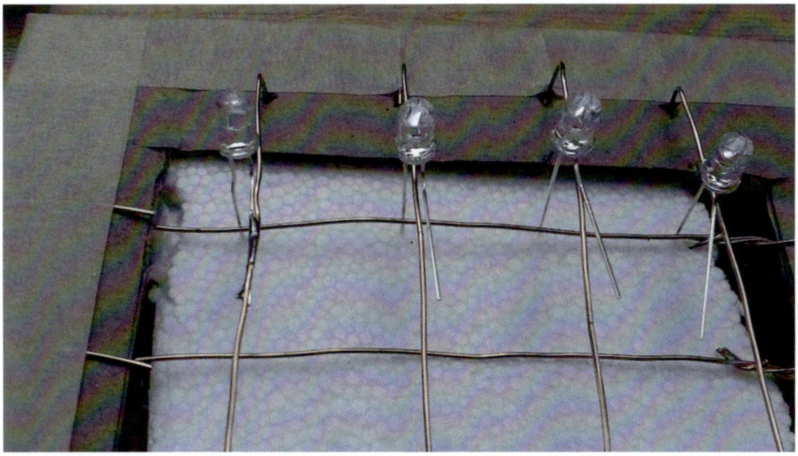

Abb. 11.6: *LEDs festlöten: Die Kathoden (kurz) sind links und stecken im Styropor.*

Wenn du auf diese Weise alle 16 Leuchtdioden befestigt hast, drehst du die Matrix um, knickst die Kathodenanschlüsse um und lötest sie an den Zeilendrähten fest.

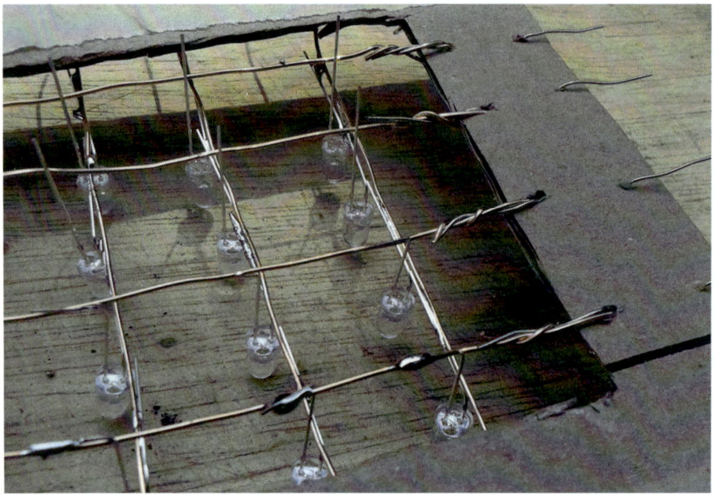

Abb. 11.7: *Auf der Rückseite werden die Kathodenanschlüsse an den Zeilen der Matrix festgelötet.*

Die Zeilen und Spalten müssen mit Pins des GPIO verbunden werden. Dazu kannst du Jumper-Kabel (female-female) verwenden. Aufgrund der Größe dieser Konstruktion ist vielleicht ein Flachbandkabel mit Steckpfostenverbinder praktischer.

Verbindung mit einem Flachbandkabel

Für das RPi-Modell B+ brauchst du einen 40-poligen, für das ältere RPi-Modell mit dem kleineren GPIO brauchst du einen 26-poligen Pfostensteckverbinder. Der Stecker besteht normalerweise aus drei Teilen: Der Pfosten mit Löchern, die auf den GPIO passen, ein Bügel mit geriffelter Oberfläche und ein zweiter Bügel zur Zugentlastung.

- Setze zunächst den Bügel mit der geriffelten Innenoberfläche (nicht die Zugentlastung!) ein Stück weit auf das Hauptteil des Pfostenverbinders (Abbildung 11.8, erstes Bild).
- Schau dir den Pfostenverbinder genau an. An einer Stelle siehst du ein kleines Dreieck. Dieses Dreieck markiert Pin 1.
- Schiebe das Flachbandkabel durch den Spalt, so dass das rote Kabel auf der Seite mit dem kleinen Dreieck ist. Drücke dann den Bügel nach unten in den weichen Kunststoff der Kabelisolierung. Jetzt brauchst du unbedingt einen Schraubstock. Wenn du selbst keinen Schraubstock hast, frage Nachbarn oder fahre zu einem Baumarkt. Dort gibt es meistens in der Nähe der Kasse Schraubstöcke für die Kunden, die lange Leisten zersägen wollen. (Ansonsten frage beim Personal nach! Man ist zu jungen Bastlern immer sehr freundlich!) Spanne den Stecker mit dem Kabel in den Schraubstock und presse die Teile fest zusammen. Das Kabel sieht dann aus wie in Bild 2.

- Setze den Zugentlastungsbügel auf wie in Bild 3.
- Schiebe das andere Ende des Kabels in einer Schlaufe durch den neuen Spalt, drücke den Zugentlastungsbügel ganz herunter und ziehe das Kabel stramm. Es sieht dann aus wie im letzten Bild.

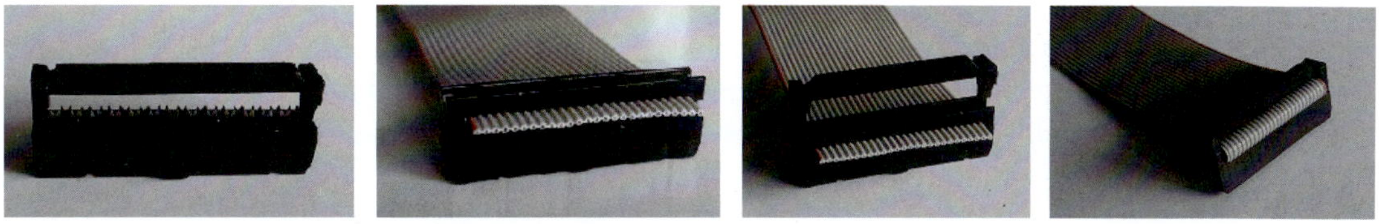

Abb. 11.8: *Befestigung eines Pfostensteckverbinders*

Schreibe auf den Papprahmen der Matrix die Nummern der GPIO-Pins auf, an die du die LEDs anschließen möchtest. Ich habe für die Zeilen die Pins 8,10, 11, 12 und für die Spalten die Pins 19, 16, 15, 13 verwendet. Löse am offenen Ende des Flachbandkabels nach und nach die Adern ab, die du anschließen möchtest. Das rote Kabel markiert Leitung 1, die mit Pin 1 des GPIO verbunden wird. Zähle die Adern ab und löse etwa 20 cm der achten Ader für aus dem Verbund. Entferne am Kabelende etwa 1 cm der Isolierung von diesem Kabel. Der Kunststoff der Flachbandkabel ist normalerweise so weich, dass das mit den Fingernägeln von Daumen und Zeigefinger geht. Löte nun das blanke Ende am Widerstand des ersten Zeilenkabels fest. In gleicher Weise lötest du auch die anderen sieben Kabel fest. Ein Tipp: Entferne erst kurz vor dem Löten die Isolierung eines Kabels. Dann kannst du es leichter von den anderen unterscheiden und kommst nicht durcheinander. Zum Schluss kannst du die Lötstellen mit einem Stückchen Kreppklebeband umwickeln, um sie zu stabilisieren und zu schützen.

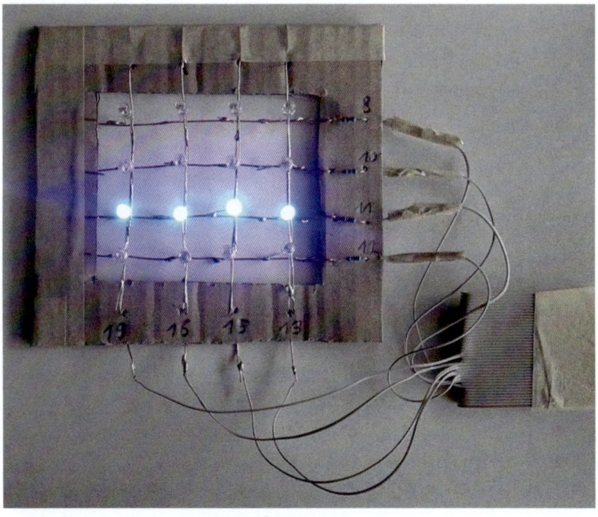

Abb. 11.9: *Die fertige LED-Matrix in Aktion. Auf dem Papprahmen stehen die Pin-Nummern. Zeilen: 8,10, 11, 12. Spalten: 19, 16, 15, 13.*

Die 32 nicht benötigten Adern des Flachbandkabels klappst du nach hinten und klebst sie mit Klebeband fest.

Projekt 28: Wandernde Linien

Im ersten Projekt testen wir, ob alle LEDs funktionieren. Die vier LEDs einer Zeile sollen gleichzeitig leuchten. Zuerst die obere Zeile, dann die zweite, die dritte, die vierte und dann wieder die erste. Es soll aussehen als ob leuchtende Linien von oben nach unten wandern (Abbildung 11.9).

Starte IDLE3 als Root:

```
$ sudo idle3
```

Programm

Die meisten Anweisungen ähneln einander sehr. Sie enthalten meist Aufrufe von `GPIO.setup()` und `GPIO.output()`. Du schreibst diese Anweisungen jeweils nur einmal und kopierst sie dann. Die Kopien müssen nur leicht abgewandelt werden.

```
# zeilen_wandern.py
from time import sleep
from RPi import GPIO
GPIO.setmode(GPIO.BOARD)                                #1

# Zeilen
GPIO.setup(8, GPIO.OUT)                                 #2
GPIO.setup(10, GPIO.OUT)
GPIO.setup(11, GPIO.OUT)
GPIO.setup(12, GPIO.OUT)
# Spalten
GPIO.setup(19, GPIO.OUT)
GPIO.setup(16, GPIO.OUT)
GPIO.setup(15, GPIO.OUT)
GPIO.setup(13, GPIO.OUT)

# LEDs auschalten                                       #3
GPIO.output(8, True)
GPIO.output(10, True)
GPIO.output(11, True)
GPIO.output(12, True)
GPIO.output(19, True)
GPIO.output(16, True)
GPIO.output(15, True)
GPIO.output(13, True)
```

```
while True:                                    #4
    GPIO.output(8, False)                      #5
    sleep(0.2)                                 #6
    GPIO.output(8, True)                       #7
    GPIO.output(10, False)                     #8
    sleep(0.2)
    GPIO.output(10, True)
    GPIO.output(11, False)
    sleep(0.2)
    GPIO.output(11, True)
    GPIO.output(12, False)
    sleep(0.2)
    GPIO.output(12, True)
```

So funktioniert's

#1 Der Modus BOARD ist wichtig, damit jede GPIO-Nummer der Position des Pins entspricht.

#2 Die angeschlossenen Pins des GPIO werden alle als Ausgang geschaltet.

#3 Alle Reihen und alle Spalten werden auf einen hohen Spannungspegel (+3,3 Volt) gesetzt. So kann nirgendwo Strom fließen (denn es gibt kein Spannungsgefälle) und alle LEDs bleiben dunkel.

#4 Wir haben hier eine Endloswiederholung.

#5 Bei der obersten Zeile (angeschlossen an Pin 8) wird der Spannungspegel auf 0 Volt gesetzt (Zustand False). Weil alle Spalten den Zustand True haben, fließt durch die LEDs dieser Zeile Strom und sie leuchten (siehe Abbildung 11.10).

#6 0,2 Sekunden warten.

#7 Jetzt wird der Spannungspegel des Drahtes von Zeile 1 wieder auf 3,3 Volt gesetzt (Zustand True). Es fließt kein Strom mehr und alle LEDs dieser Zeile gehen aus.

#8 Jetzt werden die LEDs der zweiten Zeile eingeschaltet. Und so weiter.

Abb. 11.10: *So entstehen wandernde Linien: Abwechselnd werden Zeilen in den Zustand* False *gebracht.*

Das Programm enthält eine Endloswiederholung. Wenn die LED-Matrix lange genug geblinkt hat, brichst du den Programmlauf durch einen Keyboard-Interrupt ab: [Strg]+[C].

Ein Baustein mit einer LED-Punktmatrix

Eine populäre Punktmatrixanzeige ist der TA07-11HWA der Firma Kingbright. Er besitzt sieben Zeilen mit jeweils fünf kleinen roten LEDs. Für dieses Projekt brauchst du:

- Punktmatrixanzeige (TA07-11HWA)
- fünf Widerstände (130 Ohm)
- Steckplatine und Jumper-Kabel

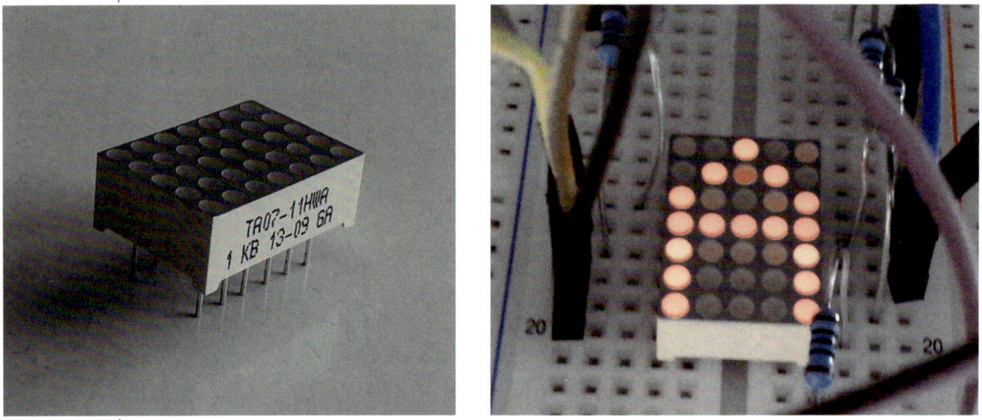

Abb. 11.11: *Eine industriell gefertigte Punktmatrix-Anzeige*

Du setzt den kleinen Baustein in die Mitte der Steckplatine (siehe Abbildung 11.11, rechts) und schließt ihn (teilweise über 130-Ohm-Widerstände) mit Jumper-Kabeln an den GPIO an.

Pin 1 ist auf dem Baustein durch eine unscheinbare »1« auf dem seitlichen Aufdruck angegeben. In Abbildung 11.11 (linkes Bild) ist es der Pin vorne. Gehe nach dem Schaltplan in Abbildung 11.12 vor. Halte dich strikt an die Angaben. Verwirrend ist vielleicht, dass die Anordnung der Pins »bunt gewürfelt« aussieht und nicht die Spalten- und Zeilenstruktur der LEDs widerspiegelt.

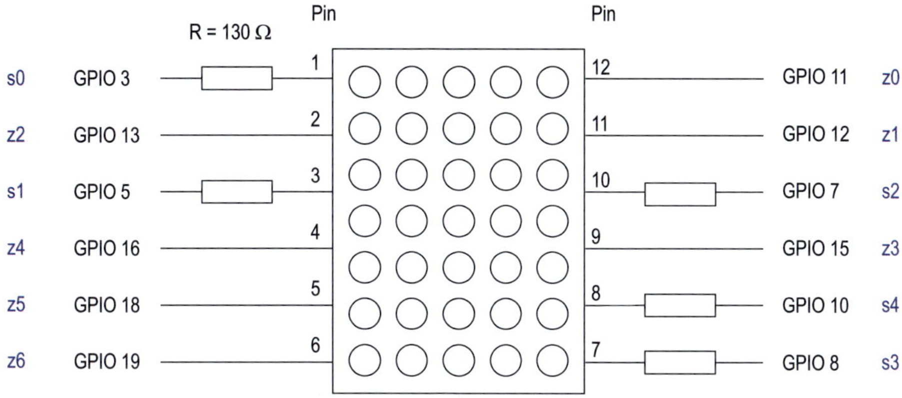

Abb. 11.12: *Anschluss des TA07-11HWA an den GPIO (Modus* BOARD*)*

Projekt 29: Einzelne LEDs einer Punktmatrix ansteuern

Das Programm schreibt zuerst eine Textgrafik auf den Bildschirm, in der die Zeilen und Spalten der Punktmatrix dargestellt werden.

Über die Tastatur kann man nun zwei Pin-Nummern des GPIO eingeben: Die erste Pin-Nummer gehört zu einer Zeile und die zweite zu einer Spalte der Punktmatrix. Nach der zweiten Eingabe leuchtet die LED, die sich in der angegebenen Zeile und Spalte befindet, für eine Sekunde. Dann wird gefragt, ob man noch eine weitere LED testen möchte.

Programmlauf (Beispiel)

```
   3  5  7  8  10
11-+--+--+--+--+
12-+--+--+--+--+
13-+--+--+--+--+
15-+--+--+--+--+
16-+--+--+--+--+
18-+--+--+--+--+
19-+--+--+--+--+
Zeile: 13
Spalte: 5
Noch einmal? (j/n): n
Auf Wiedersehen ...
```

Programm

Die Idee des Programms: Die ausgewählte Zeile wird (als einzige Zeile) auf `False` gesetzt (0 Volt) und die ausgewählte Spalte als einzige auf `True`. Dann leuchtet die LED im Schnittpunkt (Abbildung 11.13).

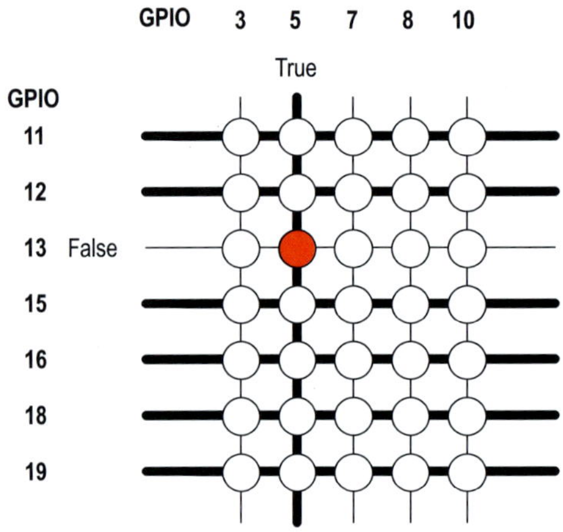

Abb. 11.13: *Eine LED einschalten*

```
# led_test.py
from time import sleep
from RPi import GPIO
GPIO.setmode(GPIO.BOARD)

#Zeilen
GPIO.setup(11, GPIO.OUT)                              #1
GPIO.setup(12, GPIO.OUT)
GPIO.setup(13, GPIO.OUT)
GPIO.setup(15, GPIO.OUT)
GPIO.setup(16, GPIO.OUT)
GPIO.setup(18, GPIO.OUT)
GPIO.setup(19, GPIO.OUT)

#Spalten
GPIO.setup(3, GPIO.OUT)
GPIO.setup(5, GPIO.OUT)
GPIO.setup(7, GPIO.OUT)
GPIO.setup(8, GPIO.OUT)
GPIO.setup(10, GPIO.OUT)
```

```
# LEDs ausschalten
GPIO.output(11, True)                           #2
GPIO.output(12, True)
GPIO.output(13, True)
GPIO.output(15, True)
GPIO.output(16, True)
GPIO.output(18, True)
GPIO.output(19, True)                           #3

GPIO.output(3, False)
GPIO.output(5, False)
GPIO.output(7, False)
GPIO.output(8, False)
GPIO.output(10, False)

eingabe = 'j'                                   #4
while eingabe == 'j':                           #5
    print('''
   3  5  7  8  10
11-+--+--+--+--+
12-+--+--+--+--+
13-+--+--+--+--+
15-+--+--+--+--+
16-+--+--+--+--+
18-+--+--+--+--+
19-+--+--+--+--+''')                            #6
    zeile = int(input('Zeile: '))
    spalte = int(input('Spalte: '))
    GPIO.output(zeile, False)                   #7
    GPIO.output(spalte, True)
    sleep(1)
    GPIO.output(zeile, True)                    #8
    GPIO.output(spalte, False)
    eingabe = input('Noch einmal? (j/n): ')
print('Auf Wiedersehen...')                     #9
```

So funktioniert's

#1 Die verwendeten Pins des GPIO werden alle als Ausgang geschaltet.

#2 Alle Zeilen werden auf True (3,3 Volt) gesetzt ...

#3 ... und alle Spalten auf `False` (0 Volt). Damit sind alle LEDs ausgeschaltet.

#4 Damit die nun folgende `while`-Schleife wenigsten einmal durchlaufen wird, muss die Variable `eingabe` den Wert `'j'` erhalten.

#5 Solange `eingabe` den Wert `'j'` hat, wiederhole den folgenden Block.

#6 Hier wird ein langer String ausgegeben. Die Wirkung der drei Anführungszeichen ist, dass der String über mehrere Zeilen gehen kann.

#7 Die ausgewählte Zeile wird auf `False` und die Spalte auf `True` gesetzt. Jetzt leuchtet eine LED.

#8 Nach einer Sekunde wird die LED wieder abgeschaltet. Die ausgewählten Pins des GPIO gehen in den ursprünglichen Zustand zurück.

#9 Wenn die `while`-Schleife verlassen worden ist, verabschiedet sich das Programm.

Immer das Gleiche!

Ist dir etwas aufgefallen? In den Programmen wurden wenige Arten von Anweisungen mit kleinen Veränderungen sehr oft wiederholt. Wie langweilig! Das kann man viel eleganter machen, wenn man Kollektionen und Iterationen verwendet. Wie das geht, erfährst du im nächsten Abschnitt.

Fragen

1. Eine LED ist mit der Kathode an Pin 8 und mit der Anode an Pin 10 angeschlossen. In welchen logischen Zuständen müssen sich die beiden Pins des GPIO befinden, damit die LED leuchtet?

2. Wenn alle Anschlüsse einer LED-Matrix den logischen Zustand `True` haben (+3,3 Volt), sind alle LEDs ausgeschaltet. Was ist, wenn alle Anschlüsse den logischen Zustand `False` haben?

3. Wie viele LEDs leuchten, wenn genau zwei Spalten den Zustand `True` und genau zwei Zeilen den Zustand `False` haben?

4. Du hast eine LED-Anzeige mit 4000 LEDs, die in 50 Zeilen und 80 Spalten angeordnet sind. Wie viele Widerstände brauchst du mindestens für den Betrieb?

Aufgaben

Aufgabe 1: Ein Dimmer für LEDs

Wie kann man eigentlich eine Leuchtdiode dunkler machen (dimmen)? Ganz einfach! Man muss die LED nur ganz schnell an- und ausmachen. Je länger die Wartezeit zwischen dem Aufblitzen ist, desto dunkler erscheint die Leuchtdiode. Schau dir Abbildung 11.14 an. Das Licht links ist dunkler als rechts, weil links die Wartezeiten zwischen zwei Lichtimpulsen länger sind.

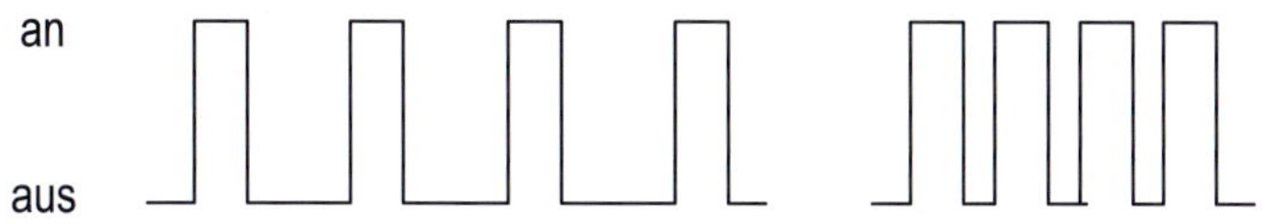

Abb. 11.14: *Eine Leuchtdiode wird gedimmt, indem sie schnell ein- und ausgeschaltet wird.*

Nun zur Aufgabe: Schließe eine Leuchtdiode über einen Widerstand von 130 Ohm mit der Anode an Pin 10 und mit der Kathode an Pin 6 (Masse) des GPIO an. Der Schalter ist mit Pin 5 und Pin 6 (Masse) verbunden.

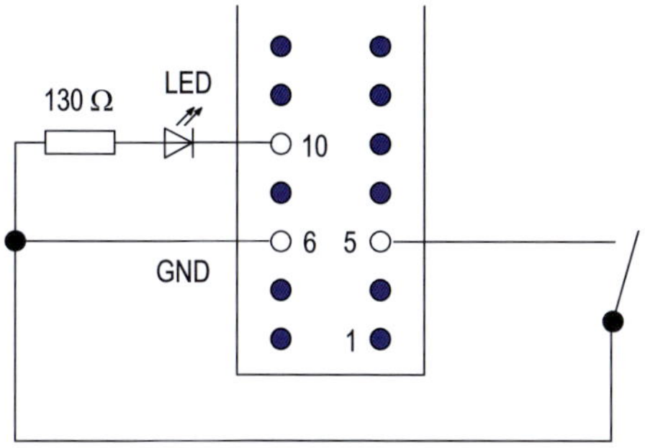

Abb. 11.15: *Eine LED mit einem Schalter dimmen*

Schreibe ein Programm, das Folgendes bewirkt: Immer dann, wenn der Schalter geschlossen ist, wird die LED gedimmt. Sie leuchtet dunkler. Sobald der Schalter geöffnet ist, leuchtet die Leuchtdiode wieder mit der vollen Helligkeit.

Tipp: Verwende diese Programmstruktur und ergänze die fehlenden Anweisungen

```
from RPi import GPIO
from time import sleep
GPIO.setmode(GPIO.BOARD)
GPIO.setup(10, GPIO.OUT)
GPIO.setup(5, GPIO.IN)
while True:
    ...
```

Aufgabe 2: Rechts und links

Auf der LED-Matrix soll immer abwechselnd die linke und die rechte Hälfte der LEDs leuchten (siehe Abbildung 11.16). Schreibe ein passendes Programm.

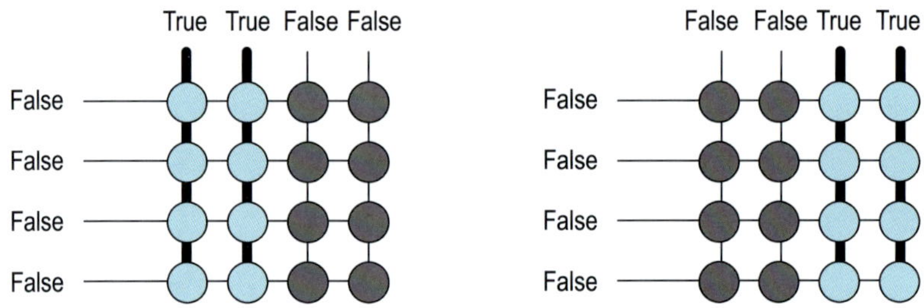

Abb. 11.16: *Abwechselnd leuchtet die linke und die rechte Hälfte der Matrix.*

Antworten zu den Fragen

1. Pin 8 (Kathode) ist im Zustand `False` (0 Volt) und Pin 10 (Anode) ist im Zustand True (+3,3 Volt). Nur dann kann Strom durch die LED fließen.
2. Wenn alle Anschlüsse den logischen Zustand `False` haben, gibt es nirgendwo einen Spannungsunterschied. Dann kann auch kein Strom fließen. Alle LEDs sind ausgeschaltet.
3. Vier LEDs leuchten, weil die beiden Spalten und Zeilen vier Schnittpunkte haben.
4. Wenn man die Anzeige spaltenweise ansteuert, leuchten höchstens 50 LEDs gleichzeitig. Man braucht dann höchstens 50 Widerstände – für jede Zeile einen.

Lösungen zu den Aufgaben

Lösung 1: Ein Dimmer für LEDs

Programm

```
# dimmer.py
from RPi import GPIO
from time import sleep
GPIO.setmode(GPIO.BOARD)
GPIO.setup(10, GPIO.OUT)                    #1
```

```
while True:                              #2
    for i in range(100):                 #3
        GPIO.output(10, False)           #4
        sleep(0.001)                     #5
        GPIO.output(10, True)            #6
        sleep(0.01)                      #7
    GPIO.output(10, False)               #8
    sleep(1)
    GPIO.output(10, True)
```

So funktioniert's

#1 Pin 10 des GPIO wird zum Ausgang.

#2 Hier beginnt eine Endlosschleife.

#3 Der folgende (eingerückte) Anweisungsblock wird hundert Mal wiederholt.

#4 Die LED wird eingeschaltet.

#5 Warte 0,001 Sekunden.

#6 Die LED wird ausgeschaltet.

#7 Warte 0,01 Sekunden. Die Wartezeit ist also zehn Mal länger als die Leuchtzeit.

#8 In den letzten Zeilen wird die LED für eine Sekunde eingeschaltet. Sie leuchtet dann hell.

Lösung 2: Rechts und links

Programm

```
# rechtslinks.py
from time import sleep
from RPi import GPIO

GPIO.setmode(GPIO.BOARD)
#Zeilen
GPIO.setup(8, GPIO.OUT)                  #1
GPIO.setup(10, GPIO.OUT)
GPIO.setup(11, GPIO.OUT)
GPIO.setup(12, GPIO.OUT)
```

```
#Spalten
GPIO.setup(19, GPIO.OUT)
GPIO.setup(16, GPIO.OUT)
GPIO.setup(15, GPIO.OUT)
GPIO.setup(13, GPIO.OUT)

GPIO.output(8, False)                                 #2
GPIO.output(10, False)
GPIO.output(11, False)
GPIO.output(12, False)
GPIO.output(19, False)
GPIO.output(16, False)
GPIO.output(15, False)
GPIO.output(13, False)

while True:
    GPIO.output(19, True)                             #3
    GPIO.output(16, True)
    sleep(0.2)
    GPIO.output(19, False)                            #4
    GPIO.output(16, False)
    GPIO.output(15, True)                             #5
    GPIO.output(13, True)
    sleep(0.2)
    GPIO.output(15, False)                            #6
    GPIO.output(13, False)
```

So funktioniert's

#1 Alle Pins, an denen die Matrix angeschlossen ist, werden als Ausgang geschaltet.

#2 Alle Pins werden in den logischen Zustand `False` gesetzt. Damit sind alle LEDs ausgeschaltet.

#3 Die beiden *linken* LED-Spalten werde eingeschaltet ...

#4 ... und nach 0,2 Sekunden wieder ausgeschaltet.

#5 Die beiden *rechten* LED-Spalten werde eingeschaltet ...

#6 ... und nach 0,2 Sekunden wieder ausgeschaltet.

12

Datensammlungen verarbeiten

Ein Bild auf einer LED-Anzeige ist ein Muster aus vielen Lichtpunkten. Sammlungen von Daten, die zusammen gehören, nennt man Kollektionen. Beispiele für Kollektionen sind Listen, Tupel, Zeichenketten und Dictionarys. Damit kannst du Kartenspiele simulieren, Vokabeltrainer programmieren und LED-Anzeigen steuern.

Kollektionen

Ein Spielzeugauto ist ein Modell eines richtigen Autos. Ein Elefant aus Knete ist ein Modell eines richtigen Elefanten. Modelle stellen Dinge aus der Wirklichkeit dar, sind aber *einfacher* als die Wirklichkeit.

Kollektionen sind Modelle von Ansammlungen von Dingen oder Personen:

- Menschen in einer Warteschlange vor der Kasse im Supermarkt
- Die Planeten des Sonnensystems
- Die Mitglieder des Tischtennisclubs
- Bildpunkte auf dem Computermonitor
- Süßigkeiten in einer Tüte

Bei manchen dieser Ansammlungen gibt es eine Reihenfolge. Denke an eine Warteschlange! Da gibt es einen, der ganz vorne ist. Dahinter steht der nächste usw. Und wehe, einer drängelt sich vor! Solche Kollektionen, bei denen die Reihenfolge wichtig ist, nennt man *Sequenzen*. Der Begriff Sequenz stammt aus dem Lateinischen und bedeutet *Aufeinanderfolge*.

Bei Süßigkeiten in einer Tüte gibt es keine besondere Anordnung. Wenn man ohne zu Gucken in die Tüte greift, weiß man nie, was man erwischt.

Sequenzen

Eine Sequenz ist eine Folge von Elementen, die in einer bestimmen Reihenfolge angeordnet sind. Bei Python gibt es mehrere Arten von Sequenzen, die sich in den Eigenschaften ein bisschen unterscheiden:

Listen sind änderbare Sequenzen aus beliebigen Elementen. Änderbar heißt, dass man Elemente ändern, hinzufügen und entfernen darf. Mit einer Liste kann man z.B. sehr gut eine Warteschlage an der Kasse modellieren. In einer Warteschlange kommen ja ständig Leute hinzu. Und wer gerade bezahlt hat, verlässt die Warteschlange. Obwohl die Schlange sich ständig ändert, ist es immer noch die gleiche Schlange. Listen schreibt man mit eckigen Klammern `[` und `]` auf. In den Klammern werden die Elemente einfach aufgezählt und mit einem Komma getrennt:

```
warteschlange = ['Meike', 'Julian', 'Felix']
```

Das ist eine Liste mit dem Namen `warteschlange`. Sie enthält drei Elemente.

Tupel sind nicht änderbare Sequenzen. Das heißt: Ein Tupel bleibt immer wie es ist. Man kann kein einzelnes Element abwandeln. Ein typisches Beispiel für ein Tupel ist ein Datum, sagen wir der 24. Dezember 2015. Das Datum besteht aus dem Tag, dem Monat und dem Jahr. Genau in dieser Reihenfolge. Wenn man eines davon ändern würde, wäre es nicht mehr das gleiche Datum. Bei Tupeln verwendet man runde Klammern. So kann man sie von Listen unterscheiden. Beispiel:

```
datum = (24, 'Dezember', 2015)
```

Strings sind nicht änderbare Sequenzen aus Buchstaben (und anderen Zeichen), die man in Hochkommata oder Anführungszeichen schreibt, z.B. `'Erde'` oder `"Erde"`. Das englische Wort *String* bedeutet wörtlich Faden oder Kette. Im Deutschen sagt man statt String auch *Zeichenkette*.

Mengen

Vielleicht kennst du Mengen aus dem Mathematikunterricht. Eine Menge ist eine Sammlung von beliebigen Objekten ohne bestimmte Reihenfolge. Außerdem ist jedes Element einer Menge einmalig. Wie in der Mathematik werden Mengen mit geschweiften Klammern { und } aufgeschrieben.

Es ist unmöglich, auf ein bestimmtes Element einer Menge gezielt zuzugreifen. Du kannst aber prüfen, ob ein Objekt in einer Menge enthalten ist:

```
>>> vokale = {'a', 'e', 'i', 'o', 'u'}
>>> 'e' in vokale
True
>>> 't' in vokale
False
```

Sequenzen verarbeiten

Sequenzen haben viele gemeinsame Eigenschaften und gemeinsame Funktionen. In diesem Abschnitt lernst du die wichtigsten kennen.

Alles hat eine Nummer: Indexe

Die Elemente einer Sequenz sind durchnummeriert. Denn hier kommt es auf die Reihenfolge an. Jedem Element ist eine Nummer zugeordnet. Diese Nummer nennt man *Index*. Beachte: Die Nummerierung beginnt mit 0 und *nicht* mit 1. Das ist anders als im Alltag.

Nehmen wir die Planeten in unserem Sonnensystem. Von der Sonne aus gesehen befinden sie sich in einer bestimmten Reihenfolge: Der Sonne am nächsten ist der Merkur, dann folgt die Venus, dann die Erde usw.

Eine Liste der Planetennamen kann man durch diese Zuweisung erzeugen:

```
planeten = ['Merkur', 'Venus', 'Erde', 'Mars',
      'Jupiter', 'Saturn', 'Uranus', 'Neptun']
```

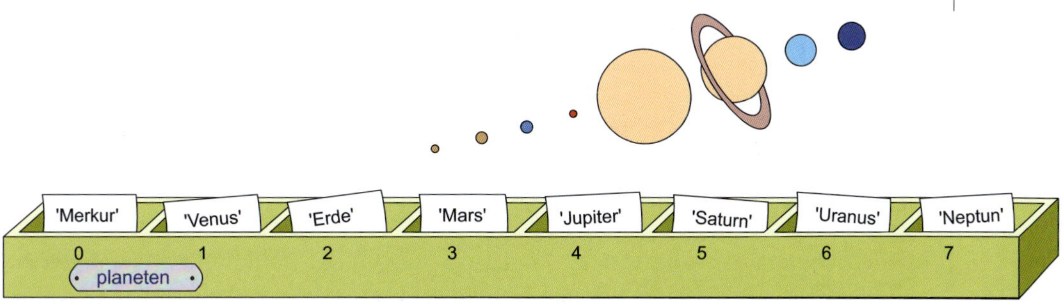

Abb. 12.1: *Die Planeten unseres Sonnensystems kann man durch eine Sequenz darstellen.*

Diese Liste kannst du dir als Behälter mit Fächern wie in Abbildung 12.1 vorstellen. Der erste Planet (Merkur) hat den Index `0`. Die Venus hat den Index `1` usw.

Auf Elemente zugreifen

Über den Index kannst du jedes Element einer Sequenz finden. Du schreibst hinter den Namen der Sequenz den Index in eckige Klammern. Wenn man das erste Element der Liste `planeten` wissen will, schreibt man `planeten[0]`.

Öffne IDLE 3 und probiere einige Beispiele in der Python-Shell aus.

```
>>> s = [12, 3, 7]
```

Wir haben hier eine Liste aus den drei Zahlen `12`, `3` und `7`. Diese Liste hat den Namen `s`. Du willst wissen, welches das erste Element der Liste ist. Dann schreibst du

```
>>> s[0]
12
```

In der nächsten Zeile erscheint das Ergebnis.

Das funktioniert so mit allen Sequenzen, also auch mit Strings.

```
>>> wort = 'Tag'
>>> wort[0]
 'T'
>>> wort[1]
 'a'
>>> wort[2]
 'g'
```

Mit dem Index `-1` kannst du auf das *letzte* Element einer Sequenz zugreifen. Das ist praktisch, wenn du nicht weißt, wie lang die Sequenz ist.

```
>>> wort = 'Tag'
>>> wort[-1]
 'g'
```

Die Länge von Sequenzen

Jede Sequenz hat eine Länge. Das ist die Anzahl der enthaltenen Elemente. Mit der Funktion `len()` kannst du die Länge einer Sequenz ermitteln.

Das Wort Tag besteht aus drei Buchstaben.

```
>>> wort = 'Tag'
>>> len(wort)
3
```

Die folgende Liste enthält zwei Elemente. An den eckigen Klammern erkennst du, dass es eine Liste ist.

```
>>> wochenende = ['Samstag', 'Sonntag']
>>> len(wochenende)
2
```

Es gibt auch leere Sequenzen. Sie enthalten kein einziges Element. Eine leere Sequenz hat die Länge 0. Hier ist eine leere Liste:

```
>>> leer = []
>>> len(leer)
0
```

Ein leerer String enthält kein einziges Zeichen. Er besteht nur aus zwei Hochkommata oder zwei Anführungszeichen hintereinander.

```
>>> len('')
0
```

Ein String aus Leerzeichen ist übrigens nicht leer. Denn ein Leerzeichen ist auch ein Zeichen:

```
>>> len('   ')
3
```

Sequenzen verbinden

Mit dem Pluszeichen + kannst du mehrere Sequenzen zu einer längeren Sequenz verbinden. Aus zwei kürzeren Wörtern wird ein längeres Wort:

```
>>> 'Raspberry' + 'Pi'
'RaspberryPi'
```

Das klappt auch mit Listen. Stelle dir eine Warteschlange vor. Max und Lukas stehen vor der Kasse. Nun kommt Tina hinzu. Hier wird an die Liste schlange eine neue Liste mit einem Element angehängt.

```
>>> schlange = ['Max', 'Lukas']
>>> schlange = schlange + ['Tina']
```

Wenn du den Namen der Liste angibst, wird sie in der nächsten Zeile ausgegeben:

```
>>> schlange
['Max', 'Lukas', 'Tina']
```

Du kannst aber nur Sequenzen vom gleichen Typ aneinander hängen. Also Listen an Listen, Strings an Strings und Tupel an Tupel. Du darfst die verschiedenen Typen nicht mischen.

Ein Element finden

Mit dem Operator `in` kannst du prüfen, ob ein Element in einer Sequenz enthalten ist:

```
>>> 15 in [1, 5, 10, 15, 20]
True
>>> 'I' in 'Team'
False
```

Bei Strings gibt es eine Besonderheit. Hier kann der `in`-Operator auch prüfen, ob ein String Teil eines längeren Strings ist:

```
>>> 'aus' in 'Maus'
True
```

Die Techniken, die du gerade kennengelernt hast, setzen wir jetzt in einem Projekt ein.

Projekt 30: Die Planeten

Dies ist eine Art Wissenspiel. Der Spieler muss Dinge einer Kategorie aufzählen. Bei diesem Beispiel sind es die Planeten unseres Sonnensystems. Aber es können auch Sternzeichen, europäische Hauptstädte, Schwermetalle oder sonst irgendetwas sein. Denke dir etwas Eigenes aus!

Auszug aus einem Programmlauf (Beispiel)

```
Nenne einen Planeten!
Planet: Erde
Richtig!
```

```
Planet: Mars
Richtig!
Planet: Erde
Den hattest du schon!
Planet: Pluto
Das ist kein Planet!
...
Du hast alle Planeten in 135 Sekunden aufgezählt.
```

Programm

```
# planeten.py
import time
planeten = ['Merkur', 'Venus', 'Erde', 'Mars',
       'Jupiter', 'Saturn', 'Uranus', 'Neptun'] #1
schon_genannt = []                              #2
start = time.time()                             #3
print('Nenne einen Planeten!')

while len(schon_genannt) < len(planeten):       #4
  antwort = input('Planet: ')                   #5
  if antwort in planeten:
    if antwort not in schon_genannt:
      print ('Richtig!')
      schon_genannt = schon_genannt + [antwort] #6
    else:
      print ('Den hattest du schon!')
  else:
    print('Das ist kein Planet!')    # Ende while

print('Du hast alle Planeten in',               #7
      round(time.time() - start),
      'Sekunden aufgezählt.')
```

So funktioniert's

#1 Eine Liste mit acht Strings.

#2 Eine leere Liste ohne ein einziges Item. In dieser Liste werden die Planetennamen gesammelt, die der Spieler schon genannt hat. Eine Liste ist ja eine Sequenz, die man verändern kann. Hier kommt es zwar nicht auf die Reihenfolge an, wir nehmen aber trotzdem eine Liste, weil man sie leicht verarbeiten kann.

#3 Wir merken uns die Uhrzeit. Denn am Ende soll die Zeit ausgegeben werden, die man für das Aufzählen aller Planeten gebraucht hat.

#4 Solange die Liste `schon_genannt` weniger Elemente enthält als die Liste der Planeten, mache Folgendes ...

#5 Das, was der Spieler über die Tastatur eingibt, wird in der Variablen `antwort` gespeichert.

#6 Der Liste `schon_genannt` wird der Planet zugefügt, den der Spieler gerade eingegeben hat (Inhalt der Variablen `antwort`). Bei jedem Durchlauf hat `antwort` einen anderen Inhalt, weil ja der Spieler jedes Mal ein neues Wort eingibt. Die Liste `[antwort]` ist eine Liste mit dem einzigen Element `antwort`. Und diese Ein-Element-Liste wird mit dem Pluszeichen + an die Liste `schon_genannt` angehängt. Damit wird `schon_genannt` etwas länger.

#7 Die Ausgabe wird aus drei Teilen zusammengesetzt. In der Mitte steht die Zeit, die der Spieler zur Lösung der Aufgabe gebraucht hat. Die Zeit wird so berechnet: Zuerst wird von der aktuellen Zeit die Startzeit abgezogen: `time.time() – start`. Die Zahl, die hier herauskommt, ist die Anzahl der Sekunden, die seit dem Start vergangen sind. Diese Zahl wird mit `round()` auf eine ganze Zahl gerundet.

Iteration – die for-Anweisung

Bei einer Iteration (*iter*: lateinisch für Marsch oder Gang) werden alle Elemente einer Kollektion durchlaufen und für jedes einzelne Element die gleichen Anweisungen ausgeführt. Iterationen kennst du aus dem Alltag:

- Iss alle Kekse aus der Keksdose.
- Begrüße jeden Gast der Party.
- Putze alle deine Schuhe.

Eine Iteration programmierst du durch eine `for`-Anweisung. Sie hat folgendes Muster:

```
for item in kollektion:
    anweisungsblock
```

Beispiel: Du willst alle Gäste deiner Party begrüßen.

```
for gast in ['Tom', 'Lukas', 'Marie']:
    print('Hallo ' + gast + '!')
```

Wenn du das in der Python-Shell eingibst, erscheint in den Zeilen darunter folgende Ausgabe:

```
Hallo Tom!
Hallo Lukas!
Hallo Marie!
```

Wie funktioniert das? Schauen wir uns an, wie die for-Anweisung aufgebaut ist.

Nach dem Schlüsselwort for folgt ein beliebiger Name, den man Laufvariable nennt. Hier heißt die Laufvariable gast. Man kann aber auch ein anderes Wort oder einen einzigen Buchstaben nehmen. Die Laufvariable nimmt nacheinander die Werte an, die in der Kollektion stehen.

Danach kommen das Schlüsselwort in und die Kollektion, die durchlaufen werden soll. Hier ist das die Liste ['Tom', 'Lukas', 'Marie'].

Am Ende der ersten Zeile folgt ein Doppelpunkt :.

Nach der ersten Zeile folgt der Anweisungsblock, der für jedes Element der Kollektion ausgeführt werden soll. Hier besteht der Anweisungsblock aus einer einzigen Anweisung:

```
    print('Hallo ' + gast + '!')
```

Zuerst wird ein Text aus drei Teilen zusammengesetzt:

- Am Anfang steht das Wort 'Hallo ' (beachte das Leerzeichen am Ende).
- Dahinter kommt der Inhalt der Laufvariablen gast, also *das* Element der Liste, das gerade an der Reihe ist. Beim ersten Durchlauf ist das 'Tom', dann 'Lukas' und dann 'Marie'.
- Zum Schluss wird noch ein Ausrufungszeichen '!' angehängt.

Dieser zusammengesetzte Text wird auf dem Bildschirm ausgegeben.

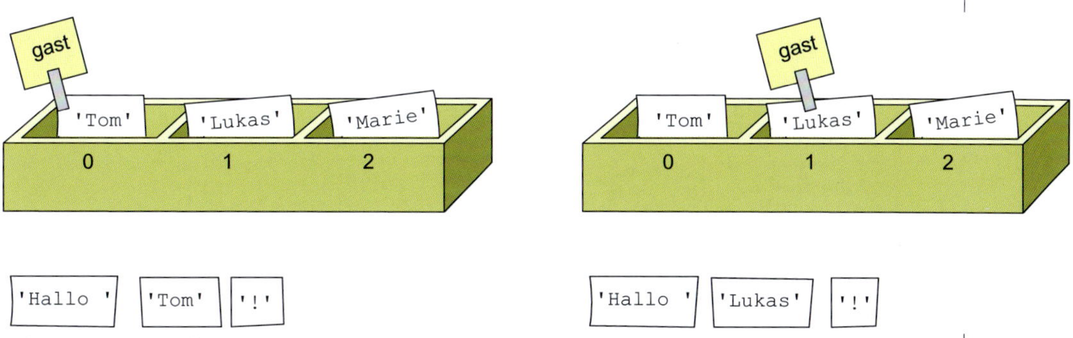

Abb. 12.2: *Die Laufvariable* gast *kann man sich als Klebezettel vorstellen, der an einem Element der Liste hängt.*

Eine Iteration kannst du mit beliebigen Kollektionen machen, z.B. auch mit einem String. Wir wollen die Buchstaben eines Wortes untereinander schreiben. Das geht so:

```
for buchstabe in 'SOS':
    print(buchstabe)
```

Ausgabe auf dem Bildschirm:

```
S
O
S
```

Wie funktioniert das?

Die Laufvariable heißt hier buchstabe. Die Kollektion ist der String 'SOS'. Ein String ist eine Sequenz aus Buchstaben. Die Laufvariable nimmt nacheinander die Werte 'S', 'O', und 'S' an. In der print()-Anweisung, die wieder eingerückt sein muss, wird bei jedem Durchlauf der aktuelle Inhalt von buchstabe in einer neuen Zeile ausgegeben. (Nach einer print()-Anweisung wird immer eine neue Zeile begonnen.)

Listen verändern

Listen sind veränderbar. Deshalb gibt es für Listen Operationen, die eine Veränderung bewirken, also z.B. das Löschen, Hinzufügen oder Ändern von Items. Denke an eine Warteschlange. Jemand lässt eine Person vor und ändert so die Reihenfolge. Neue Personen kommen zur Schlange hinzu oder jemand verlässt sie. Ständig ändert sich die Warteschlange. Trotzdem sagt man, dass es immer dieselbe Schlange ist.

Probiere die Beispiele in der Python-Shell aus:

Beispiel 1: An eine Liste von Namen, soll ein weiterer Name angehängt werden.

```
>>> personen = ['Benny', 'Basti']
```

Die Liste personen enthält zwei Namen. Nun hängen wir einen weiteren Namen an:

```
>>> personen.append('Florian')
>>>
```

Auf dem Bildschirm kann man es nicht sehen, aber der Zustand der Liste ist verändert worden. Um das nachzuprüfen, schreibst du einfach den Namen der Liste auf und drückst [↵]:

```
>>> personen
['Benny', 'Basti', 'Florian']
```

Aha. Es hat geklappt. Die Liste ist länger geworden.

Die Operation append() nennt man *Methode*. Eine Methode ist eine Funktion, die zu einem Objekt (z.B. einer Liste) gehört. Eine Methode wird nach folgendem Muster aufgerufen:

```
objekt.methode(Argumente)
```

Zuerst kommt der Name des Objektes (hier ist das die Liste personen), dann ein Punkt, dann der Name der Methode und dann in Klammern die Argumente. Bei der Methode append() ist das Argument das neue Item, das an die Liste angehängt werden soll ('Florian').

Beispiel 2: Die Elemente einer Liste sollen aufsteigend sortiert werden.

```
>>> zahlen = [17, 3, 9]
```

Wir haben eine Liste namens zahlen, die drei Zahlen enthält. Jetzt wird sortiert:

```
>>> zahlen.sort()
```

Die Methode sort() kann ohne Argument aufgerufen werden. Prüfe nach, ob die Liste wirklich sortiert ist.

```
>>> zahlen
[3, 9, 17]
```

In der objektorientierten Programmierung stellt man sich vor, dass die Objekte »lebendig« sind. Sie empfangen Botschaften und reagieren darauf. Im Beispiel bekommt das Objekt zahlen den Auftrag, seine Items zu sortieren und führt diesen Auftrag dann selbst aus. Abbildung 12.3 versucht, diese Idee zu veranschaulichen. Es ist wie bei einem gut erzogenen Hund, der auf bestimmte Kommandos reagiert.

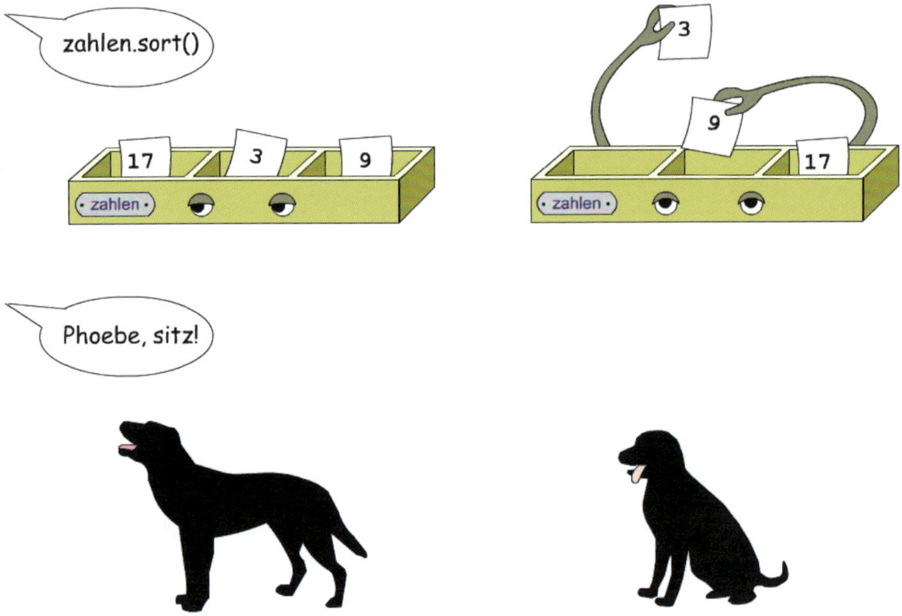

Abb. 12.3: *Die Idee der objektorientierten Programmierung: Objekte reagieren auf Botschaften*

Tabelle 12.1 beschreibt noch weitere Operationen für Listen. Probiere einige aus!

Operation	Ergebnis

`s[i] = x`	**Das Element mit Index *i* wird durch *x* ersetzt.**
	`s = [1, 10, 12]`
	`s[0] = 2`
	Ergebnis: `[2, 10, 12]`

`s.append(x)`	**An die Liste s wird als neues Element *x* angehängt.**
	`s = ['Tom', 'Tina']`
	`s.append('Ben')`
	Ergebnis: `['Tom', 'Tina', 'Ben']`

`del s[i]`	**Das Element mit Index *i* wird gelöscht.**
	`s = ['Mai', 'Juni']`
	`del s[0]`
	Ergebnis: `['Juni']`

Tabelle 12.1: *Operationen für Listen*

Operation	Ergebnis
s.index(*x*)	Zurückgegeben wird der kleinste Index *i* mit s[*i*] == *x*. s = ['Tom', 'Tina', 'Ben'] s['Ben'] **Ergebnis:** 2
s.insert(*i*,*x*)	**Falls** i >= 0, **wird das Objekt** *x* **vor dem Element mit dem Index** *i* **eingefügt.** s = ['Mai', 'Juli'] s.insert(1, 'Juni'] **Ergebnis:** ['Mai', 'Juni', 'Juli']
s.remove(*x*)	Das erste Element mit dem Wert *x* wird aus der Liste *s* entfernt. s = ['Eisen', 'Kupfer', 'Schwefel'] s.remove('Schwefel') Ergebnis: ['Eisen', 'Kupfer']
s.reverse()	Die Reihenfolge der Elemente wird umgekehrt. s = ['A', 'B', 'C'] s.reverse() **Ergebnis:** ['C', 'B', 'A']
s.sort()	Die Elemente der Liste werden aufsteigend sortiert. s = [17, 3, 9] s.sort() **Ergebnis:** [3, 9, 17]

Tabelle 12.1: *Operationen für Listen (Forts.)*

Zufallsfunktionen für Sequenzen

Ganz praktisch sind Zufallsfunktionen für Sequenzen, die im Modul random definiert sind. Die Funktion choice(s) liefert ein zufälliges Element der Sequenz s. Diese Funktion funktioniert mit allen Arten von Sequenzen.

```
>>> from random import *
>>> choice('aeiou')
'i'
```

Die Funktion `shuffle()` (*to shuffle* = mischen) mischt die Elemente einer Liste und bringt sie in eine zufällige Reihenfolge:

```
>>> s = [1, 2, 3, 4]
>>> shuffle(s)
>>> s
[4, 2, 1, 3]
```

Projekt 31: Kartenziehen

Der Spieler kann nacheinander Karten aus einem Skatspiel (32 Karten) ziehen.

Wir modellieren jede Spielkarte durch ein Tupel. Erinnerst du dich? Ein Tupel ist eine Sequenz mit runden Klammern. Man kann ein Tupel nicht ändern. Das passt zu Spielkarten. Denn du kannst ja bei einer Spielkarte auch nicht einfach den Wert ändern. Jedes Spielkartentupel hat die Form `(`*`Farbe`*`, `*`Wert`*`)`.

Farben sind: Kreuz, Pik, Herz, Karo.

Werte sind: 7, 8, 9, 10, Bube, Dame, König, Ass.

Zum Beispiel wird die Karte Pik 10 durch das Tupel `('Pik', 10)` dargestellt.

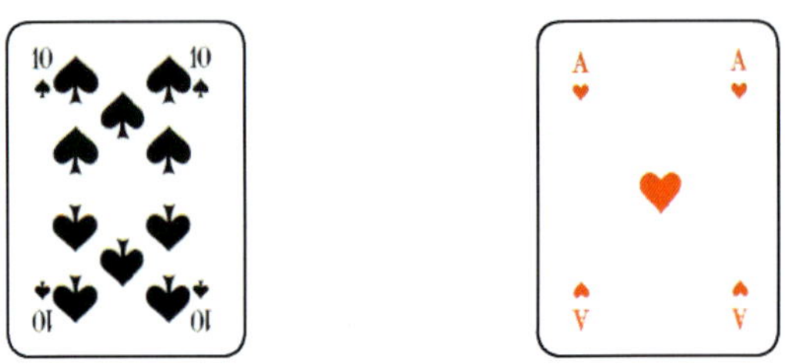

`('Pik', 10)`   `('Herz', 'Ass')`

Abb. 12.4: *Spielkarten können durch Tupel modelliert werden.*

Warum ein Tupel und keine Liste? Ein Tupel ist *unveränderbar.* Und bei einer Spielkarte kann man auch nichts verändern. Denn sonst wäre es ja nicht mehr dieselbe Karte. Deshalb ist hier ein Tupel ein besseres Modell.

Programmlauf (Beispiel)

```
Eine Karte ziehen? (j/n) j
Du hast Pik Dame gezogen.
Noch eine Karte? (j/n) j
```

```
Du hast Kreuz 9 gezogen.
Noch eine Karte? (j/n) n
Auf Wiedersehen.
```

Programm

```
# karten_ziehen.py
from random import *
farben = ['Karo', 'Herz', 'Pik', 'Kreuz']
werte = [7, 8, 9, 10,
         'Bube', 'Dame', 'König', 'Ass']
spiel = []                                          #1
for f in farben:                                    #2
    for w in werte:
        spiel.append((f, w))                        #3

antwort = input('Eine Karte ziehen? (j/n) ')
while (antwort == 'j') and (len(spiel) > 0):        #4
    karte = choice(spiel)                           #5
    spiel.remove(karte)                             #6
    print('Du hast', karte[0], karte[1],
          'gezogen.')
    antwort = input('Noch eine Karte? (j/n) ')
if spiel == []:                                     #7
    print('Es sind keine Karten mehr da.')
print('Auf Wiedersehen.')
```

So funktioniert's

#1 Hier wird eine leere Liste namens `spiel` erzeugt. Sie enthält kein einziges Item.

#2 In den folgenden Zeilen wird die Liste `spiel` aufgebaut, die ein Kartenspiel modelliert. Sie enthält 32 Items und hat den Aufbau `[('Karo', 7), ('Karo', 8), usw. ]`.

Die Laufvariable für die Liste `farben` ist `f`. Die Laufvariable für die Liste `werte` ist `w`. Abbildung 12.5 veranschaulicht das Geschehen. Zuerst hat `f` den Wert `'Karo'`. Dann durchläuft `w` die komplette Liste `werte`. Danach bekommt `f` den Wert `'Herz'`. Und wieder durchläuft `w` die komplette Liste `werte`. Und so weiter.

#3 An die Liste `spiel` wird ein neues Item der Form (*Farbe*, *Wert*) angehängt.

#4 Solange der Spieler noch weitere Karten anfordert und noch Karten vorhanden sind, wird der nachfolgende Anweisungsblock ausgeführt.

#5 Aus der Liste `spiel` wird ein zufälliges Item ausgewählt.

#6 Die ausgewählte Karte wird aus der Liste entfernt.

#7 Wenn die Liste leer ist, gibt es die Meldung, dass keine Karten mehr da sind. Man hätte auch schreiben können:
`if not liste: ...`
Denn eine leere Liste hat den Wahrheitswert `False`.

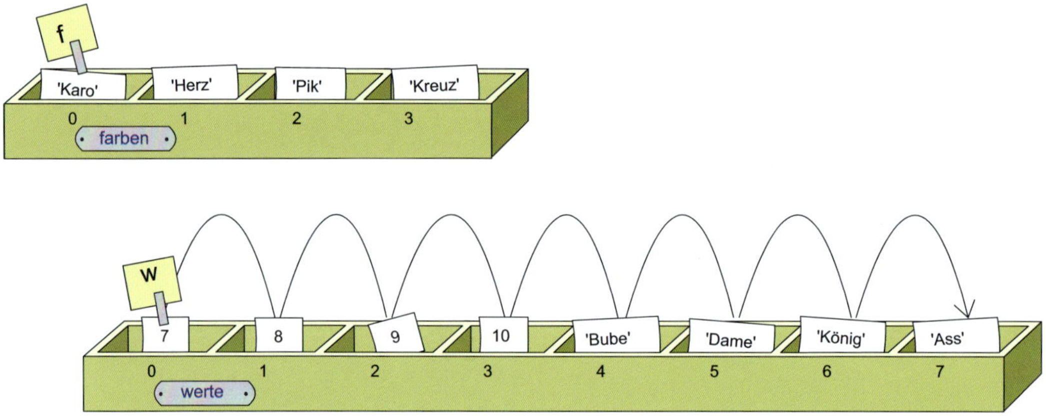

Abb. 12.5: *Zwei Listen mit Laufvariablen*

Zahlenfolgen – die Funktion range()

Mit der Funktion `range()` kannst du eine Zahlenfolge erzeugen. Beispiele:

Mit dem Aufruf

```
range(3)
```

erzeugst du die Folge `0, 1, 2`.

Probiere Folgendes aus:

```
>>> for i in range(3):
        print(i)

0
1
2
```

Hier ist `i` die Laufvariable.

Die Zahl, die in Klammern hinter `range` steht, nennt man das Argument. Hier ist das Argument die Zahl 3. Das Argument zeigt an, wie viele Elemente die Zahlenfolge enthält. Die Folge 0, 1, 2 enthält drei Elemente. Weil das erste Element eine Null ist, ist das letzte Element der Folge um 1 kleiner als das Argument. Das Argument der `range()`-Funktion ist eine Art Grenze, *vor* der die Zahlenfolge enden soll. Zweites Beispiel: Der Aufruf

```
range(100)
```

erzeugt alle ganzen Zahlen von 0 bis 99. Das sind 100 Zahlen.

Zahlenfolgen kann man für Wiederholungen gut gebrauchen. Das Argument in Klammern gibt dann an, wie oft der Anweisungsblock ausgeführt werden soll (Anzahl der Wiederholungen):

```
>>> for i in range(3):
        print('Hepp!')

Hepp!
Hepp!
Hepp!
```

Die Funktion `range()` gibt ein `range`-Objekt zurück. Das braucht im Computer weniger Speicherplatz als z.B. eine Liste. Wenn du die Zahlen sichtbar machen willst, musst du mit der Funktion `list()` aus dem `range`-Objekt eine Liste gewinnen:

```
>>> zahlen = range(10)
```

Hier haben wir ein `range`-Objekt mit dem Namen `zahlen` erzeugt. Das `range`-Objekt wird ausgegeben, wenn du den Namen eintippst und [↵] drückst.

```
>>> zahlen
range(0, 10)
```

Dieses `range`-Objekt kannst du in eine Liste umwandeln:

```
>>> list(zahlen)
[0, 1, 2, 3, 4, 5, 6, 7, 8, 9]
```

In der Liste kannst du alle einzelnen Zahlen von 0 bis 9 erkennen.

Dictionarys

Ein Dictionary (engl. für Wörterbuch) ist eine Zuordnung von Schlüsseln zu Werten. Ein richtiger Schlüssel, der zu einer bestimmten Tür passt, ermöglicht den Zugang zu einem Raum. In gleicher Weise ermöglicht ein Schlüssel in einem Dictionary den direkten Zugriff auf die zugeordneten Daten.

Du kennst Dictionaries aus dem Alltag:

- In einem Adressbuch findest du über den Namen (Schlüssel) Telefonnummer und Adresse einer Person (Wert).
- In einem deutsch-englischen Wörterbuch findest du zu einem deutschen Wort (Schlüssel) eine Liste von englischen Wörtern mit der gleichen Bedeutung (Wert).

In Python wird ein Dictionary durch eine Folge von Paaren der Form *schlüssel:wert* in geschweiften Klammern dargestellt. Beispiel:

```
>>> deutsch = {'sun': 'Sonne', 'moon': 'Mond'}
```

Schlüssel sind hier englische Wörter, und die zugeordneten Werte sind deutsche Wörter. Mit Hilfe eines englischen Wortes als Schlüssel kannst du das zugehörige deutsche Wort finden. Dazu schreibst du den Namen des Dictionarys auf (z.B. `deutsch`) und dahinter in eckigen Klammern `[ ]`einen Schlüssel (z.B. `'sun'`). Beispiel:

```
>>> deutsch['sun']
'Sonne'
```

Ein Dictionary `d` kannst du durch Anweisungen der Form

```
d[schlüssel] = wert
```

erweitern. Beispiel:

```
>>> deutsch['star'] = 'Stern'
>>> deutsch
{'sun': 'Sonne', 'star': 'Stern', 'moon': 'Mond'}
```

Hier wurde das Paar `'star': 'Stern'` hinzugefügt.

Die Schlüssel eines Dictionarys müssen einmalige und unveränderbare Objekte sein.

Dictionarys haben auch Methoden. Mit der Methode `keys()` erhältst du eine Kollektion mit allen Schlüsseln:

```
>>> deutsch = {'sun': 'Sonne', 'moon': 'Mond'}
>>> list(deutsch.keys())
['moon', 'sun']
```

Projekt 32: Vokabeln lernen

Wir entwickeln ein Programm zum Lernen englischer Vokabeln. Statt nach Vokabeln kann du natürlich auch nach Fachbegriffen oder anderen Dingen fragen.

Das Programm nennt ein englisches Wort und fragt nach der deutschen Übersetzung. Nun ist es so, dass es zu einer englischen Vokabel mehrere deutsche Wörter mit der gleichen Bedeutung gibt. Deswegen verwenden wir in dem Programm ein Dictionary, das zu einem englischen Wort (*Schlüssel*) als *Wert* eine *Liste* von deutschen Wörtern speichert.

Programmlauf (Beispiel)

```
Was heißt key auf Deutsch?
--> Schlüssel
Richtig!
Was heißt slice auf Deutsch?
--> Torte
Leider falsch.
Slice bedeutet:
Scheibe
Stück

Was heißt value auf Deutsch?
--> Wert
Richtig!
Was heißt slice auf Deutsch?
--> Scheibe
Richtig!
Alle Vokabeln gelernt!
Du hast 1 Fehler gemacht.
```

Programm

```
from random import *
deutsch = {'key':['Schlüssel', 'Taste'],        #1
           'slice':['Scheibe', 'Stück'],
```

```
              'value':['Wert']}
fehler = 0
vokabeln = list(deutsch.keys())              #2
while vokabeln:                              #3
    wort = choice(vokabeln)                  #4
    print('Was heißt', wort, 'auf Deutsch?') #5
    antwort = input('--> ')
    if antwort in deutsch[wort]:             #6
        print ('Richtig!')
        vokabeln.remove(wort)                #7
    else:
        print('Leider falsch.')              #8
        print(wort.capitalize(),'bedeutet:') #9
        for w in deutsch[wort]:              #10
            print(w)
        print()                              #11
        fehler += 1                          #12
print('Alle Vokabeln gelernt!')              #13
print('Du hast', fehler, 'Fehler gemacht.')  #14
```

So funktioniert's

#1 Ein Dictionary, in dem jeweils einem englischen Wort (Schlüssel) eine Liste mit deutschen Übersetzungen (Wert) zugeordnet wird.

#2 Die Schlüssel, die in dem Dictionary `deutsch` vorkommen (`'key'`, `'slice'`, `'value'`), werden zu einer Liste namens `vokabeln` zusammengestellt.

#3 Solange die Vokabelliste nicht leer ist, wird der eingerückte Block wiederholt.

#4 Aus der Liste `vokabeln` wird nach dem Zufallsprinzip ein Wort ausgewählt.

#5 Ausgegeben wird ein Text, der aus drei Teilen besteht: Zuerst kommt `'Was heißt'`, dann der Inhalt der Variablen `wort` (also ein zufälliges englisches Wort), danach der String `'auf Deutsch?'`.

#6 Wenn die Antwort des Benutzers in der Liste von deutschen Übersetzungen des englischen Wortes vorkommt, wird »Richtig!« ausgegeben ...

#7 ... und das Wort aus der Vokabelliste entfernt. Klar, es ist ja offenbar gelernt worden.

#8 Wenn die Antwort des Benutzers falsch war, gibt es eine Meldung, die aus mehreren Teilen aufgebaut wird. Zuerst erscheint: `Leider falsch.`

#9 Hier werden nacheinander das Zufallswort mit großem Anfangsbuchstaben und danach der String `'bedeutet'` ausgegeben. Also z.B.

```
Slice bedeutet
```

Die Methode capitalize() sorgt dafür, dass ein Wort mit einem großen Buchstaben beginnt.

#10 In dieser Iteration werden alle gespeicherten Übersetzungen ausgegeben. Die Laufvariable heißt hier w. Beispiel:

```
Scheibe
Stück
```

#11 Diese Anweisung erzeugt eine Leerzeile.

#12 Der Wert der Variablen fehler wird um 1 erhöht. Man hätte das auch so aufschreiben können:

```
fehler = fehler + 1
```

#13 An dieser Stelle wurde die while-Anweisung beendet. Die Programmzeile ist nicht mehr eingerückt. Der Computer gibt den Text Alle Vokabeln gelernt! aus.

#14 Hier wird die Anzahl der Fehler (Wert der Variablen fehler) ausgegeben.

Projekt 33: Leuchtzeichen

In diesem Projekt wenden wir uns wieder der LED-Matrix aus Kapitel 11 zu.

An Autobahnbaustellen sieht man manchmal eine Matrix aus vielen Leuchten, die einen Pfeil darstellen. Dieser Pfeil zeigt den Autofahrern, auf welcher Seite sie an dem Hindernis vorbeifahren sollen. Wir entwickeln eine Minimalversion einer solchen Anzeige. Über die Tastatur kann man angeben, welches Zeichen erscheinen soll: Pfeil nach rechts, Pfeil nach links oder ein Kreuz (zum Zeichen, dass diese Spur gesperrt ist).

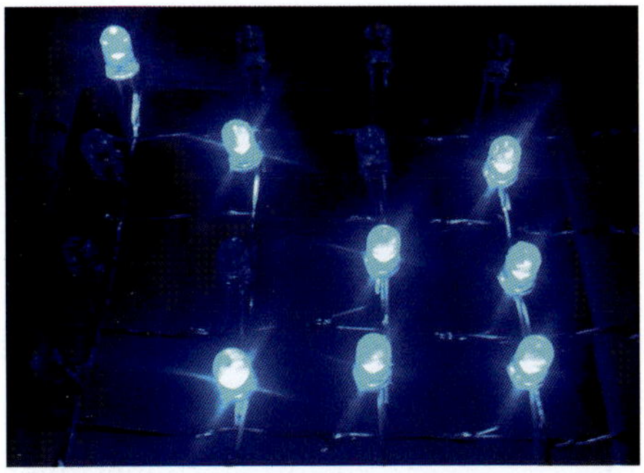

Abb. 12.6: *Die LED-Matrix zeigt einen Pfeil nach rechts unten.*

Eine Liste aus Listen

Eine 4x4-LED-Matrix kannst du durch eine Liste aus vier Listen darstellen:

```
m = [[1, 0, 0, 0],[0, 1, 0, 1],[0, 0, 1, 1], [0, 1, 1, 1]]
```

Man kann die vier Listen auch untereinander schreiben. Dann kann man sie besser erkennen:

```
m = [[1, 0, 0, 0],
     [0, 1, 0, 1],
     [0, 0, 1, 1],
     [0, 1, 1, 1]]
```

Die erste Liste `m[0]` ist die erste Zeile, die zweite Liste `m[1]` ist die zweite Zeile, `m[2]` ist die dritte Zeile und `m[3]` ist die vierte Zeile. Eine `1` bedeutet: »LED leuchtet«. Eine `0` bedeutet »LED leuchtet nicht«. Wenn du genau hinsiehst, kannst du in dem Muster aus Nullen und Einsen einen Pfeil erkennen.

Wie kann man auf die einzelnen LEDs zugreifen? Nehmen wir an, du willst in der folgenden LED-Matrix die fett gedruckte **0** in der Mitte auf `1` setzen.

```
m = [[0, 0, 0, 0],
     [0, 0, 0, 0],
     [0, 0, 0, 0],
     [0, 0, 0, 0]]
```

Das gesuchte Item ist in der zweiten Zeile, also in `m[1]`. Es ist das dritte Item in dieser Zeile, hat also den Index `2`. Insgesamt ist die fette Null das Item `m[1][2]`.

Wie stellt man beliebige Muster dar?

Nun gibt es ein Problem. Man kann auf der LED-Matrix nur bestimmte LEDs gleichzeitig leuchten lassen. Es ist z.B. unmöglich, dass das Muster in Abbildung 12.7 links erscheint. Schaltet man diese beiden LEDs über die Spalten- und Zeilenleitungen ein, so leuchten gleichzeitig noch weitere LEDs (rechtes Bild).

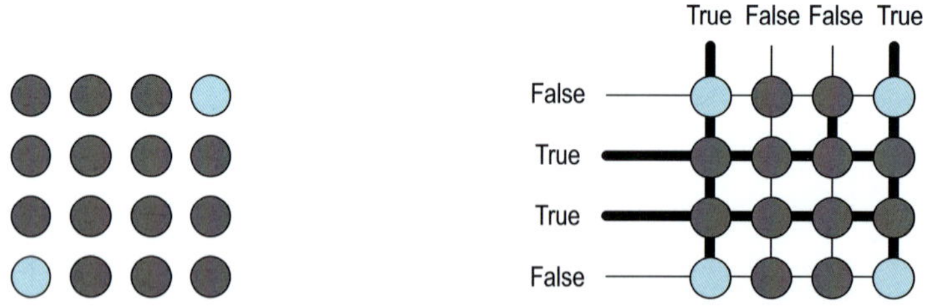

Abb. 12.7: *Unmöglich! Die beiden LEDs links können niemals alleine gleichzeitig leuchten.*

Wie kann man nun Pfeile und andere Muster auf der LED-Matrix darstellen? Die Grundidee: Wir machen uns die Trägheit des menschlichen Auges zunutze und erzeugen die Bilder zeilenweise. Abbildung 12.8 zeigt das an einem Beispiel. Zu einem Zeitpunkt wird immer nur *eine* Zeile des Bildes dargestellt. Das heißt nur *eine einzige* Zeilenleitung hat einen niedrigen Spannungspegel (Zustand `False`) und die anderen haben einen hohen Pegel (Zustand `True`). Wenn man die Zeilenmuster immer wieder schell hintereinander anzeigt, sieht das Auge ein einheitliches Bild, das aus diesen Zeilen zusammengesetzt ist. Das probieren wir jetzt aus.

Abb. 12.8: *Ein Muster wird zeilenweise angezeigt.*

Programm

```
# lcd_matrix_pfeile.py
# initialisiere GPIO
import time
from RPi import GPIO
GPIO.setmode(GPIO.BOARD)
s = [19,16, 15, 13]
z = [8, 10, 11, 12]
for pin in z + s:
    GPIO.setup(pin, GPIO.OUT)

# Konstanten
LINKS =  [[0, 0, 0, 1],
          [1, 0, 1, 0],
          [1, 1, 0, 0],
          [1, 1, 1, 0]]                    #1

RECHTS = [[1, 0, 0, 0],
          [0, 1, 0, 1],
          [0, 0, 1, 1],
          [0, 1, 1, 1]]

KREUZ =  [[1, 0, 0, 1],
          [0, 1, 1, 0],
```

```
         [0, 1, 1, 0],
         [1, 0, 0, 1]]

zeichen = {'L':LINKS, 'R':RECHTS, 'X':KREUZ}      #2

for pin in z:                                     #3
    GPIO.output(pin, True)
for pin in s:
    GPIO.output(pin, False)

print('Bitte gib R, L oder X ein')
a = input('Zeichen: ')
if a in 'RLX':                                    #4
    muster = zeichen[a]                           #5
    while True:
        for i in range(4):                        #6
            GPIO.output(z[i], False)              #7
            for j in range(4):
                GPIO.output(s[j], muster[i][j]) #8
            time.sleep(0.001)
            GPIO.output(z[i], True)               #9
```

So funktioniert's

#1 Das LED-Muster wird durch eine Liste aus vier Listen modelliert. Jede Unterliste stellt eine Zeile dar. Anstelle von True und False verwenden wir 1 und 0, weil das kürzer ist. Das funktioniert, weil 0 den Wahrheitswert False und 1 den Wahrheitswert True hat. Also 1 heißt »LED an«, 0 heißt »LED aus«.

#2 Das ist ein Dictionary. Den Buchstaben werden die LED-Muster zugeordnet.

#3 Alle LEDs werden ausgeschaltet.

#4 Hier wird geprüft, ob das eingegebene Zeichen R, L oder X ist.

#5 Hier wird im Dictionary zeichen nachgeguckt. Die Variable muster enthält das Muster, das zum zuvor eingegebenen Buchstaben gehört.

#6 Es werden alle vier Zeilen durchlaufen.

#7 Die Leitung der Zeile i wird in den Zustand False versetzt. Die anderen Zeilen bleiben im Zustand True. Die Zeile i ist nun aktiviert. Nur in dieser Zeile können nun LEDs eingeschaltet werden.

#8 Es werden alle Spalten durchlaufen. Die LED in Spalte `j` wird eingeschaltet, wenn in Zeile `i` und Spalte `j` des Musters eine `1` steht.

#9 Nach einer Wartezeit von einer Millisekunde wird die Zeile deaktiviert. Ihr Spannungspegel wird wieder hochgesetzt. Die nächste Zeile ist dran.

Projekt 34: Buchstaben auf einer LED-Punktmatrix

Eine populäre Punktmatrixanzeige ist der TA07-11HWA der Firma Kingbright. Er besitzt sieben Zeilen mit jeweils fünf kleinen roten LEDs. Schließe die Punktmatrix so an, wie es in Kapitel 11 beschrieben worden ist.

Das folgende Programm zeigt den Buchstaben `A` durch ein Muster aus Lichtpunkten an.

Programm

```
import time
from RPi import GPIO

#GPIO initialisieren
GPIO.setmode(GPIO.BOARD)
s = [3, 5, 7, 8, 10]
z = [11, 12, 13, 15, 16, 18, 19]
for pin in z + s:
    GPIO.setup(pin, GPIO.OUT)                       #1

# LEDs ausschalten
for pin in z:
    GPIO.output(pin, True)
for pin in s:
    GPIO.output(pin, True)                          #2

A = [[0, 0, 1, 0, 0],
     [0, 1, 0, 1, 0],
     [1, 0, 0, 0, 1],
     [1, 1, 1, 1, 1],
     [1, 0, 0, 0, 1],
```

```
       [1, 0, 0, 0, 1],
       [1, 0, 0, 0, 1]]                            #3

while True:
  for zeile in range(7):                           #4
    GPIO.output(z[zeile], False)                   #5
    for spalte in range(5):                        #6
       GPIO.output(s[spalte], A[zeile][spalte]) #7
    time.sleep(0.001)
    GPIO.output(z[zeile], True)                    #8
```

So funktioniert's

#1 Alle angeschlossenen GPIO-Pins werden als Ausgang geschaltet.

#2 Zeilen und Spalten werden auf einen hohen Spannungspegel gesetzt. Weil es kein Spannungsgefälle gibt, fließt auch kein Strom und die LEDs bleiben dunkel.

#3 Eine Liste aus sieben Listen, die jeweils die Zeilen der LED-Matrix darstellen. Kannst du den Buchstaben A als Muster aus Einsen erkennen?

#4 Alle sieben Zeilen werden durchlaufen.

#5 Die Zeile mit der Nummer `zeile` wird aktiviert. Durch die LEDs dieser Zeile könnte nun Strom fließen, da ihre Kathoden jetzt einen niedrigen Spannungspegel haben.

#6 Alle Spalten werden durchlaufen.

#7 Die LEDs leuchten, bei denen in der Matrix `A` eine Eins steht.

#8 Die LEDs leuchten eine Millisekunde lang, dann wird die Zeile wieder deaktiviert.

Fragen

1. Welche Kollektionen sind änderbar?
2. Was ist der Unterschied zwischen einer `while`-Schleife und einer Iteration? Benutze die Begriffe Kollektion und Bedingung.
3. Ordne den Bildern passende Listen zu.

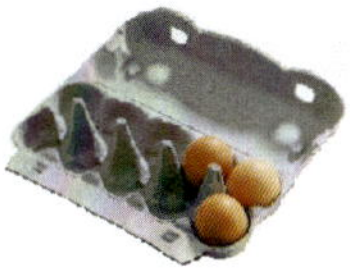

A = [[T], [F, T, F], [F, T, F]]

B = [F, [B, S]]

C = [[F, F], [F, F, F, F], [F, F, F, F], [F, F]]

D = [[0, 0, 0 ,1, 1], [0, 0, 0, 0, 1]]

Abb. 12.9: *Listen sind Modelle.*

Aufgabe: Horoskop

Schreibe ein Programm, das ein zufälliges Horoskop erstellt. Bei jedem Programmlauf soll ein anderer Text entstehen. Beispiel:

```
Dein Horoskop
Die Sterne sagen, dass am Samstag etwas Wunderbares passiert.
```

Tipps: Verwende drei Listen mit Texten und die Funktion `choice()` aus dem Modul `random`. Lass dich von Abbildung 12.10 inspirieren.

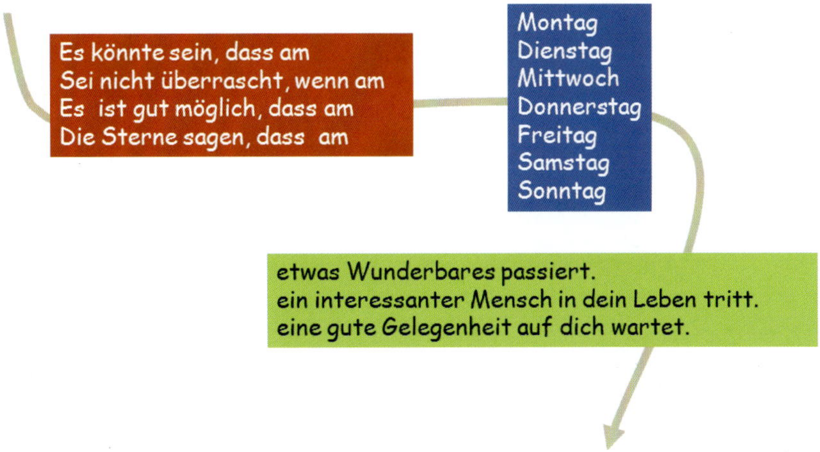

Abb. 12.10: *Wähle aus jedem Rechteck eine Zeile aus und schreibe alles hintereinander.*

Antworten zu den Fragen

1. Änderbare Kollektionen sind Listen, Mengen und Dictionaries.
2. In einer `while`-*Schleife* wird ein Block von Anweisungen solange wiederholt, wie eine *Bedingung* erfüllt ist. In einer *Iteration* wird eine *Kollektion* durchlaufen und jedes Item der Kollektion in irgendeiner Weise verarbeitet.
3. A: Hausfassade unten rechts. T steht für Tür und F steht für Fenster.
   B: In einem größeren Behälter ist eine Flasche mit Spülmittel und ein kleinerer Behälter mit einer Bürste und einem Schwamm.
   C: Hausfassade oben links: Oben zwei Fenster, darunter vier Fenster, darunter noch einmal vier Fenster und im Keller zwei Fenster.
   D: Der Eierkarton mit zwei Reihen, die jeweils 5 Eier enthalten können. 1 heißt »Hier liegt ein Ei», 0 heißt »kein Ei«.

Lösung zur Aufgabe Horoskop

```
from random import choice

A = ['Es könnte sein, dass am',
     'Sei nicht überrascht, wenn am',
     'Es ist gut möglich, dass am',
     'Die Sterne sagen, dass am']
B = ['Montag', 'Dienstag', 'Mittwoch',
     'Donnerstag', 'Freitag', 'Samstag','Sonntag']
C = ['etwas wunderbares passiert.',
  'ein interessanter Mensch in dein Leben tritt.',
     'eine gute Gelegenheit auf dich wartet.']

horoskop = choice(A) + choice(B) + choice(C)    #1
print('Dein Horoskop')
print(horoskop)                                 #2
```

So funktioniert's

#1 Drei zufällig ausgewählte Textstücke werden zu einem Horoskoptext zusammengesetzt.

#2 Das Zufallshoroskop wird ausgegeben.

13 LCD-Anzeigen

Kleine LCD-Displays findet man bei vielen elektrischen Geräten: Radios, Taschenrechner oder Spülmaschinen. In diesem Kapitel erfährst du, wie du auf einer zweizeiligen LCD-Anzeige Texte wiedergeben kannst. Wir entwickeln einen digitalen Kalender und eine Stoppuhr.

Betrieb eines LCD-Displays

Die Abkürzung LCD bedeutet *liquid cristal display*. Die Bezeichnung LCD-Display ist also genau genommen »doppelt gemoppelt«, hat sich aber so eingebürgert. Auf Deutsch heißt LCD Flüssigkristallanzeige. Was sind Flüssigkristalle? Ein Flüssigkristall ist eine Flüssigkeit, die bestimmte Eigenschaften von Kristallen hat. Das besondere ist: Das Aussehen des Flüssigkristalls kann durch elektrische Spannung verändert werden.

Wenn du genau hinguckst, erkennst du auf dem LCD-Display kleine helle und dunkle Punkte. Jeder Punkt ist ein Flüssigkristall. Hinter den Flüssigkristallen ist eine Beleuchtung. Der Flüssigkristall kann durch eine elektrische Spannung durchsichtig und undurchsichtig gemacht werden. Wenn er durchsichtig ist, kann man an dieser Stelle das Licht der Hintergrundbeleuchtung sehen. Der Flüssigkristall erscheint als heller Punkt. Ist er aber undurchsichtig, verdeckt er die Hintergrundbeleuchtung. Man sieht an der Stelle einen dunklen Punkt.

Wir verwenden ein 16x2-LCD-Display mit dem weit verbreiteten Controller HD44780 der Firma Hitachi. Solche Bauteile gibt es für wenige Euro im Elektronikhandel. Das Display hat zwei Zeilen mit jeweils sechszehn Zeichen. In der Sprache der Informatik ist das ein Tupel mit zwei Listen der Länge 16.

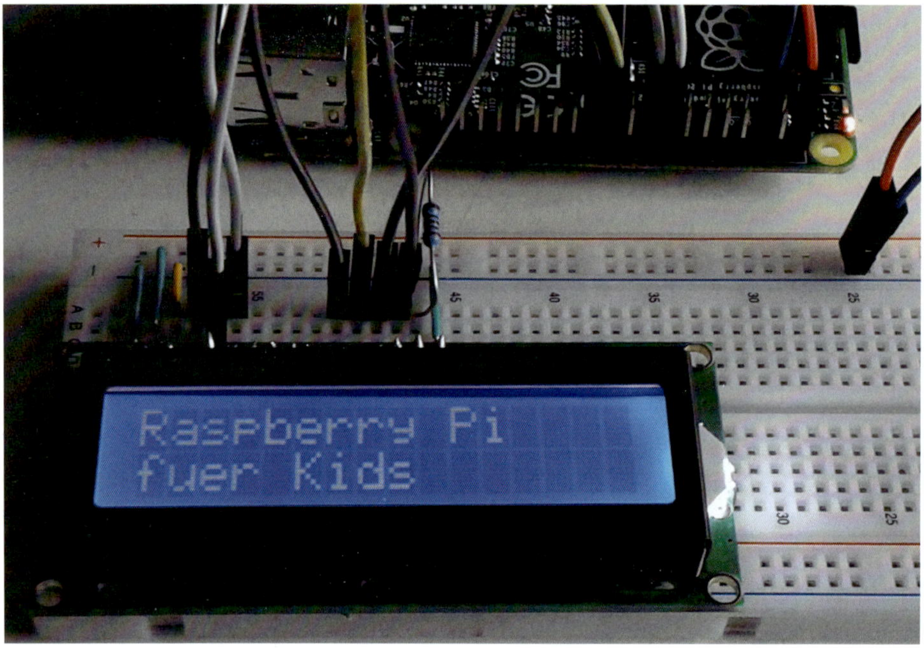

Abb. 13.1: *16x2-LCD-Display HD44780*

Vorbereitung der Hardware

Für dieses Projekt brauchst du:

- LCD-Display (16x2) mit HD44780-kompatiblem Controller
- Stiftleiste 16-polig
- Widerstand 560 Ohm
- Steckplatine
- Jumper-Kabel
- Lötkolben und Lötdraht

Die Materialliste lässt schon erahnen, dass du löten musst. Es dauert aber nur fünf Minuten und ist extrem einfach. Der HD44780 hat 16 Anschlüsse. Es sind kleine Löcher, an die du Stifte lötest, damit du die LCD-Anzeige leicht auf der Steckplatine befestigen kannst.

Am besten gehst du so vor:

- Nimm eine 16-polige Stiftleiste (Abbildung 13.2, links) und stecke sie so in die Steckplatine, dass die kurzen Enden nach oben weisen (Abbildung 13.2, rechts).
- Darauf setzt du das LCD-Display. Die Abstände zwischen den Anschlüssen sind standardisiert und alles passt zusammen.
- Die kurzen Enden der Stifte ragen aus den Löchern ein kleines bisschen heraus und können nun ganz bequem festgelötet werden.

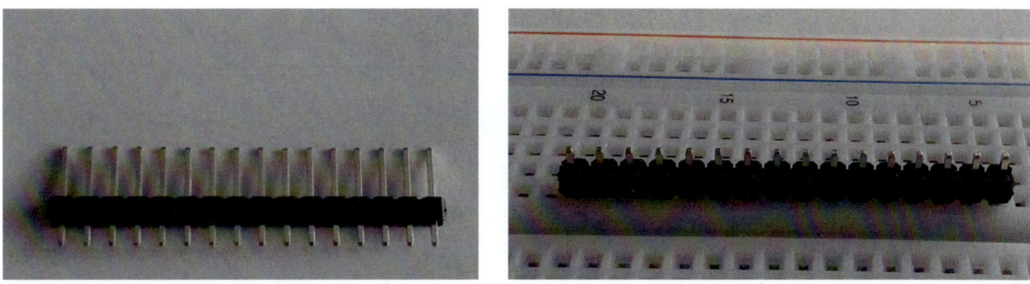

Abb. 13.2: *16-polige Stiftleiste*

Als nächstes schließt du die Stromversorgung an und prüfst, ob die LCD-Anzeige funktioniert.

- Platziere die LCD-Anzeige auf der Steckplatine wie in Abbildung 13.3. Links ist Anschluss 1 und rechts ist Anschluss 16 (siehe Bild).
- Verwende Jumper-Kabel (female/male), um die Plusleitung der Steckplatine (im Bild oben) mit Pin 2 des GPIO (+5 Volt) und die Minusleitung mit Pin 6 (Masse) zu verbinden.
- Besitzt deine LCD-Anzeige einen Vorwiderstand für die LED-Hintergrundbeleuchtung? Wenn ja, kannst du Anschluss 15 direkt mit der Minusleitung (Masse) verbinden. Wenn du dir nicht sicher bist, verbinde Anschluss 15 über einen Widerstand (560 Ohm) mit der Masse (siehe Bild).
- Verbinde auch die anderen Anschlüsse, deren elektrischer Zustand sich nicht ändert, mit +5 Volt oder Masse (siehe Abbildung 13.3 und Abbildung 13.4). Über Anschluss 3 wird der Kontrast geregelt. Wenn er mit Masse verbunden ist, heißt das: maximaler Kontrast. Anschluss 5 (R/W) wird aus Sicherheitsgründen mit der Masse verbunden. Damit sind nur Schreiboperationen, aber keine Leseope-

rationen möglich. Grundsätzlich könnte auch der Zustand des LCD-Displays vom RPi aus abgefragt werden. Das Problem ist: Das LCD-Display arbeitet mit 5 Volt. Die Eingänge des GPIO verkraften aber nur 3,3 Volt. Somit würden Leseoperationen zu Schäden am RPi führen. Deshalb erlauben wir nur Schreiben.

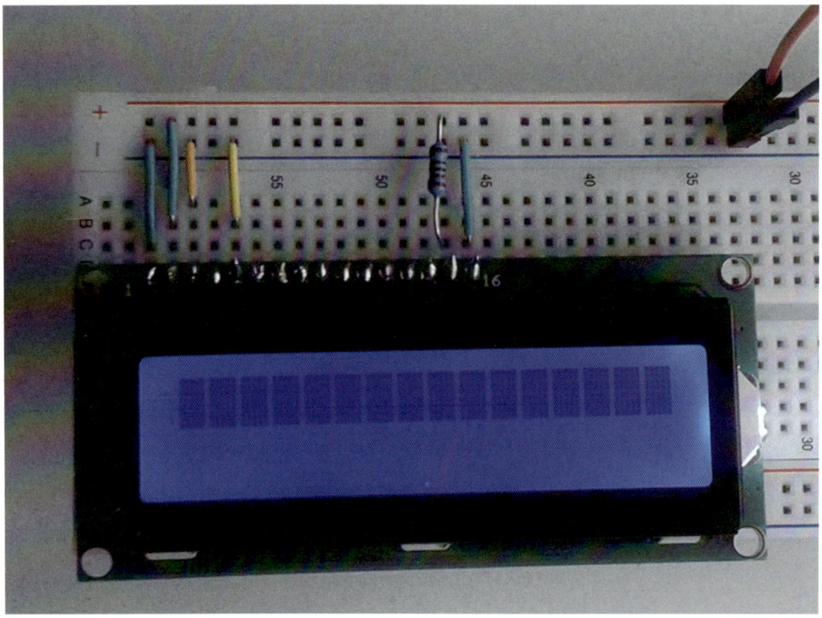

Abb. 13.3: *Verbindungen zu Masse und +5 Volt*

Wenn alles funktioniert, müsstest du in der oberen Zeile des Displays sechszehn Blöcke sehen, in denen später Buchstaben erscheinen. Wenn die Anzeige zu dunkel ist und man die Blöcke nicht richtig sieht, kann das daran liegen, dass die Stromversorgung nicht ausreicht. Prüfe mit einem Messgerät, ob zwischen Pin 6 und Pin 2 des GPIO tatsächlich 5 Volt anliegen. Falls die Spannung deutlich niedriger ist, brauchst du ein stärkeres Netzteil.

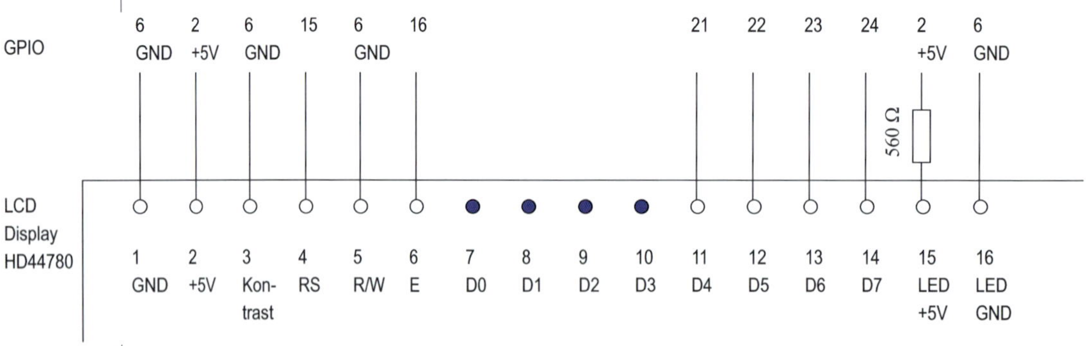

Abb. 13.4: *Anschluss des HD44780 an den GPIO (4-Bit-Modus)*

Zum Schluss verbindest du die übrigen Anschlüsse wie in Abbildung 13.4. Die Anschlüsse 7 bis 10 brauchen wir nicht, weil wir den HD44780 im 4-Bit-Modus verwenden. Das heißt, wir benutzen nur vier Datenleitungen.

Die Verbindungen zum GPIO sind so gewählt, dass sie zu den Voreinstellungen des Python-Moduls passen, das wir verwenden. Dazu mehr im kommenden Abschnitt.

Software installieren

Um auf dem LCD-Display Texte anzuzeigen verwenden wir das Python-Modul RPLCD von Danilo Bargen. Dieses Modul gehört nicht zur Standardinstallation, sondern muss erst heruntergeladen und installiert werden. RPLCD ist nur für Python 2 und nicht für Python 3 verfügbar. Das macht aber gar nichts, denn auf deinem Raspberry Pi ist auch Python 2 installiert. Und die Programmtexte, die wir schreiben werden, sehen genauso aus wie bei Python 3. Dennoch gibt es ein paar Kleinigkeiten, die du beachten musst. Dazu später mehr. Zuerst einmal musst du einige Software-Pakete installieren:

Öffne ein LXTerminal-Fenster und installiere `pip` und `python-dev`.

```
$ sudo apt-get install python-dev python-pip
```

Dann installierst du mit Hilfe des Programms `pip` das Modul `RPLCD`.

```
$ sudo pip install RPLCD
```

Text auf einer LCD-Anzeige anzeigen

Im ersten Projekt wird ein kleiner Text in die beiden Zeilen des LCD-Displays geschrieben. Beachte: Nach dem Programmlauf bleibt der Text im LCD-Display erhalten. Das Bauteil besitzt einen eigenen Speicher und ist unabhängig von dem Programm.

Das Programm muss mit Root-Rechten ausgeführt werden. Starte deshalb auf der Kommandozeile im LXTerminal-Fenster IDLE (nicht IDLE 3) als Administrator:

```
$ sudo idle
```

Programm

```
# lcd_test.py
from RPLCD import CharLCD                          #1
```

```
lcd=CharLCD(cols=16, rows=2)                    #2
lcd.write_string('Raspberry Pi')                #3
lcd.cursor_pos = (1, 0)                         #4
lcd.write_string('fuer Kids')                   #5
```

So funktioniert's

#1 Import des Typs CharLCD aus dem Modul RPLCD.

#2 Hier wird ein Objekt vom Typ CharLCD erzeugt. Dieses Objekt soll das LCD-Display repräsentieren. Die beiden Parameter legen fest, dass das Display zwei Zeilen (rows) und 16 Spalten (cols) hat.

#3 Bei dem CharLCD-Objekt steht der Cursor oben in der ersten Zeile ganz links. Hierhin wird der String 'Raspberry Pi' geschrieben.

#4 Der Cursor wird an den Beginn der zweiten Zeile gesetzt.

#5 An die aktuelle Cursor-Position (also an den Beginn der zweiten Zeile) wird der String 'fuer Kids' geschrieben.

Hinweis: Nicht-ASCII-Zeichen in Python 2

Eventuell verlangt IDLE beim Abspeichern von dir, folgende Zeile an den Anfang des Programmtextes zu setzen:

```
# -*- coding: utf-8 -*-
```

Das passiert, wenn dein Programmtext Zeichen enthält, die nicht zum ASCII-Code gehören.

Tabelle 13.1 beschreibt einige weitere Attribute und Methoden von CharLCD-Objekten. Du kannst sie in der Python-Shell ausprobieren:

```
>>> from RPLCD import *
>>> lcd=CharLCD(cols=16, rows=2)
>>> lcd.cursor_pos = (0, 15)
>>> lcd.text_align_mode = Alignment.right
>>> lcd.write_string('Raspberry Pi')
```

Der Text 'Raspberry Pi' wird rückwärts von rechts nach links geschrieben.

Attribut/Methode	Erklärung
clear()	Lösche den Inhalt des Displays und setze den Cursor an den Anfang der ersten Zeile.
cursor_mode	Für den Cursor-Modus (unsichtbar, waagerechte Linie, blinkend) gibt es die Konstanten CursorMode.hide, CursorMode.line und CursorMode.blink.
cursor_pos	Die Position des Cursors wird durch ein Tupel der Form (*Zeile*, *Spalte*) bestimmt. Die Nummerierung der Zeilen und Spalten beginnt bei 0.
shift_display(*n*)	Verschiebe den Text im Display um *n* Stellen. Negative Zahlen bewirken ein Verschieben nach links und positive Zahlen ein Verschieben nach rechts.
text_align_mode	Für die Ausrichtung des Textes gibt es die Konstanten Alignment.left (von links nach rechts) und Alignment.right (von rechts nach links).
write_string(*text*)	Schreibe den angegebenen Text in das Display und beginne an der momentanen Position des Cursors.

Tabelle 13.1: *Einige Attribute und Methoden von CharLCD-Objekten*

Ein Stück vom Ganzen: Slicing

Für das nächste Projekt brauchen wir eine Technik, die man Slicing nennt. Durch Slicing kannst du einen Ausschnitt aus einer Sequenz bilden.

```
>>> w = 'Raspberry'
>>> w[4:7]
'ber'
```

Das englische Wort *slice* bedeutet Scheibe. Es ist so, als ob man mit einem magischen Messer aus einem Kuchen ein Stück herausschneidet, oder besser heraus*kopiert*. Denn der Kuchen wird dabei nicht verändert.

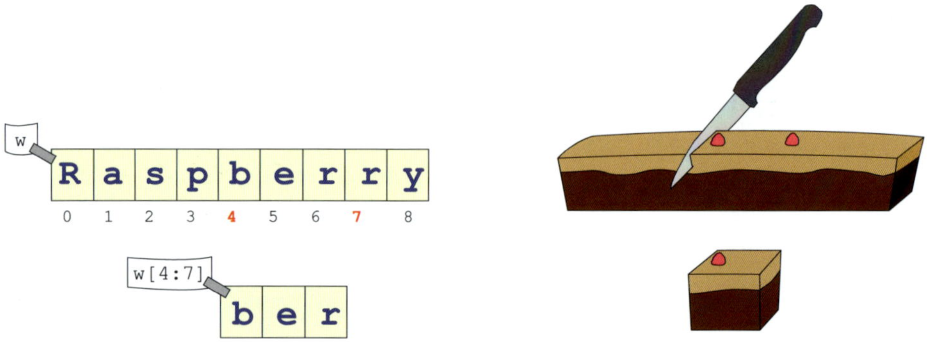

Abb. 13.5: *Beim Slicing wird ein Stück (engl. slice) herauskopiert.*

Ein Slice besteht aus dem Namen einer Sequenz (hier: `w`), gefolgt von einer so genannten *Sliceliste* in eckigen Klammern. Hier ist die Sliceliste `[4:7]`. Das sind die Elemente mit Index 4, 5, und 6, aber nicht mehr das Element mit dem Index 7. Die beiden Zahlen sind Markierungen, wie die beiden Himbeeren auf dem Kuchen in der Abbildung. Dier erste Zahl ist der Index, bei dem der Ausschnitt beginnen soll. Die zweite Zahl – hinter dem Doppelpunkt – ist der Index, *vor* dem der Slice aufhört. Das musst du unbedingt beachten: Das Element mit dem Index 7 gehört nicht mehr zum Slice.

Nehmen wir an, du teilst eine Sequenz in zwei Stücke auf. Dann ist der zweite Index des ersten Slice gleich dem ersten Index des zweiten Slice.

```
>>> w='Raspberry'
>>> w[0:4]
'Rasp'
>>> w[4:]
'berry'
```

Wird der zweite Index weggelassen, geht der Ausschnitt bis zum Ende der Sequenz.

```
>>> w = Maus'
>>> w[1:]
'aus'
```

Projekt 35: Eine Digitaluhr mit LCD-Anzeige

Wir programmieren eine Digitaluhr, die Datum und Uhrzeit wie in Abbildung 13.6 anzeigt.

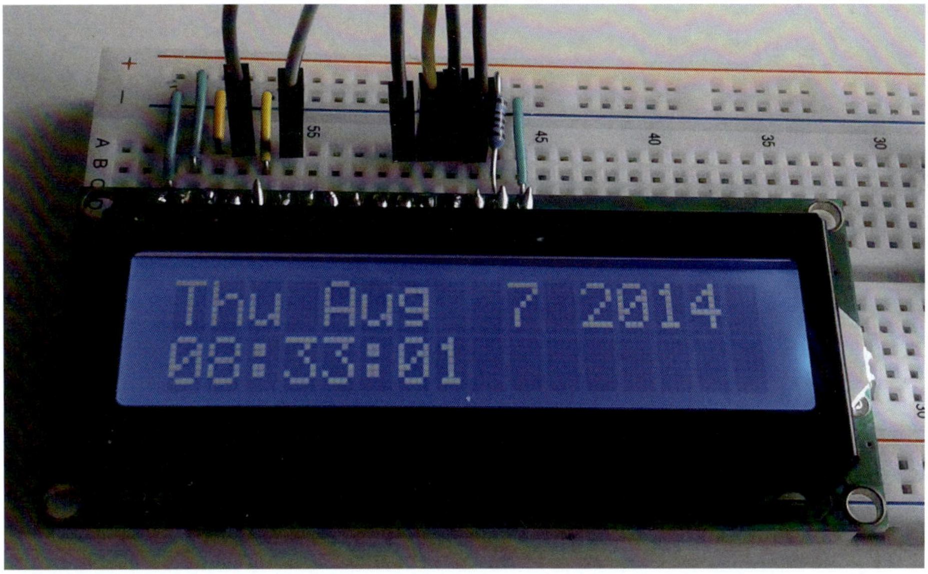

Abb. 13.6: *Eine Digitaluhr; oben steht das Datum, darunter die aktuelle Uhrzeit.*

Programm

```
# lcd_uhrzeit.py
import time
from RPLCD import CharLCD

lcd = CharLCD(cols=16, rows=2)

while True:                                    #1
    zeit = time.asctime()
    lcd.cursor_pos = (0, 0)                    #2
    zeile_1 = zeit[:10] + ' ' + zeit[-4:]      #3
    zeile_2 = zeit[11:19]                      #4
    lcd.write_string(zeile_1)                  #5
    lcd.cursor_pos = (1, 0)                    #6
    lcd.write_string(zeile_2)
    time.sleep(0.1)
```

So funktioniert's

#1 Wir haben eine Endlosschleife. Du musst das Programm mit Strg+C abbrechen.

#2 Setze den Cursor nach links oben.

#3 Die erste Zeile setzt sich aus drei Teilen zusammen: Die ersten zehn Zeichen des Zeitstrings, dahinter ein Leerzeichen und dahinter die letzten vier Zeichen des Zeitstrings.

#4 Die zweite Zeile besteht aus einem mittleren Stück des Zeitstrings. Es sind genau die Zeichen, die die Uhrzeit darstellen.

#5 Die erste Zeile (der String `zeile_1`) wird an die aktuelle Position des Cursors geschrieben, also an den Beginn der ersten Zeile des Displays.

#6 Setze den Cursor an den Beginn der zweiten Zeile.

Projekt 36: Eine Stoppuhr

Die Stoppuhr wird nur mit einem einzigen Schalter bzw. Taster bedient. In Abbildung 13.7. siehst du rechts auf der Steckplatine einen kleinen Drucktaster. Aber natürlich kann man einen beliebigen anderen (selbst gebauten) Schalter verwenden.

Zu Beginn sieht die LCD-Anzeige aus wie in Abbildung 13.7. Wenn du die Taste drückst und wieder loslässt, startet die Uhr. Sie zeigt in der ersten Zeile die Anzahl der Sekunden, die seit dem Start verstrichen sind. Darunter der Hinweis »Stopp mit Knopf«.

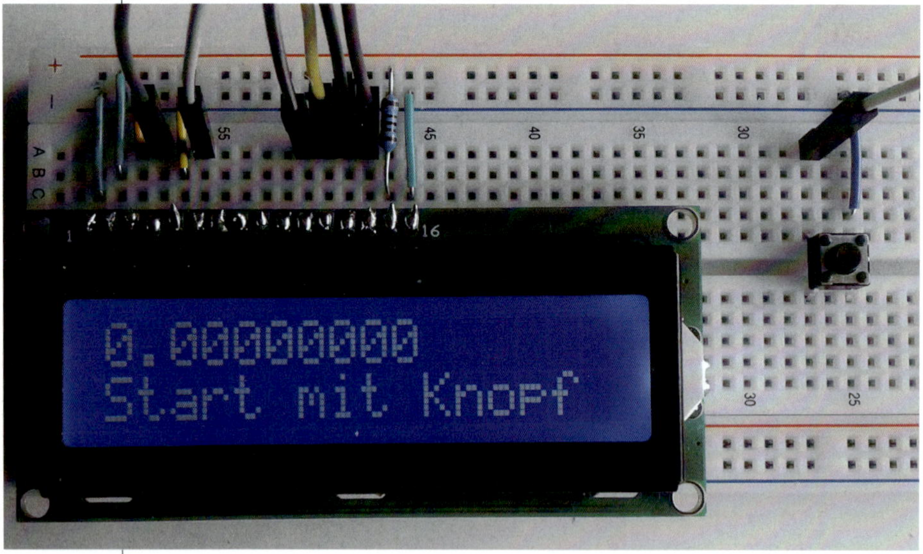

Abb. 13.7: *Die LCD-Anzeige der Stoppuhr nach dem Start des Programms*

Beim nächsten Druck auf die Taste hält die Uhr an und man kann die Sekundenzahl mit mehreren Stellen nach dem Komma ablesen. In der zweiten Zeile steht wieder ein Hinweis: »Reset mit Knopf«.

Das Zustandsübergangsdiagramm (Abbildung 13.8) zeigt ganz genau was passiert. Die Uhr durchläuft in einer Schleife immer wieder sechs Zustände. Nach jedem Drücken und nach jedem Loslassen des Tasters ändert sich der Zustand.

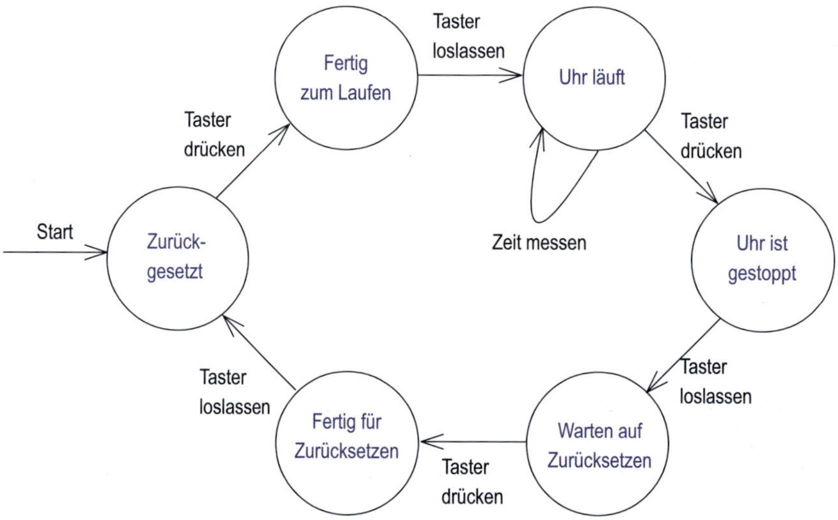

Abb. 13.8: *Die sechs Zustände der Stoppuhr*

Dieses Diagramm ist die Grundlage für die Programmierung.

Hardware

Du ergänzt die Schaltung um einen Drucktaster, der Pin 3 des GPIO mit Pin 6 (Masse) verbindet. Wegen des internen Pull-up-Widerstands hat Pin 3 (wenn er als Eingang gesetzt ist) den Zustand `True`, wenn der Taster *nicht* gedrückt ist.

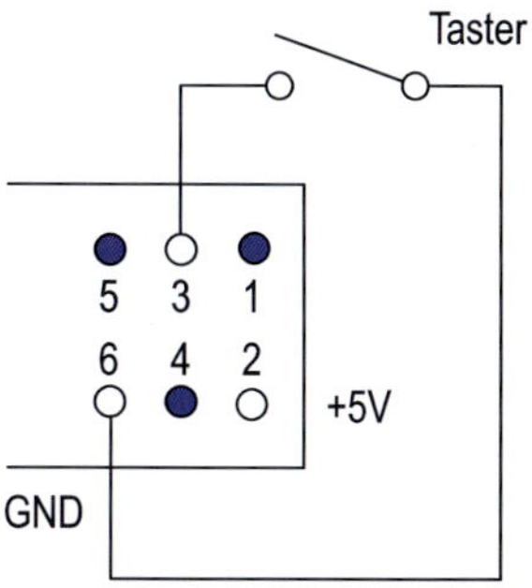

Abb. 13.9: *Anschluss eines Tasters an Pin 3*

Programm

```
# lcd_stoppuhr.py
import time
from RPi import GPIO
from RPLCD import CharLCD
GPIO.setmode(GPIO.BOARD)
GPIO.setup(3, GPIO.IN)
lcd=CharLCD(cols=16, rows=2)

while True:
    time.sleep(0.1)                                #1
    lcd.clear()                                    #2
    lcd.write_string('0.00000000')
    lcd.cursor_pos =(1, 0)
    lcd.write_string('Start mit Knopf')
    while GPIO.input(3):                           #3
        pass
    while not GPIO.input(3):                       #4
        pass
    start = time.time()                            #5
    lcd.cursor_pos =(1, 0)
    lcd.write_string('Stopp mit Knopf')
    time.sleep(0.1)
    while GPIO.input(3):                           #6
        lcd.cursor_pos =(0, 0)
        zeit = time.time() - start                 #7
        lcd.write_string(str(zeit)[:10])
    while not GPIO.input(3):                       #8
        pass
    lcd.cursor_pos =(1, 0)
    lcd.write_string('Reset mit Knopf')
    time.sleep(0.1)
    while GPIO.input(3):                           #9
        pass
    while not GPIO.input(3):                       #10
        pass
```

So funktioniert's

#1 Warte 0.1 Sekunden. An mehreren Stellen des Programms sind solche kurzen Wartezeiten eingebaut. Sie sollen verhindern, dass das Programm zu schnell weiterläuft, falls der Taster prellt.

#2 Die Anzeige wird gelöscht. Der Cursor steht links oben.

#3 Die Uhr ist im Zustand *Zurückgesetzt*. Warte bis der Taster gedrückt wird.

#4 Zustand *Fertig zum Laufen*. Warte bis der Taster wieder losgelassen wird.

#5 Merke dir, wann der Knopf gedrückt worden ist.

#6 Zustand *Uhr läuft*. Solange der Knopf nicht gedrückt ist, wird die `while`-Schleife durchlaufen.

#7 Die Variable `zeit` enthält die seit dem Start der Uhr verstrichene Zeit.

#8 Zustand *Uhr ist gestoppt*. Warte bis der Taster wieder losgelassen worden ist. Die Endzeit wird angezeigt.

#9 Zustand *Warten auf Zurücksetzen*. Warte bis der Taster wieder gedrückt worden ist.

#10 Zustand *Fertig für Zurücksetzen*. Warte bis der Taster losgelassen worden ist. Erst dann wechselt die Uhr wieder in den Anfangszustand und das Reset wird durchgeführt. Die Uhr zeigt dann wieder 0.00000000 an.

Fragen

1. Was bedeutet die Abkürzung LCD?
2. Die Funktion `asctime()` aus dem Modul `time` liefert einen String mit Uhrzeit und Datum. Welche Bedeutung haben die ersten drei Zeichen dieses Strings?
3. Was ist das Ergebnis von `time.asctime()[-4:]`?

Aufgabe: Wandersterne

Schließe ein LCD-Display an wie in Abbildung 11.10 und entwickle ein Programm, das Folgendes leistet. Auf dem LCD-Display wandern drei Sternchen hin und her.

Abb. 13.10: Drei Sterne wandern hin und her.

Tipp: Verwende folgende Anweisungen:

```
import time
for i in range(13):
from RPi import GPIO
from RPLCD import CharLCD
lcd = CharLCD(cols=16, rows=2)
lcd.clear()
lcd.shift_display(1)
lcd.shift_display(-1)
lcd.write_string(text)
text = '***'
time.sleep(0.1)
while True:
    ...
```

Antworten zu den Fragen

1. LCD heißt *liquid cristal display*, also Flüssigkristallanzeige.
2. Die ersten drei Buchstaben geben den Wochentag an, allerdings auf Englisch. Beispiel `Thu` für *Thursday* (Donnerstag).
3. Der Aufruf `time.asctime()[-4:]` liefert das aktuelle Jahr als Zeichenkette, z.B. `'2014'`. Das sind die letzten vier Zeichen des Zeitstrings, den die Funktion `time.asctime()` liefert.

Lösung: Wandersterne

Programm

```
import time
from RPi import GPIO
from RPLCD import CharLCD

lcd=CharLCD(cols=16, rows=2)
text = '***'
lcd.clear()
lcd.write_string(text)
while True:
    lcd.clear()
    lcd.write_string(text)
    for i in range(13):                    #1
        lcd.shift_display(1)               #2
        time.sleep(0.1)
    for i in range(13):
        lcd.shift_display(-1)              #3
        time.sleep(0.1)
```

So funktioniert's

#1 Der eingerückte Block wird 13 Mal wiederholt. Warum 13 Mal? Das Display hat 16 Stellen. Davon werden drei Stellen von den Sternen eingenommen. Es bleiben 13 Stellen zum Wandern.

#2 Der Inhalt des Displays wird um eine Stelle nach rechts verschoben. Das heißt die drei Sterne wandern um eine Stelle nach rechts.

#3 Hier wandern die Sterne um eine Stelle nach links.

14 Projekte mit dem Ultraschallsensor

Mit einem Ultraschallsensor kann der Raspberry Pi Abstände und Geschwindigkeiten messen. Die Werte werden auf dem Bildschirm ausgegeben oder durch akustische Signale (z.B. für Blinde) mitgeteilt. Wenn du den Raspberry Pi mit Batterien betreibst, ist er mobil. Dann kannst du ihn herumtragen und im Dunkeln per Ultraschall Hindernisse erkennen.

Wir beginnen das Kapitel mit etwas Python-Programmiertechnik. Wie definiert man eigene Funktionen?

Funktionen

Du hast schon oft fertig vorgegebene Funktionen in deinen Python-Programmen verwendet. Manche sind Standardfunktionen, manche gehören zu Modulen, die du erst importieren musstest. In diesem Abschnitt geht es darum, wie du selbst Funktionen definieren kannst. Warum definiert man überhaupt Funktionen? Es gibt doch schon so viele.

Funktionen haben vor allem zwei Vorteile:

- Ein langer Programmtext kann in kleine übersichtliche Stücke aufgeteilt werden.
- Anweisungsfolgen, die häufiger vorkommen, können zu einer Funktion zusammengefasst werden. Das macht den Programmtext kürzer.

So definierst du eine Funktion

Eine Funktion wird durch eine besondere Anweisung definiert. Sie hat folgendes Format:

```
def funktionsname(...):
    anweisungsblock
```

Die erste Zeile ist der *Funktionskopf*. Er beginnt mit dem Schlüsselwort `def`. Das steht für definieren. Dahinter kommt der Funktionsname. In den runden Klammern können Parameter stehen. Das sind Namen für die Werte, die beim Aufruf der Funktion in Klammern stehen. Es kann aber auch sein, dass zwischen den Klammern gar nichts steht. Dann verarbeitet die Funktion halt keine Parameter. Das kommt oft vor. Am Ende des Kopfes steht ein Doppelpunkt.

In den Zeilen hinter dem Doppelpunkt kommt der *Funktionskörper*. Das ist ein Anweisungsblock, der um einige Leerzeichen eingerückt ist. Diese Anweisungen werden ausgeführt, wenn die Funktion aufgerufen wird.

Eine einfache Funktion

Beginnen wir mit einem Beispiel. Wir schreiben eine Funktion, die einen Glückwunsch zum Geburtstag schreibt.

Wie sollen wir die Funktion nennen? Der Name sollte zum Ausdruck bringen, was die Funktion macht. Deshalb nennen wir die Funktion `schreibe()`.

Funktionsnamen

Der Name einer Funktion darf (wie ein Variablenname) nur aus Buchstaben, Ziffern oder Unterstrichen bestehen. Er muss mit einem Buchstaben oder Unterstrich beginnen. Der Name sollte zum Ausdruck bringen, was die Funktion bewirkt oder berechnet. Erlaubt sind Namen wie `minimum()`, `sortiere_liste()` oder `__init__()`. *Nicht* erlaubt sind z.B. `2fach_sortieren()` (beginnt mit einer Zahl) oder `a+b()`(enthält das nicht zugelassene Sonderzeichen +).

In dem folgenden Programm wird die Funktion definiert. Sie hat zwei Parameter. Der erste Parameter gibt an, wie die beglückwünschte Person angeredet werden

soll, und der zweite Parameter ist der Name des Absenders. Schreibe den Programmtext mit IDLE 3 und speichere ihn als Programmdatei z.B. unter dem Dateinamen glueckwunsch.py ab.

Programm

```
def schreibe(anrede, absender):                    #1
    print(anrede + '!')                            #2
    print('Zu deinem Geburtstag')                  #3
    print('wünsche ich dir alles Gute.')
    print(absender)                                #4
```

So funktioniert's

#1 Das ist die Kopfzeile der Funktion. Das Wort anrede ist der erste Parameter, und das Wort absender ist der zweite Parameter. Parameter sind wie Variablen. Ein Parameter speichert einen Wert, der beim Aufruf der Funktion als Argument übergeben worden ist.

#2 Hier beginnt der Anweisungsblock der Funktionsdefinition. Zuerst wird der Inhalt des Parameters anrede mit einem angehängten Ausrufezeichen ausgegeben.

#3 Jetzt wird der eigentliche Gruß ausgegeben. Der ist immer gleich.

#4 Auf dem Bildschirm erscheint der Name des Absenders, genauer: der Inhalt des Parameters absender.

Starte die Programmdatei mit RUN|RUN MODULE oder der Taste [F5]. Im Shell-Fenster erscheint eine Restart-Meldung.

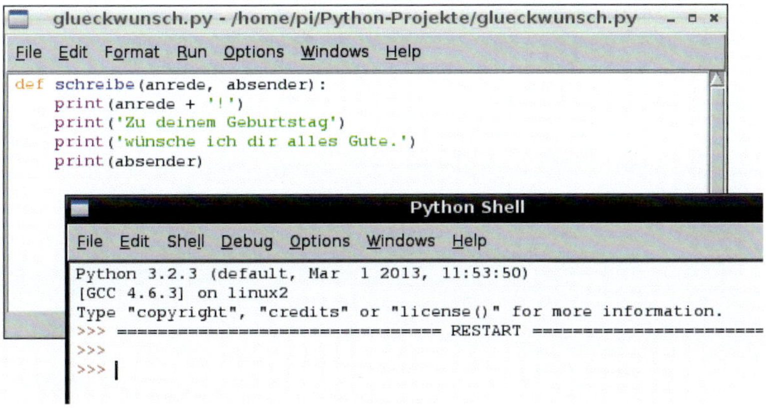

Abb. 14.1: *Nach dem Ausführen der Programmdatei mit der Funktionsdefinition öffnet sich das Shell-Fenster mit einer Restart-Meldung.*

Aber ansonsten scheint nichts zu passieren. Es gibt jedoch einen unsichtbaren Effekt: Nach dem Ausführen der def-Anweisung ist dem System die Funktion bekannt, und du kannst sie auf der Kommandozeile des Shell-Fensters aufrufen. Probiere verschiedene Wörter als Argumente aus! Unter dem Funktionsaufruf erscheint der Grußtext.

```
>>> schreibe('Liebe Tina', 'Max')
Liebe Tina!
Zu deinem Geburtstag
wünsche ich dir alles Gute.
Max
```

Der *Aufruf* der Funktion ist etwas anderes als die *Definition* der Funktion. Beim Aufruf stehen in Klammern hinter dem Funktionsnamen Werte wie z.B. die beiden Strings 'Liebe Tina' und 'Max'. Das, was beim Aufruf in Klammern steht, nennt man das Argument oder, wenn es mehrere sind, die Argumente.

Diese Argumente werden der Funktion übergeben. Sie werden den Parametern der Funktionsdefinition zugewiesen. Hier in dem Beispiel bekommt der Parameter anrede den Wert 'Liebe Tina' und der Parameter absender den Wert 'Max'. Mit diesen Werten »arbeitet« jetzt die Funktion und gibt einen Glückwunschtext aus.

```
schreibe('Liebe Tina', 'Max')
```

Aufruf der Funktion

```
def schreibe(anrede, absender):
    print(anrede + '!')
    print('Zu deinem Geburtstag')
    print('wünsche ich dir alles Gute')
    print(absender)
```

Definition der Funktion

Abb. 14.2: *Beim Aufruf der Funktion übernehmen die Parameter die Werte der Argumente.*

Eine Funktion im Hauptprogramm aufrufen

Man definiert Funktionen, damit man sie in einem Hauptprogramm aufrufen kann. Das Hauptprogramm ist dann kürzer und leichter zu verstehen. Mit der Funktion schreibe() kannst du ein interaktives Programm entwickeln: Zuerst wird der Benutzer nach Anrede und Absender gefragt. Dann wird die Funktion aufgerufen.

Programmlauf (Beispiel)

```
Der digitale Kartenschreiber.
Anrede: Lieber Paul
```

```
Dein Name: Lisa
Lieber Paul!
Zu deinem Geburtstag
wünsche ich dir alles Gute.
Lisa
```

Programm

```
def schreibe(anrede, absender):              #1
    print(anrede + '!')
    print('Zu deinem Geburtstag')
    print('wünsche ich dir alles Gute.')
    print(absender)

# Hauptprogramm
print('Der digitale Kartenschreiber.')
a = input('Anrede: ')                         #2
n = input('Dein Name: ')
schreibe (a, n)                               #3
```

So funktioniert's

#1 Die Funktionsdefinition steht zu Beginn des Programmtextes.

#2 Der Benutzer gibt hinter der Eingabeaufforderung einen Text ein und drückt ↵. Dieser String wird in der Variablen `a` gespeichert.

#3 Hier wird die selbst definierte Funktion `schreibe()` aufgerufen. Die Strings, die in den Variablen `a` und `n` gespeichert sind, werden der Funktion übergeben. Es sind die Argumente des Funktionsaufrufs.

Funktionen können Werte zurückgeben

Die meisten Funktionen, die du kennst, geben einen Wert zurück. Was heißt das? Wenn du eine solche Funktion in der Python-Shell aufrufst, erscheint der zurückgegebene Wert in der nächsten Zeile. Beispiel:

```
>>> len('Raspberry')
9
```

Die Funktion `len()` gibt die Länge einer Sequenz zurück. Der String »Raspberry« besteht aus neun Zeichen, also hat er die Länge `9`. Die Zahl wird in diesem Beispiel von der Funktion zurückgegeben.

Wenn man eine Funktion wie len() aufruft, ist das so, als ob man jemandem eine Frage stellt. Die Antwort ist dann der Wert, den die Funktion berechnet und zurückgibt.

Abb. 14.3: *Aufruf einer Funktion als Frage und Antwort*

Übrigens: Funktionen, die nichts zurückgeben, nennt man Prozeduren. Die Funktion schreibe() aus dem letzten Abschnitt ist also eine Prozedur. Sie macht etwas, aber sie gibt keine Antwort auf eine Frage.

Wenn eine Funktion einen Wert zurückgeben soll, muss der Funktionskörper eine return-Anweisung enthalten. Fangen wir mit einem einfachen Beispiel an.

Eine Funktion soll die Fläche eines rechteckigen Fensters berechnen. Die Parameter sind die Höhe und die Breite des Fensters. Höhe und Breite sollen in Millimeter (mm) angegeben werden. Das ist in der Technik üblich. Die Funktion berechnet die Fläche in Quadratmeter und gibt diesen Wert zurück.

```
def berechne_fenster(höhe, breite):          #1
    fläche = höhe * breite / 1000000         #2
    return fläche                            #3
```

So funktioniert's

#1 Das ist der Kopf der Funktion mit den Parametern höhe und breite.

#2 Hier beginnt der Körper der Funktion: Ein Anweisungsblock, der eingerückt ist. In der ersten Anweisung wird die Fläche eines Rechtecks ausgerechnet. Breite und Höhe wurden in Millimeter angegeben. Weil die Fläche aber in Quadratmeter und nicht in Quadratmillimeter ausgegeben werde soll, muss durch 1000000 geteilt werden. Denn in einen Quadratmeter passen eine Million Quadratmillimeter.

#3 Das Rechenergebnis wird zurückgegeben. Das ist die Ausgabe der Funktion.

Die Funktion testen

Du gibst den Programmtext in einem IDLE-Editorfenster ein und speicherst ihn in deinem Projektverzeichnis ab (z.B. unter dem Namen fenster.py). Starte die Programmdatei mit RUN|RUN MODULE oder der Taste [F5].

Im Shell-Fenster siehst du wieder eine Restart-Meldung. Jetzt kannst du die Funktion aufrufen. Gib in der Python-Shell folgende Anweisung ein und drücke [↵]. Hier wird die Fläche eines Fensters mit der Höhe 1000 mm und mit der Breite 500 mm berechnet.

```
>>> berechne_fenster(1000, 500)
0.5
```

Wie gewohnt erscheint in der Zeile unter der Anweisung das Ergebnis. Das ist der Wert, den die Funktion in der return-Anweisung zurückgibt. Vielleicht ist dir bei der Eingabe des Funktionsaufrufs etwas aufgefallen. Sobald du die Klammer nach dem Funktionsnamen eingibst, öffnet sich eine Infobox mit den Namen der Parameter.

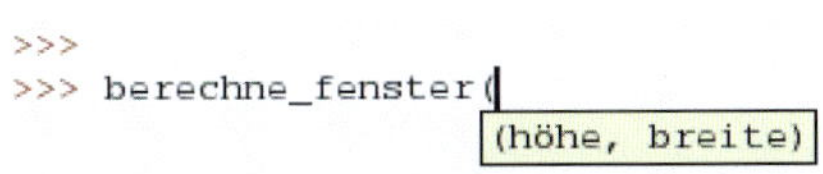

Abb. 14.4: *Bei der Eingabe des Funktionsnamens erscheint eine Infobox mit den Parametern.*

Du kannst eine Funktion auch mit Schlüsselwortargumenten aufrufen. Ein Schlüsselwortargument hat die Form

```
parameter=wert
```

Dann spielt die Reihenfolge der Argumente keine Rolle. Aber du musst die Namen der Parameter kennen, die in der Definition der Funktion verwendet werden.

```
>>> berechne_fenster(breite=500, höhe=1000):
0.5
```

Projekt 37: Wie groß ist die Fensterfläche des Hauses?

Man definiert Funktionen, damit man sie in einem Hauptprogramm aufrufen kann. Das Hauptprogramm ist dann kürzer und leichter zu verstehen. Das folgende interaktive Programm berechnet die gesamte Fensterfläche eines Hauses.

Es fragt nach Höhe und Breite der Fenster, ruft dann die Funktion auf und berechnet die Summe der Flächen aller Fenster.

Programmlauf (Beispiel)

```
Höhe in mm: 1000
Breite in mm: 500
Noch ein Fenster?(j/n): j
Höhe in mm: 1000
Breite in mm: 1200
Noch ein Fenster?(j/n): n
Die gesamte Fensterfläche beträgt: 1.7 Quadratmeter.
```

Programm

```
def berechne_fenster(breite, höhe):                #1
    fläche = breite * höhe / 1000000
    return fläche

antwort = 'j'                                       #2
summe = 0                                           #3
while antwort == 'j':                               #4
    h = int(input('Höhe in mm: '))                  #5
    b = int(input('Breite in mm: '))
    summe = summe + berechne_fenster(h, b)          #6
    antwort = input('Noch ein Fenster?(j/n): ')     #7
print('Die gesamte Fensterfläche beträgt:',         #8
      summe, 'Quadratmeter.')
```

So funktioniert's

#1 Am Anfang kommt die Funktionsdefinition. Sie muss vor dem ersten Aufruf der Funktion stehen.

#2 Die Variable `antwort` erhält den Wert `'j'`, damit die `while`-Schleife wenigstens einmal durchlaufen wird.

#3 In der Variablen `summe` wird die gesamte Fensterfläche gespeichert.

#4 Solange `antwort` den Wert `'j'` hat, wird der eingerückte Anweisungsblock ausgeführt.

#5 Hier wartet der Computer auf eine Eingabe per Tastatur. Die Eingabe des Benutzers ist immer ein String. Dieser String wird in eine ganze Zahl (Typ `int`) umgewandelt und in der Variablen `h` (Höhe) gespeichert.

#6 Hier wird zuerst die Funktion aufgerufen und die Fläche des Fensters berechnet. Das Ergebnis (die Zahl, die die Funktion zurück gibt) wird zum Inhalt der Variablen `summe` addiert.

#7 Der Benutzer wird gefragt, ob er noch ein Fenster berechnen will. Falls er `'j'` eingibt, wird die Schleife noch einmal durchlaufen. Hier endet der (eingerückte) Anweisungsblock der Schleife.

#8 Ausgabe des Resultats.

Docstrings

Die erste Zeile des Funktionskörpers kann einen so genannten *Docstring* enthalten. Das ist ein langer String, der in dreifachen Hochkommata (oder dreifachen Anführungszeichen) steht. Beispiel:

```
def berechne_fenster(höhe, breite):                    #1
    ''' Berechnet die Fläche eines Fensters

    Parameter sind die Höhe und Breite
    des Fensters in mm. Zurückgegeben wird
    die Fläche in Quadratmeter'''
```

Die erste Zeile des Docstrings enthält eine umgangssprachliche Kurzbeschreibung der Wirkung der Funktion. Danach lässt man eine Leerzeile und gibt weiteren Text ein. Zum Abschluss werden wieder drei Hochkommata eingegeben. Der gesamte Inhalt des Docstrings wird beim Aufruf der `help()`-Funktion ausgegeben.

```
>>> help(berechne_fenster)
Help on function berechne_fenster in module __main__:

berechne_fenster(höhe, breite)
    Berechnet die Fläche eines Fensters

    Parameter sind die Höhe und Breite
    des Fensters in mm. Zurückgegeben wird
    die Fläche in Quadratmeter
```

Die erste Zeile des Docstrings hat eine besondere Bedeutung. Sie erscheint in der Infobox, wenn du im IDLE-Editor oder in der Shell den Funktionsnamen eingibst.

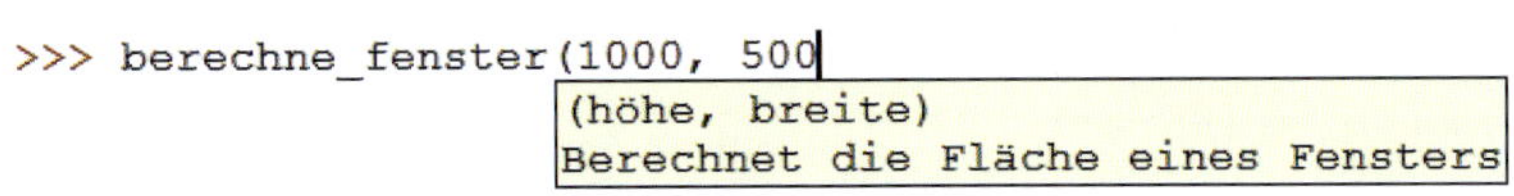

Abb. 14.5: *Infobox einer Funktion mit Docstring*

Voreingestellte Parameterwerte

Funktionen können optionale Parameter besitzen, die bei einem Aufruf weggelassen werden können. Du kennst das von Standardfunktionen wie z.B. print() oder round().

```
>>> round(1.234)
1
>>> round(1.234, 2) # zwei Nachkommastellen
1.23
```

Einem optionalen Parameter wird innerhalb der Parameterliste im Funktionskopf ein Wert zugewiesen. Das ist der voreingestellte Wert (Default).

Die meisten Fenster haben eine Höhe von 1000 mm und eine Breite von 1000 mm. Deshalb stellen wir diese Werte als Default ein.

```
def berechne_fenster(höhe=1000, breite=1000):
    ...
```

Der Rest der Definition ändert sich nicht. Probiere die Funktion in der Python-Shell aus. Rufe sie mit keinem Argument und mit einem Argument auf:

```
>>> berechne_fenster()
1.0
>>> berechne_fenster(2000)
2.0
```

Beim ersten Aufruf wurden die beiden voreingestellten Werte für die Parameter genommen. Beim zweiten Aufruf wurde nur für das zweite Argument breite der voreingestellte Wert genommen.

Projekte mit einem Ultraschallsensor

Schall (also Töne und Geräusche) besteht aus Schwingungen, die wir mit unseren Ohren wahrnehmen können. Die Frequenz eines Tons ist die Anzahl von Schwingungen pro Sekunde. Sie wird – wie alle Schwingungen – in der Einheit Hertz gemessen. 1 Hertz ist eine Schwingung pro Sekunde. Ein junger Mensch kann Töne mit Frequenzen bis maximal 20 000 Hertz (20 Kilohertz, 20 kHz) hören. Schall mit einer höheren Frequenz ist Ultraschall. Er ist lautlos. Zumindest für uns Menschen. Andere Lebewesen können besser hören. Fledermäuse z.B. hören Ultraschall bis 200 kHz. Sie stoßen Ultraschallschreie aus und achten darauf, wann das Echo zurückkommt. Auf diese Weise können sie sich in völliger Dunkelheit orientieren.

Nach dem gleichen Prinzip funktionieren Ultraschallsensoren, die du für wenige Euros kaufen kannst. Abbildung 14.6 zeigt das Ultraschallmodul US-020. Damit kannst du Abstandsmessungen von 3 cm bis 7 m machen.

Abb. 14.6: *Ultraschallmodul US-020*

Die Abkürzung US steht für Ultraschall (bzw. auf Englisch *ultrasound*). Die vier Anschlüsse der Platine sind (von links nach rechts):

- VCC: Versorgungsspannung + 5 Volt.
- Trig: Trigger. Das ist der digitale Eingang des Moduls. Normalerweise ist er auf dem Spannungspegel 0 Volt. Wenn er einen positiven Spannungsimpuls für mindestens 10 Mikrosekunden bekommt, wird eine Messung gestartet. Eigentlich soll die Spannung des Trigger-Impulses +5V sein. Zum Glück funktioniert es auch mit den +3,3V der programmierbaren Ausgänge des GPIO.
- Echo. Das ist der digitale Ausgang des Moduls. Normalerweise hat er den Pegel 0V.Nach einer Abstandsmessung sendet das Modul einen Impuls mit einer positiven Spannung von +5V.
- GND. Das ist die Masse (0V).

Abbildung 14.7 zeigt, wie die Abstandsmessung mit Ultraschall funktioniert. Wenn das Modul das Triggersignal vom RPi erhält, sendet der Lautsprecher (T, *transmitter*) acht kurze Ultraschallimpulse (40 kHz). Diese werden irgendwann von einem Hindernis reflektiert und dann von dem Ultraschallmikrofon (R, *receiver*) wieder empfangen.

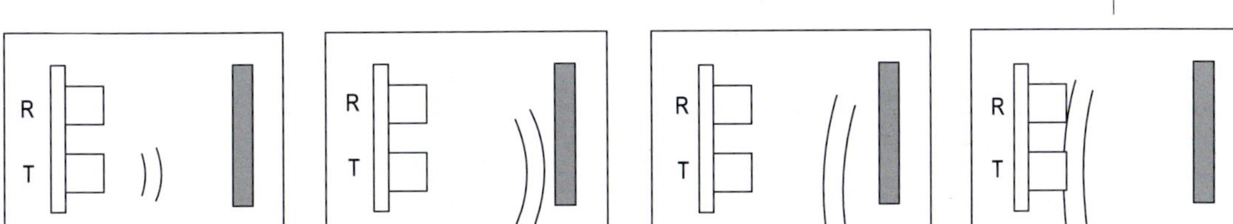

Abb. 14.7: *Abstandsmessung mit dem Modul US-020*

Während der Wartezeit – vom Senden bis zum Empfangen des Echos – liegt am digitalen Ausgang Echo eine Spannung von 5V an. Sobald das Echo angekommen ist, sinkt die Spannung wieder auf 0V. So entsteht ein Rechteckimpuls. Seine Länge ist ein Maß für den Abstand des Hindernisses vom Sensor.

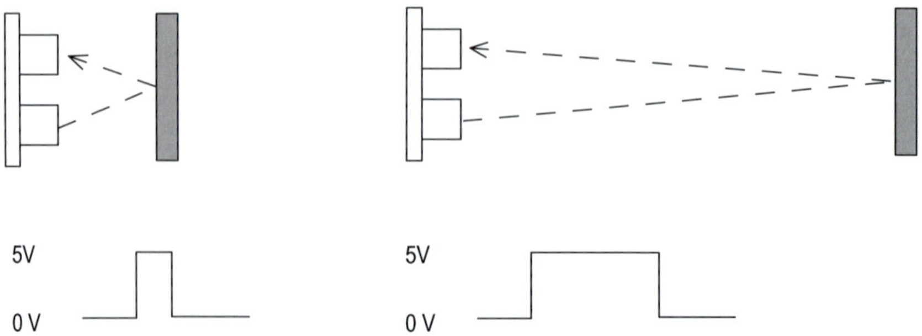

Abb. 14.8: *Die Länge des Rechteckimpulses (Echo) ist ein Maß für die Entfernung des Hindernisses.*

Der Hardware-Aufbau

Der digitale Ausgang Echo des Ultraschallmoduls wird mit einem Eingang des GPIO verbunden. Wir nehmen Pin 10. Aber da gibt es ein kleines Problem. Ein GPIO-Eingang verträgt nur eine Spannung von +3,3 V. Der Echoausgang des Ultraschallmoduls hat eine Spannung von 5 V. (Diese Spannung liegt natürlich nur dann an, wenn gerade ein Echosignal ausgegeben wird.) 5 Volt sind zu viel für den Raspberry Pi und würden ihn beschädigen. Also kannst du den Echoausgang nicht *direkt* mit Pin 10 verbinden, sondern du musst die Spannung etwas verkleinern. Dazu verwendest du einen Spannungsteiler aus zwei Widerständen. Abbildung 14.9 zeigt die Schaltung.

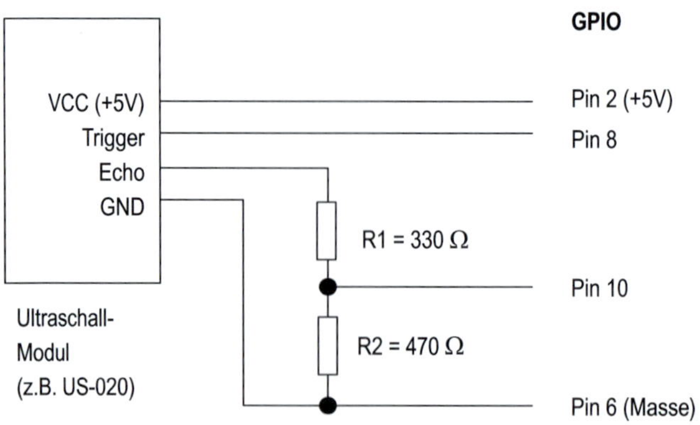

Abb. 14.9: *Schaltplan für den Anschluss des Ultraschallmodus an den GPIO*

Du kannst auch andere Widerstandswerte verwenden. Sie müssen nur ungefähr in diesem Verhältnis zueinander stehen.

Wie funktioniert der Spannungsteiler?

Wenn dich die Frage nicht interessiert, überspring diesen Abschnitt einfach. Der Spannungsteiler besteht aus zwei Widerständen R1 und R2 und kann eine Gesamtspannung Uges in zwei kleinere Spannungen U1 und U2 aufteilen. So berechnest du die genaue Spannung an Pin 10:

Nach dem Ohmschen Gesetz gilt für die Spannung zwischen Masse und Pin 10:

```
U = R2*I
```

Dabei ist I die Stärke des Stroms, der durch den Widerstand R2 fließt. Der gleiche Strom fließt auch durch den Widerstand R1. Für die Stromstärke I gilt deshalb:

```
I = Uges /(R1 + R2)
```

Dabei ist Uges die gesamte Spannung, die geteilt werden soll, hier also 5V.

Wenn wir die zweite Gleichung in die erste einsetzen, erhalten wir:

```
U = Uges * R2/(R1 + R2)
```

Diese Gleichung kannst du für alle möglichen Spannungsteiler verwenden. Wenn wir für unseren Fall die Zahlenwerte einsetzen, ergibt sich:

```
U = 5V * 470Ω / (330Ω + 470Ω)
U = 5V * 0,5875 = 2,94V
```

Projekt 38: Messung des Abstands

Der Raspberry Pi mit Ultraschallsensor steht auf dem Tisch. Du bewegst deine Hand auf den Sensor zu und wieder zurück. Das Programm schreibt jede Sekunde den aktuellen Abstand der Hand vom Sensor auf den Bildschirm.

Programmlauf

```
Abstand: 102 cm
Abstand: 30 cm
Abstand: 15 cm
Abstand: 28 cm
...
```

Programm

```
# abstand.py
import time
from RPi import GPIO
TRIGGER = 8                                                  #1
ECHO = 10

def init_gpio():
    '''Initialisiert die Schnittstelle zum GPIO'''
    GPIO.setwarnings(False)                                  #2
    GPIO.setmode(GPIO.BOARD)
    GPIO.setup(TRIGGER, GPIO.OUT)
    GPIO.setup(ECHO, GPIO.IN)
    GPIO.output(TRIGGER, False)
    time.sleep(1)                                            #3

def sende_impuls():
    '''Sendet Impuls der Länge 10 Mikrosekunden'''
    GPIO.output(TRIGGER, True)                               #4
    time.sleep(0.00001)                                      #5
    GPIO.output(TRIGGER, False)                              #6

def empfange_echo():
    '''Liefert Länge des Echo-Signals '''
    while GPIO.input(ECHO)== False                           #7
        pass
    start = time.time()                                      #8
    while GPIO.input(ECHO)== True:                           #9
        pass
    stop = time.time()
    return stop - start                                      #10

def berechne_abstand():
    '''Liefert Abstand in cm '''
    sende_impuls()
    zeit = empfange_echo()
    abstand = (zeit * 34000)/2                               #11
    return round(abstand)
```

```
# Hauptprogramm
init_gpio()
while True:                                   #12
    a = berechne_abstand()
    print('Abstand:', a, 'cm')                #13
    time.sleep(1)
```

So funktioniert's

#1 Hier definieren wir zwei Konstanten. Das sind Variable, deren Wert man im Programm nicht verändert. Üblicherweise schreibt man die Namen von Konstanten in Großbuchstaben. Diese beiden Konstanten bezeichnen die Nummern der Pins, die mit Trigger und Echo am Ultraschallmodul verbunden sind. Wenn du andere Pins verwendest, setzt du hier andere Zahlen ein.

#2 Diese Anweisung bewirkt, dass Warnungen z.B. über bereits belegte Pins unterdrückt werden. Sie dient nur einer »schönen Ausgabe« und kann im Prinzip auch weggelassen werden.

#3 Warte einen Moment, bis das US-Modul bereit ist.

#4 Wir senden einen kurzen Impuls an den Trigger des US-Moduls. Hier wird der Ausgang `TRIGGER` auf +3,3 Volt gesetzt.

#5 Warte 10 Mikrosekunden lang.

#6 Der `TRIGGER` wird wieder auf 0 Volt gesetzt. Der Impuls ist jetzt zu Ende.

#7 Die Schleife wird durchlaufen, solange am Echoausgang des US-Moduls ein niedriger Spannungspegel anliegt (Wahrheitswert `False`). Wir warten also auf den Beginn des Echosignals. Die Anweisung `pass` bewirkt nichts. Sie ist aber notwendig, weil es sonst kein Schleifeninneres gäbe.

#8 Die Schleife wurde in dem Moment verlassen, als das Echosignal begann. Wir speichern diesen Zeitpunkt in der Variablen `start`. Die Funktion `time()` aus dem Modul `time` liefert die exakte Zeit seit dem 1. Januar 1970, 1 Uhr (Beginn der Epoche) in Sekunden. Weil wir das gesamte Modul importiert haben (`import time`), müssen wir der Funktion `time()` den Modulnamen voranstellen.

#9 Die Schleife wird durchlaufen, solange am Echoausgang des US-Moduls ein positiver Spannungspegel anliegt (`True`). Wir warten also auf das Ende des Echosignals.

#10 Der Unterschied zwischen Ende- und Anfangszeit ist die Laufzeit des Echosignals. Diese Zahl wird zurückgegeben.

#11 Hier wird aus der Echozeit (Wartezeit bis zur Ankunft des Echos) der Abstand des Ultraschallsensors zum nächsten Hindernis berechnet. Die Geschwindigkeit des Schalls ist 34000 Zentimeter pro Sekunde. Wenn du diese Zahl mit der Echozeit multiplizierst, ergibt das die Strecke, die der Ultraschallimpuls zurückgelegt hat: vom US-Modul zum Hindernis und wieder zurück zum Mikrofon des US-Moduls (siehe Abbildung 14.8). Wenn du diese Strecke halbierst, erhältst du den Abstand zum Hindernis.

#12 Endlosschleife.

#13 Die Ausgabe wird aus drei Teilen zusammengesetzt. Der mittlere Teil ist der berechnete Abstand. Diese Zahl kann sich bei jedem Schleifendurchlauf ändern.

Das Programm enthält eine Endloswiederholung. Du kannst es durch einen Keyboard-Interrupt beenden. Drücke die Tastenkombination [Strg]+[C].

Hilfe! Das Programm stürzt ab! Was tun?

Wenn du das Programm eine Weile laufen lässt, stürzt es irgendwann ab. Es mag erst nach einigen Hundert Messungen passieren. Aber irgendwann ist es soweit. Auf dem Bildschirm ändert sich nichts mehr. Es werden keine neuen Werte ausgegeben. Wie kommt das? Was ist passiert? Begeben wir uns auf die Suche nach dem Fehler.

Wenn du – nach dem Absturz – die Programmausführung durch einen Keyboard-Interrupt beendest, bekommst du eine Meldung ähnlich wie diese:

```
^CTraceback (most recent call last):
  File "abstand.py", line 42, in <module>
    a = berechne_abstand()
  File "entfernung.py", line 34, in berechne_abstand
    zeit = empfange_echo()
  File "abstand.py", line 23, in empfange_echo
    while GPIO.input(ECHO)== 0:
KeyboardInterrupt
```

Die ersten beiden Zeichen sind nur ein Echo des [Strg]+[C], das du eingegeben hast. Danach kommt die eigentliche Meldung. Sie besagt, dass die letzte Anweisung, die vor der Unterbrechung ausgeführt worden ist, diese war:

```
while GPIO.input(ECHO)== 0:
```

In dieser Schleife in der Funktion `empfange_echo()` ist der Interpreter stecken geblieben (#6 im obigen Listing). Aus dieser Schleife kommt er nicht heraus. Warum?

Nun, es liegt daran, dass das US-Modul nicht perfekt arbeitet. Der Triggerimpuls löst *nicht immer* eine Utraschallmessung aus. Wenn das Programm einen Triggerimpuls gesendet hat, wartet das Programm darauf, dass am Echopin ein Rechteckimpuls entsteht. Wenn aber das US-Modul versagt und den Trigger überhört und deshalb auch keine Ultraschallimpulse sendet, gibt es auch kein Echosignal. Das Programm wartet aber trotzdem ... bis in alle Ewigkeit. Es hängt fest. Es geht nicht weiter. Auf diesen Fehler ist es nicht eingestellt. Aber das kann man mit einem Time-out ändern.

Stell dir vor du stehst an der Bushaltestelle und wartest auf den Bus. Aber der Bus kommt nicht. Er kann gar nicht kommen, weil die Strecke durch einen umgestürzten Baum blockiert ist. (Aber das weißt du natürlich nicht.) Was machst du in solch einer Situation? Vermutlich wartest du eine Weile, und wenn der Bus dann immer noch nicht kommt, reißt dir der Geduldsfaden und du gehst zähneknirschend zu Fuß oder rufst deine Eltern an, und bittest sie, dich abzuholen. Die Zeit, die du maximal wartest, bevor du etwas anderes tust, nennt man *Time-out*. Wir ändern jetzt das Programm ab – und machen es fehlertolerant –, indem wir ein Time-out einbauen.

Programm

Du brauchst das Programm nur an wenigen Stellen abzuändern. Diese Stellen sind **fett** gedruckt. Wenn du die alte Version retten willst, speicherst du dein Programm unter einem neuen Namen ab.

```
# abstand_timeout.py
import time
from RPi import GPIO
TRIGGER = 8
ECHO = 10
TIMEOUT = 0.1                                 #1
...

def empfange_echo():
    '''Liefert Länge des Echo-Signals des Sensors.
       Falls die Messung gescheitert ist,
       wird 0 zurückgegeben '''
    nullzeit = time.time()                    #2
    while GPIO.input(ECHO)== 0:
        if time.time() > nullzeit + TIMEOUT:  #3
            return 0                          #4
    start = time.time()                       #5
    while GPIO.input(ECHO)== 1:
```

```
        pass
    stop = time.time()
    return stop - start
...
# Hauptprogramm
init_gpio()
while True:
    a = berechne_abstand()
    if a > 0:                              #6
        print(i, 'Abstand:', a, 'cm')
    time.sleep(1)
```

So funktioniert's

#1 Eine zusätzliche Konstante: Die Time-out-Zeit soll 0,1 Sekunden betragen.

#2 Wir merken uns, wann wir beginnen auf den Echoimpuls zu warten. Diesen Zeitpunkt nennen wir `nullzeit`.

#3 Wenn das Time-out – die maximale Wartezeit – schon überschritten ist, ...

#4 ... dann gibt die Funktion 0 zurück. An dieser Stelle wird die Ausführung der Funktion beendet. Die nachfolgenden Anweisungen werden nicht mehr ausgeführt. Offenbar ist ein Fehler aufgetreten. Aber es geht trotzdem weiter. Das Programm blockiert nicht.

#5 An dieser Stelle kannst du sicher sein, dass kein Fehler aufgetreten ist. Sonst hätte es ein Time-out gegeben. Das Programm läuft ganz normal weiter.

#6 Bei einem Fehler wird als Abstand zum Hindernis 0 berechnet. Ein solcher falscher Wert wird nicht ausgegeben. Nur wenn a größer als null ist, wird die `print()`-Anweisung ausgeführt.

Projekt 39: Sehen mit Ultraschall

Kann ein Abstandsmessgerät blinden Menschen von Nutzen sein? Kann es helfen, in völliger Dunkelheit Hindernisse zu erkennen und ihnen auszuweichen? Kann man – ähnlich wie Fledermäuse – sich mit Ultraschall im Raum orientieren?

Das werden wir in diesem Projekt ausprobieren. Damit man das System in völliger Dunkelheit verwenden kann, müssen vier Dinge beachtet werden:

- Das Gerät muss mobil sein. Es muss klein sein und man muss es mit sich herum tragen können.
- Wir brauchen eine akustische Ausgabe.

- Das Programm sollte automatisch gestartet werden, sobald man den Raspberry Pi einschaltet.
- Das Gerät sollte per Knopfdruck sauber herunter gefahren werden können (Shutdown). Es ist nicht gut, einfach die Stromversorgung zu unterbrechen, weil dann die SD-Karte Schaden nehmen kann (siehe Kapitel 1).

Vorbereitung der Hardware

Der mobile Ultraschallabstandmesser besteht aus folgenden Bauteilen (Abbildung 14.10):

- Der Raspberry Pi;
- ein Kopfhörer, der an den analogen Audioausgang angeschlossen ist;
- die Steckplatine mit einem Ultraschallmodul und der zugehörigen elektronischen Schaltung (Spannungsteiler) aus Abbildung 14.9;
- ein wiederaufladbarer Akku mit USB-Ausgang (»Powerpack«), der bei einer Spannung von 5 V einen Strom von mindestens 1000 mA liefert;
- zusätzlich ein Schalter zum Ausschalten des RPi (siehe Abbildung 14.11). Er verbindet Pin 3 des GPIO mit der Masse (Pin 6). Pin 3 besitzt schon einen internen Pull-up-Widerstand und hat deshalb bei offenem Schalter einen positiven Spannungspegel von 3,3 Volt.

Abb. 14.10: *Der mobile RPi: Alle Bauteile sind auf ein Stück Pappe geklebt.*

Alle Teile kannst du mit Kreppklebeband auf einem Stück Pappe befestigen.

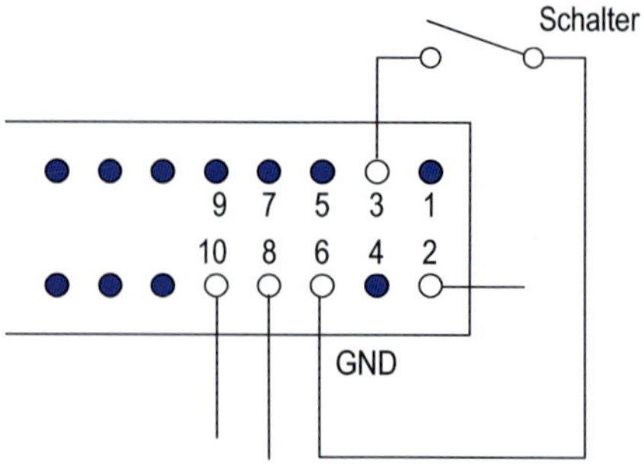

Abb. 14.11: Schalter zum Ausschalten des RPi.

Über die Kopfhörer soll der Abstand zum nächsten Hindernis mitgeteilt werden. Da gibt es viele Möglichkeiten, z.B.

- Sprache (eine Stimme sagt die Entfernung)
- Tonhöhe eines Signals (je höher der Ton, desto näher das Objekt)
- Wiederholung eines Tons mit unterschiedlicher Geschwindigkeit

Das folgende Programm folgt dem dritten Weg. Es gibt eine Klangdatei mit einem kurzen Signal aus, z.B. ein »Boing«. Dieser Klang wird immer wieder abgespielt. Je kürzer die Wartezeit zwischen zwei Signalen, desto näher ist das Objekt.

»Boing Boing Boing« bedeutet: »Vorsicht, da vorne ist ein Hindernis«

»Boing - - - - - - - Boing - - - - - - - Boing« bedeutet: »Keine Gefahr, das nächste Hindernis ist weit entfernt.«

Im Projektordner zu diesem Kapitel gibt es einen Unterordner mit einigen geeigneten Wave-Dateien. Auch im Soundarchiv von Scratch findest du einige Klänge: `/usr/share/scratch/Media/Sounds`. Kopiere einfach eine Wave-Datei mit einem kurzen Klang, der dir gefällt, in deinen Projektordner.

Klänge abspielen

Auf deinem RPi ist die *Advanced Linux Sound Architecture* (ALSA) installiert. Mit `aplay` kannst du Klangdateien abspielen. Probiere es aus:

- Schließe einen Kopfhörer an.
- Öffne ein LXTerminal.
- Navigiere mit dem Kommando `cd` in das Projektverzeichnis mit einer Klangdatei, z.B. `boing.wav`.
- Sorge dafür, dass der Sound über den analogen Kopfhörerausgang (und nicht über HDMI) ausgegeben wird. Das geht auf der Linux-Kommandozeile mit dem Kommando:

```
amixer cset numid=3 1
```

Hinweis: Die letzte Zahl bestimmt, welcher Audiokanal verwendet wird. 0 = Auto, 1 = analog, 2 = HDMI.

- Spiele den Sound z.B. mit folgendem Kommando ab:

```
aplay boing.wav
```

Programm

Du übernimmst alle Funktionsdefinitionen aus dem letzten Projekt `abstand_timeout.py`. Du änderst das Programm nur an wenigen Stellen entsprechend dem folgenden Listing. Was anders ist (bzw. hinzugefügt wurde), ist wieder **fett** gedruckt.

```
# abstand_ton.py
import os
import time
TRIGGER = 8
ECHO = 10
SCHALTER = 3
TIMEOUT = 0.1

def init_gpio():
    '''Initialisiert die Schnittstelle zum GPIO'''
    GPIO.setwarnings(False)
    GPIO.setmode(GPIO.BOARD)
    GPIO.setup(TRIGGER, GPIO.OUT)
    GPIO.setup(ECHO, GPIO.IN)
    GPIO.setup(SCHALTER, GPIO.IN)
    GPIO.output(TRIGGER, False)
    time.sleep(1)

...
# Hauptprogramm
init_gpio()
while GPIO.input(SCHALTER):                  #1
    pause = berechne_abstand()/100           #2
    os.system('aplay sounds/boing.wav')      #3
    time.sleep(pause)                        #4
os.system('halt')                            #5
```

So funktioniert's

#1 Wenn der Schalter offen ist – und das ist sein Normalzustand – hat der Eingang 3 den logischen Wert True. Dafür sorgt der Pull-up-Widerstand an Pin 3. Solange also der Schalter offen ist, wird die while-Schleife durchlaufen. Wird er geschlossen, hat die Bedingung den Wahrheitswert False und die Schleife wird verlassen.

#2 Die Variable pause speichert die Pause nach dem Abspielen eines Klangs. Die ist ein Bruchteil des Abstands des Hindernisses. Ist das Hindernis 2 Meter entfernt (200 cm), dann ist die Pause zwei Sekunden. Bei einem Meter ist es nur noch eine Sekunde. Das heißt das Signal wird schneller wiederholt, wenn man sich dem Hindernis nähert.

#3 Mit der Funktion system() aus dem Modul os kannst du einen Linux-Befehl absetzen. Hier wird das Programm aplay aufgerufen, das die Datei boing.wav abspielt. Wenn du eine andere Wave-Datei verwendest, musst du natürlich deren Namen angeben.

#4 Die Variable pause gibt an, wie lange gewartet wird.

#5 Hier wird das System herunter gefahren.

Ein Python-Programm automatisch starten

Bei diesem Projekt betreibst du den Raspberry Pi ohne Tastatur, Maus und Monitor. Beim Einschalten soll er automatisch das Programm abstand_ton.py starten. Wir nehmen an, das Programm befindet sich in dem Verzeichnis /home/pi/Python-Projekte.

So gehst du vor:

Öffne ein LXTerminal-Fenster. Sorge dafür, dass die Programmdatei ausführbar ist. Das machst du mit dem Linux-Befehl chmod (von engl. *change mode* = ändere den Modus):

```
$ chmod +x /home/pi/Python-Projekte/abstand_ton.py
```

Das Argument +x bewirkt, dass alle Benutzer des Computers die Berechtigung x zur Ausführung des Programms erhalten.

Als nächstes veränderst du die Datei /etc/rc.local. In diese Datei kannst du Befehle schreiben, die automatisch ausgeführt werden, nachdem der Computer gestartet worden ist. Diese Befehle werden auch dann ausgeführt, wenn nicht die grafische Benutzungsoberfläche des Betriebssystems gestartet wird. rc steht für engl *run commands* (Befehle ausführen).

In die Datei /etc/rc.local fügst du eine Zeile ein, die dein Programm startet. Am schnellsten geht das mit dem Editor Nano. Wichtig ist, dass du Nano in der Rolle des Administrators aufrufst:

```
$ sudo nano /etc/rc.local
```

Mit den Pfeiltasten kannst du die Schreibmarke an das Ende der Datei bewegen. Die letzte Zeile lautet

```
exit 0
```

Vor diese Zeile fügst du diese Zeile ein:

```
python3 /home/pi/Python-Projekte/abstand_ton.py
```

Der Text sieht aus wie in Abbildung 14.12. Die neue Zeile ist eingekreist.

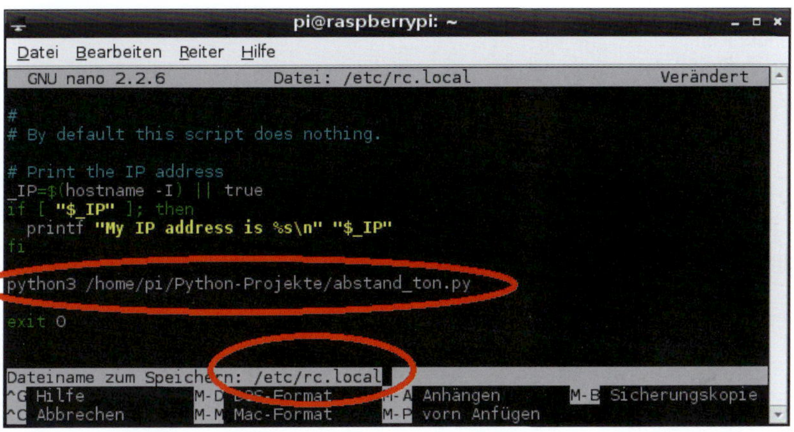

Abb. 14.12: *In der Textdatei* /etc/rc.local *wird eine neue Zeile eingefügt.*

Mit [Strg]+[O] speicherst du die geänderte Datei. Nano zeigt den Dateinamen und wartet auf eine Bestätigung (in Abbildung 14.12 unten eingekreist). Wenn du [↵] drückst, wird die Datei gespeichert. Mit [Strg]+[X] verlässt du Nano.

Du kannst den Computer nun herunterfahren. Wenn du ihn wieder mit der Stromquelle verbindest, startet dein Python-Programm automatisch.

Ein eigenes Modul erschaffen

Die Funktionen zur Abstandsmessung mit Ultraschall kann man für mehrere Projekte verwenden. In solch einem Fall lohnt es sich, die Funktionen als Modul zu speichern. Du übernimmst die Datei abstand_timeout.py und entfernst die Endlosschleife am Ende. Füge am Anfang einen Docstring hinzu, der das Modul ein bisschen erklärt. Speichere das Modul in deinem Projektordner unter einem Namen ab, der deutlich macht, dass dieses Modul eine Python-Schnittstelle für ein Ultraschallmodul ist, z.B. us_python.py.

```
''' Dateiname: us_python.py
Python-Modul zur Messung von Entfernungen
mit Ultraschall.
Pin 8 GIPIO --> Trigger
Pin 10 GPIO --> Echo
Autor: Vorname Nachname
Letzte Änderung: 29. Juli 2014
'''
import time
...
# Hauptprogramm
init_gpio()                                 #1
```

Andere Python-Skripte können dieses Modul oder die Namen aus dem Modul importieren. Der Modulname ist der Dateiname ohne die Dateiendung .py, in diesem Beispiel also us_python. Alle Anweisungen in der Moduldatei werden beim Import des Moduls ausgeführt, insbesondere auch #1, in der die Funktion init_gpio() aufgerufen wird.

Das Programm aus dem letzten Abschnitt, das durch Töne den Abstand zu einem Hindernis anzeigt, schrumpft auf wenige Zeilen:

```
# abstand_ton.py
from us_python import *                     #1
while True:
    pause = berechne_abstand()/100
    os.system('aplay sounds/boing.wav')
    time.sleep(pause)
```

Der Stern am Ende von Zeile #1 bewirkt, dass *alle* Funktionen aus dem Modul us_python importiert werden.

Fragen

1. Was ist ein optionales Argument?
2. Was muss man beachten, wenn man einer Funktion als Argument eine *Liste* übergibt?

3. Welchen Vorteil hat ein Docstring gegenüber einem Kommentar?
4. Wie viele Parameter mit voreingestellten Werten besitzt die Standardfunktion `print()`? Gib in der Shell

```
help(print)
```

ein.

5. Wozu braucht man einen Spannungsteiler, wenn man an den Raspberry Pi einen Ultraschallsensor anschließt?
6. Aus welchen Bauteilen ist ein Spannungsteiler aufgebaut?
7. Welche Frequenz hat Ultraschall mindestens?

Aufgaben

Aufgabe 1: Begrüßung

Die Funktion `begrüßung()` soll einen Begrüßungstext zurückgeben, der zur Tageszeit passt. Beispiele:

```
>>> begrüßung('Marie', 12)
'Guten Tag, Marie!'
>>> begrüßung('Max', 8)
'Guten Morgen, Max!'
```

Die Kopfzeile der Funktionsdefinition ist

```
def begrüßung(name, stunde):
```

Der erste Parameter ist ein Personenname und muss ein String sein. Der zweite Parameter gibt die Stunde der Uhrzeit an und muss eine ganze Zahl sein.

Aufgabe 2: Kalorienverbrauch

Die Funktion `kalorien()` soll den Energieverbrauch beim Radfahren berechnen und zurückgeben. Sie hat zwei optionale Parameter. Der erste Parameter `zeit` bezeichnet die Dauer des Radfahrens in Stunden (voreingestellt: 1 Stunde), der zweite Parameter `gewicht` das Körpergewicht in kg (voreingestellt: 75 kg).

Die Anzahl der verbrauchten Kalorien (bei normalem Radfahren in ebenem Gelände) soll nach folgender Formel berechnet werden:

```
energie = zeit * gewicht * 7.5
```

Aufgabe 3: Endlos SOS

In Kapitel 8 (Projekt 18) wurde ein Programm beschrieben, das das Notsignal SOS als Morsezeichen mit einer blinkenden Leuchtdiode sendet. Überarbeite das Programm. Es soll in einer Endloswiederholung immer wieder SOS senden. Verwende in dem Programmtext Funktionen.

Tipp

Die Leuchtdiode ist mit der Anode (langer Anschlussdraht) über einen Widerstand (z.B. 130 Ohm) an Pin 1 des GPIO angeschlossen (+3,3 Volt). Die Kathode (kurzer Anschlussdraht) ist an Pin 10 angeschlossen. Verwende diese Programmstruktur:

```
from RPi import GPIO
import time
GPIO.setmode(GPIO.BOARD)
GPIO.setup(10,GPIO.OUT)

def punkt():
    GPIO.output(10,False)
    time.sleep(0.2)
    GPIO.output(10,True)
    time.sleep(0.2)

def strich():
    ...

def pause():
    ...

def s():
    punkt()
    punkt()
    punkt()
    pause()

def o():
...
```

```
#Hauptprogramm
while True:
    ...
```

Antworten zu den Fragen

1. Ein optionales Argument kann man beim Aufruf der Funktion auch weglassen.
2. Eine Liste ist ein änderbares Objekt. Sie kann von der Funktion geändert werden.
3. Der Docstring einer Funktion `f` wird angezeigt, wenn man das Hilfesystem verwendet und

   ```
   >>> help(f)
   ```

   aufruft.
4. Die Standardfunktion `print()`besitzt vier Argumente mit voreingestellten Werten:
   - `sep=' '`: Als Separatorstring, der zwei ausgegebene Werte trennt, ist ein Leerzeichen voreingestellt.
   - `end='\n'`: Voreingestellt ist, dass nach einer `print()`-Anweisung ein Zeilenumbruch an den Ausgabestrom angehängt wird.
   - `file=sys.stdout`: Voreingestellt ist, dass die Ausgabe in die Standardausgabe erfolgt. Das ist die Python-Shell. Man kann mit `print()` auch in eine Datei schreiben. Dann muss beim Aufruf durch ein Schlüsselwortargument der Name des Fileobjekts übergeben werden. Format: `file=`*`fileobjekt`*.
   - `flush=False`: Die Voreinstellung bedeutet, dass beim Schreiben in eine Datei, diese Datei *nicht* nach jeder Schreiboperation auf der SD-Karte zwischengespeichert wird. Wird hingegen das Schlüsselwortargument `flush=True` übergeben, wird auch nach jeder `print()`-Anweisung gespeichert.
5. Die Ausgabespannung des Ultraschallsensors beträgt max. 5 Volt. Das ist zu viel für die Eingänge des GPIO. Mit dem Spannungsteiler wird die Spannung auf max. 3,3 Volt verringert.
6. Ein Spannungsteiler besteht aus zwei Widerständen.
7. Töne mit einer Frequenz von mehr als 20 Kilohertz kann man nicht mehr hören. Das ist dann Ultraschall.

Lösungen der Aufgaben

Lösung 1: Begrüßung

Programm

```
def begrüßung(name, stunde):
    if stunde < 11:                               #1
        return 'Guten Morgen, ' + name +'!'       #2
    if stunde < 18:
        return 'Guten Tag, ' + name +'!'
    else:
        return 'Guten Abend, ' + name +'!'
```

So funktioniert's

#1 Wenn das zweite Argument eine Zahl ist, die kleiner als 11 ist, ...

#2 ... wird ein Text zurückgegeben, der aus drei Teilen zusammengesetzt ist: Zuerst kommt 'Guten Morgen, ', dahinter folgt der Inhalt des ersten Argumentes, also ein Personenname. An das Ende wird ein Ausrufungszeichen gesetzt. Nach der return-Anweisung wird die Ausführung der Funktion abgebrochen.

Gib die Funktion mit IDLE 3 in einem Editorfenster ein und führe sie aus (RUN|MODULE RUN). Die Funktion kannst du dann (im Shell-Fenster) aufrufen.

Lösung 2: Kalorienverbrauch

Programm

```
def kalorien(zeit=1, gewicht=75):
    energie = zeit * gewicht * 7.5
    return energie
```

Gib die Funktion mit IDLE 3 in einem Editorfenster ein und führe sie aus (RUN|MODULE RUN). Die Funktion kannst du nun (im Shell-Fenster) auf verschiedene Weise aufrufen: ohne Argument, mit einem oder mit zwei Argumenten.

```
>>> kalorien()                # 1 Stunde, 75kg
562.5
>>> kalorien(2)               # 2 Stunden, 75kg
1125.0
>>> kalorien(0.5, 65)         # 1/2 Stunde, 65kg
243.75
```

Lösung 3: Endlos SOS

Programm

```
from RPi import GPIO
import time
GPIO.setmode(GPIO.BOARD)
GPIO.setup(10,GPIO.OUT)

def punkt():                                    #1
    GPIO.output(10,False)
    time.sleep(0.2)
    GPIO.output(10,True)
    time.sleep(0.2)

def strich():                                   #2
    GPIO.output(10,False)
    time.sleep(0.6)
    GPIO.output(10,True)
    time.sleep(0.2)

def pause():                                    #3
    time.sleep(0.4)

def s():                                        #4
    punkt()
    punkt()
    punkt()
    pause()

def o():                                        #5
    strich()
    strich()
    strich()
    pause()

#Hauptprogramm
while True:                                     #6
    s()
    o()
    s()
    pause()
```

So funktioniert's

#1 Die Funktion `punkt()` sorgt für ein kurzes Blinken der Leuchtdiode.

#2 Die Funktion `strich()` sorgt für ein langes Blinken.

#3 Die Funktion `pause()` sorgt für eine Pause von 0,4 Sekunden.

#4 Die Funktion `s()` sorgt dafür, dass der Buchstabe s gemorst wird. Sie ruft die Funktionen `punkt()` und `pause()` auf.

#5 Die Funktion `o()` sorgt dafür, dass der Buchstabe o gemorst wird.

#6 Das Hauptprogramm ist sehr kurz und übersichtlich. Man erkennt sofort den Sinn: In einer Endloswiederholung werden nacheinander die Buchstaben `sos` gemorst.

15 Temperaturmessung und Hausautomatisierung

Wir entwickeln Programme, die Temperaturdaten eines digitalen Temperatursensors (DS1820) anzeigen und auswerten. Wenn du den RPi mit einem Akku betreibst, kannst du im Gelände Temperaturdaten sammeln und speichern oder die heißeste oder kälteste Stelle in einem Raum suchen.

Außerdem erfährst du, wie du mit einem preiswerten Sender Funksteckdosen ansteuerst. Mit dieser Technik kannst du Programme entwickeln, die automatisch Haushaltsgeräte ein- und ausschalten.

Temperaturmessungen

Am einfachsten kannst du Temperaturen mit einem Direct-to digital-Temperatursensor messen, z.B. dem DS18B20 oder DS18S20 der Firma Dallas (als Einzelstück erhältlich etwa ab 2 Euro). Dieser Chip hat es wirklich in sich. Er misst Temperaturen zwischen -55 °C und +125 °C und sendet über einen einzigen Draht (1-Wire-Bus) eine digitale Botschaft, die im Wesentlichen aus zwei Teilen besteht:

- der gemessenen Temperatur;
- einer einmaligen Zeichenfolge (Kennung), die den Sensor identifiziert.

Wegen der eindeutigen Kennung ist es möglich, mehrere Sensoren an einen Bus anzuschließen.

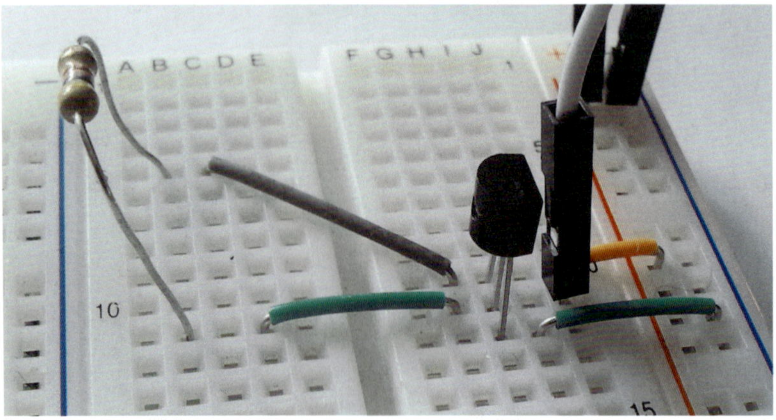

Abb. 15.1: *Der Temperatursensor DS18B20 auf einer Steckplatine (Spalte H)*

Du brauchst folgende Hardware-Komponenten:

- Steckplatine
- einen Widerstand 4,7 kΩ
- kleine Jumper-Kabel (male-male)
- drei lange flexible Jumper-Kabel (female-male)
- Thermosensor DS18B20 oder DS18S20 (ab etwa 2 € pro Stück)

Abbildung 15.2 zeigt den Aufbau der Schaltung. Du kannst nach diesem Muster beliebig viele Sensoren anschließen. Für das erste Projekt reicht aber ein einziger. Der Schaltplan zeigt den Sensor, so wie man ihn von oben sieht. Die Beinchen stecken dann unten in der Platine.

DS1820	GPIO
Pin 1	Pin 6 (GND, Masse)
Pin 2	Pin 7 (1-Wire-Bus)
Pin 3	Pin 1 (+3,3 Volt)

Tabelle 15.1: *Anschluss des Temperatursensors DS18B20 oder DS18S20 an den GPIO*

Zwischen Pin 2 und Pin 3 des DS18B20 oder DS18S20 ist ein Widerstand mit 4,7 kΩ geschaltet.

Wenn du die Anschlüsse verwechselt hast, wird der Temperatursensor zuerst heiß und brennt dann nach kurzer Zeit durch. Also zur Sicherheit besser einmal mit einem Finger fühlen, ob der Sensor heiß wird.

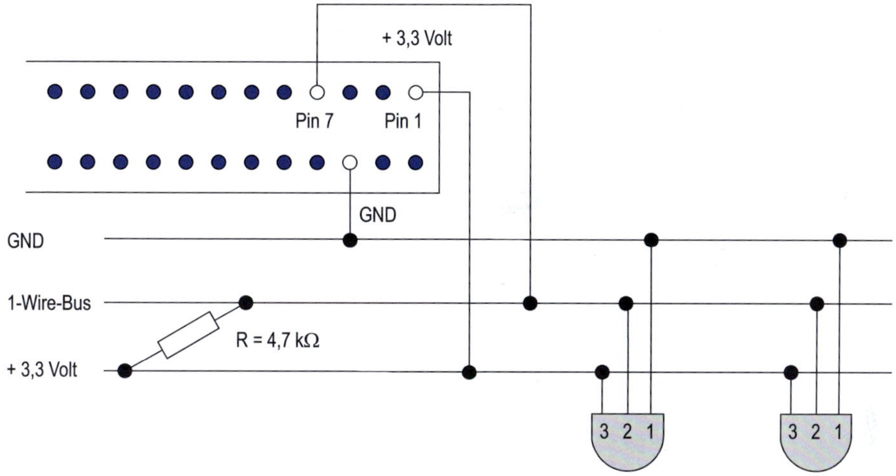

Abb. 15.2: *Schaltplan für den Anschluss von Thermosensoren (DS18S20 oder DS18B20) an den GPIO. Es können beliebig viele Sensoren angeschlossen werden.*

Temperaturdaten lesen

Hast du den Sensor angeschlossen? Gut. Öffne nun ein LXTerminal und gib auf der Kommandozeile folgende Befehle ein, um den Sensor zu registrieren und die Schnittstelle zu aktivieren.

```
$ sudo modprobe wire
$ sudo modprobe w1-gpio
$ sudo modprobe w1-therm
```

Das Linux-Kommando `modprobe` fügt zusätzliche Module zum Betriebssystem hinzu.

Von nun an werden die Daten des kleinen Sensors als Textdatei in ein spezielles Verzeichnis des RPi gespeichert.

Öffne mit dem Dateimanager den Ordner `/sys/bus/w1/devices`.

Hier gibt es für jeden angeschlossenen digitalen Temperatursensor ein eigenes Verzeichnis. Der Verzeichnisname ist die Kennung des Sensors. Sie beginnt bei einem Sensor der Bauart DS18S20 mit `10-` und bei dem Modell DS18B20 mit `28-`.

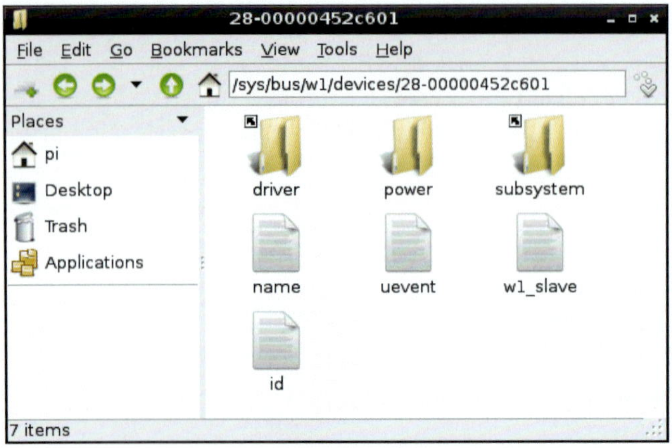

Abb. 15.3: *Der Ordner des Sensors mit der Kennung 28-00000452c601. Er enthält die Datei w1_slave mit den Temperaturdaten.*

Wichtig! Schreibe dir den Namen des Sensorverzeichnisses auf. Du brauchst den genauen Namen gleich für das Programmierprojekt. In dem Verzeichnis des Sensors gibt es eine Textdatei namens `w1_slave` (siehe Abbildung 15.3). Öffne diese Datei mit Leafpad. Sie enthält einen zweizeiligen Text, der z.B. so aussehen kann:

```
6f 01 4b 46 7f ff 01 10 67 : crc=67 YES
6f 01 4b 46 7f ff 01 10 67 t=22937
```

Die erste Textzeile beginnt mit den übertragenen Rohdaten. Sie enthalten eine Prüfsumme (hier die Zahl 67), um sicherzustellen, dass die Daten nicht durch eine Störung verfälscht worden sind. Beachte: An den 1-Wire-Bus kann man viele Sensoren anschließen. Die benutzen dann ein einziges Kabel für die Datenübertragung. Da kann es leicht zu Störungen kommen. Am Ende der ersten Zeile steht, ob die Übertragung der Temperaturdaten fehlerfrei gelungen ist. Endet die Zeile mit `YES`, war alles in Ordnung.

Die zweite Zeile beginnt ebenfalls mit den Rohdaten. Am Ende (nach dem Gleichheitszeichen) steht die Temperatur in Tausendstel Grad Celsius. In diesem Beispiel haben wir eine Temperatur von 22,937 Grad Celsius. Leider liegt die Genauigkeit nicht bei einem tausendstel Grad, sondern etwa bei einem halben Grad Celsius.

Projekt 40: Temperaturveränderungen messen

Das Programm soll im Sekundentakt die Daten eines Temperatursensors auslesen und auf dem Bildschirm ausgeben. Damit man eine Veränderung sieht, kannst du den Sensor ab und zu einmal mit dem Finger berühren. Dann wird er wärmer.

Ausgabe (Beispiel)

```
0 22.937 Grad Celsius
1 23.312 Grad Celsius
2 23.312 Grad Celsius
...
```

Starte im LXTerminal-Fenster IDLE3 als Administrator (root).

```
sudo idle3
```

Dann kannst du das Programm später direkt vom Editorfenster aus mit [F5] starten und testen.

Die Funktion os.system()

Mit der Funktion `system()` aus dem Modul `os` kannst du von einem Python-Programm aus einen Linux-Befehl ausführen lassen. Beispiel: Die Programmzeile

```
os.system('modprobe wire')
```

in einem Python-Programm hat die gleiche Wirkung wie die Eingabe des Kommandos

```
$ modprobe wire
```

in der Kommandozeile einer Konsole (LXTerminal).

Das Argument von `os.system()` ist immer ein String. Denke also daran, dass der Linux-Befehl in Anführungszeichen stehen muss.

Diese Technik verwenden wir in dem folgenden Programm.

Programm

```
# temp_log.py
import os, time
os.system('modprobe wire')                     #1
os.system('modprobe w1-gpio')
os.system('modprobe w1-therm')

PFAD = '/sys/bus/w1/devices/xxx/w1_slave'      #2

def readTemp():                                #3
    ok = False                                 #4
    while not ok:                              #5
```

```
        f = open(PFAD, 'r')                    #6
        zeile_1 = f.readline()                 #7
        zeile_2 = f.readline()                 #8
        f.close()                              #9
        if 'YES' in zeile_1:                   #10
            ok = True
    teil_1, teil_2 = zeile_2.split('=')        #11
    return int(teil_2)/1000                    #12

# Hauptprogramm
i = 0
while True:
    print(i,readTemp(),'Grad Celsius')
    i += 1
    time.sleep(1)
```

So funktioniert's

#1 Die Kommandos zur Initialisierung des 1-Wire-Bus werden ausgeführt.

#2 Diese Konstante enthält den Pfad zu der Datei mit den Temperaturdaten. Anstatt xxx schreibst du die Kennung des Sensors, die du dir beim Testen aufgeschrieben hast (z.B. 28-00000452c601).

#3 Hier wird eine neue Funktion namens readTemp() definiert. Sie hat keine Parameter.

#4 Die Variable ok besitzt einen Wahrheitswert (True oder False). Hier wird sie erst einmal auf False gesetzt. Wenn später die Datenübertragung vom Temperatursensor gelungen ist, bekommt sie den Wert True.

#5 Solange ok den Wert False hat, soll der eingerückte Anweisungsblock (das Innere der Schleife) ausgeführt werden. Man hätte auch schreiben können while ok == False. Aber while not ok ist besser lesbar, oder?

#6 Hier wird die Datei mit den aktuellen Temperaturdaten zum Lesen geöffnet und der Variablen f zugewiesen. Man nimmt für Dateien oft den Buchstaben f als Variablenname, weil Datei auf Englisch file heißt. Die Variable f ist ein Objekt, mit dem der Inhalt der Datei gelesen werden kann.

#7 Hier wird die erste Zeile des Textes gelesen. Der Methodenaufruf f.readline() liefert einen String mit der ersten Zeile und speichert ihn in der Variablen zeile_1.

#8 Hier wird die zweite Zeile der Textdatei gelesen und in zeile_2 gespeichert.

#9 Hier wird die Datei wieder geschlossen.

#10 Wenn in der ersten Zeile YES vorkommt, war die Datenübertragung in Ordnung, und die Variable ok wird auf True gesetzt. Die while-Anweisung wird dann beendet. Ist das nicht der Fall, muss der Lesevorgang wiederholt werden. Dann ist bei der Datenübertragung vom Sender etwas schief gelaufen. Wir müssen so lange die Datei immer wieder lesen, bis in der ersten Zeile `YES` auftaucht.

#11 Die zweite Zeile wird in zwei Teile aufgespalten und das Gleichheitszeichen = als Trennsymbol verwendet. Die Variable `teil_1` bekommt den Text vor dem Gleichheitszeichen (den brauchen wir eigentlich gar nicht) und `teil_2` ist der Text dahinter, also die Temperatur in tausendstel Grad (siehe Abbildung 15.4).

#12 Aus dem String `teil_2` wird zunächst eine *ganze Zahl* gewonnen. Diese Zahl wird durch 1000 geteilt. Das ist die Temperatur in Grad Celsius. Und diese Zahl wird zurückgegeben.

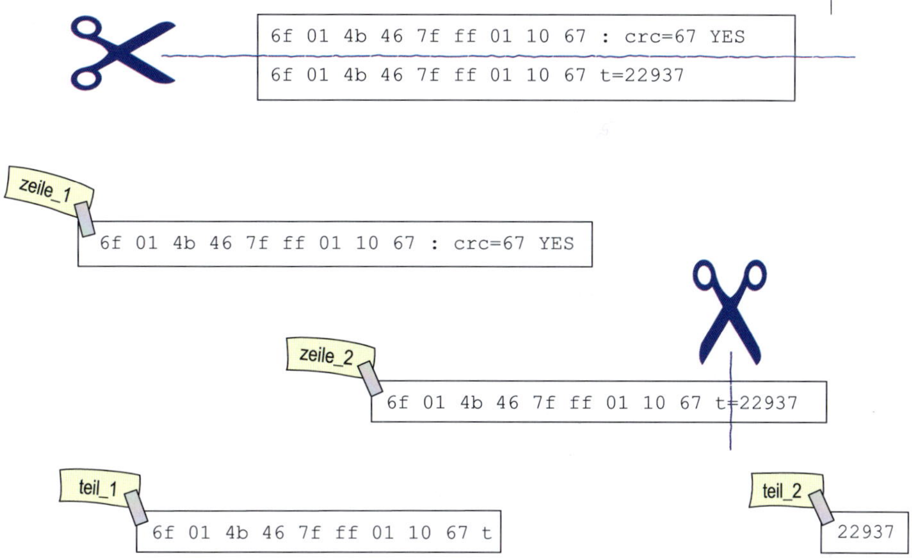

Abb. 15.4: *Durch Aufteilen von Strings gewinnt man die Zahl für die gemessene Temperatur in tausendstel Grad Celsius.*

Projekt 41: Daten als CSV-Datei speichern

Weißt du, was eine Tabellenkalkulation ist? Das ist eine äußerst praktische Software, mit der man Rechnungen durchführen und Datenreihen als Diagramm darstellen kann. Bekannte Programme sind Excel (Microsoft), OpenOffice Calc und LibreOffice Calc.

Du kannst deine Messwerte in einem bestimmten Format als CSV-Datei abspeichern. Eine solche Datei kann vom Tabellenkalkulationsprogramm importiert werden. CSV steht für *comma separated values* (durch Kommata getrennte Werte). Das folgende Beispiel zeigt den Aufbau einer CSV-Datei. Jede *Text*zeile enthält die Werte einer *Tabellen*zeile, getrennt durch ein Semikolon – und nicht durch ein Komma. Die Bezeichnung CSV passt also nicht so ganz. Man verwendet das Semikolon (anstelle des Kommas) als Trennsymbol, weil Zahlen Kommas enthalten können. Was sagt die Tabelle aus? Zum Zeitpunkt Sekunde 0 ist die Temperatur 20°C, nach 1 Sekunde beträgt sie auch 20°, usw.

```
Sekunden ; Temperatur in °C
0 ; 20
1 ; 20
2 ; 21
3 ; 21
4 ; 22
5 ; 21
6 ; 20
7 ; 20
```

Programm

Du änderst das Programm `temp_log.py` aus Abschnitt »Projekt 40: Temperaturveränderungen messen« auf Seite 360 nur an wenigen Stellen ab. Dann gibt es keine Werte auf dem Bildschirm aus, sondern schreibt die Daten in eine CSV-Datei, die so ähnlich aussieht wie das Beispiel.

```
# Hauptprogramm
i = 0
f = open('daten.csv', 'w')                        #1
print('Sekunden; Temperatur in °C', file=f,
      flush=True)                                 #2
while True:
    temp = round(readTemp()/1000)
    print(i,';',temp, file=f, flush=True)         #3
    i += 1
    time.sleep(1)
```

So funktioniert's

#1 Hier wird mit `open()` eine Datei mit dem Dateinamen `daten.csv` (erster Parameter) zum Schreiben geöffnet (zweiter Parameter `'w'`). Wenn es diese Datei im Projektordner noch nicht gibt, wird sie jetzt erzeugt. Die geöffnete Datei wird der Variablen `f` zugewiesen. Der Name `f` ist sehr gebräuchlich für Dateien (engl. *file* = Datei).

#2 Der Text `'Sekunden; Temperatur in °C'` wird nicht (wie sonst) auf den Bildschirm geschrieben, sondern in die Datei `f`. Das Schlüsselwortargument `flush=True` bewirkt, dass der aktuelle Inhalt der Datei auf dem Peripheriespeicher (SD-Karte) gespeichert wird.

#3 In die CSV-Datei wird eine neue Zeile geschrieben. Sie besteht aus drei Teilen: der Sekundenzahl `i`, einem Semikolon `;` und schließlich der gemessenen Temperatur `temp` als ganze Zahl.

Die CSV-Datei wird im Projektordner gespeichert. Du kannst sie mit LibreOffice Calc importieren. LibreOffice gehört nicht zur Raspbian-Standarddistribution. Du musst es zuerst herunterladen und installieren (siehe Kapitel 1). Du kannst sie aber natürlich auch mit dem Dateimanager auf einen USB-Stick kopieren und dann auf einem größeren Computer bearbeiten.

So geht der Import mit LibreOffice:

Starte LibreOffice und öffne mit dem Befehl DATEI|ÖFFNEN die CSV-Datei. Du findest sie in deinem Projektordner, in dem auch das Programm gespeichert ist. Es erscheint ein Fenster mit Importoptionen (Abbildung 15.5). Übrigens: Falls du die Anzeige auf Englisch siehst, kannst du mit dem Befehl EXTRAS|OPTIONEN...|SPRACHEINSTELLUNGEN|SPRACHE die Sprache ändern.

Zurück zu den Importoptionen. Beachte folgende Punkte:

- Nur das Semikolon (und nicht etwa auch das Leerzeichen) wird als Trennsymbol verwendet.
- Wähle ganz unten die Option ERWEITERTE ZAHLENERKENNUNG. Sonst kann es sein, dass Zahlen nicht als Zeichenketten (Strings) mit Anführungszeichen in die Tabelle eingetragen werden. Diese Strings könnten dann nicht sinnvoll in Diagrammen dargestellt werden.

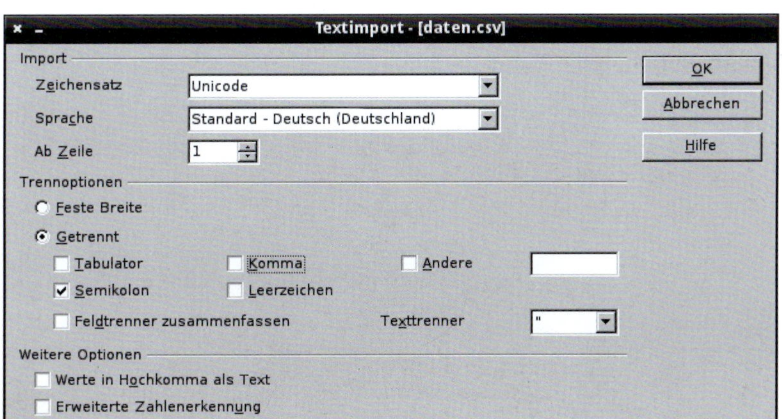

Abb. 15.5: *Import einer CSV-Datei mit LibreOffice auf dem RPi; einziges Trennsymbol ist das Semikolon.*

Wenn alles geklappt hat, erhältst du eine Tabelle wie in Abbildung 15.6. Markiere mit der Maus die gesamte Tabelle und klicke in der Symbolleiste auf das Symbol des Diagramm-Assistenten (Abbildung 15.6, ❶).

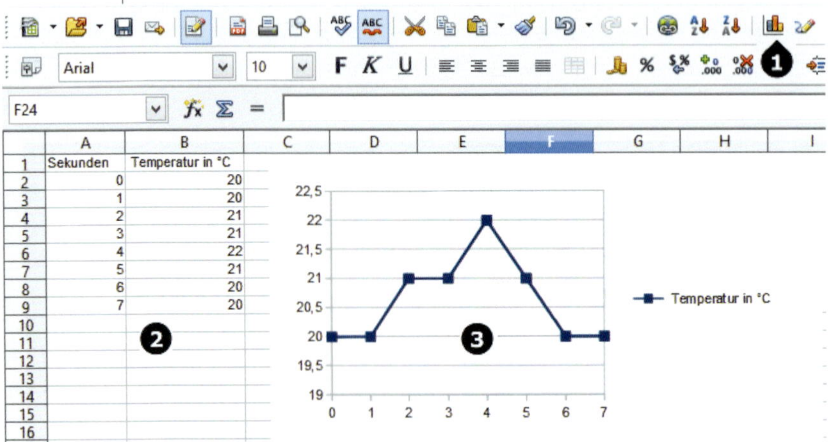

Abb. 15.6: *Darstellung einer Messreihe als Diagramm mit OpenOffice/LibreOffice. ❶ Start des Diagramm-Assistenten; ❷ Tabelle mit importierten Daten; ❸ Temperatur-Zeit-Diagramm*

Anregungen für Experimente

Verdunstungskälte

Setze auf den Thermosensor ein »Hütchen« aus Alufolie wie in der Abbildung. Darauf kommt ein kleines Stück saugfähiges Haushaltspapier. Gib darauf einen Tropfen Wasser und messe den Temperaturverlauf (Temperatur-Zeit-Diagramm). Beobachtung: Die Temperatur sinkt, da das Wasser beim Verdunsten der Umgebung Wärme entzieht (Verdampfungsenthalpie). Mache den gleichen Versuch mit Alkohol und Nagellackentferner.

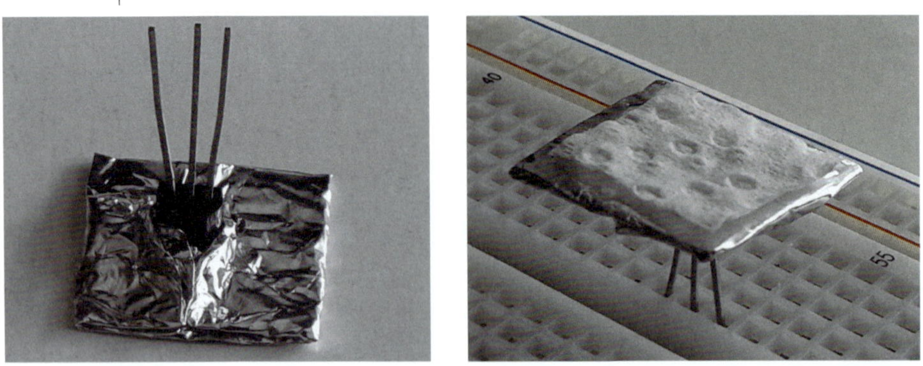

Abb. 15.7: *Thermosensor DS18S20 mit »Doktorhut« aus Alufolie. Rechts befindet sich auf dem Hut ein Stückchen saugfähiges Haushaltspapier, das man mit einem Tropfen Flüssigkeit tränken kann.*

Temperaturprofil aufzeichnen

Nimm einen mobilen Hardware-Aufbau mit Akku und sorge dafür, dass das Programm aus dem Projekt in Abschnitt »Projekt 41: Daten als CSV-Datei speichern« auf Seite 363 (Temperaturdaten als CSV-Datei speichern) automatisch startet, wenn du den RPi einschaltest. Ergänze auch einen Ausschaltknopf, der den RPi herunterfährt, wenn du darauf drückst. Gehe mit dem Gerät langsam und gleichmäßig über ein Gelände mit unterschiedlichen Untergründen (Steinplatten, Gras etc.). Werte die Daten mit einer Tabellenkalkulation aus und erstelle ein Temperaturprofil.

Temperaturveränderungen beim Stoßlüften

Installiere in einem Raum an mehreren Stellen Temperatursensoren. Sie können alle am selben Kabel angeschlossen sein. Miss den Temperaturverlauf bei verschiedenen Formen des Stoßlüftens.

Wie steuert man eine Funksteckdose?

Für weniger als zwanzig Euro bekommst du einen Satz Funksteckdosen mit einer Fernbedienung. Sie sind geprüft und elektrisch sicher. Du kannst leistungsstarke Haushaltsgeräte wie Lampen oder Ventilatoren anschließen und gefahrlos aus der Entfernung steuern. Achte beim Kauf darauf, dass sie auf einer Funkfrequenz von 433,92 MHz gesteuert werden. Geeignet sind z.B. die Geräte der Firmen Elro oder Mumbi.

Vorbereitung der Funksteckdose

Eine Funksteckdose (z.B. von Mumbi oder Elro) hat üblicherweise auf der Rückseite eine schmale Klappe, die mit einer Schraube verschlossen ist. Öffne sie. Dahinter verbergen sich zehn Dip-Schalter (»Mäuseklavier«). Mit ihnen kannst du eine System-Nummer und eine Unit-Nummer einstellen. Diese beiden Nummern brauchst du später, um die Steckdose mit dem RPi ein- und auszuschalten.

Abb. 15.8: *Dip-Schalter in einer Funksteckdose*

Die ersten fünf Schalter (linke Hälfte) stellen die System-Nummer dar. Diese Zahl wird folgendermaßen berechnet:

```
N = 0.
Wenn der erste Schalter oben ist, addiere 1.
Wenn der zweite Schalter oben ist, addiere 2.
Wenn der dritte Schalter oben ist, addiere 4.
Wenn der vierte Schalter oben ist, addiere 8.
Wenn der fünfte Schalter oben ist, addiere 16.
```

Beispiel: Wenn der erste und der zweite Dip-Schalter hoch geschoben sind, ist die System-Nummer 3.

Die rechten fünf Dip-Schalter stellen die Unit-Nummer dar. Sie wird nach dem gleichen Verfahren ermittelt. Das ist die Nummer, mit der eine einzelne Steckdose identifiziert wird. Wenn du mehrere Steckdosen unabhängig voneinander ansteuern willst, brauchst du unterschiedliche Unit-Nummern.

Welche Nummern zeigen die Schalterstellungen in Abbildung 15.8 an? Es sind die System-Nummer 1 und Unit-Nummer 8. Dieser Abschnitt ist auf Funksteckdosen von Elro und Mumbi gemünzt. Bei anderen Fabrikaten funktioniert es ähnlich.

Anschluss des Senders

Wir verwenden den WRL-10534 RF-Link-Transmitter. Er sendet elektromagnetische Wellen (Radiowellen) der Frequenz 433,92 MHz. Ein Megahertz (MHz) sind eine Million Schwingungen pro Sekunde. Über diese Radiowellen werden Botschaften an die Funksteckdosen übertragen. Eine Botschaft enthält die Adresse der Funksteckdose, die gesteuert werden soll, und das Kommando *Einschalten* oder *Ausschalten*. Die Adresse setzt sich aus einer System-Nummer und einer Unit-Nummer zusammen. Dazu später mehr. Jede Funksteckdose empfängt die gesendeten Botschaften und prüft die Adresse. Wenn die Botschaft für sie bestimmt ist, reagiert sie und schaltet sich ein oder aus.

Die kleine Platine mit dem Sender hat vier Anschlüsse. Du kannst sie auf einer Steckplatine anschließen wie auf dem Bild.

Abb. 15.9: *Ein 434-MHz-Sender (WRL-10534) auf der Steckplatine*

Orientiere dich an dem Aufdruck ANT, rechts auf der Platine. Tabelle 15.2 beschreibt, wie du den Sender mit dem GPIO verbindest (von links nach rechts).

Sender	GPIO
GND	Pin 6 (GND)
DATA	Pin 11
VCC	Pin 2 (5 Volt)
ANT	Antenne, ein Kabel mit möglichst 17 cm Länge

Tabelle 15.2: *Anschluss des Senders WRL-10534 (von links nach rechts)*

Pilight installieren

Pilight ist ein Open-Source-System zur Hausautomation. Mit dem Kommando `pilight-send` kannst du von deinem Raspberry Pi aus über den 434-MHz-Sender Funksteckdosen ansteuern. Doch zuerst musst du *Pilight* installieren.

Für das Installieren haben wir bis jetzt immer `sudo` verwendet. Damit kann ein einzelnes Kommando mit den Berechtigungen des Systemadministrators ausgeführt werden.

Für die Installation von *Pilight* ist es aber praktischer, wenn du mit dem Kommando su dauerhaft in die Rolle des Administrators wechselst:

```
pi@raspberry ~ $ sudo su
root@raspberry:/home/pi#
```

Nun hat sich der Prompt geändert. Es zeigt an, dass du in der Rolle des Administrators (root) bist. Du hast nun mehr Rechte als der Benutzer pi und kannst die folgenden Kommandos geben.

Aktualisiere die Paketliste von apt-get.

```
# apt-get update
```

Starte (als Administrator) den Editor LEAFPAD:

```
# leafpad
```

Öffne mit LEAFPAD die Datei /etc/apt/sources.list. (Verwechsle diese Datei nicht mit dem Verzeichnis sources.list.d!) In dieser Datei steht, aus welchen Quellen die Paketverwaltung neue Programme und Aktualisierungen bekommt. Sie enthält (wahrscheinlich) nur eine Zeile mit diesem Text:

```
deb http://mirrordirector.raspbian.org/raspbian/ wheezy main contrib non-
free rpi
```

Füge darunter die folgende Zeile hinzu:

```
deb http://apt.pilight.org/ stable main
```

Achte auch auf die Leerzeichen. Speichere die erweiterte Datei ab.

Die *Pilight*-Pakete sind durch eine Signatur gesichert. Um *Pilight* installieren zu können, musst du zuerst einen Schlüssel herunterladen.

Gib das folgende Kommando in einer Zeile ein:

```
# wget -O - http://apt.pilight.org/pilight.key | apt-key add -
```

Achte darauf, dass hinter dem ersten Minuszeichen der Großbuchstabe O (und keine Null) steht.

Aktualisiere apt-get:

```
# apt-get update
```

Installiere *Pilight*:

```
# apt-get install pilight
```

Pilight ist ein Dienst, der ständig im Hintergrund läuft. Beim nächsten Systemstart wird *Pilight* automatisch gestartet. Du kannst *Pilight* auch von Hand starten:

```
# service pilight start
```

Wichtig ist, dass der *Pilight*-Server läuft, bevor du `send-pilight` verwendest. Alle Botschaften an die Funksteckdosen gehen über den *Pilight*-Server.

Nun kannst du mit

```
# exit
```

die Rolle des Administrators wieder verlassen. Du siehst wieder den gewohnten Prompt.

Mit Pilight Funksteckdosen steuern: pilight-send

Wenn der Sender angeschlossen ist, kannst du mit dem Befehl `pilight-send` Funksteckdosen ansteuern. Wenn du einen Sendebefehl abgeschickt hast, wird über Radiowellen der Wellenlänge 433,92 MHz eine digitale Botschaft an eine oder mehrere Funksteckdose(n) gesendet. Damit die Botschaft auch verstanden wird, muss sie nach bestimmten Regeln aufgebaut sein. Solche Regeln für die Kommunikation nennt man *Protokoll*. Das kennst du auch aus dem Alltag. Zum Beispiel gibt es für Briefe ein Protokoll: Oben stehen Absender und Adressat. Dann kommen eine Anrede, der Haupttext und schließlich eine Grußformel sowie die Unterschrift. Es ist wichtig, sich an das Protokoll zu halten. Wenn z.B. die Adresse an der falschen Stelle steht, kommt der Brief möglicherweise gar nicht an.

Nun gibt es für unterschiedliche Funksteckdosen auch unterschiedliche Kommunikationsprotokolle. *Pilight* unterstützt die Protokolle aller gängigen Fabrikate. Für dich gibt es jetzt ein bisschen Detektivarbeit. Du musst herausfinden, welches Protokoll für deine Funksteckdose verwendet wird, und wie man `pilight-send` für dieses Protokoll anwendet. So gehst du vor:

Als erstes findest du heraus, welche Protokolle *Pilight* überhaupt unterstützt. Rufe die Hilfe von `pilight-send` auf:

```
$ sudo pilight-send -H
```

Du erhältst einen Hilfetext, der auch eine lange Liste von Protokollbezeichnungen enthält.

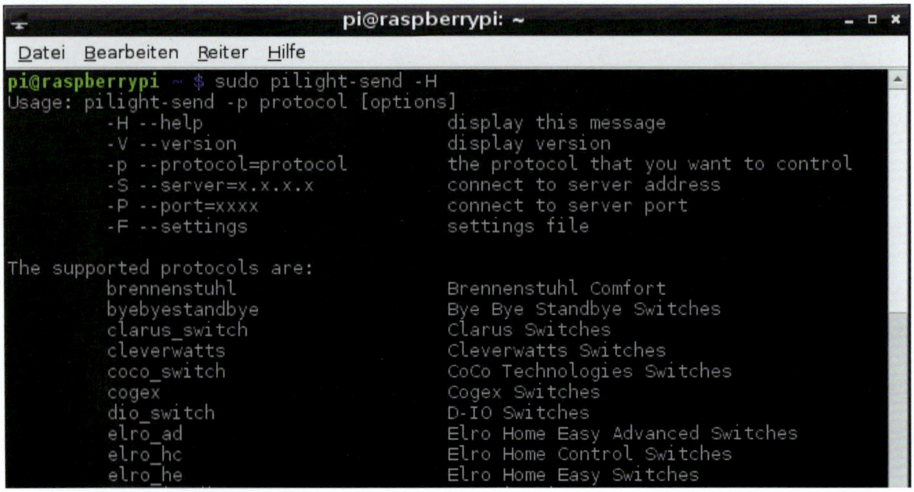

Abb. 15.10: *Hilfe für pilight-send*

Dort findest du (hoffentlich) den Namen deiner Funksteckdose. Falls nicht, recherchiere im Internet. Es gibt Typen, die unter verschiedenen Markennamen verkauft werden. So sind Mumbi-Steckdosen baugleich mit Elro-Steckdosen. Notfalls probierst du nacheinander verschiedene Protokolle aus.

Nehmen wir an, du hast ein Protokoll gefunden, das zu deinen Funksteckdosen passt. Nehmen wir an, es ist `elro_he`. Dann musst du jetzt herausfinden, welche Kommandozeilenargumente bei diesem Protokoll angegeben werden.

```
$ sudo pilight-send -p elro_he -H
```

Du erhältst nun eine ausführliche Anleitung (auf Englisch), wie man das `pilight-send`-Kommando verwendet.

Kommandozeilenargumente bei Linux

Kommandozeilenargumente (Optionen) gibt es in einer Kurzform und in einer Langform. Die Kurzform beginnt mit einem einfachen Minuszeichen und besteht aus einem einzigen Buchstaben, hinter den dann oftmals ein Wert geschrieben werden kann. Beispiel:

```
$ sudo pilight-send -p elro_he -H
```

Bei der Langform beginnt das Argument mit einem doppelten Minuszeichen und einem Wort, das beschreibt, worum es geht. Wenn Werte übergeben werden sollen, hat das Argument die Form `--`*`schlüssel`*`=`*`wert`*. Beispiel:

```
$ sudo pilight-send --protocol=elro_he --help
```

Die folgenden Beispiele beziehen sich auf das Elro-Protokoll `elro_he`.

Wir haben die System-Nummer 1 und die Unit-Nummer 8. Wenn du andere Nummern verwendest, musst du die Argumente entsprechend anpassen.

Steckdose einschalten

```
$ sudo pilight-send -p elro_he -s 1 -u 8 -t
```

Hinter `-s` steht die System-Nummer und hinter `-u` die Unit-Nummer. Das Argument `-t` bedeutet *Einschalten*. Wenn alles gut geht, klackt in der Steckdose ein Relais und die Kontroll-LED beginnt zu leuchten.

Steckdose ausschalten

```
$ sudo pilight-send -p elro_he -s 1 -u 8 -f
```

Wieder klackt ein Relais, und die LED geht wieder aus. Das müsste passieren, wenn alles funktioniert. Aber vielleicht reagiert die Funksteckdose nicht und du bekommst eine Fehlermeldung:

```
ERROR: no pilight ssdp connection found
```

In diesem Fall hilft es meist, wenn du den *Pilight*-Service anhältst und neu startest:

```
$ sudo service pilight stop
```

Das Anhalten dauert eine Weile. Danach startest du erneut:

```
$ sudo service pilight start
```

Projekt 42: Nachts eine geheime Botschaft senden

Am Fenster steht eine Leuchte. Sie ist an der Funksteckdose angeschlossen. Es ist Nacht. Zu einer bestimmten Uhrzeit beginnt die Lampe zu blinken. Sie sendet Morsezeichen. Die Botschaft wird drei Mal wiederholt. Dann ist es wieder dunkel.

Das Programm, das die Lampe steuert, ist interaktiv. Zuerst muss der Benutzer die Daten für die Botschaft eingeben: Text, Anzahl der Wiederholungen und Startzeit. Dann übernimmt es die Steuerung der Funksteckdose, die Leuchte zur rechten Zeit an- und auszuschalten. Das Programm enthält außerdem einige `print()`-Anweisungen und gibt die gesendeten Morsezeichen auch als Punkt- und Strichmuster in der Shell aus.

Programmlauf (Beispiel)

```
Was soll gesendet werden?
Text: Morgen um neun
Wie oft soll gesendet werden?
Anzahl: 2
In wie viel Minuten soll gesendet werden?
Minuten: 0.1
-- --- .-. --. . -.   ..- --   -. . ..- -.
-- --- .-. --. . -.   ..- --   -. . ..- -.
Nachricht wurde 2 Mal gesendet.
```

Programm

```
# morsen.py
from time import time, sleep
from os import system
DIT = 1                                          #1
AN='sudo pilight-send -p elro_he -s 1 -u 8 -t'   #2
AUS = 'sudo pilight-send -p elro_he -s 1 -u 8 -f'
                                                 #3
MORSECODE = {'a':'.-', 'b':'-...', 'c':'-.-.',
    'd':'-..', 'e':'.', 'f':'..-.', 'g':'--.',
    'h':'....', 'i':'..', 'j':'.---', 'k':'-.-',
    'l':'.-..', 'm':'--', 'n':'-.', 'o':'---',
    'p':'.--.', 'q':'--.-', 'r':'.-.', 's':'...',
    't':'-', 'u':'..-', 'v':'...-', 'w':'.--',
    'x':'-..-', 'y':'-.--', 'z':'--..'}

def morse(buchstabe):
    for a in MORSECODE[buchstabe]:               #4
        system(AN)                               #5
        if a == '.':                             #6
            sleep(DIT)
        else:
            sleep(3*DIT)                         #7
        system(AUS)                              #8
        sleep(DIT)
        print(a, end='')                         #9
    sleep(3*DIT)                                 #10
```

```
    print(' ', end='')                              #11

def sende(text):
    for buchstabe in text:
        if buchstabe in MORSECODE.keys():           #12
            morse(buchstabe)
        else:
            sleep(7*DIT)                            #13
            print('   ', end='')
    print()                                         #14

# Eingabe
print('Was soll gesendet werden?')
text = input('Text: ').lower()                      #15
print('Wie oft soll gesendet werden?')
anzahl = int(input('Anzahl: '))                     #16
print('In wie viel Minuten soll gesendet werden?')
minuten = float(input('Minuten: '))                 #17

# Verarbeitung
sleep(60*minuten)                                   #18
for i in range(anzahl):
    sende(text)                                     #19

# Ausgabe
print('Nachricht wurde %i Mal gesendet' %(anzahl))
```

So funktioniert's

#1 Die Konstante `DIT` enthält die Zeit für ein kurzes Morsesignal. Funker nennen das kurze Signal» Dit« und das lange Signal »Dah«. Weil die Funksteckdose sehr träge reagiert, müssen wir die Signale sehr langsam senden. Das kurze »Dit« dauert also eine Sekunde.

#2 Die Konstanten `AN` und `AUS` enthalten die Kommandos zum Ein- und Ausschalten der Funksteckdose. Wenn du andere System- und Unit-Nummern verwendest, musst du die Argumente `-s` und `-u` anpassen.

#3 `MORSECODE` ist ein Dictionary. Es enthält für jeden Buchstaben das passende Morsezeichen als Folge von Punkten (»Dit«) und Strichen (»Dah«).

#4 Wir gehen durch die Folge von Punkten und Strichen des Morsezeichens des Buchstaben. Das heißt die Laufvariable `a` ist entweder ein Punkt oder ein Strich.

#5 Die Funksteckdose wird eingeschaltet.

#6 Bei einem Punkt (»Dit«) gibt es nur eine kurze Wartezeit.

#7 Bei einem Strich (»Dah«) ist die Wartezeit drei Mal so lang. Das entspricht den Regeln des Funkverkehrs.

#8 Lampe ausschalten.

#9 Zur Kontrolle wird ein Punkt oder Strich ausgegeben. Das Schlüsselwortargument end='' bewirkt, dass kein Zeilenumbruch erfolgt. Das nächste Zeichen wird dahinter geschrieben.

#10 Nachdem alle Dits und Dahs des Buchstaben gesendet worden sind, gibt es jetzt eine Pause.

#11 Hier wird ein Leerzeichen ausgegeben, um in der Anzeige das Morsezeichen des gerade gesendeten Buchstaben vom nächsten Buchstaben zu trennen.

#12 Die Methode keys() liefert eine Kollektion mit allen Schlüsseln des Dictionarys. Wenn der Buchstabe in dieser Kollektion von Schlüsseln vorkommt, ist er bekannt und kann gemorst werden, ...

#13 ... sonst wird das Zeichen wie ein Leerzeichen behandelt, und es gibt eine Pause.

#14 Wenn der gesamte Text als Folge von Morsezeichen ausgegeben worden ist, erfolgt ein Zeilenumbruch.

#15 Der eingegebene Text wird mit lower() in eine Folge aus kleinen Buchstaben umgewandelt. Denn im Dictionary sind nur Kleinbuchstaben als Schlüssel.

#16 Das, was mit input() eingegeben wird, ist immer ein String. Aber mit Strings kann man nicht rechnen. Der String muss deshalb mit int() in eine ganze Zahl umgewandelt werden.

#17 Der eingegebene Text mit der Minutenzahl wird mit float() in eine Gleitkommazahl umgewandelt.

#18 Die Funktion sleep() erhält die Anzahl an Sekunden als Argument. Das Programm wartet nun die berechnete Anzahl von Sekunden lang. Dann wird der Text mehrere Male gesendet.

#19 Der Text wird als Morsezeichen durch Ein- und Ausschalten einer Funksteckdose ausgegeben. Zusätzlich werden die Morsezeichen als Folge von Punkten und Strichen ausgegeben.

#20 Bei der Ausgabe mit de print()-Anweisung in der letzten Zeile wird wieder ein Formatstring verwendet. Der Platzhalter %i wird durch die Zahl ersetzt, die in der Variablen anzahl gespeichert ist.

Weitere Projekte

Du kannst mit dem Raspberry Pi Sensoren abfragen und Geräte steuern. Mit den Programmiertechniken, die in diesem Buch vorgestellt werden, kannst du viele Projekte realisieren. Vielleicht hast du schon Ideen, was man machen könnte. Hier sind noch einige Anregungen:

- Klimaanlange für ein Terrarium. Mit einem Ventilator, einer elektrischen Lampe (mit Glühbirne, die heiß wird) als Heizquelle und einem Temperatursensor (siehe Abschnitt »Temperaturmessungen« auf Seite 357) kannst du eine Temperaturregelung für ein Terrarium entwickeln. Wenn es zu kalt wird, wird die Lampe eingeschaltet. Steigt die Temperatur über einen kritischen Wert, wird der Ventilator eingeschaltet.
- Bühnenbeleuchtung. Für ein Theaterstück oder eine Musiknummer kannst du eine Folge von Lichteffekten programmieren.
- Steuerung über eine interaktive Webseite. Der Raspberry Pi kann als HTML-Server eingesetzt werden. Auf einer Webseite sind Schaltflächen und Checkboxen, über die (z.B. vom Handy aus) Geräte ein- und ausgeschaltet werden. Mehr dazu in Kapitel 16.

Fragen

1. Welche Aufgabe hat die Prüfsumme in den Daten, die ein DS18S20 an den RPi sendet?
2. Welchen Sinn hat die einmalige Kennung (ID) eines Temperatursensors?
3. Welche der folgenden Wellen sind keine elektromagnetischen Wellen? Licht, Röntgenstrahlung, Radiowellen, Schallwellen.
4. Wie viele Schwingungen pro Sekunde sind ein Kilohertz und ein Megahertz?
5. Wie erkennt eine Funksteckdose, dass eine Botschaft, die per Funk gesendet wird, für sie bestimmt ist?
6. An einer Funksteckdose sind die ersten fünf Dip-Schalter (von links nach rechts) so eingestellt: hoch, hoch, runter, hoch, runter. Welche System-Nummer ist das?
7. Wie nennt man einen Satz von Regeln für die Kommunikation zwischen einem Sender und einem Empfänger?

Aufgaben

Aufgabe 1: Kalt – warm – wärmer – heiß

Entwickle ein Steuersystem für einen Roboter, der nach der heißesten Stelle in der Wohnung sucht. Das könnte eine eingeschaltete Herdplatte oder ein Heizkörper sein. Der mobile Hardware-Aufbau besteht aus folgenden Teilen:

- Raspberry Pi mit mobiler Stromversorgung
- Steckplatine
- Temperatursensor
- LED
- Mikroschalter
- Widerstände (130 Ohm und 4,7 Kiloohm)

Das Programm wird automatisch gestartet, wenn der RPi eingeschaltet wird. Sobald das Programm läuft, blinkt die LED drei Mal auf. Danach leuchtet die LED, wenn die gemessene Temperatur steigt. Sie geht aus, wenn die Temperatur sinkt. Wenn man auf den Schalter drückt, fährt der RPi herunter und kann dann von der Stromversorgung getrennt werden.

Aufgabe 2: Eindringlinge! Action!

Das Projekt ist eine Art intelligenter Bewegungsmelder zur Abschreckung unerwünschter Eindringlinge. Jemand kommt ins Zimmer und nähert sich dem Raspberry Pi. Damit wird eine Kette von Ereignissen ausgelöst. Zum Beispiel: Sofort geht das Licht an. Nach sechs Sekunden geht es wieder aus. Gleichzeitig wird der Ventilator eingeschaltet und 10 Sekunden später dann wieder ausgeschaltet.

Tipps zur Vorbereitung

Für dieses Projekt brauchst du den 434-MHz-Sender mit Funksteckdosen und das US-Modul (Kapitel 14) Schließe beides so an, wie in den Abschnitten 15.2 und 14.2 beschrieben. Kopiere das `Modul us_python.py` aus Kapitel 14 in deinen Projektordner. Es enthält die Funktion `berechne_abstand()`.

Tipps zur Programmierung

Die Ereigniskette ist in einer Textdatei namens `ereignisse.txt` beschrieben. Sie ist im gleichen Ordner wie das Programm gespeichert. Jede Zeile enthält drei Angaben, die durch ein Leerzeichen getrennt sind:

- Unit-Nummer der Funksteckdose, die geschaltet werden soll
- Wartezeit seit dem letzten Ereignis in Sekunden
- Befehl: `-t` (Einschalten) oder `-f` (Ausschalten)

Beispiel: Wir nehmen an, die Schreibtischlampe ist an der Funksteckdose mit Unit-Nummer 8 angeschlossen. Der Ventilator hängt an der Funksteckdose mit Unit-Nummer 4.

Dann löst die folgende Textdatei die in der Aufgabe beschriebene Ereignisfolge aus:

```
8 0 -t
8 6 -f
4 0 -t
4 10 -f
```

Verwende folgende Python-Anweisungen:

```
f = open('ereignisse.txt', 'r')
    zeile = f.readline()
    while zeile:
        nr, sekunden, befehl = zeile.split()
```

Hier wird die Textdatei mit der Ereignisfolge geöffnet und zeilenweise gelesen. Jede Zeile wird in drei Teile aufgespalten.

Antworten zu den Fragen

1. Bei der Übertragung von Daten über den 1-Wire-Bus kann es zu Störungen kommen. Mit der Prüfsumme wird festgestellt, ob die Datenübertragung gelungen ist. Dann steht am Ende der ersten Zeile der Temperaturdatei `YES`.
2. Damit können mehrere Sensoren das gleiche Datenkabel verwenden. Jeder Sensor wird erkannt und seine Daten werden in eine eigene Datei geschrieben.
3. Schallwellen sind mechanische Schwingungen oder Druckschwankungen in der Luft. Es sind also keine elektromagnetischen Wellen.
4. Ein Kilohertz sind tausend Schwingungen pro Sekunde und ein Megahertz sind eine Million Schwingungen pro Sekunde.
5. Die Botschaft enthält eine Adresse (System-Nummer und Unit-Nummer). Wenn diese Adresse mit der eigenen Adresse übereinstimmt, weiß die Funksteckdose, dass diese Botschaft für sie bestimmt ist.

6. Stellung der Dip-Schalter: hoch, hoch, runter, hoch, runter. System-Nummer = 1 + 2 + 8 = 11.
7. Die Regeln für die Kommunikation zwischen einem Sender und einem Empfänger nennt man *Protokoll*.

Lösungen der Aufgaben

Lösung 1: Kalt – warm – wärmer – heiß

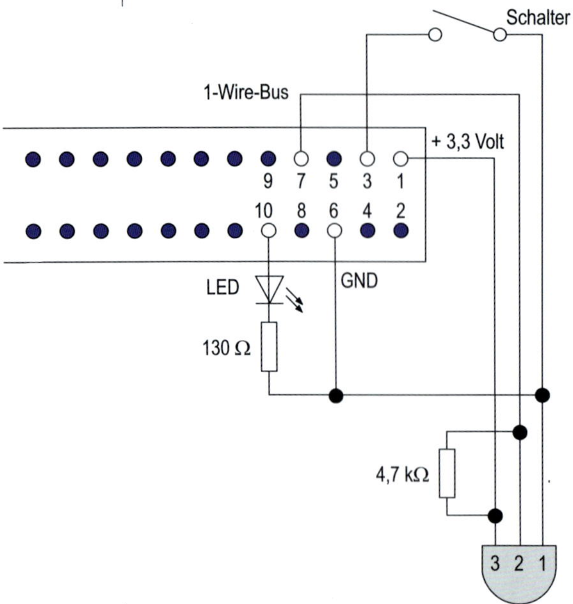

Abb. 15.11: *Schaltplan für den Hitzesucher*

Programm

```
import os, time
from RPi import GPIO
SCHALTER = 3                                       #1
LED = 10
DATEINAME = '/sys/bus/w1/devices/xxx/w1_slave'   #2

def init():
    ''' Initialisiere Sensor und GPIO '''
    os.system('modprobe wire')
    os.system('modprobe w1-gpio')
```

```
    os.system('modprobe w1-therm')
    GPIO.setmode(GPIO.BOARD)
    GPIO.setup(LED, GPIO.OUT)
    GPIO.setup(SCHALTER, GPIO.IN)

def blinken():
    ''' Die LED blinkt drei Mal '''
    for i in range(3):
        GPIO.output(LED, True)
        time.sleep(0.3)
        GPIO.output(LED, False)
        time.sleep(0.3)

def readTemp():
    ''' Miss Temperatur in Grad Celsius '''
    ok = False
    while not ok:
        f = open(DATEINAME, 'r')
        zeile_1, zeile_2 = f.readlines()
        f.close()
        if zeile_1.find('YES') != -1:
            ok = True
    teil_1, teil_2 = zeile_2.split('=')
    return int(teil_2)/1000

# Hauptprogramm
init()
blinken()
alt = readTemp()                                  #3
while GPIO.input(SCHALTER):
    neu = readTemp()                              #4
    if neu > alt:                                 #5
        GPIO.output(LED, True)
    else:
        if neu < alt:
            GPIO.output(LED, False)
    alt = neu                                     #6
    time.sleep(0.5)

os.system('halt')                                 #7
```

So funktioniert's

#1 Konstanten für die Pin-Nummern.

#2 Pfad zur Datei mit den Temperaturdaten. Statt xxx wird die Kennung des Sensors eingetragen. Die Kennung findest du einfach, indem du mit dem Dateimanager im Verzeichnis /sys/bus/w1/devices/ nachschaust.

#3 Die Variable alt enthält den alten Temperaturwert aus dem letzten Schleifendurchlauf. Hier erhält diese Variable einen Anfangswert.

#4 Die Variable neu enthält die neuste gemessene Temperatur.

#5 Der neue Messwert wird mit dem alten Messwert verglichen. Hat sich etwas geändert?

#6 Ab jetzt ist der neue Messwert veraltet. Deshalb wird er der Variablen alt zugewiesen. Im nächsten Schleifendurchlauf kann er dann mit dem nächsten Messwert verglichen werden.

#7 Der RPi wird heruntergefahren.

Lösung 2: Eindringlinge! Action!

Das Programm liefert zur Kontrolle eine Ausgabe auf dem Bildschirm. Es dokumentiert, was gerade passiert. Genau das machen ja auch Standardprogramme wie apt-get. Das Programm enthält eine Endloswiederholung und wird mit Strg+C unterbrochen (Keyboard-Interrupt).

Ausgabe (Beispiel)

```
Ich beobachte den Kontrollbereich.
Jemand ist eingedrungen. Sun Oct 5 15:37:23 2014
Nach 0 Sekunden Unit 8 Kommando -t.
Nach 6 Sekunden Unit 8 Kommando -f.
Nach 0 Sekunden Unit 4 Kommando -t.
Nach 10 Sekunden Unit 4 Kommando -f.
Fertig.
```

Programm

```
# action.py
from us_python import berechne_abstand
import time, os
KOMMANDO = 'pilight-send -p elro_he -s 1 -u %s %s'
```

```
AUSGABE = 'Nach %s Sekunden Unit %s Kommando %s.'

def steuern():
    f = open('ereignisse.txt', 'r')
    zeile = f.readline()                          #1
    while zeile:                                  #2
       nr, sekunden, befehl = zeile.split()       #3
       print(AUSGABE % (sekunden, nr, befehl))    #4
       time.sleep(int(sekunden))                  #5
       os.system(KOMMANDO %(nr, schalten))        #6
       zeile = f.readline()                       #7
    f.close()

# Hauptprogramm
print ('Ich beobachte den Kontrollbereich.')
while True:                                       #8
    if berechne_abstand() < 150:                  #9
       print('Jemand ist eingedrungen. ',
             time.asctime())
       steuern()
       print('Fertig.')
    else:
        time.sleep(1)
```

So funktioniert's

#1 Nächste Zeile aus der Textdatei lesen.

#2 Solange es noch eine Zeile gibt ...

#3 Spalte die Zeile in drei Teile auf. Das Trennsymbol ist ein Leerzeichen.

#4 Ausgabe zur Kontrolle. Die Konstante `AUSGABE` enthält drei Platzhalter für die Wartezeit, die Unit-Nummer und den Befehl (`-t` oder `-f`).

#5 Warten.

#6 Funksteckdose schalten.

#7 Nächste Zeile lesen.

#8 Im Hauptprogramm läuft eine Endlosschleife.

#9 Wenn ein Objekt näher als 150 cm vom Ultraschallsensor entfernt ist, wird die Ereignisfolge ausgeführt.

16

Grafische Benutzungsoberflächen

In diesem Kapitel entwickeln wir mit Python Anwendungen mit grafischer Benutzungsoberfläche (*Graphical User Interface*, GUI). In einem Anwendungsfenster befinden sich Eingabefelder, Schaltflächen, Textelemente und Bilder. Die Verständigung mit dem Computer ähnelt weniger einem Gespräch, sondern eher dem Bedienen einer Maschine. Man drückt auf Schalter und erhält als Antwort nicht nur Texte, sondern auch Bilder.

In den Projekten entwickelst du grafische Programme mit Radiobuttons, Checkbuttons, Eingabefeldern, Schaltflächen und Canvas. Du experimentierst mit Farben, Schriftarten und Bildern.

Wie macht man eine Benutzungsoberfläche?

Das Modul `tkinter` enthält alles was du brauchst, um mit Python eine grafische Benutzungsoberfläche (GUI) zu gestalten. Wenn du eine GUI entwickelst, musst du dich um drei Dinge kümmern:

- Widgets. Du definierst die »Bausteine« der Benutzungsoberfläche, die so genannten Widgets. Das sind das Fenster (der Rahmen) mit kleinen Knöpfen rechts oben in der Ecke zum Schließen und Verkleinern, Schaltflächen, Textelementen, Bildern, Radiobuttons, Checkboxen und anderen Einzelteilen.
- Layout. Du musst die Widgets im Anwendungsfenster irgendwie anordnen, zum Beispiel nebeneinander oder untereinander. Das ist das Layout.
- Interaktivität. Schließlich musst du die Benutzungsoberfläche mit Aktivität verknüpfen. Zum Beispiel musst du einer Schaltfläche eine Prozedur zuordnen, die dann ausgeführt wird, wenn die Schaltfläche angeklickt wird.

Projekt 43: »Du siehst heute gut aus!«

Wir entwickeln eine Anwendung, die den Benutzer in gute Laune versetzt und motiviert. Die GUI besteht aus einem Fenster, einem Label und einer Schaltfläche. Immer, wenn man auf die Schaltfläche drückt, erscheint auf dem Label ein neuer, zufällig ausgewählter Text.

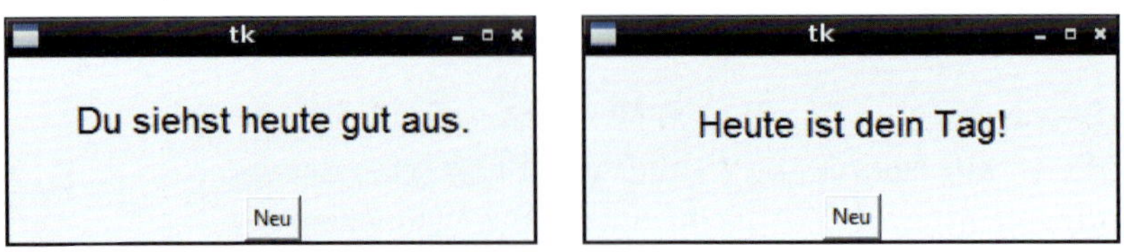

Abb. 16.1: *Die Benutzungsoberfläche des Motivators*

Programm

```
#! /usr/bin/python3.2                                    #1
# motivator.py
from tkinter import *
from random import choice

SPRÜCHE = ['Du siehst heute gut aus.',
           'Du schaffst es!',
           'Heute ist dein Tag!',
           'Keiner kann dich bremsen!']
```

```
def auswählen():                                   #2
    text = choice(SPRÜCHE)                         #3
    label.config(text=text)                        #4

# Widgets
fenster = Tk()                                     #5
button = Button(master=fenster, text='Neu',
                command=auswählen)                 #6
label = Label(master=fenster, width=25,
              height=3, font=('Arial', 16)
              text=SPRÜCHE[0])                     #7

# Layout
label.pack()                                       #8
button.pack()

fenster.mainloop()                                 #9
```

So funktioniert's

#1 Diese Zeile bewirkt, dass du das Programm durch bloßes Anklicken starten kannst. Allerdings musst du es ausführbar machen (Linux-Befehl: `chmod 755`).

#2 Diese Funktion soll aufgerufen werden, wenn die Schaltfläche angeklickt wird. Beachte, dass sie keine `return`-Anweisung enthält.

#3 Wähle einen neuen Zufallstext ...

#4 ... und setze ihn auf das Label. Alle Widget-Objekte besitzen die Methode `config()`, mit der die Eigenschaften geändert werden können.

#5 Hier wird ein Fensterobjekt erzeugt.

#6 Hier wird eine Schaltfläche erzeugt und mit Optionen das Aussehen eingestellt. Der Master ist das Objekt mit dem Namen `fenster`. Auf der Schaltfläche steht der TextNEU. Wenn sieangeklickt wird, wird die Funktion `auswählen()` ausgeführt.

#7 Hier wird ein Label erzeugt. Es wird ein Font definiert: Schriftart ist `Arial`, die Größe der Buchstaben ist 16 Punkt. Der Text auf dem Label ist das erste Element der Liste `SPRÜCHE`.

#8 Label und Schaltfläche werden untereinander gepackt. Zuerst das Label, dann die Schaltfläche.

#9 Hier wird das Anwendungsfenster aktiviert.

Widgets gestalten

Du kannst das Aussehen eines Widgets individuell gestalten: Hintergrundfarbe, Schrifttyp, Breite, Höhe und andere Merkmale. Dazu verwendest du Optionen.

Probiere aus: Was ändert sich, wenn du in Anweisung #7 die Optionen `width` und `height` weglässt?

```
label = Label(master=fenster, font=("Arial", 20)
              text=SPRÜCHE[0])
```

Dann wird das Label seine Größe dynamisch an die Größe des Textes anpassen.

Abb. 16.2: *Label ohne vorgegebene Breite und Höhe*

Du kannst auch die Hintergrundfarbe (`bg`) und die Schriftfarbe (`fg`) ändern (siehe Abbildung 16.3, links):

```
label = Label(master=fenster,
              font=('Script', 30,'bold'),
bg='blue', fg='white',
              text=SPRÜCHE[0])
```

Alle Widgets haben einen Rahmen. Ein Rahmen hat eine bestimmte Form (Option `relief`) und eine Breite (Option `bd`). Bei den Label-Widgets ist die Rahmenform `FLAT` voreingestellt. Das heißt man sieht keinen Rahmen. Aber das kannst du ändern (siehe Abbildung 16.3 rechts):

```
label = Label(master=fenster,
              font=('Courier', 16),
              relief=RIDGE, bd=4,
              text=SPRÜCHE[0])
```

Abb. 16.3: *Hintergrundfarbe, Schriftfarbe und Rahmen*

Die grundlegenden Optionen für das Aussehen sind bei allen Widgets gleich. Tabelle 16.1 gibt einen Überblick.

Option	Erklärung
`bd`, `borderwidth`	Breite des Widget-Rahmens, z.B. `10`
`bg`, `background`	Hintergrundfarbe
`fg`, `foreground`	Vordergrundfarbe (Textfarbe)
`font`	Beschreibung des Schrifttyps (Font)
`height`	Höhe des Widgets (senkrecht)
`image`	Name eines Bildes (Image-Objekt), das auf dem Widget zu sehen ist
`justify`	Ausrichtung von Textzeilen auf dem Widget: `CENTER`: zentriert `LEFT`, `RIGHT`: links- oder rechtsbündig
`padx`	Leerer Raum rechts und links vom Widget oder Text, z.B. `10`
`pady`	Leerer Raum über und unter dem Widget oder Text, z.B. `10`
`relief`	Form des Rahmens: `SUNKEN`, `RAISED`, `GROOVE`, `RIDGE`, `FLAT`
`text`	Beschriftung des Widgets (z.B. Button oder Label)
`width`	Breite des Widgets (horizontal)

Tabelle 16.1: *Gemeinsame Optionen der Widgets*

Das Layout

Wenn ein neues Widget erzeugt wird, muss ihm ein Masterzugeordnet werden. Das ist bei unseren Projekten immer das Anwendungsfenster (ein Tk-Objekt). Im Layout wird festgelegt, wo genau auf dem Master das Widget erscheint. Wir verwenden zwei Layout-Stile:

- Packer. Das Widget wird an eine freie Stelle in den Master gesetzt. Es berührt einen Rand des Fensters oder ein bereits platziertes Widget. Du packst die Widgets in ein Fenster, so wie du Kleidung und andere Gegenstände in einen Koffer packst.

- Raster-Layout. Das Widget wird in eine bestimmte Zelle eines Rasters aus Zeilen und Spalten gesetzt. Es ist ungefähr so, als ob du eine Figur auf ein Schachbrett setzt.

Im Beispielprogramm wurde der Packer verwendet. Zum Packen der Widgets verwendest du die Methode pack(). Wenn du sie ohne Parameter aufrufst, wird das neue Widget einfach unter das vorige Widget gesetzt. Was ändert sich, wenn du die Reihenfolge der beiden pack()-Aufrufe vertauschst?

```
button.pack()
label.pack()
```

Jetzt ist die Schaltfläche oberhalb des Labels.

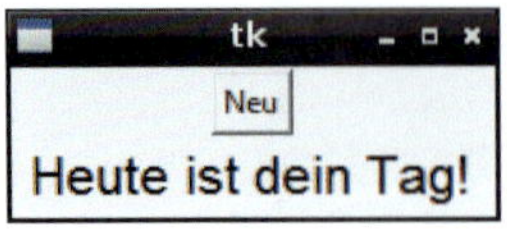

Abb. 16.4: *Button und Label in umgekehrter Reihenfolge*

Für die Methode pack() gibt es einige Optionen. Wenn du Widgets nebeneinander statt untereinander setzen willst, verwendest du die Option side=LEFT:

```
button.pack(side=LEFT)
label.pack(side=LEFT)
```

Abbildung 16.5 (links) zeigt das Ergebnis. Vielleicht stört dich, dass über und unter der Schaltfläche noch etwas Platz ist. Wenn du die Größe der Schaltfläche in senkrechter Richtung (y-Achse) an die Ausmaße des Anwendungsfensters anpassen willst, setze die Option fill=Y:

```
button.pack(side=LEFT, fill=Y)
```

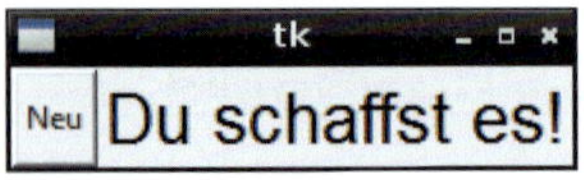

Abb. 16.5: *Widgets kann man mit* side=LEFT *nebeneinandersetzen. Mit* fill=Y *wird die Zelle senkrecht ganz ausgefüllt.*

Option	Erklärung
anchor	Mögliche Werte: CENTER, E, N, W, S, NE, NW, SE, SW Mit dieser Option wird die Platzierung durch »Himmelsrichtungen« festgelegt. Voreingestellt ist CENTER (in der Mitte), NE: rechte obere Ecke (Nordost), N: mittig an der oberen Seite (Norden), E: mittig an der rechten Seite (Osten) usw.
fill	fill=X: Das Widget wird in waagerechter Richtung (»x-Achse«) so weit mit leerem Raum gefüllt, dass sich seine Ausmaße der Größe des Masters anpassen. fill=Y: Anpassung in senkrechter Richtung. fill=BOTH: Anpassung in beiden Richtungen.
side	LEFT, RIGHT, TOP, BOTTOM. Das Widget wird an den linken, rechten, oberen oder unteren Rand des Masters gesetzt.

Tabelle 16.2: *Wichtige Optionen für den Packer*

Bilder auf Widgets

Mit der tkinter-Klasse PhotoImage kannst du Bilder in eine Applikation einbinden. Du erzeugst ein PhotoImage-Objekt durch eine Anweisung folgender Art:

```
bild = PhotoImage(file=pfad)
```

Dabei ist *pfad* die Adresse einer Bilddatei im Format GIF, PPM oder PGM. Das ist natürlich eine große Einschränkung. JPEG oder PNG wird leider nicht akzeptiert. Für solche Dateien brauchst du ein spezielles Modul, auf das wir später zu sprechen kommen.

PhotoImage-Objekte kannst du auf Buttons und Labels setzen.Dafür verwendest du die Option image. Ein Beispiel: Vielleicht möchtest du, dass auf der Schaltfläche des Motivators anstelle des Wortes NEU ein Bild zu sehen ist. Etwas, das Motivation oder Antrieb symbolisiert. Wie wäre es mit einer Rakete?

Abb. 16.6: *Schaltfläche mit Bild*

Das Bild kannst du aus dem Internet herunterladen oder mit einem Grafikprogramm selbst zeichnen. Speichere die Bilddatei (Format GIF) im Projektordner unter dem Dateinamen 'rakete.gif' ab. Ersetze Anweisung #6 des Programms aus Abschnitt »Projekt 43: ›Du siehst heute gut aus!‹« auf Seite 386 durch folgenden Programmtext:

```
bild = PhotoImage(file='rakete.gif')
button = Button(master=fenster, image=bild,
                command=auswählen)
```

Farben

Bei grafischen Benutzungsoberflächen spielen Farben eine große Rolle. Du benutzt sie z.B. für den Hintergrund (Option bg) und die Schrift (Option fg) auf einem Label. Die Grundfarben kannst du einfach als Text angeben: 'black' für schwarz, 'white' für weiß, 'blue' für blau usw. Du kannst aber Farben auch durch Nummern beschreiben. Eine solche Farbnummer ist eine Zeichenkette. Sie beginnt mit #. Danach kommen drei Hexadezimalzahlen, die den Rotanteil, Grünanteil und Blauanteil der Farbe beschreiben. Was sind Hexadezimalzahlen? Du kennst *Dezimal*zahlen aus dem Alltag. Sie haben zehn verschiedene Ziffern: 0, 1, 2, 3, 4, 5, 6, 7, 8, ,9. *Hexadezimal*zahlen haben 16 Ziffern: 0, 1, 2, 3, 4, 5, 6, 7, 8, 9, A, B, C, D, E, F. Man verwendet hier die Buchstaben A bis F als Ziffern. Die Ziffer A hat den Zahlenwert 10, die Ziffer B den Wert 11 usw. Tabelle 16.3 zeigt einige Beispiele. Du kannst eine Farbe durch drei einstellige Hexadezimalzahlen darstellen (insgesamt drei Ziffern). Damit kannst du 4096 verschiedene Farben definieren (16*16*16). Du kannst aber auch zweistellige Hexadezimalzahlen verwenden (insgesamt sechs Ziffern). Damit sind fast 17 Millionen Farben möglich.

Farbnummer	Dezimalzahlen (rot, grün, blau)	Farbe
'#FFF'	15, 15, 15	weiß
'#000'	0, 0, 0	schwarz
'#F00'	15, 0, 0	rot
'#FF0'	15, 15, 0	gelb
'#0A0'	0, 10, 0	dunkelgrün
'#0000FF'	0, 0, 255	blau

Tabelle 16.3: *Beispiele für Farbnummern*

Projekt 44: Farbmischer

Die GUI besteht aus einem farbigen Label, darunter befinden sich ein kleines Eingabefeld und eine Schaltfläche. In das Eingabefeld gibst du eine Farbnummer (ohne Anführungszeichen) ein, z.B. #F00. Drückst du auf die Schaltfläche, wird die Farbe auf dem Label angezeigt.

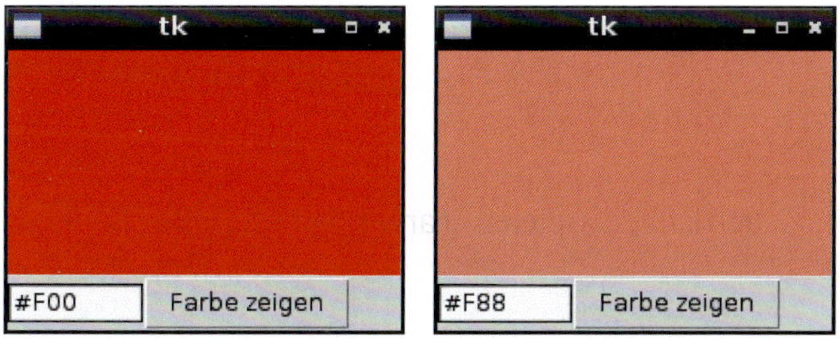

Abb. 16.7: *Darstellung von Rot und Hellrot mit dem Farbmischer*

Das Entry-Widget

Für ein Eingabefeld, das aus einer einzigen Zeile besteht, verwendest du das Entry-Widget. Neben den üblichen Optionen und Methoden, die alle Widgets gemeinsam haben, besitzen Entry-Widgets noch einige zusätzliche Merkmale. Besonders wichtig ist die Methode `get()`. Damit kannst du den Text gewinnen, der in das Eingabefeld eingetragen worden ist.

Methode/Option	Erklärung
`delete(`*`first`*`[,`*`last`*`])`	Zeichen aus dem Entry-Feld werden gelöscht. Der Parameter *first* ist der Index des ersten zu löschenden Zeichens. Fehlt ein zweites Argument, so wird nur dieses Zeichen gelöscht. Ansonsten werden alle Zeichen bis zum Index *last* entfernt.
`get()`	Liefert den Inhalt des Entry-Feldes als String.
`show`	Die Option `show='`*`x`*`'` bewirkt, dass anstelle des eingegebenen Zeichens das Zeichen *x* im Entry-Feld gezeigt wird. Das ist für eine Passworteingabe wichtig.

Tabelle 16.4: *Besondere Optionen und Methoden des Entry-Widgets*

Programmierung

Programm

```
from tkinter import *

def farbwechsel():
    label.config(bg=eingabe.get())              #1

# Widgets
fenster = Tk()
label = Label(master=fenster,
              width=25, height=8)
eingabe = Entry(master=fenster, width=8)        #2
button = Button(master=fenster,
                text='Farbe zeigen',
                command=farbwechsel)

# Layout
label.pack()
eingabe.pack(side=LEFT)
button.pack(side=LEFT)
fenster.mainloop()
```

So funktioniert's

#1 Mit `get()` wird der String gewonnen, der vom Benutzer in das Entry-Widget eingetragen worden ist (z.B. `'#F00'`). Dieser String (der ja eine Farbe darstellt) wird der Option `bg` des Labels zugewiesen.

#2 Hier wird ein Entry-Widget für acht Zeichen eingerichtet.

Projekt 45: Flaggensprache

In der der Schifffahrt werden Botschaften über Flaggen ausgetauscht. Berühmt ist natürlich die Piratenflagge mit dem Totenkopf. Eine rote Flagge zeigt an, dass ein Schiff gefährliche Güter transportiert. Seit etwa 200 Jahren gibt es das Flaggenalphabet. Jedem Buchstaben ist eine farbige Flagge zugeordnet. Mehrere Flaggen in einer Reihe können dann einen ganzen Text darstellen. Wir schreiben ein Programm mit einer Benutzungsoberfläche wie in Abbildung 16.8.

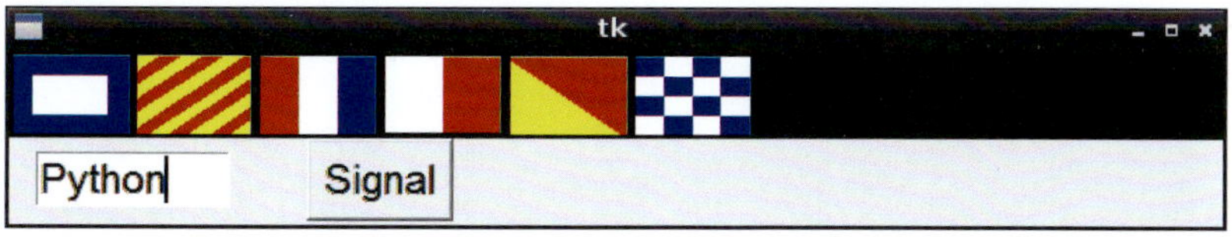

Abb. 16.8: *Die Buchstaben des eingegebenen Wortes werden durch Flaggen dargestellt.*

Links unten ist ein Eingabefeld, in das man ein Wort eintippen kann. Klickt man auf die Schaltfläche SIGNAL, erscheinen in der oberen Zeile die Flaggen, die das Wort darstellen.

Vorbereitung

Zur Vorbereitung legst du einen Projektordner an, in den du gleich große `GIF`-Bilder der Flaggen des Flaggenalphabetss speicherst. Dateinamen sind die dargestellten Buchstaben: `A.gif`, `B.gif`, `C.gif`, usw. Die Hintergrundfarbe soll Schwarz sein. Erzeuge auch ein leeres Bild mit einem schwarzen Rechteck und speichere es unter dem Namen `leer.gif` im Projektordner ab.

Übrigens, anstelle von Flaggen könnte man auch andere Bilder nehmen, z.B.

- Gegenstände, die mit dem jeweiligen Buchstaben beginnen (z.B. *Pudel* für *P*),
- Gebärden aus dem Fingeralphabet, das Gehörlose zum Buchstabieren verwenden (z.B. *Zeigefinger nach vorn und Mittelfinger nach unten* für *P*).

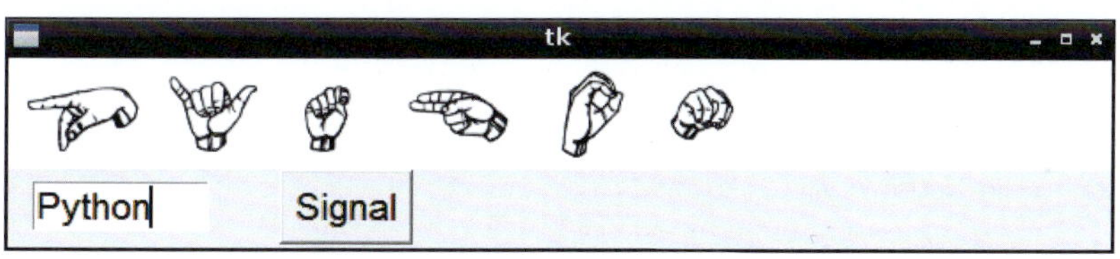

Abb. 16.9: *Übersetzung in die Fingersprache (amerikanisches Fingeralphabet)*

Raster-Layout

Für das Layout der Widgets verwenden wir diesmal die Methode `grid()`. Damit wird das Widget in ein Raster platziert. Für jedes Widget gibst du einfach die Nummer der Zeile (`row`) und die Nummer der Spalte (`column`) an. Ein breites Widget (z.B. ein Eingabefeld) kann auf mehrere Spalten verteilt werden. Mit der Option `columnspan` gibst du die Anzahl der Spalten an, über die sich das Widget erstrecken soll.

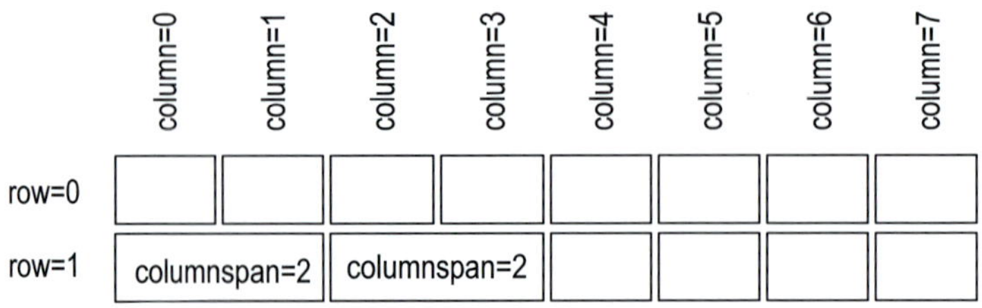

Abb. 16.10: *Ein Raster-Layout*

Programmierung

Die wichtigste Datenstruktur des Programms ist ein Dictionary namens `flagge`. Darin ist jedem Buchstaben des Alphabets das Bild einer Flagge zugeordnet. So liefert

```
flagge['A']
```

ein `PhotoImage`-Objekt, das die Flagge des Buchstaben `A` anzeigt. Dieses Bild wird dann auf ein Label gesetzt.

Das Programm

```
from tkinter import *

def gibSignal():
    '''Buchstaben durch Flaggen darstellen'''
    wort = eingabe.get()                        #1
    for i in range(8):                          #2
        if i < len(wort):                       #3
            b = wort[i].upper()                 #4
            label[i].config(image=flagge[b])    #5
        else:
            label[i].config(image=leer)         #6

#Widgets
fenster = Tk()
leer = PhotoImage(file='leer.gif')              #7
label = []                                      #8
for i in range(8):
    neu = Label(master=fenster, bg='black',
                width=60, height=40,
                image=leer)                     #9
```

```
    label.append(neu)                               #10
eingabe = Entry(master=fenster,
                width=8, font=('Arial', 16))       #11
button = Button(master=fenster,text='Signal',
                font=('Arial', 16),
                command=gibSignal)

#Layout
for i in range(8):
    label[i].grid(column=i, row=0)                  #12
eingabe.grid(row=1, column=0, columnspan=2)         #13
button.grid(row=1, column=2, columnspan=2)          #14

flagge = {}                                         #15
for buchstabe in 'ABCDEFGHIJKLMNOPQRSTUVWXYZ':
    bild = PhotoImage(file=buchstabe+'.gif')        #16
    flagge[buchstabe] = bild                        #17
fenster.mainloop()
```

So funktioniert's

#1 Lies den Text der Eingabe und speichere ihn in der Variablen `wort`.

#2 Maximal acht Flaggen werden angezeigt. In der Iteration hat die Variable `i` die Zahlen 0 bis 7.

#3 Wenn das Ende des Wortes noch nicht erreicht ist, ...

#4 ... bilde aus dem `i`-ten Buchstaben einen Großbuchstaben ...

#5 ... und setze auf das `i`-te Label die Flagge, die zu diesem Buchstaben gehört.

#6 Falls das Ende des Wortes schon erreicht worden ist und es keine weiteren Buchstaben mehr gibt, setze auf das `i`-te Label ein leeres schwarzes Bild.

#7 Beachte: Erst nachdem mit `Tk()` ein Fenster erzeugt worden ist, können `PhotoImage`-Objekte instanziiert werden. Sonst gibt es eine Fehlermeldung. Hier wird das `PhotoImage`-Objekt mit einem schwarzen Rechteck geschaffen.

#8 Wir erstellen eine leere Liste. Sie wird nun mit acht Label-Widgets gefüllt.

#9 Ein neues Label-Widget mit schwarzem Hintergrund und mit einem schwarzen Bild wird erzeugt. Schwärzer geht es nicht.

#10 Das neue Label wird an die Liste angehängt.

#11 Ein Eingabefeld für acht Zeichen wird erzeugt.

#12 Nun kommt das Layout. Die acht Label-Widgets der Liste werden in die erste Zeile des Rasters gesetzt (`row=0`).

#13 Das Entry-Widget kommt in die Mitte von zwei zusammengefassten Zellen in der unteren Zeile des Rasters (siehe Abbildung 16.10).

#14 Die Schaltfläche kommt ebenfalls in zwei zusammengefasste Zellen in der unteren Zeile.

#15 Ein zunächst noch leeres Dictionary für die Flaggenbilder.

#16 Für jeden Buchstaben wird das zugehörige Bild als `PhotoImage`-Objekt erzeugt ...

#17 ... und in das Dictionary eingetragen.

Projekt 46: Gymnastik mit Ultraschall

Nun wird es sportlich. An der Wand hängt ein LCD-Monitor mit dem Raspberry Pi. Unter der Decke wurde ein Ultraschallsensor befestigt und mit langen Kabeln und über eine kleine elektronische Schaltung genau wie in Abschnitt »Projekte mit einem Ultraschallsensor« auf Seite 336 mit dem GPIO verbunden. Du stehst unter dem Ultraschallsensor und schaust auf den Bildschirm. Der »Trainer« macht vor, was zu tun ist: Stehen, die Arme hochheben, in die Hocke gehen. Alles in einer zufälligen Reihenfolge. Der Ultraschallsensor unter der Decke kontrolliert deine Bewegungen. Sobald du die Position des »Trainers« eingenommen hast, wird die Punktzahl um eins erhöht und der »Trainer« geht in die nächste Position. Eine Uhr läuft rückwärts (linkes Label) und bleibt bei 0 stehen. Das Ziel ist, innerhalb von 120 Sekunden möglichst viele Punkte zu erreichen. Dabei kann man durchaus ins Schwitzen kommen.

Abb. 16.11: *Wenn man tut, was die Figur vormacht, bekommt man Punkte.*

Vorbereitung

Erstelle für das Projekt einen eigenen Ordner. Fertige mit einem Grafikwerkzeug drei gleich große Bilder an, die eine Person in den drei Posituren zeigt. Speichere die drei Bilder als GIF-Dateien im Projektordner ab. Kopiere in den Projektordner das Programm zur Abstandsmessung abstand.py aus Abschnitt »Projekte mit einem Ultraschallsensor« auf Seite 336. Ersetze das Hauptprogramm durch folgenden Text:

```
# Hauptprogramm
init_gpio()
print('GPIO ist initialisiert')
```

Programmierung

Eine Besonderheit dieses Projektes ist, dass die Funktion run() in einem eigenen Thread ausgeführt wird.

Was sind Threads?

In einer grafischen Benutzungsoberfläche bleibt eine Schaltfläche so lange gedrückt, bis die zugehörigen Funktion beendet worden ist. Das sieht unnatürlich aus, wenn die Ausführung der Funktion sehr lange dauert.

Wenn eine Funktion in einem neuen Thread ausgeführt wird, braucht niemand zu warten. Die Funktion wird parallel ausgeführt und alles andere läuft weiter. Das heißt die Schaltfläche springt sofort zurück. Das sieht besser aus. Das Wort *Thread* bedeutet auf Deutsch *Faden*. Du kannst dir einen Thread als Handlungsfaden in einer Geschichte vorstellen: Eine Handlung, die parallel zu einer anderen Handlung läuft.

Mit der Funktion start_new_tread() aus dem Modul _thread, kannst du eine Funktion in einem eigenen Thread ausführen.

Programm

```
#! /usr/bin/python3
from abstand import berechne_abstand
from tkinter import *
import random, time, _thread                        #1

def neue_position():
    ''' Setzt neues Bild auf Label.'''
    global position                                 #2
    neu = position
```

```
    while neu == position:                    #3
        positionen = list(bilder.keys())
        neu = random.choice(positionen)
    position = neu                            #4
    bild_label.config(image=bilder[position]) #5

def start():
    '''Startet neue Übung.'''
    global zeit, punkte
    zeit = 120
    zeit_label.config(text=str(zeit))
    punkte = 0
    _thread.start_new_thread(run, ())         #6

def fertig():
    '''Prüft ob Spieler Übung gemacht hat'''
    abstand = berechne_abstand()
    print(abstand)                            #7
    if position == 'hoch':
        return abstand < 60                   #8
    if position == 'stehen':
        return 60 < abstand < 140
    else:
        return abstand > 140

def run():                                    #9
    global zeit, punkte
    while zeit > 0:                           #10
        neue_position()
        time.sleep(1)
        while not fertig()and (zeit > 0):
            time.sleep(1)
            zeit -= 1
            zeit_label.config(text=str(zeit))
        punkte += 1
        punkte_label.config(text=str(punkte))

# Hauptprogramm
position='stehen'
fenster = Tk()                                #11
```

```
bilder = {'stehen':PhotoImage(file='stehen.gif'),
          'hoch':PhotoImage(file='hoch.gif'),
          'hocke':PhotoImage(file='hocke.gif')}
bild_label = Label(master=fenster,
                   image=bilder['stehen'])
bild_label.grid(row=0, column=0, columnspan=3)
zeit_label = Label(master=fenster,
                text='120',font=('Arial', 20))
zeit_label.grid(row=1, column=0)
punkte_label = Label(master=fenster,
                text='0',font=('Arial', 20))
punkte_label.grid(row=1, column=1)
button = Button(master=fenster, command=start,
        text='Start', font=('Arial', 20))
button.grid(row=1, column=2)
fenster.mainloop()
```

So funktioniert's

#1 Wir brauchen das Modul `_thread`. Darin ist die Funktion `start_new_thread()` definiert.

#2 Die Variable `position` enthält einen String wie `'stehen'` oder `'hoch'`, der die augenblickliche Körperhaltung des »Trainers« beschreibt. Weil der Wert dieser Variablen in dieser Funktion geändert wird, muss sie als global deklariert sein.

#3 In dieser Schleife wird eine neue Position gesucht, die sich von der augenblicklichen Körperhaltung unterscheidet.

#4 Die Schleife wird erst verlassen, wenn sich `neu` von `position` unterscheidet. Jetzt übernimmt `position` den Wert von `neu`.

#5 Aus dem Dictionary `bilder` wird das Bild herausgesucht, das zur Positionsbeschreibung `position` gehört. Dieses Bild wird auf das Label gesetzt. Die Figur wird nun eine andere Körperhaltung einnehmen.

#6 Die Funktion `run()` wird in einem neuen Thread ausgeführt. Die Funktion `start_new_thread()` benötigt zwei Argumente. Das erste Argument ist der Name der Funktion, das zweite Argument ist ein Tupel mit den Argumenten für diese Funktion. Die Funktion `run()` hat überhaupt keine Argumente. Deshalb steht hier das leere Tupel `()`.

#7 Diese Anweisung dient nur der Kontrolle, ob die Abstandsmessung funktioniert. Du kannst sie auch weglassen.

#8 Für die verschiedenen Positionen wird geprüft, ob der Spieler die Position schon eingenommen hat. Beispiel: Wenn `position` den Wert `'hoch'` hat, soll der Spieler die Arme hochstrecken. Wenn er das gemacht hat, stellt der Ultraschallsensor unter der Zimmerdecke fest, dass der Abstand weniger als 60 cm ist. (Diese Zahl musst du vielleicht an die Verhältnisse bei dir zu Hause anpassen. Wenn du eine ungewöhnlich hohe Decke hast, musst du vielleicht die Zahl 70 anstelle von 60 nehmen.) Wenn also der Abstand kleiner als 60 cm ist, wird der Wahrheitswert `True` zurückgegeben, sonst wird `False` zurückgegeben.

#9 Die Funktion `run()` wird in einem eigenen Thread ausgeführt (siehe Zeile #6).

#10 Solange die Spielzeit noch nicht abgelaufen ist, wird immer wieder eine neue Position des »Trainers« angezeigt (z.B. Arme nach oben) und dann gewartet, bis der Spieler die gleiche Körperhaltung eingenommen hat.

#11 In der folgenden Zeile wird ein Dictionary definiert. Es ordnet jeder Positionsbeschreibung (z.B. `'stehen'`) ein `PhotoImage`-Objekt zu (z.B. Bild einer stehenden Figur).

Auswählen mit Radiobuttons und Checkbuttons

Zur Auswahl von Optionen gibt es Checkbuttons und Radiobuttons.

- Ein *Radiobutton* gehört immer zu einer Gruppe. In dieser Gruppe ist immer nur *ein* Radiobutton ausgewählt (Einfachauswahl). Wenn man einen Radiobutton anklickt und damit auswählt, wird gleichzeitig der bisher gesetzte Radiobutton der Gruppe wieder in den Zustand »nicht ausgewählt« zurückversetzt. Radiobuttons werden meist durch eine kreisrunde Fläche dargestellt, in der ein Punkt zu sehen ist, falls die Option gewählt wurde.
- Ein *Checkbutton* ist wie ein Lichtschalter. Er kann sich in zwei Zuständen befinden: Eingeschaltet und ausgeschaltet – oder gewählt und nicht gewählt. Mit Checkbuttons können mehrere Optionen gleichzeitig ausgewählt werden (Mehrfachauswahl). Meist wird ein Checkbutton als Kästchen dargestellt, in dem ein Häkchen zu sehen ist, wenn die Option gewählt wurde.

Projekt 47: Farbenwahl

Farbiges Licht beeinflusst unser Gefühlsleben. Wusstest du, dass in einem modernen Airbus die Farbe der Kabinenbeleuchtung ständig wechselt? Bei der Landung gibt es ein anderes Licht als beim Essen. Bei diesem Projekt benutzt du den Bildschirm deines RPi als Leuchte. Du designst für verschiedene Situationen einen Farbton. Mit Radiobuttons kannst du die passende Farbe auswählen.

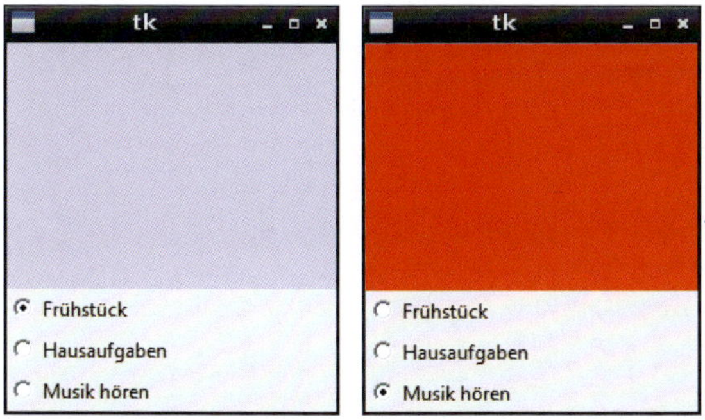

Abb. 16.12: *Radiobuttons zum Auswählen einer Farbe*

Einen Radiobutton kannst du durch eine Anweisung der folgenden Form erzeugen:

```
rb = Radiobutton(master=fenster,
                 variable=kontrollvariable,
                 value=wert,
                 command=funktion,
                 text=anzeigetext)
```

Mit der Option `variable` bestimmst du die Kontrollvariable. Die Radiobuttons einer zusammengehörigen Gruppe haben eine gemeinsame Kontrollvariable. Jedem Radiobutton ist ein Wert zugeordnet (Option `value`). Die Kontrollvariable besitzt immer den Wert des gerade ausgewählten Radiobuttons. Die Option `command` bestimmt eine Funktion, die ausgeführt wird, wenn ein Radiobutton angeklickt worden ist. Mit der Option`text` legst du fest, welcher Text rechts neben dem anklickbaren runden Feld zu sehen ist.

Kontrollvariablen sind übrigens keine einfachen Variablen sondern (unsichtbare) Widgets. Es gibt mehrere Typen von Kontrollvariablen: `StringVar` für Zeichenketten und `IntVar` für ganze Zahlen. Mit der Methode `set()` kann man einer Kontrollvariablen einen Wert zuweisen. Mit `get()` kann man den Wert abfragen.

Programm

```
from tkinter import *

def farbwechsel():
    label.config(bg=farbe.get())                   #1

# Widgets
fenster = Tk()
farbe = StringVar()                                #2
```

```
label = Label(master=fenster,
              width=30, height=10)                #3
rb1 = Radiobutton (master=fenster,
                   variable=farbe,
                   value='#BCF',
                   command=farbwechsel,
                   text='Frühstück')              #4
rb2 = Radiobutton (master=fenster,
                   variable=farbe,
                   value='#CFE',
                   command=farbwechsel,
                   text='Hausaufgaben')
rb3 = Radiobutton (master=fenster,
                   variable=farbe,
                   value='#E22',
                   command=farbwechsel,
                   text='Musik hören')
rb1.select()                                      #5
farbwechsel()                                     #6

# Layout
label.pack()
rb1.pack(anchor=W)
rb2.pack(anchor=W)
rb3.pack(anchor=W)
fenster.mainloop()
```

So funktioniert's

#1 Diese Funktion wird aufgerufen, wenn man einen Radiobutton anklickt. Sie sorgt dafür, dass das Label die ausgewählte Farbe als Hintergrundfarbe bekommt.

#2 Hier wird eine Kontrollvariable für Zeichenketten eingerichtet. Sie hat den Wert des ausgewählten Radiobuttons.

#3 Ein Label ohne Text. Für uns ist nur die Hintergrundfarbe wichtig.

#4 Der erste Radiobutton wird erzeugt. Wie die anderen beiden Radiobuttons ist er mit der Funktion `farbwechsel()` und mit der Kontrollvariablen`farbe` verbunden. Wenn dieser Radiobutton angeklickt wird, erhält die Kontrollvariable den Wert `'#BCF'`. Das ist ein ganz helles Blau. Außerdem wird die Funktion `farbwechsel()` aufgerufen.

#5 Der erste Radiobutton wird ausgewählt. Das heißt, nach dem Start des Programms ist dieser Radiobutton markiert.

#6 Die Funktion farbwechsel() wird aufgerufen. Sie sorgt dafür, dass das Label mit der ausgewählten Farbe (Hellblau) gefüllt wird.

Projekt 48: Menüberatung

Was isst du heute Abend? Du weißt nicht, worauf du Appetit hast? Der Menüberater hilft. Du wählst einfach mit Checkbuttons die Gänge aus und der Menüberater macht einen Vorschlag.

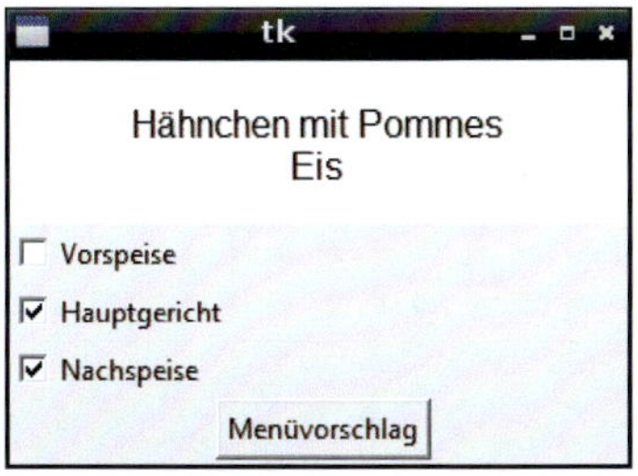

Abb. 16.13: *Der Menüberater – GUI mit Checkbuttons. Hier wurden nur ein Hauptgericht und eine Nachspeise gewählt.*

Ein Checkbutton kann sich in zwei Zuständen befinden: »On« (Häkchen gesetzt) und »Off« (kein Häkchen gesetzt). Jedem der beiden Zustände ist ein Wert zugeordnet (Optionen onvalue und offvalue). Der aktuelle Wert ist in einer Kontrollvariablen gespeichert (Option variable).

Programm

```
from tkinter import *
from random import choice

VOR = ['Grüner Salat', 'Frühlingsrolle', 'Suppe']
HAUPT = ['Hähnchen mit Pommes', 'Döner']
NACH = ['Eis', 'Vanillepudding']                   #1

def vorschlagen():
    '''Erzeugt einen Menüvorschlag'''
    text = ''                                      #2
    if vorspeise.get() == 1:
        text += choice(VOR)+ '\n'
```

```
    if hauptgericht.get() == 1:
        text += choice(HAUPT)+ '\n'
    if nachspeise.get() == 1:
        text += choice(NACH)
    label.config(text=text)

fenster = Tk()
# Kontrollvariablen
vorspeise = IntVar()                                    #3
hauptgericht = IntVar()
nachspeise = IntVar()

# Widgets
label = Label(master=fenster,
              width=30, height=3,
              font=('Arial',12),
              bg='white')
cb1 = Checkbutton (master=fenster,
                   variable=vorspeise,
                   offvalue=0, onvalue=1,
                   text='Vorspeise')                    #4
cb2 = Checkbutton (master=fenster,
                   variable=hauptgericht,
                   offvalue=0, onvalue=1,
                   text='Hauptgericht')
cb3 = Checkbutton (master=fenster,
                   variable=nachspeise,
                   offvalue=0, onvalue=1,
                   text='Nachspeise')
button=Button(master=fenster,
              command=vorschlagen,
              text='Menüvorschlag')                     #5

# Layout
label.pack()
cb1.pack(anchor=W)
cb2.pack(anchor=W)
cb3.pack(anchor=W)
button.pack()

fenster.mainloop()
```

So funktioniert's

#1 Für jeden Gang gibt es eine Liste möglicher Speisen. Daraus wird später nach dem Zufallsprinzip ausgewählt.

#2 Hier wird ein zunächst leerer Text erzeugt. Dieser wird anschließend Schritt für Schritt zu einem Menüvorschlag ausgebaut.

#3 Für jeden Gang des Menüs gibt es eine Kontrollvariable für ganze Zahlen. Jede Kontrollvariable gehört zu einem Checkbutton.

#4 Hier wird der erste Checkbutton erzeugt. Er ist mit der Kontrollvariablen `vorspeise` verbunden. Der Checkbutton hat den Wert `1`, wenn er ausgewählt ist, und `0`, wenn er nicht ausgewählt ist.

#5 Eine Schaltfläche wird definiert. Sie wird mit der Funktion `vorschlagen()` verknüpft. Wenn man auf die Schaltfläche klickt, wird entsprechend den gewählten Optionen ein Menüvorschlag erzeugt und auf dem Label ausgegeben.

Automatisch erzeugte Texte

Das Programm ist natürlich nur ein Grundmuster für einen automatisch erzeugten Text mit Optionen. Vielleicht möchtest du etwas zu einem anderen Thema entwickeln:

- Grüße aus dem Urlaub (Optionen: Wetter, Unterkunft, Ausflüge, ...)
- Glückwünsche zum Geburtstag (Optionen: Gesundheit, Erfolg, Glück, ...)
- Einladung zur Geburtstagsparty (Optionen: Getränke mitbringen, Freunde mitbringen, es gibt ein Abendessen, ...)
- Schmeicheln (Optionen: gutes Aussehen, Humor, Temperament, Intelligenz, ...)

Fragen

1. Auch Kontrollvariablen sind Widgets, weil sie einem Anwendungsfenster (window) zugeordnet sind. Worin unterscheiden sich Kontrollvariablen von anderen Widgets wie z.B. Labels oder Buttons?
2. PhotoImage, Label, Button, Canvas, Radiobutton und Checkbutton sind wichtige Elemente einer grafischen Benutzungsoberfläche. Welche dieser Widgets dienen eher der Ausgabe und welche dienen eher der Eingabe von Daten?
3. Welche der folgenden Situationen ähnelt der Ausführung einer Funktion in einem neuen Thread? A: Während im Fernseher das Fußballspiel läuft, macht Timo seine Mathehausaufgaben. B: Erst macht Timo seine Mathe-Hausaufgaben und dann schaut er sich das Fußballspiel an.

4. Welche Gemeinsamkeit haben die Farbnummern von Grautönen?

Aufgabe: Stoppuhr

Entwickle eine Stoppuhr mit einer grafischen Benutzungsoberfläche wie in Abbildung 16.14. Wenn man auf die Schaltfläche START klickt, startet die Uhr bei 0 Sekunden. Sie zeigt fortlaufend die Zeit mit einer Genauigkeit von 1/1000 Sekunde an. Klickt man auf STOP, bleibt die Uhr stehen.

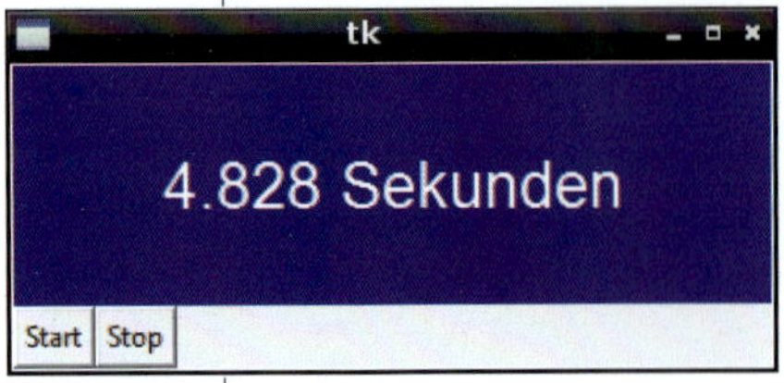

Abb. 16.14: *Eine Stoppuhr*

Antworten zu den Fragen

1. Kontrollvariablen bleiben unsichtbar.
2. Label und Canvas dienen eher der Ausgabe, weil sie Daten in Text und Bild anzeigen. Button, Entry, Checkbutton, Radiobutton dienen der Eingabe, denn sie können vom Benutzer manipuliert (verändert) werden.
3. A entspricht der Ausführung einer Funktion in einem neuen Thread. Denn hier laufen zwei Aktivitäten parallel (und nicht hintereinander) ab.
4. Bei den Farbnummern der Grautöne sind die Zahlen für den Rot-, Grün und Blauanteil gleich, z.B. #111 oder #777.

Lösung der Aufgabe

Programm

```
#stoppuhr.py
from tkinter import *
import time, _thread
```

```
def run():                                     #1
    while go                                   #2
      zeit = round(time.time()-startzeit, 3)   #3
      label.config(text=str(zeit)+' Sekunden') #4
      time.sleep(0.001)                        #5

def start():
    global startzeit, go                        #6
    startzeit = time.time()
    go = True
    _thread.start_new_thread(run, ())          #7

def stop():
    global go
    go = False                                  #8

# Widgets
fenster = Tk()

label = Label(master=fenster,
              font=('Arial',20),
              fg='white', bg='blue',
              text='0.000 Sekunden',
              width=20, height=3)

start_button = Button(master=fenster,
                      text='Start',
                      command=start)
stop_button = Button(master=fenster,
                      text='Stop',
                      command=stop)

# Layout
label.pack()
start_button.pack(side=LEFT, anchor=W)
stop_button.pack(side=LEFT, anchor=W)
fenster.mainloop()
```

So funktioniert's

#1 Die Funktion `run()` wird in einem eigenen Thread ausgeführt. Sie sorgt dafür, dass auf dem Label die aktuelle Zeit angezeigt wird.

#2 Solange die Variable `go` den Wahrheitswert `True` hat, wird die Schleife ausgeführt.

#3 Hier wird die Anzahl der Sekunden seit dem Start der Stoppuhr berechnet und dann auf drei Stellen nach dem Komma gerundet.

#4 Auf dem Label wird die aktuelle Zeit angezeigt.

#5 In dieser Funktion werden die Werte für Startzeit und Steuervariable `go` geändert. Deshalb müssen sie als global deklariert sein.

#6 Die Funktion `run()` wird in einem neuen Thread gestartet. Sie läuft dann im Hintergrund weiter. Anderenfalls wäre es nicht möglich, die Buttons der Benutzungsoberfläche zu bedienen.

#7 Damit wird die Ausführung der Funktion `run()` gestoppt.

17 Projekte mit der Kamera

In diesem Kapitel erkunden wir das Gebiet der digitalen Fotografie. Du machst mit deinem Rasperry Pi Zeitraffer-und Zeitlupenaufnahmen. Mit Infrarot-LEDs, einem Relais und dem Infrarot-Kameramodul baust du eine Webcam, mit der du von deinem Handy aus Tiere im nächtlichen Garten beobachtest. Digitale Bilder können mit der *Python Imaging Library* (PIL) ausgewertet werden. Du entwickelst ein Programm, das einen Farbcode auf einer Kontrollkarte erkennen kann.

Das Kameramodul

Es gibt zwei Kameramodule für den Raspberry Pi. Das normale Kameramodul enthält einen Filter für Infrarotstrahlen (kurz: IR-Strahlen) und liefert ein Bild wie jede Handykamera. Das Infrarot-Kameramodul enthält keinen Infrarotfilter und trägt deshalb auch den Namen NoIR (*no IR* = kein Infrarot). Das ist ein kleines Wortspiel, weil das Wort »noir« im Französischen »schwarz« oder »dunkel« bedeutet und man mit diesem Modul Nachtaufnahmen machen kann. Aber auch im Hellen kann man das NoIR-Modul verwenden. Die Bilder sind genauso scharf, aber farblich ein wenig anders, weil außer dem sichtbaren Licht noch Infrarotstrahlung vom Sensor wahrgenommen wird. Wenn dir realitätsnahe Farbe nicht so wichtig ist und du gerne experimentierst, kaufe dir lieber das NoIR an Stelle des normalen Kameramoduls.

Die kleine Raspberry Pi Kamera ist nicht größer als eine Erbse und sitzt auf einer briefmarkengroßen quadratischen Platine. Auf der Linse ist normalerweise ein kleiner Plastikstreifen zum Schutz, den du vor Gebrauch entfernen musst. Die Kamera ist empfindlich gegenüber Elektrostatik. Bevor du sie anfasst, solltest du dich zur Sicherheit durch kurzes Berühren eines Wasserhahns oder Heizkörpers erden.

An der Platine des Kameramoduls ist ein 15-adriges Folienkabel. Das musst du mit dem *Camera Serial Interface* (CSI) des RPi verbinden. Der CSI-Eingang befindet sich beim RPi-Modell B direkt hinter der RJ-45-Buchse (LAN-Anschluss). Beim neueren Modell B+ ist er wenige Zentimeter von der RJ-45-Buchse entfernt. Damit es keine Verwechslung gibt, steht an dem CSI-Eingang das Wort *CAMERA* (Abbildung 17.1, links). Bei einem neuen RPi ist der Eingang durch einen Plastikstreifen geschützt. Den musst du nun entfernen. Dann ziehst du den schwarzen Plastikbügel vorsichtig ein Stückchen heraus bis er ganz locker ist. Achte darauf, dass die blaue Seite des Folienkabels zum Ethernet-Anschluss zeigt und schiebe das Kabel in den Schlitz. Drücke dann den schwarzen Bügel wieder hinein. Dadurch wird das Kabel eingeklemmt und sitzt fest (Abbildung 17.1, rechts). Zum Lösen muss natürlich wieder zuerst der Plastikbügel ein Stück herausgezogen werden.

In gleicher Weise kannst du auch das Kabel an der Kameraplatine entfernen (falls du es z.B. durch ein längeres Kabel ersetzen willst): Zuerst den schwarzen Bügel ein Stück herausziehen und dann das Kabel abziehen.

Abb. 17.1: *Anschluss des Kameramoduls an den CSI-Eingang*

Das Kameramodul testen

Bevor du die Kamera benutzen kannst, musst du sie aktivieren. Starte in einem LXTerminal-Fenster das Konfigurationsprogramm:

```
$ sudo raspi-config
```

Wähle mit den Pfeiltasten den Menüpunkt ENABLE CAMERA, drücke [↵] und aktiviere durch Auswahl von ENABLE die Kameraunterstützung.

Jetzt testest du, ob alles funktioniert:

```
$ raspistill -v -o test.jpg
```

Wenn alles gut geht, zeigt dein Display fünf Sekunden lang das aktuelle Kamerabild. Dann wird ein Foto gemacht und in der Datei `test.jpg` gespeichert. Durch die Option `-v` wird der *verbose mode* eingeschaltet. Das heißt, du erhältst nach jeder Aufnahme eine Reihe von technischen Informationen.

Ein paar technische Daten zur Kamera: Die maximale Größe eines Einzelbildes ist 2592 × 1944 Pixel. Das ist ein Verhältnis von 4:3. Die Auflösung bei Video ist 1080p bei einer Bildrate von 30 Bildern pro Sekunde. Wenn du eine niedrigere Auflösung wählst, kannst du auch eine höhere Bildrate einstellen, bei 640 × 480 kannst du mit einer Geschwindigkeit von 90 Bildern pro Sekunde sogar Zeitlupenaufnahmen machen.

Die Kamera macht erst in einiger Entfernung (mindestens 50 cm) scharfe Bilder. Das winzige Objektiv ist mit kleinen Klebstofftupfen festgemacht. Wenn du Nahaufnahmen machen willst, kannst du mit einer Nadel den Klebstoff entfernen und durch Drehen des Objektivs den Fokus ändern. Dann erlischt allerdings die Garantie für das Kameramodul. Also besser nicht drangehen.

Die Kamerasoftware

Für das Kameramodul gibt es zwei Programme zum Erstellen von Einzelbildern und Videos:

- `raspistill` nimmt Einzelbilder der Kamera auf und speichert sie in verschiedenen Dateiformaten, am schnellsten als JPEG-Datei. Das ist auch schon voreingestellt.
- `raspivid` nimmt Videos auf (Bildrate zur Zeit 2 bis 90 Bilder pro Sekunde) und speichert sie im H.264-Format.

Die Programme kannst du in der Kommandozeile aufrufen. Es gibt eine große Anzahl von Optionen, mit denen die Verarbeitung der Bilder gesteuert werden kann. In diesem Abschnitt werden die wichtigsten vorgestellt.

Jede Option gibt es in einer Langform, die mit zwei Minuszeichen beginnt, und in einer Kurzform mit einem Minuszeichen, z.B. `--verbose` und `-v`.

Viele Optionen können sowohl für `raspistill` als auch für `raspivid` verwendet werden (Abbildung 17.1).

Einzelbilder mit raspistill

Fünf Sekunden sind ganz schön lang! Mache ein Foto mit einer kürzeren Wartezeit. Die Wartezeit wird hinter `-t` in Millisekunden angegeben:

```
$ raspistill -t 2000 -o bild.jpg
```

Wenn du das Argument `-n` (oder `--nopreview`) angibst, machst du ein Foto ohne Vorschau (Preview):

```
$ raspistill -o bild.jpg -n
```

Die Kamera kann riesige Fotos machen (2592 Pixel mal 1944 Pixel). Aber das dauert seine Zeit. Speichere ein Bild in einem kleineren Format ab und beobachte, dass das sehr viel schneller geht. Mit `-w` gibst du die Breite und mit `-h` gibst du die Höhe in Pixeln (Bildpunkten) an.

```
$ raspistill -w 400 -h 300 -t 500 -o bild.jpg
```

Vielleicht möchtest du über einen Spiegel »um die Ecke« fotografieren. Dann ist das Bild natürlich spiegelverkehrt. Mit der Option `-fv` kannst du es wieder »zurückspiegeln«. Das `-fv` ist eine Abkürzung von »flip vertical«. Das ist Englisch und heißt auf Deutsch »spiegle an der senkrechten Achse«.

```
$ raspistill -t 500 -fv
```

Steht die Kamera auf dem Kopf, drehst du das Bild, indem du es senkrecht *und* waagerecht spiegelst, z.B.

```
$ raspistill -t 500 -fv -fh
```

Weitere Argumente, mit denen du den Aufruf von `raspistill` abwandeln kannst, findest du in den Tabellen. Probiere sie aus!

Option	Werte	Erklärung
`--brightness`, `-br`	`0` bis `100`	Helligkeit; `0` ist schwarz, `100` ist weiß. Voreingestellt ist `50`.
`--contrast`, `-co`	`-100` bis `100`	Bildkontrast; voreingestellt ist `0`.

Tabelle 17.1: *Einige gemeinsame Optionen für* `raspistill` *und* `raspivid`

Option	Werte	Erklärung
`--nopreview`, `-n`		Kein Preview-Fenster.
`--output`, `-o`	Pfad oder `-`	Speicherort für das aufgenommene Bild bzw. Video. Wenn kein Pfad angegeben ist, wird nichts gespeichert. Wenn der Pfad – ist, werden die Daten in die Standardausgabe geschrieben.
`--preview`, `-p`	`x,y,w,h`	Platzierung des Preview-Fenster durch Angabe der Position der linken oberen Ecke `x`, `y`, der Breite `w` und der Höhe `h`.

Tabelle 17.1: *Einige gemeinsame Optionen für* `raspistill` *und* `raspivid` *(Forts.)*

Option	Werte	Erklärung
`--encoding`, `-e`	`jpg`, `bmp`, `gif`, `png`	Dateiformat für die gespeicherte Bilddatei; voreingestellt ist `jpg`.
`--fliph`, `-fh`		Horizontal (waagerecht) spiegeln.
`--flipv`, `-fv`		Vertikal (senkrecht) spiegeln.
`--height`, `-h`		Höhe des Bildes (Pixel); voreingestellt ist 1944.
`--timeout`, `-t`	Zeit in ms	Wartezeit bevor das Foto gemacht wird; voreingestellt sind 5 Sekunden.
`--width`, `-w`		Breite des Bildes (Pixel); voreingestellt ist 2592.

Tabelle 17.2: *Optionen für* `raspistill`

Das Modul PIL

Digitalfotos sind meist im `JPEG`-Format. Um aus einer `JPEG`-Datei ein `PhotoImage`-Objekt zu gewinnen, brauchst du die *Python Imaging Library* (PIL). PIL gibt es für die Python-Versionen 2.2 bis 2.7, aber (noch) nicht für Python 3. Deshalb verwenden wir in einigen Projekten, in denen Kamerabilder verarbeitet werden, ausnahmsweise Python 2.7.

PIL noch nicht vorinstalliert. Du musst es zuerst herunterladen und installieren. Sorge dafür, dass dein RPi mit dem Internet verbunden ist und gib im LXTerminal-Fenster folgendes Kommando ein:

```
$ sudo apt-get install python-imaging python-imaging-tk
```

Mit PIL kannst du Bilder verarbeiten, die als JPEG- oder PNG-Datei gespeichert sind. Dabei gehst du so vor:

Du erzeugst ein neues Objekt der Klasse Image:

```
bild = Image.open(dateiname)
```

Dann bearbeitest du das Bild. Zum Schluss machst du aus dem Image-Objekt ein PhotoImage-Objekt, damit man es auf einem Tkinter-Widget darstellen kann. Die Einzelheiten sind in den Programmbeispielen beschrieben.

Projekt 49: Bewegung erkennen

Was ist eigentlich los im Garten oder in deinem Zimmer, wenn du gerade nicht da bist? In diesem Projekt entwickeln wir eine Kamera, die einen Bereich beobachtet und Fotos macht, wenn sich etwas bewegt. Auf den Digitalbildern ist außerdem links oben der genaue Zeitpunkt der Aufnahme angegeben.

Abb. 17.2: *Fotos mit Zeitangabe.*

Bei diesem Projekt muss der Computer digitale Bilder verarbeiten, um zu erkennen, ob sich vor der Kamera etwas verändert hat. Deshalb verwenden wir für die Programmierung die *Python Imaging Library* (PIL) und Python 2.7. Du startest IDLE und nicht IDLE 3. Der einzige Unterschied zu Python 3 ist hier die Schreibweise des GUI-Moduls: Tkinter statt tkinter. Wenn du bei Python 2 Umlaute oder ß verwendest, musst du die Kodierung angeben. Das ist im Prinzip kein Problem. Wenn du versuchst das Programm zu starten, sagt dir IDLE, was zu tun ist.

Am einfachsten ist es, wenn du in deinem Programmtext auf Umlaute und ß verzichtest.

Wie kann Bewegung erkannt werden? Die Idee ist folgende: Der Computer nimmt in kurzen Zeitabständen kleine Bilder auf (80 × 60). Nach jeder Aufnahme vergleicht er das aktuelle Bild mit dem zuvor aufgenommenen Bild – Pixel für Pixel. Bei einem deutlichen Unterschied hat sich in der beobachteten Szene irgendetwas verändert. Dann wird ein Bild in größerem Format aufgenommen, mit Text versehen und unter einem neuen Namen gespeichert.

Für den Vergleich zweier Bilder sind zwei Konstanten wichtig (#3, #4):

SCHWELLE: Dieser Wert legt fest, wie stark sich zwei Pixel unterscheiden müssen, um als unterschiedlich zu gelten. Infolge von Schwankungen des Lichts können die Pixel zweier Bilder an exakt der gleichen Position etwas unterschiedlich gefärbt sein, obwohl sich an dieser Stelle nichts bewegt hat. Das Programm vergleicht übrigens nur den grünen Farbanteil der Pixel (Zeile #8). Das geht schneller.

MIN: Diese Konstante legt fest, wie viele Pixel zweier aufeinander folgender Bilder unterschiedlich sein müssen. Wenn MIN sehr klein ist, werden kleine Objekte (z.B. eine Fliege) nicht erkannt, weil sich bei der Bewegung nicht genügend Pixel verändern.

Programm

```
#! /usr/bin/python2.7
# bewegung.py
import os, time
from PIL import Image, ImageDraw                      #1

ORDNER = '/home/pi/python-projekte/garten/'           #2
KOMMANDO ='raspistill -t 300 -w %i -h %i -n -o %s'
SCHWELLE = 40                                         #3
MIN = 20                                              #4

def unterschied(bild1, bild2):
    ''' Liefert Anzahl unterschiedlicher Pixel'''
    unterschiedliche_pixel = 0                        #5
    b1 = bild1.load()                                 #6
    b2 = bild2.load()
    breite, hoehe = altes_bild.size
    for x in range(breite):                           #7
        for y in range(hoehe):
            pixel1 = b1[x, y]
            pixel2 = b2[x, y]
```

```
            d = abs(pixel1[1] - pixel2[1])      #8
            if d > SCHWELLE:
                unterschiedliche_pixel += 1     #9
    return unterschiedliche_pixel

# Hauptprogramm
os.system(KOMMANDO %(80, 60, ORDNER + 'bild.jpg'))
time.sleep(0.5)
bild = Image.open(ORDNER + 'bild.jpg')              #10
i = 0                                               #11
while True:
  altes_bild = bild
  os.system(KOMMANDO %(80, 60,
                      ORDNER + 'bild.jpg'))         #12
  bild = Image.open(ORDNER + 'bild.jpg')
  if unterschied(bild, altes_bild) > MIN:           #13
    dateiname = 'bild_' + str(i) +'.jpg'            #14
    i += 1
    os.system(KOMMANDO % (400, 300,
                        ORDNER + dateiname))        #15
    foto = Image.open(ORDNER + dateiname)           #16
    foto_mit_zeit = ImageDraw.Draw(foto)            #17
    foto_mit_zeit.text((0, 0), time.asctime())      #18
    foto.save(ORDNER + dateiname)                   #19
    time.sleep(3)
```

So funktioniert's

#1 Hier werden Untermodule aus dem Modul `PIL` importiert.

#2 In diesem Ordner werden alle Bilder gespeichert. In der nachfolgenden Zeile wird ein Muster mit drei Platzhaltern für einen Aufruf von `raspistill` definiert. `-t 300`: 300 ms Verzögerung vor der Aufnahme, damit die Kamera sich einstellen kann. `-w %i`: Hinter dem Parameter `-w` steht ein Platzhalter. Hier wird später bei der Formatierung eine ganze Zahl für die Breite des Bildes eingetragen. `-b %i`: Parameter mit Platzhalter für die Höhe des Bildes. `-n`: kein Preview. `-o %s`: Hinter dem Parameter `-o` steht ein Platzhalter für den Dateinamen, unter dem das Bild gespeichert werden soll.

#3 Konstante für den Farbwert, um den sich zwei *Pixel* unterscheiden müssen, damit sie als *unterschiedlich* gewertet werden.

#4 Konstante für die Mindestzahl der Pixel, um die sich zwei *Bilder* unterscheiden müssen, damit sie als *unterschiedlich* gelten.

#5 Wir zählen die Anzahl unterschiedlicher Pixel. Anfangs sind es null.

#6 Aus dem PIL.Image-Objekt wird eine Art Liste von Pixeln erzeugt. Die kann man schneller verarbeiten.

#7 In diesen beiden Schleifen werden die beiden Bilder Pixel für Pixel verglichen. Zuerst die Pixel b1[0,0] und b2[0,0], dann die Pixel b1[0,1] und b2[0,1] usw.

#8 d ist der Unterschied des grünen Farbanteils der beiden Pixel, die gerade verglichen werden. Die Funktion abs() sorgt dafür, dass d immer ein positiver Wert ist.

#9 Hier wurde eine Stelle gefunden, an der sich etwas verändert hat.

#10 Das Bild, das gerade aufgenommen worden ist, wird geladen.

#11 Die Variable i enthält die Nummer des nächsten Bildes, das gespeichert werden soll. Diese Nummer wird für den Dateinamen verwendet. Das erste Bild hat die Nummer 0.

#12 Hier wird ein kleines Bild aufgenommen (80 × 60) und im Ordner für die Bilder unter dem Dateinamen bild.jpg gespeichert. Mithilfe des Formatierungsoperators % werden die Platzhalter in der Konstante KOMMANDO durch zwei Zahlen und eine Zeichenkette ersetzt.

#13 Wenn sich das neue Bild von dem alten deutlich unterscheidet, wird eine größere Aufnahme gemacht und gespeichert. Die Einzelheiten stehen im folgenden (eingerückten) Anweisungsblock.

#14 Als erstes wird der Dateiname für das Foto konstruiert. Dabei spielt die Nummer i eine Rolle. Das erste Bild hat den Namen bild_0.jpg. Anschließend wird die Nummer i um 1 erhöht.

#15 Hier wird ein größeres Foto (400 x 300) aufgenommen und gespeichert.

#16 Die Bilddatei wird gelesen und es wird ein Image-Objekt namens foto erzeugt.

#17 Hier wird ein ImageDraw.Draw-Objekt namens foto_mit_zeit erzeugt. Damit ist es möglich, auf das Bild etwas zu schreiben.

#18 Auf das Bild wird in die linke obere Ecke (Position (0, 0)) ein Zeitstempel (Datum und Uhrzeit) geschrieben.

#19 Das Foto wird ein zweites Mal (diesmal mit Zeitstempel) gespeichert.

Projekt 50: Zeitrafferaufnahmen

Bei einer Zeitrafferaufnahme werden langsame Vorgänge schnell dargestellt, so dass man die Veränderung wahrnehmen kann: wachsende Kresse, ein verfaulender Apfel, eine kriechende Schnecke, eine verdunstende Pfütze oder aufschäumende Hefe.

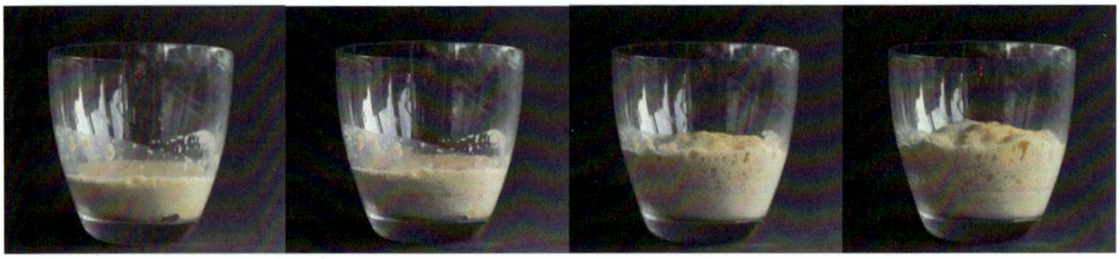

Abb. 17.3: Einige Bilder einer Zeitrafferaufnahme von aufschäumender Hefe. Am oberen Rand des Glases sieht man (zwei Mal gespiegelt) die rote LED des Kamera-Moduls. Wenn dich das stört, decke sie einfach mit einem Stück Klebestreifen ab.

Den Hefe-Versuch kannst du so durchführen:

Gib in ein Glas einen Löffel Trockenhefe, einen Löffel Zucker und etwas Wasser. Rühre das Ganze um und stelle es vor die Kamera.

Auf dem Raspberry öffnest du ein LXTerminal-Fenster, wechselst in deinen Projektordner und richtest dort ein eigenes Verzeichnis für deinen Film ein.

```
$ mkdir hefe
```

Dann wechselst du in den neuen Ordner:

```
$ cd hefe
```

Mit dem folgenden Kommando machst du zwei Stunden lang im Abstand von 30 Sekunden eine Serie von Bildern und speicherst sie unter den Namen `bild0001.jpg`, `bild0002.jpg` usw. ab.

```
$ raspistill -o bild%04d.jpg -tl 30000 -t 7200000
```

Hast du eine Idee, was die Parameter bedeuten? In Tabelle 17.3 findest du eine Erklärung.

Parameter	Erklärung
`-o bild%04d.jpg`	Das Bild wird unter einem Dateinamen abgespeichert, der aus vier Teilen zusammengesetzt ist: `bild`, eine automatisch erzeugte vierstellige Nummer und `.jpg`.
`-tl 30000`	Die Zeit zwischen zwei Aufnahmen beträgt 30000 Millisekunden = 30 Sekunden.

Tabelle 17.3: Optionen für Zeitrafferaufnahmen mit `raspistill`

Parameter	Erklärung
-t 7200000	Insgesamt werden 7200000 Millisekunden lang Aufnahmen gemacht. Das sind 7200 Sekunden oder zwei Stunden.

Tabelle 17.3: *Optionen für Zeitrafferaufnahmen mit* raspistill *(Forts.)*

Nun musst du die Einzelbilder zu einer Videodatei zusammenfügen. Installiere zunächst eine Software zur Verarbeitung von audiovisuellen Daten:

```
$ sudo apt-get install libav-tools
```

Das folgende Kommando muss in dem Verzeichnis ausgeführt werden, in dem sich deine Einzelbilder befinden. Der Befehl erzeugt einen mp4-Film im Format 800 × 600. Hier ist das Kommando auf mehrere Zeilen verteilt. In deinem Terminalfenster musst du es aber *in einer einzigen Zeile* aufschreiben:

```
$ avconv -r 10 -i bild%04d.jpg
         -r 10 -vcodec libx264 -crf 20 -g 15
         -vf scale=800:600 zeitraffer_1.mp4
```

Das Videoformat darf nicht zu groß sein, sonst wird der Raspberry Pi überlastet. Die Ausführung dauert dann extrem lange oder wird sogar abgebrochen. Bei einem Format von 800 × 600 braucht der Raspberry Pi einige Sekunden pro Bild.

Wenn du einen Film in dem breiteren Format 1280 × 720 haben willst, kannst du aus den Originalbildern nur einen Ausschnitt verwenden. Du rufst das Programm mit einer zusätzlichen Option auf:

```
$ avconv -r 10 -i bild%04d.jpg
         -r 10 -vcodec libx264 -crf 20 -g 15
         -vf crop=2592:1458,scale=1280:720
         zeitraffer_2.mp4
```

Am Ende des Kommandos steht immer der Name der Datei, in der das Video gespeichert werden soll. Tabelle 17.4 erklärt die anderen Optionen.

Option	Erklärung
-r 10	Anzahl der Bilder pro Sekunde (Bildrate). Die Bildrate sollte zweimal angegeben werden, einmal für die Eingabedateien und einmal für das ausgegebene Video. Ansonsten besteht die Gefahr, dass ähnliche Bilder übersprungen werden.

Tabelle 17.4: *Einige Optionen des Programms* avconv

Option	Erklärung
`-i bild%04d.jpg`	Muster für die Namen der Bilddateien, die verarbeitet werden sollen (input files). Hier: `bild0001.jpg`, `bild0002.jpg` usw.
`-vcodec libx264`	Auswahl der Videokodierung `libx264`.
`-crf 20`	Eine konstante Bildqualität wird eingestellt.
`-g 15`	Die Größe einer Bildergruppe wird auf 15 Bilder gesetzt. Bei dem Videoformat mp4 werden immer Gruppen mehrerer Bilder gemeinsam kodiert, um Speicherplatz zu sparen.
`-vf crop=2592:1458, scale=1280:720`	Videofilter. Mit `crop=` *Breite*:*Höhe* wird ein Bildausschnitt ausgewählt. Mit `scale=Breite:Höhe` wird das Format des Films eingestellt.

Tabelle 17.4: *Einige Optionen des Programms* avconv

Mit dem OMX-Player, der auf deinem Raspberry Pi schon installiert ist, kannst du dir das Zeitraffervideo (und andere Videos, die du mit `raspivid` aufgenommen hast) ansehen.

```
$ omxplayer zeitraffer_1.mp4
```

Mit der Option `-fps` kannst du die Geschwindigkeit (Bilder pro Sekunde) einstellen.

```
$ omxplayer -fps 25 zeitraffer_1.mp4
```

Projekt 51: Zeitlupe

In diesem Projekt entwickelst du ein Programm mit grafischer Benutzungsoberfläche, mit dem du Zeitlupenaufnahmen machen kannst. Manche Vorgänge verlaufen so schnell, dass man sie kaum erkennen kann: Der Flügelschlag einer Biene, die Drehung eines Ventilators, ein fallender Tropfen. Durch die Zeitlupe wird die Bewegung langsamer dargestellt und so erst für unser Auge sichtbar gemacht.

Abbildung 17.4 zeigt die Benutzungsoberfläche des Programms. Links ist ein Anwendungsfenster mit zwei Schaltflächen und zwei Radiobuttons.

- Klickt man auf die obere Schaltfläche, wird ein Video mit einer hohen Bildrate (90 Bilder pro Sekunde) aufgenommen.
- Mit den Radiobuttons kann die Verzögerung der Zeitlupe ausgewählt werden: 9-fache Verzögerung (langsam) oder 18-fache Verzögerung (sehr langsam).
- Klickt man auf die untere Schaltfläche, öffnet sich ein kleines Fenster, in dem das Video in Zeitlupe mit der eingestellten Verzögerung abgespielt wird.

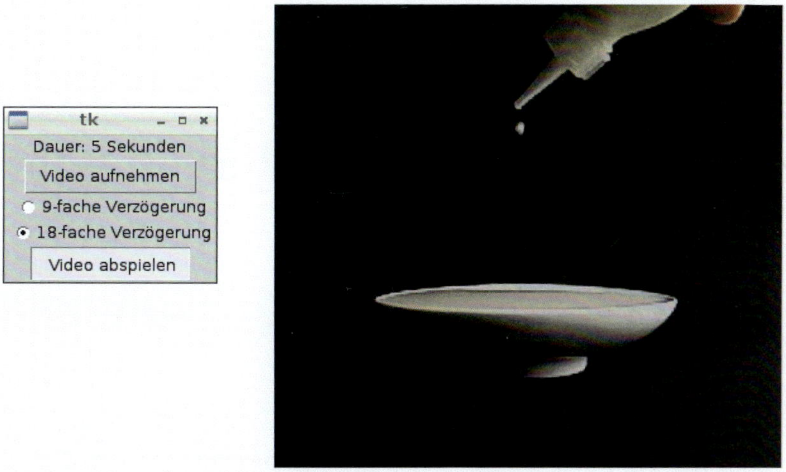

Abb. 17.4: *Ein Milchtropfen fällt in Zeitlupe*

Programm

```
from tkinter import *
import os, time
FILMEN = "raspivid -fps 90 -o film.h264 "    \
        + "-h 400 -w 400 -t 5000 -br 40 "  \
          + " -p '600, 200, 200, 200'"          #1
ABSPIELEN = 'omxplayer --win "600 200 1000 600"' \
          + ' --fps %i film.h264'               #2

# Funktionen
def filmen():
    os.system(FILMEN)

def abspielen():
```

```
    bildrate = 90 // verzögerung.get()              #3
    os.system(ABSPIELEN % bildrate)                 #4

# Widgets
fenster = Tk()
Label(master=fenster,
      text='Dauer: 5 Sekunden').pack()              #5

Button(master=fenster,
       command=filmen,
       text='Video aufnehmen').pack()               #6
verzögerung = IntVar()                              #7
rb_9 = Radiobutton(master=fenster,
                   text='9-fache Verzögerung',
                   value=9,
                   variable=verzögerung)            #8
rb_9.pack()
rb_9.select()                                       #9
Radiobutton(master=fenster,
            text='18-fache Verzögerung',
            value=18,
            variable=verzögerung).pack()
Button(master=fenster,
       command=abspielen,
       text='Video abspielen').pack()
fenster.mainloop()
```

So funktioniert's

#1 Hier wird das Kommando zur Aufnahme eines Videos in mehreren Zeilen zusammengesetzt. Die drei Zeilen werden mit dem Backslash \ zu einer einzigen Anweisungszeile verbunden. Du verwendest doppelte Anführungszeichen, weil es eine Option gibt, die selbst in einfachen Anführungszeichen steht. Die Optionen bedeuten Folgendes: Die Bildrate ist 90 Bilder pro Sekunde, der Dateiname ist `film.h264`. Das Bildformat ist 400 Pixel mal 400 Pixel. Das Video dauert 5 Sekunden (5000 ms). Die Helligkeit ist etwas dunkler als normal. Man sieht ein kleines quadratisches Preview-Fenster (Position: 600, 200; Größe: 200 × 200).

#2 Hier wird das Kommando zum Abspielen des Videos konstruiert und in der Konstante `ABSPIELEN` gespeichert. Weil es so lang ist, wird es auf zwei Zeilen verteilt, die durch \ verbunden werden. Die Optionen bedeuten Folgendes: Die linke obere Ecke des OMX-Anzeigefensters ist an Position 600, 200. Die rechte untere Ecke ist an Position 1000, 600. Die Bildrate kann variabel sein. Hinter `-fps` steht ein Platzhalter für eine ganze Zahl `%i`. Erste später wird hier ein Wert eingetragen. Das Video wird unter dem Namen `film.h264` im Projektordner gespeichert.

#3 Am Ende der Zeile wird der Inhalt der Kontrollvariablen `verzögerung` abgefragt. Sie enthält die gewählte Verzögerung, also entweder 9 oder 18. Durch diese Zahl wird die Bildrate der Aufnahme (90 Bilder pro Sekunde) ganzzahlig dividiert (//). Je größer die Verzögerung ist, desto kleiner ist die Bildrate für das Abspielen des Films.

#4 Die Zeichenkette `ABSPIELEN` wird formatiert. Das heißt, der Platzhalter `%i` wird durch die Zahl in der Variablen `bildrate` ersetzt.

#5 Hier wird ein Label erzeugt und mit `pack()` direkt in das Fenster eingefügt. Dieses Label ist anonym. Es braucht keinen Namen, weil niemals auf dieses Label zugegriffen wird.

#6 Eine neue Schaltfläche wird erzeugt. Sie wird mit der Funktion `filmen()` verknüpft und erhält die Aufschrift VIDEO AUFNEHMEN. Das anonyme Objekt wird mit `pack()` in das Fenster gepackt.

#7 Die Kontrollvariable soll den Wert des aktuell ausgewählten Radiobuttons speichern.

#8 Der erste Radiobutton darf nicht anonym sein. Wir brauchen seinen Namen, um mehrmals auf ihn zuzugreifen. Ihm wird der Wert 9 zugewiesen und er wird mit der Kontrollvariablen `verzögerung` verknüpft. Sie speichert seinen Wert, falls er ausgewählt worden ist.

#9 Hier wird dafür gesorgt, dass zu Beginn des Programmlaufs der obere Radiobutton ausgewählt ist.

Projekt 52: Schlüssel aus Farben

Achtung Kontrolle! Der Unbekannte legt ein Blatt Papier mit sechs farbigen Quadraten unter die Kamera (Abstand mindestens ein halber Meter). Das ist seine ID-Karte. Auf dem Bildschirm sieht er das Blatt und schiebt es so lange hin und her, bis die Farbflächen ungefähr im Innern des Rahmens sind. Dann drückt er auf die Schaltfläche CHECK. Der Computer prüft das Bild, erkennt die Farbkombination und begrüßt die Person mit dem Namen, den er gespeichert hat. Zusätzlich könnte noch ein Türöffner oder ein anderes Gerät eingeschaltet werden. Aber das haben wir bei diesem Programm weggelassen, damit es möglichst kurz bleibt.

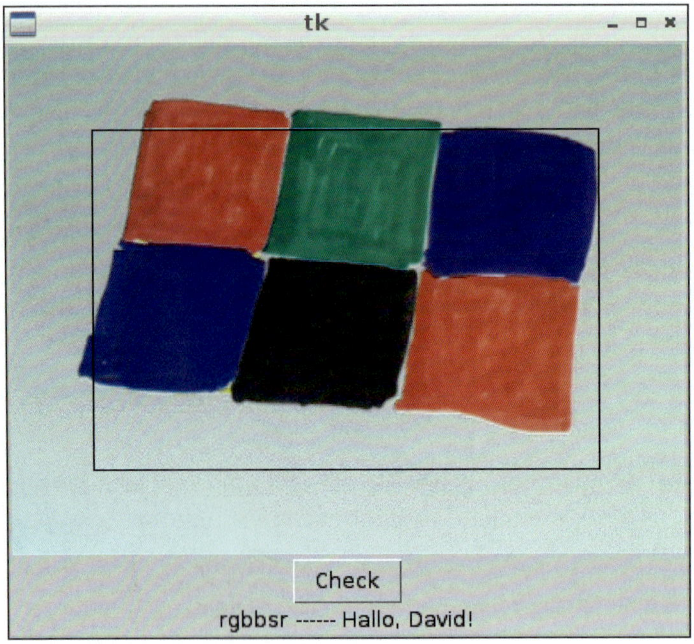

Abb. 17.5: *Grafische Benutzungsoberfläche des Farbschlosses*

Die Grundidee des Programms ist in etwa folgende: Auf dem Kamerabild wird ungefähr in der Mitte von jedem der sechs Quadrate die Farbe eines Pixels erfasst. Bei jedem dieser sechs Pixel werden die RGB-Werte (Rot, Grün, Blau) geprüft und ermittelt, um welche Farbe es sich handelt. Wir lassen nur vier Farben zu (damit es nicht zu schwierig wird) und kodieren sie durch Buchstaben: Rot (r), Grün (g), Blau (b) und Schwarz (s). Jede Farb-ID-Karte entspricht dann also einem Wort aus sechs Buchstaben, z.B. `rgbbsr` für die Karte in Abbildung 17.5. In einem Dictionary sind einige Farbkombinationen gespeichert und Personennamen zugeordnet, z.B. `'rgbbsr':'David'`. Nur die Personen, die in dem Dictionary gespeichert sind, haben eine »Zugangsberechtigung«. Das Kamerabild wird mit PIL-Technik ausgewertet. Deshalb wird dieses Projekt wieder in Python 2.7 geschrieben.

```
>>> ================================ RESTART ======
>>>
(194, 55, 32)
(24, 135, 66)
(51, 50, 90)
(59, 57, 94)
(74, 58, 22)
(212, 82, 48)
```

Abb. 17.6: *Erkannte RGB-Werte für die gescannten Farbfelder (Rot, Grün, Blau, Blau, Schwarz, Rot).*

Programm

```
# -*- coding: utf-8 -*-
# farben_schloss.py
import os, time
from Tkinter import Tk, Label, Button, Canvas, NW          #1
from PIL import Image, ImageTk
BBOX = (200, 150, 600, 450)                                 #2
PERSONEN = {'rgbbsr':'David',
            'rrbbsg':'Laura',
            'sgbrrb':'Fabian'}                              #3

def zeige_bild():
    ''' Aktuelles Kamerabild anzeigen '''
    global bild, foto                                       #4
    kommando='raspistill -t 500 -w 800 -h 600 -o bild.jpg -n'
    os.system(kommando)
    gesamtes_bild = Image.open('bild.jpg')                  #5
    mitte = gesamtes_bild.crop(BBOX)                        #6
    foto = ImageTk.PhotoImage(mitte)                        #7
    leinwand.create_image(0, 0, anchor=NW, image=foto)      #8
    leinwand.create_rectangle(50, 50, 350, 250)             #9
    fenster.after(500, zeige_bild)                          #10

def farbe(x, y):
    ''' Farbe an der Stelle x, y '''
    r, g, b = bild.getpixel((x, y))                         #11
    print(r, g, b)                                          #12
    if r > 0.95 * (g + b):
        return 'r'                                          #13
    if g > 0.8 * (r + b):
        return 'g'
    if b > 0.7 * (r + g):
        return 'b'
    else:
        return 's'

def check():
    farben = farbe(100, 100) + farbe(200, 100) \
           + farbe(300, 100) + farbe(100, 200) \
           + farbe(200, 200) + farbe(300, 200)              #14
    if farben in PERSONEN.keys():                           #15
        text = farben + ' ------ Hallo, ' \
```

```
            + PERSONEN[farben] + '!'
    else:
        text = farben + ' ------ unbekannt'
    label.config(text=text)

# Hauptprogramm
fenster=Tk()
leinwand = Canvas(master=fenster, width=400, height=300)
leinwand.pack()
button = Button(master=fenster, command=check,
                text='Check')
button.pack()
label = Label(master=fenster, text='')
label.pack()
zeige_bild()
fenster.mainloop()
```

So funktioniert's

#1 Achtung! `PIL` und `Tkinter` enthalten beide eine Klasse `Image`. Deshalb wird hier beim Importieren mit `from` nicht der Stern * verwendet sondern zur Sicherheit die benötigten Namen einzeln importiert.

#2 Das ist eine Bounding-Box. Sie beschreibt die Lage und Größe eines rechteckigen Bildausschnitts.

#3 Dieses Dictionary liefert zu einer Farbkombination, die durch sechs Buchstaben beschrieben wird, einen Namen.

#4 Die Variablen `bild` und `foto` sollen geändert werden können. Sie werden deshalb global gemacht.

#5 in der Datei `bild.jpg` wurde soeben eine Kamerabild gespeichert. Diese Datei wird nun gelesen, und es wird ein `PIL.Image`-Objekt erzeugt.

#6 Hier ist ein wichtiger Trick. Die Kamera muss relativ weit von dem Blatt Papier entfernt sein, damit das Bild scharf wird. Nahaufnahmen sind leider nicht möglich (wenn man nichts an der Kamera verändert). Dann sind die Farbflächen in der Mitte relativ klein und darum herum sieht man die Umgebung (vielleicht den Tisch auf, dem das Blatt liegt). Wir brauchen aber nur den mittleren Teil mit den Farbflächen und nicht die Umgebung. Deshalb schneiden wir hier mit der Methode `crop()` ein Rechteck aus der Mitte des Bildes aus.

#7 Aus dem `PIL.Image`-Objekt wird ein `Tkinter.PhotoImage` erzeugt. Ein solches Objekt (dagegen *nicht* das `PIL.Image`-Objekt) kann in dem Anwendungsfenster dargestellt werden.

#8 Auf dem Canvas-Objekt leinwand wird das Bild angezeigt.

#9 Auf den gleichen Canvas wird ein Rechteck gezeichnet, linke obere Ecke an Position (50, 50), rechte untere Ecke an Position (350, 250).

#10 Nach einer halben Sekunde ruft sich die Funktion selbst wieder auf (Endlosrekursion). Auf diese Weise wird das gezeigte Bild immer wieder auf den neusten Stand gebracht.

#11 Der Aufruf getpixel((x, y)) liefert ein Tupel aus drei Zahlen zwischen 0 und 255. Sie liefern den Anteil der Farben Rot, Grün und Blau an der Farbe des Pixels an der angegebenen Stelle (x, y).

#12 Diese Zeile ist nur für die Programmentwicklung wichtig. Wenn das Programm gut läuft, kannst du sie auch löschen. Die RGB-Werte des Pixels werden im Shell-Fenster als Zahlen ausgegeben (Abbildung 17.6).

#13 Hier sitzt die »Intelligenz« des Programms. Anhand der RGB-Werte wird entschieden, um welche Farbe es sich handelt. Wenn z.B. der Rotanteil (die erste Zahl) sehr viel höher ist als die anderen Farbanteile, handelt es sich wahrscheinlich um die Farbe Rot. Dann wird der Buchstabe 'r' zurückgegeben. Wenn der Grünanteil dominiert, ist das Pixel grün und der Buchstabe 'g' wird zurückgegeben. Beachte, dass die Ausführung des Programms nach return abgebrochen wird. Warum gerade diese Koeffizienten 0.95, 0.8 und 0.7? Ich habe eine Reihe von Tests gemacht und mir die Farbwerte angesehen. Dabei ist mir aufgefallen, dass bei Rottönen der Rotanteil viel stärker dominiert als z.B. der Blauanteil in Blautönen.

#14 Hier wird eine Folge von sechs Buchstaben gebildet. Jeder Aufruf von farbe() liefert einen Buchstaben. Und diese Buchstaben werden mit + hintereinander gehängt.

#15 Wenn der String farben in den Schlüsseln des Dictionarys vorkommt, ist die Farbkombination dem System bekannt. Der Besitzer der ID-Karte wird mit seinem Namen begrüßt. Sein Name ist im Dictionary mit der Farbkombination verknüpft.

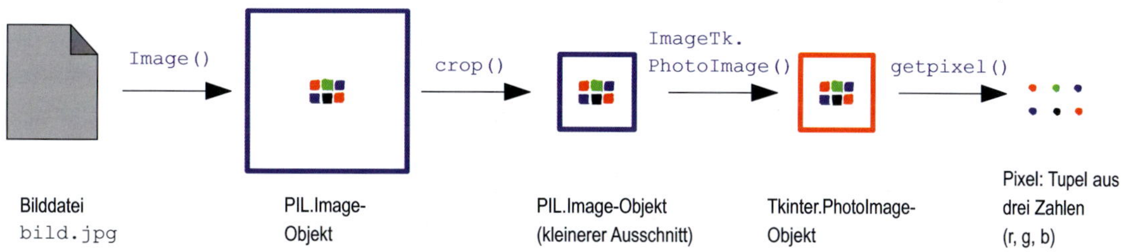

***Abb. 17.7:** Von der Bilddatei zum Pixel: Schritte der Bildverarbeitung*

Erweiterungen

Das Erkennen der Farben (#13) kann noch intelligenter programmiert werden. Zum Beispiel könnte man noch die Helligkeit (Summe aller Farbkomponenten) einbeziehen und so das Schwarz sicherer von anderen Farben unterscheiden.

Bildanalysen sind ein wichtiges Gebiet in der Informatik, für das es sogar schon einen Namen gibt: Computervisualistik. Mit Techniken der Computervisualistik können Gegenstände, Obst oder Gesichter erkannt werden.

Fragen

1. Woran erkennst du, dass die Kamera gerade aktiv ist und ein Bild aufnimmt?
2. Welches Bauteil fehlt beim NoIR-Kameramodul?
3. Was musst du beachten, wenn du das Kamerabild mithilfe des PIL-Moduls bearbeiten willst?
4. Warum wird ein mit `raspistill` aufgenommenes Bild schlechter, wenn die Wartezeit null ist (Option `-t 0`)?
5. Bei `raspivid` hat die Option `-t` eine andere Bedeutung als bei `raspistill`. Erkläre!
6. Wie kannst du beim Abspielen eines Videos mit `omxplayer` die Geschwindigkeit einstellen?

Aufgaben

Aufgabe 1: Zeitraffer mit gesteuerter Beleuchtung

Bis ein Apfel verfault ist oder Kressesamen keimen und wachsen dauert es einige Tage. Damit man die Veränderung gut erkennen kann, machst du etwa alle 30 Minuten eine Aufnahme. In einer Woche kommen da `2*24*7 = 336` Bilder zusammen. Das Hauptproblem ist, dass bei jeder Aufnahme in etwa die gleichen Lichtverhältnisse herrschen sollten. Am besten richtest du dir ein kleines Fotostudio ein – mit einer Pappe als Hintergrund und einer künstlichen Lichtquelle. Für ein kleines Studio reicht schon eine weiße LED, die man über den GPIO steuern kann. Schließe eine weiße LED an den GPIO des RPi an. Verbinde die Anode (längerer Anschluss) über einen 68-Ohm-Widerstand mit Pin 1 und die Kathode (kürzerer Anschluss) mit

Pin 10. Einen Schaltplan findest du in Abbildung 10.19.

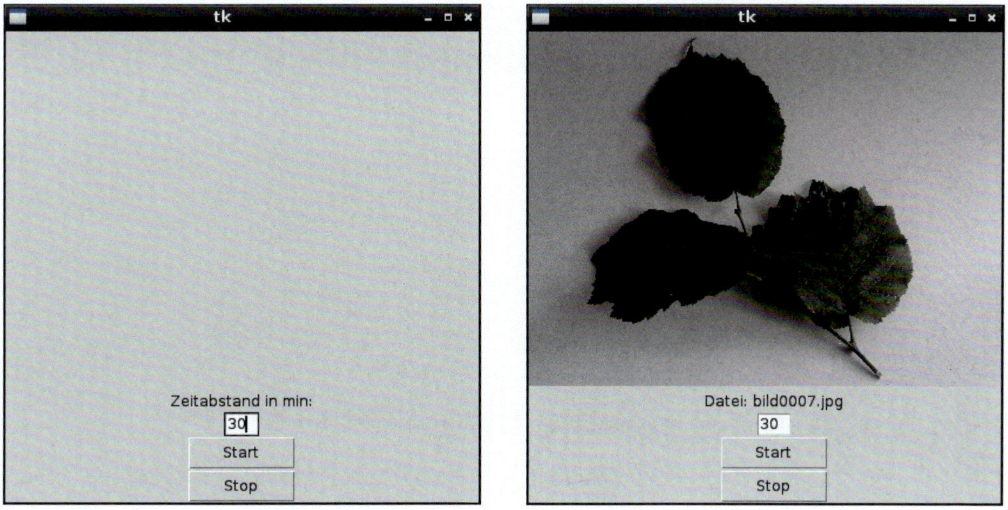

Abb. 17.8: *Anwendung zur Aufnahme von Zeitrafferbildern*

Entwickle ein Programm mit einer Benutzungsoberfläche wie in Abbildung 17.8. Der Benutzer kann den Zeitabstand zwischen zwei Aufnahmen (in Minuten) einstellen. Beim Klick auf START wird die Aufnahmeserie gestartet. Kurz vor jeder Aufnahme wird die LED eingeschaltet und nach der Aufnahme wird sie wieder ausgeschaltet. Beim Klick auf STOP wird die Aufnahmeserie beendet.

Struktur des Programms

```
#! /usr/bin/python2.7

def start():
    '''Start der Aufnahmeserie'''
    global stop
    stop = False
    ...

def stop():
    '''Beenden der Aufnahmeserie'''
    global stop
    stop = True
    ...
```

```
def run(zeit):
    '''Fotos aufnehmen'''
    ...
    while not stop:
        ...

def init_GPIO():
    ...

# Hauptprogramm
...
```

Aufgabe 2: Bewegungsspuren

Computer können Bewegungen automatisch erfassen und dokumentieren. Das ist nützlich, wenn man z.B. Verkehrswege oder das Schwingungsverhalten von elastischen Gegenständen erforschen will.

Über welche Routen bewegen sich Ameisen und welche Stellen meiden sie? Wo auf dem Markplatz ist am meisten los und wo passiert nichts? An welchen Stellen überqueren Tiere einen Weg? Wenn du versuchst, still zu stehen, welche Körperteile bewegen sich dann dennoch? Entwickle ein Programm, das Bewegungen beobachtet und protokolliert. Die Benutzungsoberfläche sieht aus wie in Abbildung 17.9. Im Anwendungsfenster siehst du das Livebild der Kamera. Etwa alle zwei Sekunden wird ein Bild aufgenommen. An den Stellen, an denen eine Bewegung war, wird ein roter Punkt eingezeichnet. Mit der Zeit werden die Stellen, an denen etwas passiert, rot eingefärbt.

Abb. 17.9: *Bewegungsprofil eines Vorgartens*

Abbildung 17.9 zeigt den Blick in einen Vorgarten. Einige Bereiche werden rot, weil sich Zweige und Blätter im Wind bewegen. Je roter das Bild in einer bestimmten Zeit wird, desto höher ist die Windgeschwindigkeit.

Antworten zu den Fragen

1. Die rote LED leuchtet, wenn die Kamera aktiv ist.
2. Es fehlt der Infrarotfilter, so dass die Kamera (neben dem sichtbaren Licht) auch Infrarotstrahlung aufnehmen kann.
3. Die Automatik der Kamera hat keine Zeit, das Bild optimal einzustellen.
4. Bei `raspistill` ist `-t` normalerweise die Verzögerung vor der Aufnahme. Bei `raspivid` und bei `raspistill` im Zeitraffermodus (wenn `-tl` gesetzt ist) gibt die Option `-t` die Gesamtdauer der Aufzeichnung an.
5. Mit dem Parameter `-fps` kann man die Geschwindigkeit (Anzahl der Bilder pro Sekunde) einstellen.

Lösungen zu den Aufgaben

Aufgabe 1: Zeitraffer mit gesteuerter Beleuchtung

Dieses Programm verwendet PIL und muss deshalb mit Python 2.7 anstatt Python 3 entwickelt werden. Außerdem greift es auf den GPIO zu – es soll ja eine LED gesteuert werden – und braucht deshalb Administratorrechte. Starte deshalb IDLE (nicht IDLE 3) auf der Kommandozeile:

```
$ sudo idle
```

Programm

```
#! /usr/bin/python2.7
# zeitraffer.py

import os, time
from PIL import Image, ImageTk
from Tkinter import Canvas, Tk, Button
from Tkinter import NW, Label, Entry
from thread import start_new_thread
from RPi import GPIO                                   #1
KOMMANDO= 'raspistill -t 500 -w 800 -h 600 -n -o '

def start():
    global stop                                        #2
```

```
    zeit = int(zeiteingabe.get()) *60            #3
    stop = False
    start_new_thread(run, (zeit,))               #4

def stop():
    global stop
    label.config(text='Zeitabstand in min:')     #5
    stop = True

def run(zeit):
    i = 0                                        #6
    while not stop:                              #7
       dateiname = 'bild%04d.jpg' %i             #8
       label.config(text='Datei: '+dateiname)
       i += 1
       GPIO.output(10, False)                    #9
       os.system(KOMMANDO + dateiname)           #10
       GPIO.output(10, True)                     #11
       bild = Image.open(dateiname)              #12
       bildmitte = bild.crop((200, 150, 600, 450))
       bildmitte.save(dateiname)                 #13
       bild_tk = ImageTk.PhotoImage(bildmitte)   #14
       canvas.create_image(0, 0, anchor=NW,
                           image=bild_tk)        #15
       time.sleep(zeit)

def init_GPIO():
    GPIO.setmode(GPIO.BOARD)
    GPIO.setup(10, GPIO.OUT)
    GPIO.output(10, True)

# Hauptprogramm
init_GPIO()
fenster = Tk()
canvas = Canvas(master=fenster,
                width=400, height=300)
canvas.pack()
label = Label(master=fenster,
      text='Zeitabstand in min:')
label.pack()
```

```
zeiteingabe = Entry(master=fenster, width=3)
zeiteingabe.pack()
Button(master=fenster, command=start,
       width=8, text='Start').pack()
Button(master=fenster, command=stop,
       width=8, text='Stop').pack()
fenster.mainloop()
```

So funktioniert's

#1 In der nächsten Zeile steht das Muster für den raspistill-Befehl. Nach einer halben Sekunde Wartezeit wird ein Bild im Format 800 × 600 aufgenommen, kein Preview. Vergiss nicht das Leerzeichen hinter -o! Später wird hier der Dateiname ergänzt, unter dem das Bild abgespeichert wird.

#2 Die globale Variable stop dient dazu die Ausführung der Funktion run() zu steuern.

#3 Hier wird der String aus dem Eingabefeld geholt, in eine ganze Zahl umgewandelt und daraus die Anzahl der Sekunden zwischen zwei Aufnahmen berechnet.

#4 Die Funktion run() wird in einem neuen Thread als nebenläufiger Prozess ausgeführt (siehe Abschnitt 16.5.2).

#5 Hier wird wieder der Anfangstext auf das Label geschrieben.

#6 Die Variable i ist die Nummer des nächsten Fotos.

#7 Die Variable stop ist wie eine Sperre für die Zeitrafferkamera. Solange stop den Wert False hat, wird die Wiederholung ausgeführt, das heißt es werden Fotos gemacht.

#8 Hier wird der Dateiname konstruiert: bild0000.jpg, bild0001.jpg usw.

#9 LED einschalten.

#10 Ein Foto wird gemacht und unter dem konstruierten Dateinamen abgespeichert.

#11 LED ausschalten.

#12 Das neue Foto wird als PIL.Image-Objekt geladen. Anschließend wird aus der Mitte ein Rechteckausschnitt kopiert. Damit lösen wir das Problem, dass man mit der Kamera keine Nahaufnahme machen kann. Wenn du ein kleines Objekt hast, kannst du natürlich noch einen kleineren Ausschnitt wählen.

#13 Das Bild mit dem mittleren Rechteck wird gespeichert.

#14 Aus dem PIL.Image-Objekt gewinnen wir ein Tkinter.PhotoImage-Objekt, ...

#15 ... das auf dem Canvas angezeigt wird.

Mehr Licht!

Für ein größeres Studio brauchst du mehr Licht. Verwende eine Funksteckdose, an die ein Scheinwerfer angeschlossen ist, und einen Sender. Wie über den Sender die Funksteckdose gesteuert wird, wurde in Kapitel 15 erklärt.

Aufgabe 2: Bewegungsspuren

Programm

```
#!/usr/bin/python2.7
# spuren.py
import os, time
from PIL import Image, ImageTk
from Tkinter import Canvas, Tk, Button, NW

KOMMANDO = 'raspistill -t 300 -w 400 -h 300 -n -o bild.jpg'
SCHWELLE = 30                                           #1

def run():
    global altes_bild, bild
    altes_bild = bild
    os.system(KOMMANDO)
    bild = Image.open('bild.jpg')
    b1 = altes_bild.load()
    b2 = bild.load()
    breite, hoehe = bild.size
    for x in range(breite):                             #2
      for y in range(hoehe):
        pixel1 = b1[x, y]
        pixel2 = b2[x, y]
        d = abs(pixel1[1] - pixel2[1])
        if d > SCHWELLE:
          canvas.create_line(x, y,x, y+1,
                             fill='red')                #3
    fenster.after(2000, run)                            #4

# Hauptprogramm
fenster = Tk()
```

```
canvas = Canvas(master=fenster,
                width=400, height=300)
canvas.pack()
os.system(KOMMANDO)
bild = Image.open('bild.jpg')
bild_tk = ImageTk.PhotoImage(bild)
canvas.create_image(0, 0, anchor=NW,
                    image=bild_tk)
run()
fenster.mainloop()
```

So funktioniert's

#1 Diese Konstante gibt an, wie stark sich zwei Pixel unterscheiden müssen, um als unterschiedlich zu gelten.

#2 In diesen beiden Schleifen werden alle Pixel der beiden Bilder (neues und altes Bild) miteinander verglichen.

#3 Wenn sich zwei Pixel der beiden Bilder an den gleichen Positionen deutlich unterscheiden, hat sich an dieser Stelle etwas bewegt, und es wird genau dort eine ganz kurze rote Linie (ein Punkt) gezeichnet.

#4 Die Funktion ruft sich nach zwei Sekunden selbst wieder auf.

18

Stets zu Diensten – der Raspberry Pi als Webserver

Ein Server ist ein Computersystem, das ständig läuft und Aufträge erledigt. Ein Webserver ermöglicht den Zugriff auf Webseiten über das lokale Netz oder das Internet. Der Raspberry Pi verbraucht wenig Strom und ist deshalb die ideale Hardware für einen Webserver. In diesem Kapitel erfährst du zunächst, wie du einen Apache-Server installierst und als Webserver nutzt. Dann geht es um dynamische Webseiten, die z.B. die Uhrzeit, das Livebild der Kamera oder die Temperatur anzeigen. Außerdem entwickeln wir interaktive Webseiten mit Schaltflächen und Eingabefeldern, über die man Geräte fernsteuern kann.

Raspberry Pi als Webserver

Das WWW (World Wide Web) besteht aus vielen Milliarden Webseiten, die durch Links (engl. *link* = Verbindung) miteinander verknüpft sind. Du kennst das: Ein Link (oder Hyperlink) ist ein Bild oder ein Textstück, das man anklicken kann. Wenn man mit der Maus auf den Link zeigt, sieht der Mauszeiger plötzlich aus wie eine

Hand. Drückt man die linke Maustaste, erscheint eine neue Webseite. Dieses Netzwerk aus verbundenen Seiten nennt man Hypertext.

Was passiert nun, wenn du im Internet eine Webseite aufrufst? Dein Browser sendet eine Anfrage an einen Webserver, der auf einem entfernten Computer im Internet läuft. Der Server bearbeitet deine Anfrage und sendet dir als Antwort eine Webseite. Die wird dann im Browser angezeigt.

Die Übertragung der Webseiten und die Arbeitsweise der Webserver werden durch das *Hypertext Transfer Protocol* (HTTP) geregelt. Das bedeutet auf Deutsch Hypertext-Übertragungsprotokoll.

Für den Aufbau der einzelnen Webseiten gibt es ein spezielles Format, eine Art Sprache, die man HTML nennt (engl. *Hypertext Markup Language*, Hypertext-Auszeichnungssprache).

Wenn du deinen Raspberry Pi zu einem Webserver machen möchtest, musst du zwei Dinge tun, die anschließend Schritt für Schritt erklärt werden:

- Du installierst einen HTTP-Server (z.B. Apache) und sorgst dafür, dass er ständig läuft.
- Du speicherst in einem speziellen Verzeichnis HTML-Dateien, die das Informationsangebot deines Webservers beinhalten.

In diesem Abschnitt erfährst du, wie das geht.

Den Apache-Server installieren

Wahrscheinlich der bekannteste HTTP-Server ist der Apache-Server. Du installierst ihn im LXTerminal-Fenster mit folgendem Kommando:

```
$ sudo apt-get install apache2
```

Nach der Installation wird das Serverprogramm sofort gestartet. Auch nach jedem Neustart des RPi läuft ab jetzt immer automatisch der Apache-Server im Hintergrund, ohne dass du etwas merkst. Dein RPi ist jetzt ein Webserver.

Probiere ihn direkt einmal aus. Klicke auf dem Desktop unten links auf  und starte so den Webbrowser *Epiphany*. Gib in das Adressfeld *http://localhost/index.html* ein. Es erscheint eine Webseite wie in Abbildung 18.1. Sie besagt: »Es funktioniert! Das ist die voreingestellte Webseite für den Server. Die Server-Software läuft, aber bis jetzt wurde noch kein Inhalt hinzugefügt.«

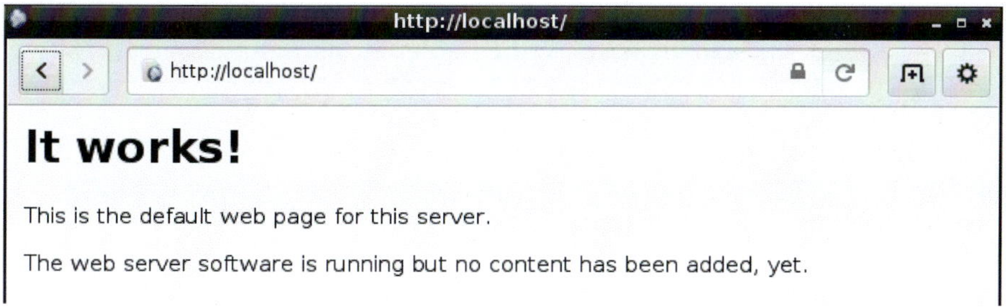

Abb. 18.1: *Voreingestellte Startseite des Apache-Servers*

Das, was du in das Adressfeld eines Browsers einträgst, nennt man *Uniform Resource Identifier* (einheitlicher Bezeichner für Ressourcen) oder kurz URI. Der URI einer Webseite setzt sich aus mehreren Teilen zusammen:

- `http://` Die Buchstaben stehen für *Hypertext Transportprotokoll*. Dieser Teil des URI bringt zum Ausdruck, dass es sich um eine Webseite handelt.
- Name des Webservers oder IP-Nummer. Der Name `localhost` steht immer für den Webserver, der auf demselben Rechner läuft wie das Browser-Programm.
- Verzeichnis und Dateiname (Pfad) der Datei mit der Webseite.

Der Dateiname `index.html` hat eine Besonderheit. Man kann ihn auch weglassen. Das heißt, du kannst in das Adressfeld des Browsers auch einfach nur `http://localhost/` eingeben (wie in Abbildung 18.1). Die Seite `index.html` ist die Startseite einer Website, die aus mehreren einzelnen Seiten besteht, die durch Links verbunden sind.

Aber wo ist diese Datei `index.html` gespeichert? Das Installationsprogramm des Apache-Servers hat einige neue Verzeichnisse angelegt. Besonders wichtig ist das Verzeichnis `/var/www`. Dort sind alle HTML-Seiten gespeichert, die vom Apache-Server angezeigt werden. Und dort findest du auch (bisher als einzige Datei) `index.html`.

Die eigene Webseite im lokalen Netz

Ersetze die vorgegebene Startseite des Apache-Servers durch eine selbst gemachte Seite! Webserver dienen dazu, Informationen zu verbreiten. Wenn dein Raspberry Pi in das lokale Funknetz eingebunden ist, kann jeder andere Nutzer des *lokalen Netzes* (aber sonst niemand) deine Webseite lesen. (Dazu später mehr.) Die Reichweite ist auf das lokale Netz beschränkt. Deine Seite ist *nicht* im Internet sichtbar.

Auf deiner Webseite kannst du Dinge veröffentlichen, die für die Menschen in deiner Umgebung interessant sind: Termine, Fotos oder aktuelle Neuigkeiten. Abbildung 18.2 zeigt ein ganz einfaches Beispiel. mit einer Überschrift, etwas Text und einem Hyperlink, den man anklicken kann. Du denkst dir natürlich etwas anderes aus.

Abb. 18.2: *Eine neue Startseite; im Rahmen steht der Titel der Seite (eingekreist)*

Ein neuer Eigentümer

In dem Verzeichnis `/var/www` stehen die Webseiten, die der Apache-Server zeigt. Zur Zeit kann nur der Administrator (`root`) das Verzeichnis `/var/www` und die Datei `/var/www/index.html` verändern. Mit dem `ls`-Befehl kannst du das nachprüfen:

```
$ ls -l /var/www
```

Hier steht hinter dem Befehl `ls` noch `-l` (kleiner Buchstabe l). Das `-l` nennt man ein *Argument*. Damit wird der Befehl `ls` ein wenig abgewandelt. Er liefert jetzt zusätzliche Informationen über das Verzeichnis, das (als zweites Argument) dahinter steht. Wenn du [↵] gedrückt hast, erscheint in der nächsten Zeile eine Auflistung aller Dateien im Verzeichnis `/var/www`. Da es zurzeit nur eine Datei in diesem Verzeichnis gibt, besteht diese Auflistung nur aus einer einzigen Zeile:

```
-rw-r--r-- 1 root root 177 Nov 8 11:47 index.html
```

Abbildung 18.3 versucht zu erklären, was die Buchstaben und Zeichen bedeuten.

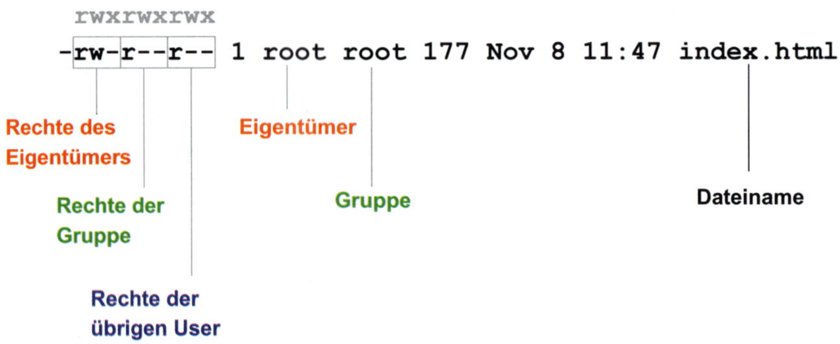

Abb. 18.3: *Berechtigungen*

Im ersten Teil werden die Rechte an der Datei `/var/www/index.html` beschrieben. Grundsätzlich gibt es drei Zugriffsrechte für Dateien:

- Das Leserecht `r` (*read* = lesen) bedeutet, dass der Inhalt der Datei (z.B. ein Bild oder ein Text) gelesen oder irgendwie dargestellt werden kann. Der Inhalt darf aber nicht geändert werden.
- Das Schreibrecht `w` (*write* = schreiben) bedeutet, dass diese Datei geändert oder gelöscht werden darf.
- Das Ausführungsrecht `x` (*execute* = ausführen) bedeutet, dass die Datei ausgeführt werden darf. Das ergibt natürlich nur bei Programmdateien einen Sinn.

Bei Verzeichnissen bedeuten die Zugriffrechte `r`, `w`, `x` etwas anderes:

- Das Leserecht `r` (*read* = lesen) bedeutet, dass der Inhalt des Verzeichnis aufgelistet werden kann.
- Das Schreibrecht `w` (*write* = schreiben) bedeutet, dass in diesem Verzeichnis Dateien erzeugt, verändert und gelöscht werden können.
- Das Ausführungsrecht `x` (*execute* = ausführen) bedeutet, dass man in das Verzeichnis wechseln darf, was aber noch nicht bedeutet, dass man sich auf den Inhalt auflisten darf.

Nun gibt es auch drei Personengruppen, denen Zugriffsrechte zugewiesen werden können: Der Eigentümer (ein einzelner Benutzer), die Gruppe (mehrere Benutzer des Computers) und die übrigen Benutzer.

Jeder dieser Personengruppen sind nun durch die Buchstaben `r`, `w` und `x` Zugriffsrechte zugewiesen. Wenn das Recht erteilt ist, steht da der betreffende Buchstabe, ansonsten ist das ein Strich.

Bei der Datei `/var/www/index.html` hat der Eigentümer das Lese- und Schreibrecht. Gruppenmitglieder und die übrigen Benutzer dürfen nur lesen.

Die Zahl nach der Beschreibung der Zugriffsrechte (hier eine 1) ist die Anzahl der Verweise im Dateisystem auf diesen Eintrag.

Das erste `root` bezeichnet den Eigentümer der Datei. Das ist der Administrator. Das zweite `root` ist die Gruppe, der die Datei gehört. Hier heißt die Gruppe zufälligerweise auch `root`.

Wenn du als User `pi` Webseiten einrichtest, brauchst du das Recht, die Datei zu verändern (Schreibrecht *write*). Die anderen sollen aber kein Schreibrecht haben. Deshalb ist es besser, wenn der Benutzer `pi` neuer Eigentümer sowohl vom Verzeichnis `/var/www` als auch von der Datei `/var/www/index.html` wird. Mit dem Unix-Befehl `chown` (*change owner* = ändere den Eigentümer) kannst du die Besitzverhältnisse ändern: Du musst diesen Befehl in der Rolle des Administrators starten (sudo).

```
$ sudo chown pi /var/www var/www/index.html
```

Prüfe nach, wer jetzt der Besitzer der Datei ist:

```
$ ls -l /var/www
-rw-r--r-- 1 pi root ...
```

Die HTML-Seite

Eine HTML-Seite ist nichts weiter als eine Textseite. Starte den Texteditor LEAFPAD (START| ZUBEHÖR|LEAFPAD). Gib folgenden Text ein:

```
<html>
  <head>
    <title> Willkommen</title>
  </head>
  <body>
     <h1>Willkommen!</h1>
     Dies ist ein Webserver auf dem Raspberry Pi.
     Hier findest du Informationen zur Programmiersprache
     <a href="http://www.python.org"> Python </a>.
     <hr/>
     Letzte &Auml;nderung: 5. Oktober 2014
  </body>
</html>
```

Speichere die Seite unter dem Pfad /var/www/index.html. Damit wird die alte Startseite überschrieben. Das Abspeichern geht so:

- Klicke auf DATEI|SPEICHERN UNTER
- Gib in das leere Feld neben NAME: den Pfad ein: /var/www/index.html

In dem Browser-Fenster lädst du die Seite erneut, indem du den gebogenen Pfeil rechts neben dem Adressfeld anklickst (in Abbildung 18.2 rechts eingekreist). Jetzt siehst du die selbst gestaltete Webseite.

Wie funktioniert das? Der HTML-Text enthält so genannte Tags (sprich: »Tägs«) in spitzen Klammern. Es sind Markierungen, die das Format eines Textbereiches festlegen. Die Tags treten in der Regel paarweise auf. Zu einem öffnenden Tag <...> gehört ein schließendes Tag, das mit einem Schrägstrich beginnt </...>. Der ganze HTML-Text beginnt mit <html> und endet mit </html>. Er besteht aus zwei Teilen:

- Der Kopf wird durch <head> ... </head> markiert. Er enthält unsichtbare Informationen über das Dokument. Hier steht im Kopf der Titel. Er erscheint nicht in der Ansicht des Dokumentes, aber der Titelleiste des Webbrowsers (im Bild eingekreist).
- Der Körper wird durch <body> ... </body> markiert. Hier steht das, was man sehen kann.

Hier noch einige Hinweise zu den Tags im Body des HTML-Dokumentes:

- Mit <h1> ...</h1> wird eine große Überschrift erzeugt. Alles, was zwischen den beiden Tags steht, wird in großen Buchstaben geschrieben.
- Mit <a href="..."> ...</a> wird ein Hyperlink festgelegt. Das, was zwischen den Tags steht, erscheint im Browser farbig und unterstrichen. Wenn du mit der Maus auf einen solchen Hyperlink klickst, wechselt der Browser zu einer neuen Webseite. Deren Adresse ist in dem Attribut href="..." angegeben. In diesem Beispiel führt der Hyperlink zur Python-Homepage.
- Umlaute (ä,ö,ü) werden in HTML durch Zeichenfolgen kodiert: (ä, ö und ü). Mit Großbuchstaben funktioniert das genau so (Ä, Ö und Ü). Das ß übrigens wird durch ß dargestellt.
- Das Tag <hr/> stellt eine waagerechte Linie dar.

Den Webserver im lokalen Netz nutzen

Der Raspberry Pi ist mit dem lokalen Netz (einem LAN oder einem WLAN) verbunden. Du kannst auch von anderen Rechnern in dem gleichen lokalen Netz auf den Webserver zugreifen und Informationen anfordern.

Auf dem Raspberry Pi heißt der Webserver localhost. Auf anderen Computern verwendest du die IP-Nummer des Raspberry Pi. Wie findest du die IP-Nummer deines RPi heraus? Öffne ein LXTerminal und gib das folgende Kommando ein:

```
$ ifconfig
```

Die IP-Nummer deines Raspberry Pi steht hinter inet adresse. Mehr dazu ist im Abschnitt »Der ›kopflose‹ Raspberry Pi« auf Seite 50 erklärt.

Projekt 53: Wie spät ist es? Dynamische Webseiten

Die ersten Webseiten waren völlig statisch, d.h. HTML-Dokumente, die als Textdateien im Verzeichnis /var/www gespeichert sind und vom Apache-Server gesendet werden, wenn jemand danach fragt. Diese Webseiten sind statisch, weil sie immer bleiben wie sie sind und sich nicht ändern.

Manchmal ändert sich aber die Information, die auf der Webseite gezeigt werden soll – zum Beispiel die Uhrzeit. Dann muss die HTML-Seite *dynamisch* erzeugt werden, sobald eine Anfrage an den Webserver kommt.

Was ist ein CGI-Skript?

Ein CGI-Skript ist ein Programm, das eine HTML-Seite dynamisch erzeugt. CGI heißt *Common Gateway Interface* und ist ein Standard, der den Aufbau von CGI-Skripten und den Umgang des Webservers mit ihnen regelt. Das CGI-Skript wird aufgerufen wie eine gewöhnliche Webseite. Der HTTP-Server sendet aber keine gespeicherte Textdatei, sondern er lässt das CGI-Skript ausführen und sendet die Ausgabe dieses Skriptes. In diesem Abschnitt entwickelst du eine Webseite, die das Datum und die Uhrzeit anzeigt, wenn sie aufgerufen wird.

Abb. 18.4: *Eine dynamisch erzeugte Webseite mit Datum und Uhrzeit*

Die HTML-Seite wird von einem Python-Skript erzeugt, das unter dem Namen zeit.cgi gespeichert ist. Ja, es ist ein Python-Skript, aber der Dateiname endet nicht auf .py sondern auf .cgi. Damit wird ein Python-Programm zum CGI-Skript.

Das Verzeichnis cgi-bin

Alle CGI-Skripte sind in einem speziellen Verzeichnis gespeichert. Bei deinem Apache-Server ist das /usr/lib/cgi-bin. Zunächst gehört es aber dem Administrator root. Der Benutzer pi hat kein Schreibrecht und kann in diesem Verzeichnis nichts speichern. Was tun? Am besten ist es, die Besitzverhältnisse zu ändern. Mit dem chown-Kommando wird pi zum Eigentümer gemacht:

```
$ chown pi /usr/lib/cgi-bin
```

Die Programmierung

Öffne nun mit IDLE 3 ein neues Editorfenster und schreibe das nachfolgende Skript. Speichere es unter dem Pfad

```
/usr/lib/cgi-bin/zeit.cgi
```

Achte darauf, dass du wirklich `.cgi` anstelle des sonst üblichen `.py` schreibst.

Formatstrings mit Platzhaltern

Beim Programmieren von CGI-Skripten sind Formatstrings mit Platzhaltern besonders praktisch. Formatstrings sind wie Formulare, bei denen an bestimmten Stellen noch etwas eingetragen werden muss. Platzhalter beginnen mit dem Prozentzeichen `%`. Der Platzhalter `%i` steht für eine ganze Zahl und `%s` steht für einen String. Mit dem Formatierungsoperator `%` werden die Platzhalter durch konkrete Werte ersetzt. Beispiel:

```
>>> muster = '%s hat %i Freunde.'
>>> muster % ('Kevin', 89)
'Kevin hat 89 Freunde.'
```

Programmtext

```
#! /usr/bin/python3                                    #1

from time import asctime
HTML = '''Content-type: text-html; char-set=utf-8

<html>
 <head>
      <title>Die Zeit</title>
 </head>
 <body>
  <h1> Datum und Uhrzeit</h1>
  %s
 </body>
</html>'''                                             #2

print(HTML % asctime())                                #3
```

So funktioniert's

#1 Die erste Zeile ist besonders wichtig. Hier wird der Python-Interpreter angegeben, der das Skript ausführen soll.

#2 Hier wird ein langer String definiert, der über mehrere Zeilen geht (dreifache Anführungszeichen). Es ist das Muster für ein HTTP-Paket, das der Apache-Server versenden soll. In der ersten Zeile wird bestimmt, dass es ein HTML-Text ist. Außerdem wird die Zeichenkodierung (`utf-8`) angegeben. Achtung! Die zweite Zeile *muss* leer bleiben. Danach folgt ein normaler HTML-Text mit einem Platzhalter `%s`.

#3 Mit einer `print()`-Anweisung wird das HTTP-Paket ausgegeben und kann dann vom Apache-Server weitergesendet werden. Der Platzhalter `%s` wird durch einen String mit Datum und Uhrzeit ersetzt.

Das Skript mit IDLE 3 testen

Wenn du das Skript eingegeben und gespeichert hast, solltest du es mit RUN|RUN MODULE (oder [F5]) starten, um zu prüfen, ob es auch den richtigen Text produziert.

```
>>> ================ RESTART =================
>>>
Content-type: text-html; char-set=utf-8

<html>
 <head>
      <title>Die Zeit</title>
 </head>
 <body>
  <h1> Datum und Uhrzeit</h1>
  Mon Oct  6 12:09:04 2014
 </body>
</html>
>>>
```

Das Skript ausführbar machen

Damit das Skript tatsächlich funktioniert, musst du die Programmdatei ausführbar machen. Mit dem Kommando `chmod +x` erhält jeder Benutzer des Systems das Ausführungsrecht (`x`, *execute*).

```
$ sudo chmod +x /usr/lib/cgi-bin/zeit.cgi
```

Mit `ls -l` kannst du prüfen, ob die Rechte richtig eingestellt sind.

```
ls -l /usr/lib/cgi-bin/zeit.cgi
```

Jetzt kannst du auf deinem RPi den Browser *Epiphany* öffnen und die dynamische Webseite testen. Gib in das Adressfeld folgenden URI ein:

```
http://localhost/cgi-bin/zeit.cgi
```

Wenn du die Seite mehrmals hintereinander aufrufst, erscheint jedes Mal eine andere Uhrzeit. Dir ist sicher aufgefallen, dass im URI nicht `/usr/lib` vorkommt. Der interne Pfad unterscheidet sich von der Adresse, die ein Besucher der Website benutzt.

Wenn du die Seite von deinem Handy oder von einem anderen Computer aus besuchen möchtest, gibst du an Stelle von `localhost` die IP-Adresse deines Raspberry Pi an. Der URI ist dann z.B.:

```
http://192.168.178.40/cgi-bin/zeit.cgi
```

Du findest die IP-Adresse mit dem Kommando

```
$ ifconfig
```

Mehr dazu in Kapitel 1.

Projekt 54: Spion im Garten

In eine HTML-Seite kann man auch Bilder einbinden. Wenn das Bild ein Live-Kamerabild ist, das regelmäßig aktualisiert wird, hast du eine Webcam.

Für dieses Projekt brauchst du außer dem Raspberry Pi

- eine mobile Stromversorgung,
- einen WLAN-Adapter und
- ein Kameramodul.

Das Ganze kann irgendwo innerhalb der Reichweite des WLANs aufgestellt werden, zum Beispiel in der Nähe der Maulwurfshügel im Garten, um zu beobachten, ob der kleine Graber vielleicht mal an die Erdoberfläche kommt.

Wenn alles funktioniert, kannst du von irgendeinem Computer des lokalen Netzes oder von deinem Handy aus eine Webseite mit dem Live-Bild der Kamera abrufen.

Abb. 18.5: *Eine Webcam im Garten*

Die Software ist ein CGI-Skript, das eine Webseite mit Schaltfläche erzeugt. Drückt man auf die Schaltfläche, wird mit `raspistill` ein neues Bild aufgenommen.

Erweiterte Rechte für CGI-Skripte

Um mit `raspistill` ein Foto machen zu können, braucht der Python-Interpreter, der das CGI-Skript ausführt, Root-Rechte. Wir erschaffen jetzt einen Aufruf des Python-Interpreters, der die Rechte eines Administrators hat. Bei professionellen Webservern, die über das Internet erreichbar sind, haben CGI-Skripte ganz bewusst nur begrenzte Zugriffsrechte, um das System zu schützen. Denn es könnte sein, dass ein CGI-Skript Sicherheitslücken hat und Eindringlingen erlaubt, am System etwas zu ändern, was nicht geändert werden sollte. Bei unseren Projekten ist dieses Risiko sehr gering, zumal dein RPi nicht über das Internet erreichbar ist.

So gehst du vor:

Erstelle mit dem Unix-Kommando `cp` eine Kopie des Interpreter-Aufrufs unter einem anderen Namen:

```
sudo cp /usr/bin/python3 /usr/bin/python3_root
```

Setze für python3_root das suid-Bit. Damit bekommt der Aufruf python3_root Administrator-Rechte.

```
sudo chmod u+s /usr/bin/python3_root
```

Kontrolliere die Rechte!

```
ls -l /usr/bin/python3_root
```

Im folgenden Programm verwenden wir diesen speziellen Interpreter-Aufruf in der »Magic Line«.

Programm

```
#!/usr/bin/python3_root
#webcam.cgi
import os

KOMMANDO = 'raspistill -t 100 -w 400 -h 300' \
           + ' -o /var/www/bild.jpg -n'                #1

HTML='''Content-type: text/html; char-set=utf-8

<html>
 <head>
  <title>Webcam</title>
 </head>
 <body>
  <h1> Spion im Garten </h1>
  <p>
   <img src="/bild.jpg" alt="Blick in den Garten" />
  </p>
  <form action="http://192.168.178.40/cgi-bin/webcam.cgi"
       method="POST">
  <input type="Submit" value="Neues Bild" />
  </form>
 </body>
</html>'''                                              #2

os.system(KOMMANDO)                                     #3
print(HTML)                                             #4
```

So funktioniert's

#1 Dieses Kommando bewirkt, dass die Kamera ein neues Bild aufnimmt. Es wird immer unter demselben Dateinamen gespeichert. Das Verzeichnis ist das Wurzelverzeichnis des Apache-Servers. Der String wird hier auf zwei Zeilen verteilt, weil es in diesem Buch nicht in eine Zeile passt.

#2 Diese Konstante ist die HTML-Seite, das von dem CGI-Skript immer wieder ausgegeben wird.
Der Tag <img .../> setzt das Bild mit dem angegebenen Pfad an diese Stelle. Das Attribut alt="Gartenansicht" bewirkt, dass als Alternative zum Bild der Text Gartenansicht erscheint. Der Alternativtext soll den Inhalt des Bildes beschreiben und wird von Leseprogrammen für Blinde genutzt. Der Text wird aber auch dann gezeigt, wenn aus irgendwelchen Gründen die Bilddatei nicht verfügbar ist.
Mit <form ...> ... </form> wird ein CGI-Formular definiert. Alle interaktiven Webseiten, bei denen man etwas eingeben oder anklicken kann, besitzen Formulare. Im ersten Tag wird mit dem Attribut action festgelegt, was passieren soll, wenn die Schaltfläche angeklickt wird. In diesem Fall wird einfach dasselbe CGI-Skript wieder aufgerufen. Außerdem wird noch die Methode der Datenübertragung (get oder post) festgelegt. Dazu später mehr.
Im Tag <input type="Submit" .../> wird die Schaltfläche – der Submit-Button – definiert. Das Attribut value legt die Beschriftung fest.

#3 Hier wird ein neues Foto aufgenommen.

#4 Ausgabe der Webseite. Der Text ist immer exakt der gleiche. Aber das gezeigte Bild ist jedes Mal ein anderes, weil der Inhalt der Bilddatei sich ändert.

Du brauchst den mobilen Raspberry Pi nur mit der Stromquelle zu verbinden. Dann startet das Betriebssystem. Der Apache-Server beginnt automatisch mit seiner Arbeit. Die Webcam ist einsatzbereit.

Tethering – Das Handy zum Hotspot machen

Nicht an jedem Ort hat man ein WLAN für Experimente mit dem Raspberry Pi zur Verfügung. Falls du ein iPhone oder Android-Smartphone besitzt, kannst du es zum Hotspot machen und über das Handy auf die Webseiten deines RPi zugreifen. Hier als Beispiel eine Anleitung für ein Samsung-Galaxy-Handy. Auf den anderen Smartphones läuft es ähnlich.

≫ Wähle die Funktion EINSTELLUNGEN. Das Icon sieht aus wie ein Zahnrad.

- Wähle DRAHTLOS UND NETZWERKE und dann TETHERING UND MOBILER HOTSPOT.
- Klicke auf MOBILER WLAN-HOTSPOT.
- Sorge dafür, dass alle Geräte zugreifen können.

Wähle im Feld SICHERHEIT die Einstellung WPA 2 PSK. Die Abkürzung bedeutet *WiFi Protected Access* mit *Preshared Key*.

Vielleicht hast du schon ein Passwort eingestellt, um z.B. eine Verbindung zu deinem Laptop zu erstellen. Gib für dieses Projekt besser ein neues Passwort ein, das du anderen Leuten weitergeben kannst.

Nun hast du alles vorbereitet und musst nur noch den Hotspot aktivieren. Bei Samsung-Handys gibt es dafür einen Schiebeschalter, den du nach rechts auf I schieben musst.

Jetzt gibt es ein WLAN, das von deinem Handy gesteuert wird. Du kannst aber *auf dem gleichen Handy* auch den Webbrowser benutzen um auf deine Website zu kommen.

Projekt 55: Streng geheim! Eine Website mit Zugangsschutz

Vielleicht möchtest du, dass deine Webcam oder irgendein anderer Webservice nicht für allen Menschen erreichbar ist, die einen Zugang zum lokalen Netz haben. Für diesen Fall entwickeln wir in diesem Abschnitt eine Website mit einer Login-Seite. Im Browser gibt man wie in Abbildung 18.6 eine Adresse ein. Die Webseite enthält ein Eingabefeld, in das der Besucher einen Namen einträgt. Danach klickt er auf die Schaltfläche LOGIN.

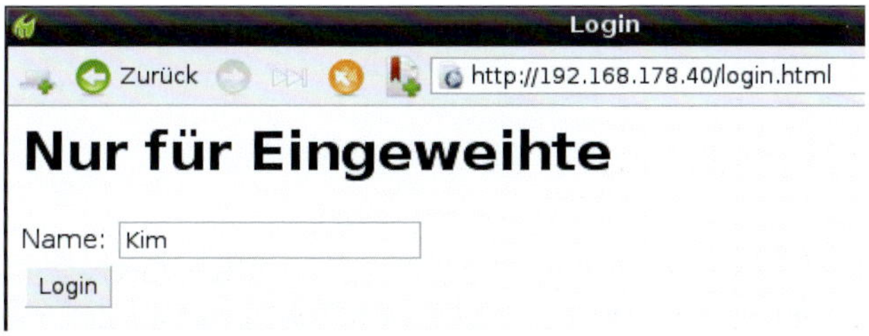

Abb. 18.6: *Login-Webseite (statisch)*

Die Bilder der Webcam werden nur gezeigt, wenn der Name in einer gespeicherten Liste von Namen vorkommt und somit akzeptiert wird (Abbildung 18.7).

Abb. 18.7: *Dynamische Webseite mit Livebild; der Link unten führt wieder zur Login-Seite.*

Wenn der Name dem System unbekannt ist, gibt es eine entsprechende Meldung (Abbildung 18.8).

Abb. 18.8: *Dynamisch erzeugte Antwortseite; der Link führt wieder zur Login-Seite.*

Das Projekt besteht aus zwei Teilen:

- Eine statische HTML-Seite enthält ein Formular mit einem Eingabefeld für den Namen.
- Ein CGI-Skript wird von der statischen Login-Seite aus aufgerufen. Es prüft den Namen und liefert eine dynamisch erzeugte Webseite als Antwort zurück.

Die Login-Seite

Die Login-Seite ist eine statische HTML-Seite. Speichere sie unter dem Pfad

```
/var/www/login.html
```

Sie ist dann im Wurzelverzeichnis des Apache-Servers. Der richtige Speicherort ist sehr wichtig.

Der statische HTML-Text

```
<html>
  <head>
    <title>Login</title>
  </head>
  <body>
    <h1>Nur f&uuml;r Eingeweihte</h1>
    <form method="get"
          action="/cgi-bin/login.cgi">
      Name: <input type="text" name="name"> <br/>
      <input type="Submit" value="Login"/>
    </form>
  </body>
</html>
```

So funktioniert's

Das Dokument enthält wieder ein Formular <form ...> ... </form>. Die Übertragungsmethode ist get. (Die Erklärung dazu kommt gleich.) Wenn der SUBMIT-Button angeklickt wird, wird das CGI-Skript /cgi-bin/login.cgi aufgerufen. In dem Formularbereich wird ein einzeiliges Eingabefeld definiert:

```
<input type="text" name="name">
```

Wenn der SUBMIT-Button angeklickt wird, ruft der Webserver den URI auf, der im <form ...>-Tag im Attribut action="..." angegeben ist. Da die Methode get gewählt worden ist, wird an den URI noch ein Querystring gehängt. Ein Querystring beginnt mit einem Fragezeichen und gibt die Inhalte der Variablen des Formulars an. Hier ist die einzige Variable der Inhalt des Eingabefeldes. Wenn in das Eingabefeld Kim eingetragen worden ist, lautet der aufgerufene URI plus Querystring so:

```
/cgi-bin/login.cgi?name=Kim
```

Das CGI-Skript

Speichere das folgende CGI-Skript unter dem Pfad

```
/usr/lib/cgi-bin/login.cgi
```

Vergiss nicht, die Datei ausführbar zu machen:

```
$ sudo chmod +x /usr/lib/cgi-bin/login.cgi
```

Programm

```
#!/usr/bin/python3_root
# login.cgi

import cgi, cgitb, os
cgitb.enable()                                               #1

KOMMANDO = 'raspistill -t 100 -w 400 -h 300' + \
           '-o /var/www/bild.jpg -n'                         #2
FREUNDE = ['Tina', 'Kim', 'Dennis']                          #3
UNBEKANNT = '''Content-type: text/html

<html>
  <head>
    <title> Person Unbekannt </title>
  </head>
  <body>
    <h1> Kein Zugang</h1>
    <p>Sorry, dein Name ist mir unbekannt. </p>
    <a href="/login.html"> Neuer Versuch </a>
   </body>
</html>'''                                                   #4

WEBCAM ='''Content-type: text/html; char-set=utf-8

<html>
 <head>
  <title>Webcam</title>
 </head>
 <body>
  <h1> Geheim</h1>
  <p>
```

```
    <img src="/bild.jpg" alt="Blick in den Garten" />
   </p>
   <a href="/login.html"> Neues Bild </a>

  </body>
</html>'''                                                #5

form = cgi.FieldStorage()                                 #6
person = form.getvalue('name')                            #7

if person in FREUNDE:                                     #8
    os.system(KOMMANDO)
    print(WEBCAM)
else:
    print(UNBEKANNT)
```

So funktioniert's

#1 Das Modult cgitb bietet eine Hilfe bei der Fehlersuche. Bei CGI-Skripten bekommst du ja normalerweise keine Fehlermeldung des Python-Interpreters. Das wird anders, wenn dein Programm diese Anweisung enthält. Wenn jetzt etwas nicht stimmt, wird dir im Browser eine Webseite mit Fehlermeldungen angezeigt.

#2 Der String enthält das Kommando zum Aufnehmen eines Bildes. Es wird im Wurzelverzeichnis des Apache-Servers gespeichert.

#3 Eine Liste mit den Namen der Leute, die auf die geheime Seite zugreifen dürfen.

#4 Das ist die Webseite, die gesendet wird, falls das Login *nicht* erfolgreich war. Mit dem Tag <a href= ...> ... </a> wird ein Link zur Login-Seite (statische HTML-Seite) hergestellt.

#5 Dies ist die Webseite, die zurückgesendet wird, falls das Login erfolgreich war. Sie zeigt das aktuelle Kamerabild. Unten ist wieder ein Link zur Login-Seite.

#6 Das Modul cgi braucht man, wenn man die Eingabedaten einer Seite mit Formular verarbeiten will. Hier wird ein cgi.FieldStorage-Objekt erzeugt. Es enthält alle Daten des Formulars, die im Querystring übergeben worden sind. In diesem Fall ist das nicht allzu viel – nur ein eingegebener Name.

#7 Hier wird der Wert der Variablen name aus dem Querystring abgefragt und der Variablen person zugewiesen.

#8 Wenn der Name in der Liste FREUNDE vorkommt, wird die Webseite mit dem Kamerabild geliefert, ansonsten gibt es eine Fehlermeldung.

Projekt 56: Über eine Webseite eine LED steuern

Über eine interaktive Webseite kannst du von einem anderen Computer aus Geräte steuern, die an den GPIO des Raspberry Pi angeschlossen sind:

- einen Motor, der z.B. eine Kamera bewegt,
- einen elektrischen Türöffner,
- eine Klingel oder
- Leuchtdioden.

Als Beispiel machen wir etwas ganz einfaches. Wir steuern eine Leuchtdiode. Die interaktive Webseite wird im Browser mit einem URI aufgerufen, der ungefähr so aussieht:

```
http://192.168.178.40/cgi-bin/led.cgi
```

An dem Dateinamen sieht man schon, dass es eine Webseite ist, die von einem CGI-Skript erzeugt wird. Mit Radiobuttons wählst du den gewünschten Zustand und klickst auf die Schaltfläche SCHALTEN (Abbildung 18.9). Nach kurzer Zeit zeigt die Leuchtdiode das gewünschte Verhalten.

Abb. 18.9: *Interaktive Webseite zum Steuern einer Leuchtdiode mit Radiobuttons*

Hardware

Die Anode der LED (langer Draht) ist über einen 100-Ohm-Widerstand mit Pin 1 (3.3 Volt) des GPIO verbunden. Die Kathode (kurzer Draht) führt zu Pin 10. Wir steuern Pin 10 mit dem CGI-Skript. Wenn er niedrigen Spannungspegel hat (`False`), fließt Strom, und die LED leuchtet.

Speichere das folgende CGI-Skript unter dem Pfad

```
/usr/lib/cgi-bin/led.cgi
```

Mache die Programmdatei für alle Benutzer ausführbar:

```
$ sudo chmod +x /usr/lib/cgi-bin/led.cgi
```

Programm

```
#!/usr/bin/python3_root
# led.cgi
import cgi, cgitb
from RPi import GPIO
from time import sleep

HTML='''Content-type: text/html; charset=utf-8

<html >
<body>
 <h1> Steuerung der Leuchtdiode</h1>
 <form action="/cgi-bin/led.cgi"
       method="GET">
   <input type="radio" name="modus" value="blinken" %s>
   Blinken <br/>
   <input type="radio" name="modus" value="dauer" %s>
   Dauerleuchten <br/>
   <input type="radio" name="modus" value="aus" %s>
   Aus <br/>
   <input type="submit" value="Schalten"/>
 </form>
</body>
</html>'''                                              #1

def blinken():
   for i in range(10):
      GPIO.output(10, False)
      sleep(0.2)
      GPIO.output(10, True)
```

```
        sleep(0.2)

cgitb.enable()
GPIO.setmode(GPIO.BOARD)
GPIO.setup(10, GPIO.OUT)
form = cgi.FieldStorage()
modus = form.getvalue('modus','aus')                          #2
if modus =='blinken':
   blinken()
   auswahl = ('checked', '', '')                              #3
else:
   if modus =='dauer':
       GPIO.output(10, False)
       auswahl = ('', 'checked', '')
   else:
       GPIO.output(10, True)
       auswahl = ('', '', 'checked')
print(HTML % auswahl)                                         #4
```

So funktioniert's

#1 Das ist das Muster für die Webseite, die das Skript an den Apache-Server zurückgibt. Es enthält drei Platzhalter %s, in die später (#4) jeweils eine Zeichenkette eingetragen wird.

Das Formular <form ...> ... </form> enthält drei input-Tags vom Typ radio. Alle drei Tags haben den gleichen Namen (Attribut name="modus", besitzen aber jeweils andere Werte (Attribut value). Mit Radiobuttons wird eine Einfachauswahl bewerkstelligt. Das heißt, es kann immer nur einer der Radiobuttons ausgewählt sein. Er hat dann den Zustand checked. Nach dem Anklicken eines SUBMIT-Buttons wird in einem Querystring der Wert des ausgewählten Radiobuttons übertragen (siehe Abbildung 18.9).

#2 Aus dem FieldStorage-Objekt wird der Wert der Variablen modus ausgelesen. Der Name der Variablen ist das erste Argument des Methodenaufrufs. Das zweite Argument 'aus' ist ein Wert, der verwendet wird, falls es keinen Querystring gibt. Bedenke: Beim *ersten Aufruf* der Webseite wird *kein Querystring* an den URI angehängt. Das passiert frühestens, wenn man die Seite schon mal aufgerufen hat und auf den SUBMIT-Button klickt.

#3 Wenn im Formular die Option BLINKEN gewählt worden ist und demzufolge nun die Variable auswahl den Wert 'blinken' besitzt, passieren zwei Dinge: Erstens wird die Funktion blinken() aufgerufen. Sie sorgt dafür, dass die LED zehn Mal blinkt. Zweitens wird hier ein Tupel aus dem String 'checked' und zwei leeren Strings gebildet. Dieses Tupel wird in Zeile #4 mit dem Muster für die Webseite verknüpft. Das bewirkt, dass im Tag für den ersten Radiobutton 'checked' steht (und in den anderen beiden nichts dergleichen). Das wiederum hat zur Folge, dass in der Webseite der erste Radiobutton ausgewählt ist. Kurz und knapp: Der Zustand der Radiobuttons geht nicht verloren, sondern wird beibehalten.

#4 Hier werden die drei Platzhalter in den Tags der Radiobuttons entweder durch einen leeren String oder durch 'checked' ersetzt.

Tupel

Tupel sind unveränderbare Sequenzen. Du erkennst sie an den runden Klammern. Beispiel: ('Tim', 'Klein'). Die Elemente eines Tupels sind Dinge, die fest zusammen gehören, wie z.B. Vorname und Nachname einer Person. Tupel werden auch zum Formatieren eines Formatstrings mit Platzhaltern verwendet. Beispiel:

```
>>> muster = 'Der Nachname von %s ist %s.'
>>> muster % ('Tim', 'Klein')
'Der Nachname von Tim ist Klein.'
```

Projekt 57: Über das Funknetz Haushaltsgeräte steuern

Mit Python kann man leicht einen eigenen HTTP-Server programmieren. Das ist manchmal von Vorteil, weil der Apache-Server für spezielle Anwendungen konfiguriert werden muss, was manchmal nicht ganz einfach ist.

In diesem Projekt steuern wir zwei Funksteckdosen über eine interaktive Webseite. An einer der Steckdosen könnte eine Lampe und an der anderen ein Ventilator angeschlossen sein.

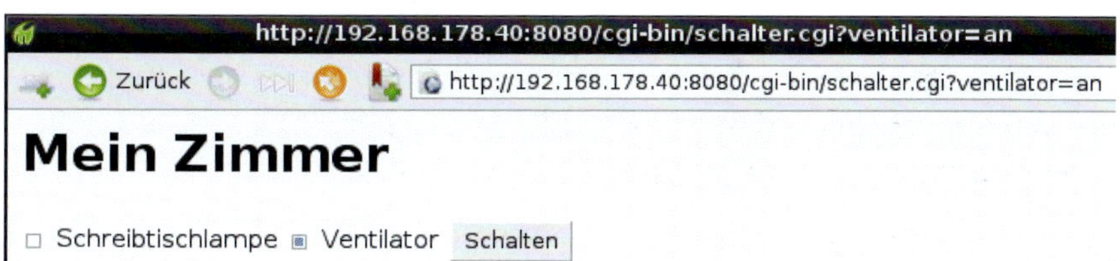

Abb. 18.10: *Interaktive Webseite zur Gerätesteuerung*

Auf der interaktiven Seite gibt es zwei Checkboxen (Mehrfachauswahl). Damit kann man für jedes Gerät einzeln festlegen, ob es ein- oder ausgeschaltet sein soll. In der Abbildung ist beispielsweise nur der Ventilator eingeschaltet. Wenn du die Schaltfläche anklickst, wird der Zustand der Funksteckdosen jedes Mal aktualisiert.

Der Webserver

Lege in deinem Heimverzeichnis einen Projektordner an, z.B. webserver/. In diesem Ordner speicherst du den Webserver unter dem Namen httpd.py. Dieser Projektordner ist das Wurzelverzeichnis des selbst programmierten Servers.

Programm

```
#!/usr/bin/python3
# httpd.py
from http.server import HTTPServer, CGIHTTPRequestHandler
serveradresse =('', 8080)                                  #1
server=HTTPServer(serveradresse,
                  CGIHTTPRequestHandler)                   #2
server.serve_forever()                                     #3
```

So funktioniert's

#1 Die Serveradresse ist ein Tupel. Sie besteht aus einem Namen (hier ein leerer String) und einer Portnummer. Jeder HTTP-Server benutzt einen Port. Der Standardport für HTTP-Server ist 80. Diesen Port benutzt auch der Apache-Server, der immer im Hintergrund läuft. Unser neuer Server benutzt daher eine andere Portnummer. Üblicherweise nimmt man eine vierstellige Nummer, die mit 8 beginnt. Für hohe Portnummern wie diese braucht der Server keine Root-Rechte.

#2 Hier wird ein HTTPServer-Objekt erzeugt …

#3 … und gestartet.

Das CGI-Skript

Vorbereitung

Du musst die System- und Unit-Nummern der Funksteckdosen kennen. Wir nehmen bei dem folgenden Skript an, dass die Steckdose für die Lampe die System-

Nummer 1 und die Unit-Nummer 8 hat. Die Steckdose für den Ventilator hat ebenfalls die System-Nummer 1 und die Unit-Nummer 4.

Bevor du das Skript testest, solltest du die Steuerung der Funksteckdosen einmal von Hand auf der Kommandozeile ausprobieren. Beispiel:

```
$ sudo pilight-send -p elro_he -s 1 -u 8 -t
```

Es kann sein, dass es Probleme gibt und du den pilight-Service einmal anhalten und wieder starten musst. Einzelheiten dazu findest du in Kapitel 15.

In deinem Projektordner mit dem Server httpd.py (Wurzelverzeichnis) legst du ein neues Verzeichnis mit dem Namen cgi-bin/ an. In diesem Verzeichnis speicherst du das folgende CGI-Skript unter dem Namen schalter.cgi.

Auch dieses Skript muss natürlich ausführbar gemacht werden:

```
$ sudo chmod +x /home/pi/webserver/cgi-bin/schalter.cgi
```

Programm

```
#!/usr/bin/python3_root
# schalter.py
import cgi, cgitb, os

KOMMANDO = 'sudo pilight-send -p elro_he -s %i -u %i %s'  #1
HTML='''Content-type: text/html; charset=utf-8

<html >
<body>
 <h1>Mein Zimmer</h1>
 <form action="http://192.168.178.40:8080/ \
              cgi-bin/schalter.cgi" method="GET">
   <input type="checkbox" name="lampe" value="an" %s>
   Schreibtischlampe
   <input type="checkbox" name="ventilator" value="an" %s>
   Ventilator
   <input type="submit" value="Schalten"/>
 </form>
</body>
</html>'''                                                 #2
```

```
cgitb.enable()
form = cgi.FieldStorage()
lampe = form.getvalue('lampe','aus')                      #3
ventilator = form.getvalue('ventilator','aus')
if lampe =='an':
   os.system(KOMMANDO %(1, 8, '-t'))                      #4
   checked_lampe = 'checked'
else:
   os.system(KOMMANDO %(1, 8, '-f'))
   checked_lampe = ''
if ventilator =='an':
   os.system(KOMMANDO %(1, 4, '-t'))
   checked_ventilator = 'checked'
else:
   os.system(KOMMANDO %(1, 4, '-f'))
   checked_ventilator = ''

print(HTML % (checked_lampe, checked_ventilator))         #5
```

So funktioniert's

#1 Diese Konstante enthält das Muster für das `pilight-send`-Kommando. Darin sind drei Platzhalter. Die beiden Platzhalter `%i` stehen für die System- und Unit-Nummer. Beide sind ganze Zahlen (`integer`). Der Platzhalter `%s` steht für die Argumente zum Einschalten (`-t`) und Ausschalten (`-f`).

#2 Der lange String ist die HTML-Seite, die zurückgegeben wird. Das Formular enthält zwei Tags für Checkboxen. Jede Checkbox hat einen anderen Namen. Aber beide haben den gleichen Wert. Wenn eine Checkbox ausgewählt worden ist, werden ihr Name und ihr Wert im Querystring aufgeführt, z.B. `lampe=an`.

#3 Die Variable `lampe` bekommt einen Wert aus dem `FieldStorage`-Objekt. Wenn `lampe=an` nicht im Querystring vorkommt, liefert `form.getvalue()` den Wert `'aus'`. Letztlich heißt das: Die Variable `lampe` hat entweder den Wert `'an'` oder den Wert `'aus'`.

#4 Hier wird das Muster für das Kommando formatiert (das heißt, die Platzhalter werden durch zwei Zahlen und einen String ersetzt) und das Kommando ausgeführt. In diesem Fall wird die Lampe eingeschaltet.

#5 Zum Schluss wird das Muster für die Webseite formatiert. Das heißt, in die Tags für die Checkboxen wird 'checked' eingetragen, falls die Checkbox ausgewählt war.

Den HTTP-Server im »kopflosen« Betrieb starten

Der Apache-Server startet von allein, wenn der RPi hochgefahren wird. Den neuen Server musst du »von Hand« starten. Nun betreibt man einen Webserver oft »headless« ohne Tastatur und Monitor. Also sorgst du dafür, dass auf deinem Raspberry Pi *SSH* aktiviert ist (siehe Kapitel 1) und nimmst von einem anderen Rechner aus über *PuTTY* oder einem anderen SSH-Client Verbindung auf. Logge dich als Benutzer pi ein.

Du könntest jetzt den Server starten. Aber es gibt ein Problem. Wenn du deine Sitzung schließt, stoppt der Server. Das möchtest du nicht. Du möchtest, dass der Server weiterläuft, auch wenn du die SSH- oder PuTTY-Sitzung schließt. Mit dem Programm nohup kannst du das erreichen. So gehst du vor:

Wechsle mit einem cd-Kommando in das Serververzeichnis, z.B.

```
$ cd webserver
```

Gib nun folgendes Kommando ein:

```
$ sudo nohup python3 httpd.py 2>/dev/null 1>/dev/null &
```

Damit startest du als Administrator das Kommando nohup. Das wiederum startet den Python-Interpreter, der den HTTP-Server httpd.py ausführt. Normalerweise schreibt nohup Meldungen in eine Datei namens nohup.out. Diese wird dann im Laufe der Zeit immer länger und kann irgendwann den ganzen Speicher belegen. Die Argumente 2>/dev/null 1>/dev/null bewirken, dass nichts gespeichert wird.

Vergiss das Zeichen & am Ende der Zeile nicht!

Es bewirkt, dass der HTTP-Server im Hintergrund weiter läuft – auch wenn du die SSH- oder PuTTY-Sitzung beendet hast.

Fragen

1. Nenne drei Typen von <input>-Tags, die man für die Dateneingabe in einem Formular verwenden kann.
2. Was bewirkt ein Klick auf den SUBMIT-Button eines Formulars?
3. Was ist ein Querystring?

4. In welchem Verzeichnis des Linux-Verzeichnisbaums werden standardmäßig die statischen HTML-Seiten für den Apache-Server gespeichert?
5. In welchem Verzeichnis des Linux-Verzeichnisbaums werden CGI-Skripte für den Apache-Server gespeichert?
6. Welchen Port verwendet der Apache-Server üblicherweise?

Aufgabe: Temperaturmessung über das Netz

Es gibt viele Situationen, in denen man wissen möchte, welche Temperatur gerade an einem bestimmten Ort herrscht. Zum Beispiel prüfen Winzer ständig die Temperatur im Weinfass (manchmal Tag und Nacht), weil die Temperatur verrät, wie schnell der Gärprozess läuft. Je wärmer es ist, desto aktiver sind die Weinhefen, die den Alkohol produzieren. Im Chemielabor steht eine Gärflasche mit Zuckerwasser und Hefe. Darin ist ein digitaler Temperatursensor vom Typ DS1820. Er ist vorschriftsmäßig an den 1-Wire-Bus des Raspberry Pi angeschlossen (siehe Abschnitt »Temperaturmessung und Hausautomatisierung« auf Seite 357). Du möchtest auf deinem Handy die Temperatur lesen können.

Entwickle ein CGI-Skript, das eine dynamische Webseite wie in Abbildung 18.11 liefert. Klickt man unten auf den Link, wird erneut gemessen und der angezeigte Temperaturwert aktualisiert.

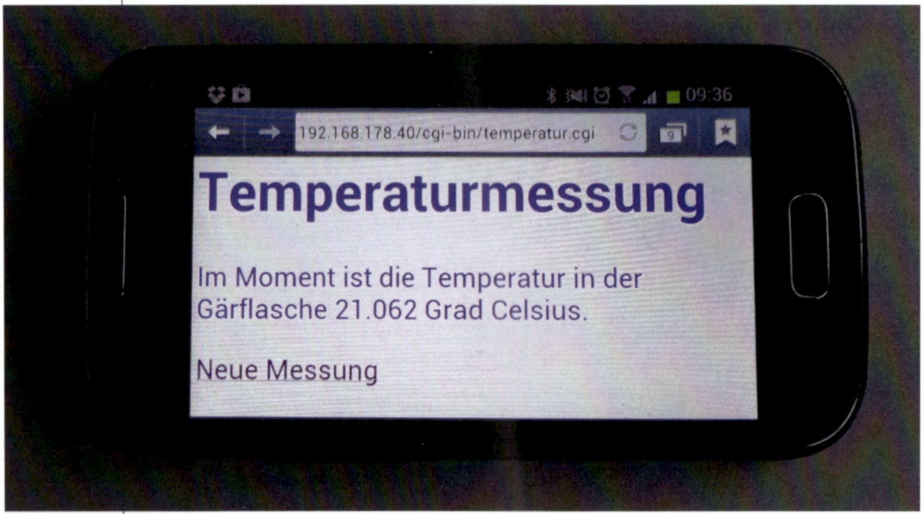

Abb. 18.11: *Interaktive Webseite auf einem Smartphone*

Antworten zu den Fragen

1. **Checkbox** `<input type="checkbox"...>`, **Radiobutton** `<input type="radio" ...>`, **einzeiliges Eingabefeld** `<input type="text" ...>`.

2. Beim Klick auf den SUBMIT-Button wird eine neue Web-Ressource aufgerufen, üblicherweise ist das ein CGI-Skript. Der URI steht im Anfangstag des Formulars: <form action="..." ...>. Außerdem werden die Daten gesendet, die der Benutzer in das Formular eingetragen hat.

3. Wenn die Übertragungsmethode get gewählt worden ist, werden die Daten des Formulars als Querystring gesendet. Er beginnt mit einem Fragezeichen. Die Variableninhalte werden in der Form *name=wert* dargestellt. Zwischen mehreren Variablenwerten steht das Zeichen &. Beispiel:

```
?lampe=an&ventilator=an.
```

4. Statische HTML-Seiten: /var/www/.

5. CGI-Skripte: /usr/lib/cgi-bin/.

6. HTTP-Server verwenden Port 80.

Lösung der Aufgabe

Vorbereitung

Schließe den Temperatursensor an und finde zunächst die ID-Nummer heraus. Das geht so:

Gib in einem LXTerminal-Fenster folgende Kommandos ein und starte damit das Schnittstellenprogramm zum Betrieb des Temperatursensors:

```
$ modprobe wire
$ sudo modprobe w1-gpio
$ sudo modprobe w1-therm
```

Öffne dann mit dem Dateimanager den Ordner

```
/sys/bus/1-wire/w1/devices
```

und suche das Verzeichnis des Temperatursensors. Sein Name ist die ID-Nummer. Du brauchst den Verzeichnisnamen in deinem Programm. Denn in eine Datei in diesem Verzeichnis schreibt das Schnittstellenprogramm einen Text mit Temperaturdaten (siehe Abschnitt »Temperaturmessung und Hausautomatisierung« auf Seite 357).

Speichere das folgende CGI-Skript unter dem Pfad

```
/usr/lib/cgi-bin/temperatur.cgi
```

Mache die Programmdatei für alle Benutzer ausführbar:

```
$ sudo chmod +x /usr/lib/cgi-bin/temperatur.cgi
```

Programm

```
#!/usr/bin/python3_root
#temperatur.cgi

import os, time, cgitb
cgitb.enable()
os.system('sudo modprobe wire')
os.system('sudo modprobe w1-gpio')
os.system("sudo modprobe w1-therm")

DATEI = '/sys/bus/w1/devices/xxx/w1_slave'       #1
HTML = '''Content-type: text/html; char-set=utf-8

<html>
  <head>
    <title> Temperaturen </title>
  </head>
  <body>
    <font face="Arial" color="blue" size=8>
    <h1> Temperaturmessung</h1>
    <p>Im Moment ist die Temperatur in der
       G&auml;rflasche %s Grad Celsius.</p>
    <a href="/cgi-bin/temperatur.cgi">
       Neue Messung </a>
    </font>
  </body>
</html>'''                                         #2

def temperatur():
    ok = False                                     #3
```

```
    while not ok:
        f = open(DATEI, 'r')
        zeile_1, zeile_2 = f.readlines()
        f.close()
        if zeile_1.find("YES") != -1:
            ok = True
    teil_1, teil_2 = zeile_2.split("=")
    return int(teil_2)/1000

print(HTML % temperatur())                          #4
```

So funktioniert's

#1 Hier steht der exakte Pfad zur Datei mit den Temperaturdaten. Die *xxx* ersetzt du durch die ID-Nummer des Temperatursensors.

#2 Das ist das Muster der HTML-Seite, die zurückgeschickt wird. Sie enthält einen Platzhalter für den Temperaturwert. Eine Besonderheit ist das Tag `<font ...> ... </font>`. Durch die Attribute werden einige Merkmale der Schrift festgelegt. Wichtig ist die Schriftgröße. Mit `size=8` wird die Schrift acht Mal größer als normal. So ist die Webseite auch auf dem kleinen Display eines Handys gut zu lesen.

#3 Die Funktion `temperatur()` liest die Datei mit den Temperaturdaten, findet in dem Text die Temperatur und gibt sie als ganze Zahl (Typ `int`) zurück.

#4 In dieser Anweisung passiert eine ganze Menge: Zuerst wird die Funktion `temperatur()` aufgerufen. Sie liefert die Temperatur. Diese Zahl wird in das Muster der HTML-Seite eingetragen, und zwar an Stelle des Platzhalters `%s`. Dabei wird übrigens die Kommazahl mit der Temperatur automatisch in einen String umgewandelt. Schließlich wird der komplette Text (die Webseite) mit `print()` ausgegeben.

A

Hinweise für Eltern und Lehrer

Unsere Welt ist digital. Ständig nutzen wir digitale Technik mit Tastatur, Kamera, Mikrofon, Lautsprecher und Display. Smartphones, Tablet-Computer und Laptops sind allgegenwärtig und unentbehrlich für Schule, Beruf und Freizeit. Dazu kommt: Alle hochentwickelten technischen Geräte wie Autos, Backöfen, Staubsauger oder Waschmaschinen enthalten Computer zur Steuerung - so genannte Embedded Systems.

Unsere Welt ist digital. Aber das Sonderbare an der digitalen Technik ist, dass sie unsichtbar ist. Die Steuerung einer alten Dampfmaschine über Ventile, Stangen und Räder aus Eisen kann man anfassen, sehen und hören. Man kann sogar ihre Arbeitsweise nachvollziehen, wenn man ihren Betrieb beobachtet oder wenn man sie in ihre Einzelteile zerlegt und wieder zusammenbaut.

Bei einem Smartphone oder Tablet sieht man nur die äußere Hülle. Aber das, was den eigentlichen Wert ausmacht, ist verborgen. Die digitale Technik ist verkapselt – sie ist eine Black Box.

Der Raspberry Pi bietet die Möglichkeit, diese Blackbox (ein wenig) zu öffnen: Beim Raspberry Pi sieht man die Platine, Leiterbahnen und aufgelötete elektronische Bauteile. Kamera, Peripheriespeicher, Tastatur und all die anderen Geräte, die zu einem Computersystem gehören, werden selbst zusammengebaut und konfiguriert. Obendrein kann man selbst entwickelte elektronische Schaltungen anschließen. Digitaltechnik zum Anfassen und Experimentieren.

Welche Hardware braucht man?

Wer mit dem Raspberry Pi arbeitet, braucht viele Einzelteile. Welche genau, das hängt von den persönlichen Interessen ab. Ich empfehle zum Einstieg folgende Konfiguration: Raspberry Pi, Mikro-SD-Karte (8 GB), Netzteil, USB-Tastatur, USB-Maus, WLAN-Adapter (ersatzweise ein LAN-Kabel). Außerdem ist unbedingt ein Internetzugang notwendig. Es gibt »Starter Sets« (meist Raspberry Pi, Gehäuse, HDMI-Kabel, Netzteil und WLAN-Adapter), die nicht unbedingt billiger als die Einzelteile sind. Auf ein Gehäuse kann man in der Regel verzichten, wenn man mit dem Raspberry Pi vor allem basteln will.

In den ersten Kapiteln wird der Raspberry Pi vor allem als billiger Computer eingesetzt. Es geht um die Konfiguration, das Installieren von Software und die Handhabung des Betriebssystems Linux. Anschließend wird die Programmierung mit Scratch und Python eingeführt. Dabei kommt weitere Hardware ins Spiel.

Die Konzeption dieses Buches wurde durch »Build it Yourself« inspiriert (*http://build-it-yourself.com*). So nennt sich eine Gruppe von (überwiegend) amerikanischen Jugendlichen, deren Hobby Digitaltechnik und Programmierung ist. Die Grundidee: Für ein Projekt braucht man nur einige wenige schon funktionstüchtige Geräte, insbesondere einen Computer und ein PicoBoard. Alles weitere improvisiert man aus Alltagsmaterialien (»first quality junk«).

Die Materialien, die für die Projekte in diesem Buch benötigt werden, kann man in vier Gruppen einteilen:

- Spezielle Geräte, die man neu kaufen muss: den Raspberry Pi, ein Kameramodul für den Raspberry Pi und das PicoBoard (früher: ScratchBoard). Diese Dinge muss man im Internet bestellen. Mehr dazu im nächsten Abschnitt.
- Geräte, die man vielleicht schon zu Hause hat oder die man auch zu anderen Zwecken verwenden kann: Micro-SD-Karte, Monitor, Tastatur, Maus, Netzteil, Kopfhörer, Aktivboxen, digitales Universalmessgerät (Spannung, Stromstärke und Widerstand), Funksteckdosen und LED-Farbwechsellampe. Am kostspieligsten ist der Monitor. Wenn man nicht viel Geld investieren will, kauft man sich für wenige Euros ein gebrauchtes Modell. In allen größeren Städten gibt es Läden für gebrauchte Elektronikartikel. Aber wirklich schön (und auch nicht zu teuer) ist ein HD-Monitor mit HDMI-Eingang. Falls das Interesse am Raspberry Pi nachlässt, kann man ihn auch als Zweitmonitor für ein Laptop verwenden – oder wieder verkaufen.
- Elektronische Bauteile und Zubehör: Dazu gehören Steckplatine, Jumper-Kabel, Widerstände, Potenziometer, LEDs, Temperatursensoren und ein Ultraschallsensor. Sie sind preisgünstig und für noch weniger Geld erhältlich, wenn man sie in größeren Stückzahlen ordert. Es lohnt sich auf jeden Fall, sich mit anderen Raspberry-Pi-Fans zusammen zu tun und gemeinsam zu bestellen. Vielleicht

kann man mit der Schule kooperieren und eine Arbeitsgemeinschaft gründen. Mehr zu diesen speziellen Teilen finden Sie in der »Einkaufsliste« im nächsten Abschnitt.

- Alltagsmaterialien und Alltagwerkzeuge. Gute Materialien für Geräteprototypen sind Wellpappe, Alufolie, Klebstoff, Klingeldraht und Kreppklebeband. Damit kann man schon viele Spezialteile bauen, z.B. ein Lenkrad für einen Rennsimulator, den Rahmen für eine LED-Matrix, Photometer und Schalter aller Art.

Die Einkaufsliste

In diesem Abschnitt finden Sie einige Details zu den speziellen Teilen, die man meist nicht im Haus hat und die oft über das Internet bestellt werden müssen. Hinweise zur Beschaffung finden Sie auch im Abschnitt »Post aus aller Welt – im Internet bestellen« auf Seite 475.

Steckplatine und einfache elektronische Bauteile

- Steckplatine (ab 3 €).
- Widerstände
  - Jeweils etwa fünf einfache Kohle-Widerstände als Vorwiderstände für LEDs: 100 Ω und 130 Ω.
  - Jeweils einmal: 330 Ω, 470 Ω, 560 Ω , 1kΩ, 1,7 kΩ und 4,7 Ω
- Drei oder vier LEDs in verschiedenen Farben für verschiedene Projekte
- 16 weiße LEDs für eine selbst gebaute LED-Matrix (Kapitel 11). Man bekommt weiße LEDs preiswert als Set (z.B. 20 Stück). Die Qualität muss nicht hoch sein, da sie ja nicht zur Beleuchtung eines Raumes verwendet werden.
- Etwa zehn flexible Jumper-Kabel (male-male) und zehn Jumper-Kabel (female-male). Schön ist auch ein Sortiment verschiedener Steckbrücken in einem Kunststoff-Sortierkasten.
- Ein einfaches Drehpotenziometer (ab 1 €). Damit kann man ein Lenkrad für einen Rennsimulator bauen.
- Eine 16x2-LCD-Display mit dem weit verbreiteten Controller HD44780 der Firma Hitachi (ab 7 €). Damit entwickeln wir eine Stoppuhr und andere Anwendungen, für die man ein zweizeiliges Display gebrauchen kann (Kapitel 13).
- Ein Ultraschallsensor (US-020, ab 4 €) zur Abstandsmessung (Kapitel 14).

- Punktmatrix-Anzeige TA07-11HWA der Firma Kingbright (ab 3 €). Der Vorteil dieses Bausteins ist, dass man eine LED-Matrix programmieren kann, ohne löten zu müssen. Projekte zu diesem Thema findet man in Kapitel 11.

Sensoren

- Ein oder mehrere Temperatursensoren (DS18S20 oder DS18B20). Wenn man gleich mehrere kauft, kann man sie schon für einen Euro pro Stück bekommen (Kapitel 15).
- Ein Ultraschallsensor für Abstandsmessungen (US 020, ab 4 €). Es gibt mehrere Projekte mit Abstandsmessungen, z.B. eine Alarmanlage oder einen digitalen Gymnastik-Trainer, der die Bewegungen des Spielers verfolgt und kontrolliert.

Funksteckdose und Sender

Um größere elektrische Geräte anzusteuern, verwendet man Funksteckdosen. Ein Set mit mehreren Funksteckdosen und einer Fernbedienung (z.B. Mumbi) bekommt man schon ab 17 €. Für die Steuerung mit dem RPi braucht man außerdem einen 434-MHz-Sender (WRL-10534, ab 3 €). Mehr dazu in Kapitel 15.

RPi-Kameramodul

Das Kameramodul ist eine kleine Platine mit einer hochauflösenden Kamera, einer LED und einem Anschlusskabel für den RPi. Es gibt zwei Typen von Kameramodulen: das normale Kameramodul mit einem Infrarotfilter und das Modol NoIR, das keinen Infrarotfilter besitzt. Ein Modul vom ersten Typ macht etwas schönere Bilder, das Modul NoIR kann Infrarotstrahlung aufnehmen und sichtbar machen. Ein Kameramodul kostet etwa 25 €. Projekte mit dem Kameramodul finden sich in Kapitel 17.

PicoBoard

Besonders einfach ist die Programmierung mit Scratch. In diesem Buch findet man Scratch-Projekte, bei denen der Computer Schall und Licht verarbeitet. Beispiele: Eine fliegende Ente wird durch Rufen und Klatschen gesteuert. Ein Fotometer kann anhand der Farbe den Fruchtsaftgehalt einer Limonade bestimmen. In einem Simulationsprogramm wird ein Rennwagen mit selbst gebautem Lenkrad und Gaspedal über eine Rennstrecke manövriert. Für solche Projekte wird das PicoBoard benötigt. Es besitzt Sensoren, Kabel mit Krokodilklemmen und einen Schieberegler. Mehr dazu in Kapitel 5. Das PicoBoard erhält man für etwa 36 € bei Online-Anbietern (z.B. EXPTech *http://www.exp-tech.de/*)

Aktiver USB-Hub

Das RPi Modell B besitzt nur zwei USB-Anschluüsse und benötigt mehr Strom (700 Milliampere) als das Modell B+ (600 Milliampere). Daher braucht man oft einen aktiven USB-Hub, wenn mehrere USB-Geräte angeschlossen werden sollen. Ein USB-Hub ist eine Art Verteiler, mit dem man zusätzliche USB-Ein-/Ausgänge schafft. »Aktiv« bedeutet, dass der Hub über eine eigene Stromversorgung verfügt. Das ist wichtig, weil alle über USB angeschossenen Geräte Strom benötigen. Der Raspberry Pi kann aus eigener Kraft jedoch nur wenige Geräte versorgen. Beim Modell B+ (mit vier USB-Anschlüssen) ist aber oft kein Hub erforderlich, weil er selbst ja weniger Strom braucht.

Post aus aller Welt – im Internet bestellen

Die Materialien aus Gruppe 1 und Gruppe 3 bestellt man am besten im Internet. In den letzten Jahren sind zahlreiche Online-Versandhäuser entstanden, die auch spezielle Dinge verkaufen. Am günstigsten sind Anbieter aus Asien (z.B. Ali Express, *www.aliexpress.com*). Allerdings muss man in der Regel drei Wochen auf die Zusendung warten. Aliexpress gibt vollen Kundenschutz und zwei Monate Rückgaberecht. Aber wenn tatsächlich einmal etwas nicht funktionieren sollte, kann es Monate dauern, bis man Ersatz hat. Auch in Deutschland gibt es Online-Shops für Elektronik, die Zubehör für den Raspberry Pi vertreiben. Darunter sind Conrad (*http://www.conrad.de*), ELV (*http://www.elv.de*), EXPTech (*http://www.exp-tech.de*), Watterott (*http://www.watterott.com*). Vieles findet man auch über Amazon (*http://www.amazon.de*) und Ebay (*http://www.ebay.com*).

Abb. A.1: *Wer Elektronikbauteile im Internet bestellt, bekommt Post aus aller Welt.*

Wie arbeitet man mit dem Buch?

In den ersten Kapiteln geht es vor allem um das Einrichten des Raspberry Pi und seine Nutzung als »Mediacenter«. In diesem Kapitel brauchen die Kinder Ihre Hilfe.

- Auf einer SDHC-Karte wird das Betriebssystem installiert. Das geschieht nun nicht auf dem Raspberry Pi, sondern auf einem anderen – schon funktionierenden – Rechner mit Internetverbindung. Ein solcher Computer muss dann natürlich zur Verfügung stehen. Möglicherweise ist bei diesen Installationen Ihr Expertenwissen gefragt.
- Der Raspberry Pi braucht für weitere Installationen und für viele Projekte Zugang zum Funknetz und zum Internet. Sie müssten Ihrem Kind also den Namen des Netzes und den Zugangsschlüssel mitteilen. Am besten schreiben Sie diese Dinge an einer geheimen Stelle auf. Der Zettel mit dieser Information sollte das Haus nicht verlassen.

Im Rest des Buches werden »Starter-Projekte« mit Scratch und Python vorgestellt. Sie sind einfach und »schmucklos« gehalten. Die Programmtexte sollen möglichst kurz sein. So können sie schneller nachgemacht und leichter verstanden werden. Sie sollen dazu anregen, weiterzumachen, die Software »auszuschmücken« und eigene Ideen zu entwickeln.

Bevor man kreativ wird und eigene Wege geht, sollte man zuerst den vorgegebenen Anleitungen wenigstens ein Stück weit folgen. Nicht alle Kinder und Jungendlichen können das sofort. Oft fehlt die Geduld. Manche beginnen zu lesen und sind dann schnell der Überzeugung »Das kriege ich nie hin« oder »Das ist viel zu kompliziert für mich«. Viele wollen sich dann die Technik lieber »rasch« von jemand anderem erklären lassen. Aber das schafft natürlich eine Abhängigkeit und macht auch nicht so viel Spaß. Es ist eine Kunst, Schritt-für-Schritt-Anleitungen zu lesen. Wenn Sie merken, dass Ihr Kind oder Ihr Schüler nicht weiterkommt, reicht es oft, ihr oder ihm die drei »Leseregeln« aus dem Einleitungskapitel nahezulegen.

Nach meiner Erfahrung sind das die wichtigsten Grundsätze. Schwierig ist manchmal der Anfang. Aber nach den ersten Erfolgserlebnissen läuft es und macht Spaß. Anfängern hilft es oft, wenn sie in einer Anleitung das, was sie schon geschafft haben, abhaken. So wissen sie immer, an welcher Stelle sie sind und was als Nächstes kommt.

Wenn die ersten Berührungsängste überwunden sind, gibt es kein Zurück mehr. Der Raspberry Pi hat schon Millionen Menschen in seinen Bann gezogen – nicht nur Kinder und Jugendliche, die in ihrer Freizeit zum reinen Vergnügen mit dem »Raspi« basteln, sondern auch Studenten und Professoren mit ernsthaften Forschungsabsichten.

Stichwortverzeichnis

Numerisch

A

B

C

D

L

M

N

O

P

Q

R